国家科学技术学术著作出版基金资助出版

典型稻作区
土壤肥力时空变化与提升原理

张会民 张卫建 黄 晶 樊红柱 等 著

科学出版社
北 京

内 容 简 介

本书是作者针对我国典型稻作区农田土壤肥力与生产力协同关系缺乏系统研究的突出问题，基于各稻区长期定位试验和典型区域的调查数据，由点到面，开展稻田土壤肥力时空变化和肥力提升原理研究的成果。全书系统归纳了我国典型稻作区水稻土的肥力特征和内涵，重点从施肥和耕作的角度介绍了我国典型稻作区水稻土的肥力时空演变规律，并结合土壤有机质、氮磷钾和微生物等土壤肥力指标变化及土壤综合肥力评价方法等方面深入分析稻田肥力提升的原理，针对不同稻作区提出了相应的培肥技术模式，对于不同稻作区土壤可持续培肥和管理具有重要的指导意义。

本书可供土壤学、农学、生态学、环境科学等领域的科技工作者和高校师生参考，也可供各级农业部门参考。

图书在版编目（CIP）数据

典型稻作区土壤肥力时空变化与提升原理 / 张会民等著 . —北京：科学出版社，2022.2

ISBN 978-7-03-070792-5

Ⅰ.①典… Ⅱ.①张… Ⅲ.①土壤肥力 – 演变 – 中国 Ⅳ.① S158

中国版本图书馆 CIP 数据核字（2021）第 243311 号

责任编辑：王海光 刘 晶／责任校对：郑金红
责任印制：吴兆东／封面设计：刘新新

科 学 出 版 社 出版
北京东黄城根北街 16 号
邮政编码：100717
http://www.sciencep.com
北京建宏印刷有限公司 印刷
科学出版社发行 各地新华书店经销

*

2022 年 2 月第 一 版 开本：787×1092 1/16
2023 年 1 月第二次印刷 印张：20
字数：474 000
定价：268.00 元
（如有印装质量问题，我社负责调换）

《典型稻作区土壤肥力时空变化与提升原理》
著者名单

主要著者　张会民　张卫建　黄　晶　樊红柱

其他著者（按姓氏笔画排序）

马　超	马星竹	申华平	刘双全
刘立生	刘光荣	刘益仁	刘彩文
刘淑军	江　波	孙　耿	孙　梅
孙　楠	李玉影	李冬初	李亚贞
肖小平	余　泓	邹长明	沈明星
张　俊	张　璐	张淑香	陈　金
陈　曦	邵　华	罗尊长	周　江
周　虎	周宝库	周玲红	郝小雨
柳开楼	郜红建	施林林	秦　川
夏文建	柴如山	徐明岗	高菊生
姬景红	黄庆海	蒋先军	韩天富

主要著者简介

张会民　男，中国农业科学院农业资源与农业区划研究所研究员、博士生导师，现任中国农业科学院衡阳红壤实验站站长、湖南祁阳农田生态系统国家野外科学观测研究站站长，兼任耕地培育技术国家工程实验室高产土壤培肥功能实验室主任。长期从事土壤养分循环、土壤培肥与改良方面的研究和科学普及工作。以第一作者或通讯作者在 *Soil & Tillage Research*、*Geoderma*、《科学通报》等期刊发表论文 80 余篇；授权发明专利 2 件；撰写专著和教材 10 余部，其中主编或副主编 4 部；主持或参与完成省部级鉴定成果 8 项，并获得省部级奖 3 项。

张卫建　男，中国农业科学院作物科学研究所二级研究员、博士生导师，作物耕作与生态创新团队首席专家。1999 年毕业于南京农业大学，获农学博士学位。2001～2003 年在美国北卡罗来纳州立大学开展土壤生态学博士后合作研究，2006 年入选教育部"新世纪优秀人才"。现为农业农村部保护性耕作专家委员会成员、农业文化遗产专家委员会成员、国务院学位委员会学科评议组（作物学组）成员、中国耕作制度学会副理事长、中国农业学会立体农业分会和中国生态农业专业委员会秘书长、世界银行和联合国粮食及农业组织（FAO）咨询专家、学术期刊 *The Crop Journal* 副主编。

黄　晶　男，中国农业科学院农业资源与农业区划研究所副研究员。长期从事土壤肥力演变、土壤培肥与改良方面的研究和科技推广工作。共主持"十三五"国家重点研发计划子课题等科研项目6项，作为骨干参与国家绿肥产业技术体系祁阳综合试验站建设等项目7项。以第一作者或通讯作者在 *Journal of Integrative Agriculture*、《中国农业科学》等期刊发表论文20余篇；共同主编专著3部。

樊红柱　男，四川省农业科学院农业资源与环境研究所副研究员，兼任四川农业大学和西南科技大学硕士研究生校外合作导师、四川省学术和技术带头人后备人选、四川省农业科学院青年领军人才、中国植物营养与肥料学会第九届养分循环与环境专业委员会委员。长期从事土壤养分循环、土壤改良与作物高效施肥方面的研究工作。主持或参与"十三五"国家重点研发计划子课题3项。以第一作者或通讯作者在 *Journal of Integrative Agriculture*、《植物营养与肥料学报》等期刊发表论文50余篇；授权发明专利5件；主编或参编专著5部；主持或参与完成省部级鉴定成果6项，并获得省部级奖4项。

序　一

　　"民以食为天，食以稻为先"，水稻是我国第一大粮食作物，种植区域广泛。近年来，党中央持续加大"三农"投入补贴力度，支持耕地地力保护和粮食适度规模经营，使得水稻单产和总产连年增长，为保障我国乃至全球的粮食安全起到了至关重要的作用。水稻土作为我国重要的土地资源，是面积最大、分布最广的耕地土壤类型。南起热带海南三亚，北抵寒温带黑龙江漠河均有水稻分布，不同水稻种植地区的生态环境、水稻土栽培历史和改良利用措施有着明显差异。同时，由于长期受人为灌排、水旱轮作和施肥措施等影响，水稻土水分移动活跃，氧化还原频繁，物质淋溶明显，层次发育各异。然而，水稻土也面临着土壤酸化、养分非均衡化和耕作层变浅等土壤质量退化问题，土壤培肥和保育形势严峻。加之土壤质量变化具有隐蔽性、长期性、复杂性和区域性等特点，因此，深入探明我国典型稻作区土壤质量的时空变化特征和提升原理显得尤为重要。"十三五"国家重点研发计划课题"高产稻田的肥力变化与培肥耕作途径"集中了全国各稻作区优势科研单位，大家通力协作、联合攻关，基于各稻作区长期定位试验和典型区域的调查，由点到面，开展稻田土壤质量时空变化和肥力提升原理的研究，最终完成该书。

　　全书系统阐述了我国典型稻作区土壤物理、化学、生物肥力的时空变化特征，具有高度的科学性、概括性和指导性；明确了不同耕作和施肥模式下，稻田不同肥力状况与生产力水平的内在关系；阐明了不同耕作和施肥模式下稻田肥力和生产力之间的相互耦合关系；探明了典型稻作区稻田肥力和生产力的主要驱动因素及关键障碍因子；弥补了我国缺乏专门针对稻作土壤肥力时空变化特征及其与生产力耦合关系方面研究的不足。

　　该书的出版将促进我国土壤质量培育科学的发展，进一步丰富稻田土壤质量研究理论成果。提升土壤质量、培育健康土壤是农业绿色发展的基石，希望在现有各稻区长期定位监测平台的基础上，建立更加完善的监测网络，搭建土壤质量监测大数据管理平台，及时掌握土壤质量时空演变特征，探讨土壤质量演变过程，以及人为活动、区域环境对土壤质量演变的影响机制，形成能兼顾预警、监测并实时反馈的土壤质量系统评价体系，为新时代农业绿色发展做出更大贡献。

中国工程院院士　张福锁
中国农业大学教授
2021 年 5 月 12 日

序　二

党的十九届五中全会审议通过了《中共中央关于制定国民经济和社会发展第十四个五年规划和二〇三五年远景目标的建议》，提出坚持科技创新驱动，优先发展农业农村，全面推进乡村振兴和农业绿色发展，提升生态系统质量和稳定性，全面提高资源利用效率。从目前的情况来看，我国农业科技创新能力不适应高质量发展要求，农业基础还不稳固，农业发展仍面临资源紧张、能源短缺、生态环境治理和气候变化等重大挑战。

实现乡村振兴和农业绿色发展，关键要提高农业质量效益和竞争力，实现农业高质量健康发展。深入实施"藏粮于地、藏粮于技"战略，开展长期土壤肥力变化与肥料效益监测研究，发现土壤物理、化学、微生物的动态变化过程，提高土壤可持续的生产能力，对耕地可持续利用至关重要。

该书是"十三五"国家重点研发计划课题"高产稻田的肥力变化与培肥耕作途径"和"十二五"国家重点基础研究发展计划（973计划）课题"农田地力形成与演变规律及其主控因素"科研人员集体智慧的结晶。基于典型稻作区长期定位试验研究结果和典型区域的调查，从单个试验点到典型稻作区域，集中了全国主要稻作区科研力量和长期试验网络平台，聚焦高产稻田的肥力培育过程，开展稻田土壤肥力时空变化和肥力提升原理的基础研究。该书对各稻作区水稻土不同施肥和耕作长期定位试验的数据进行了系统总结和提升，为我国典型稻作区土壤培肥和改良奠定了坚实的理论基础和实践经验。需要特别强调的是，该书在各长期试验点的基础上，进一步研究了大尺度（典型县和区域）的土壤肥力演变特征，系统回答了当前我国稻田生产的区域问题，从而为不同稻作区施行针对性的培肥措施提供了参考。

未来希望我国土壤学研究以耕地质量和土壤健康为核心，提升国内外联网观测平台，重点开展包括土壤微生物和土壤动物在内的长期机理性研究，适应时代发展形势，开拓思路，集智攻关，在土壤肥力质量提升的基础上，关注以土壤健康为导向的土壤生态系统"界联网络"的高效循环运转。以期让土壤科学在解决土壤肥力与提高作物生产力、国土规划整治、区域环境治理和污染土壤修复、生态系统退化防治和应对气候变化等诸多方面发挥越来越重要的作用。

中国工程院院士

中国科学院南京土壤研究所研究员

2021年10月12日

前　言

　　"万物土中生，有土斯有粮"，土壤是人类赖以生存的物质基础，因此科学地认识土壤、保护土壤、培肥土壤尤为重要。特别是进入新时代，人们不仅关心土壤的数量，更关心土壤的质量。水稻是中国三大粮食作物之一，我国有超过 2/3 的人口以大米为主食，水稻种植面积约占全球的 1/5，在我国的粮食安全保障体系和农业生产中占有重要地位。了解水稻土肥沃程度和科学培肥是当前保障水稻丰产稳产、实现粮食安全的重要内容。然而，受自然条件和农业发展状况影响，我国水稻种植区分布广泛，水稻土类型较多，加之肥料施用、耕作措施、田间管理等存在差异，导致水稻土肥力存在高度的时空异质性。因此，研究我国不同稻作区的土壤肥力时空变化规律，对指导农民合理培肥和水稻可持续生产具有至关重要的作用。

　　土壤肥力的演变是一个相对漫长的过程，需要长期定位试验才能很好地监测其变化过程。因此，我们联合全国各稻区优势科研单位，基于各稻区长期定位试验和典型区域的调查数据，由点到面，开展稻田土壤肥力时空变化和肥力提升原理的研究，将相关研究结果整理撰写了《典型稻作区土壤肥力时空变化与提升原理》。本书系统归纳了我国不同稻作区水稻土的肥力特征和内涵，重点从施肥和耕作的角度介绍了我国主要稻作区 [西南水旱轮作、长江中游双季稻、长江中下游双季稻、长江中下游水旱轮作和北方（东北）一熟稻] 高、中、低产水稻土的肥力时空演变规律；结合典型县域调查深入阐明了不同稻作区高产水稻土的肥力变化特征，并结合土壤有机质、氮磷钾和微生物等土壤肥力指标变化及土壤综合肥力评价方法深入分析了稻田肥力提升原理，针对不同稻作区提出了相应的培肥技术模式，对于各稻作区的可持续培肥和管理具有重要指导意义。

　　本书由中国农业科学院农业资源与农业区划研究所、中国农业科学院作物科学研究所、西南大学、江西省农业科学院、湖南省农业科学院、安徽农业大学、四川省农业科学院、黑龙江省农业科学院、江西省红壤研究所、安徽科技学院、苏州市农业科学院等我国典型稻作区科研院所的科技工作者共同撰写。

　　第一章概述了我国高产稻田的分布和特征、稻田土壤肥力评价指标和评价方法进展，以及高产稻田培肥耕作的主要措施。

　　第二章从县域尺度和田间剖面监测深入探讨了不同稻作区土壤的肥力水平和垂直空间变化特征，并总结了全国典型稻区土壤肥力空间变化特征。例如，土壤有机质含量以长江中游双季稻区最高，西南水旱轮作稻区最低（其土壤有机质含量是其他 3 个稻区的 44% ～ 47%）。现全国稻区土壤有机质含量平均为 32.24 g/kg，仍有提升的空间。

　　第三章基于各稻区长期定位试验，从土壤物理肥力、化学肥力和生物肥力三个方面归纳了各稻区高、中、低肥力稻田土壤肥力时间变化特征，并对土壤综合肥力及其与生产力的关系进行了评价，同时总结了全国典型稻区土壤肥力时间变化特征。例如，高肥力稻田——西南稻区土壤 pH 近 30 年上升了约 0.47；长江中游、中下游双季稻区从 20 世纪 80 年代开始的 30 年间，土壤 pH 下降了 0.36～0.66，与高、中肥力稻田相比，低肥力稻田土壤 pH 下降幅度更大。

第四章从土壤有机质、氮磷钾化学计量比、微生物等土壤肥力指标变化及土壤综合肥力评价等方面论述了高产稻田肥力提升的原理。

第五章基于前述各稻区土壤肥力时空变化特征和提升原理，提出了适应不同区域的稻田培肥技术模式。

本书主要研究工作和出版得到了"十三五"国家重点研发计划（2016YFD0300901、2016YFD0300900）、国家自然科学基金（41671301）、中央级公益性科研院所基本科研业务费专项（161032019035、161032019023）和中国农业科学院科技创新工程等项目资助。

在本书出版之际，谨向参与撰写、修改并付出艰辛劳动的各位同事，以及所有关心和支持本研究的各位前辈、领导及各合作单位表示衷心的感谢和诚挚的敬意。

由于著者水平有限，书中不足之处恐在所难免，有些观点也有待进一步深入研究和探讨，敬请读者批评指正。

著　者

2021 年 1 月 7 日

目 录

第一章　高产稻田及土壤肥力评价进展

"民以食为天，国以粮为本"，中国是世界上人口最多的发展中国家，始终对粮食安全问题给予高度关注。中国如何在其有限的土壤资源上生产足够的食物，一直是世界关注的热点问题之一。要以占世界不足 10% 的耕地养活占世界 24% 的人口始终是我国土壤及农业科学工作者面临的挑战。提高单产是解决粮食安全问题的唯一途径，但作物高产的前提条件必须是种植超高产品种的土壤具有提供实现目标产量所必需的营养和水分等物质基础。因此，开展提供土壤肥力质量和土地生产力的研究，为优质超高产新品种提供适宜的土壤条件是现代土壤学研究的首要任务（曹志洪和周健民等，2008）。

第一节　高产稻田的分布与特征

一、高产稻田的概念和特点

水稻是中国主要粮食作物之一，据统计，2016 年中国水稻播种面积 $3.02 \times 10^7 \mathrm{hm}^2$，仅次于印度。2008 年中国水稻总产量达 $2.07 \times 10^8 \mathrm{t}$，占世界总产量的 28%，居世界之首（FAO，2009；中华人民共和国国家统计局，2017）。同时，水稻土是我国粮食生产的一类重要土壤类型，面积大，分布广，高、中、低产水稻土分别占土壤总面积的 10%、58% 和 32%，其中我国南方地区的高产水稻土面积约为 252 万 hm^2（周卫，2014）。从水稻土肥力评价看，高产水稻田多集中于平原圩区与河谷盆地。这是自然因素与人为培肥措施共同作用的结果，其共同的特点是田块平整、高低适中、渠系配套、灌排合理，还具有土壤肥沃、耕层养分丰足、土体构型均匀、协调水气能力强、土壤疏松、耕性较好、供肥保肥能力强和抗逆性强等特点（徐琪，1998；黄光忠，2012）。

从土体构型来看，高产稻田的土体构型一般为 A-P-W1-W2-C 型、A-P-W-C 型或 A-P-W-G 型（上海市农科院土保所土壤组，1978）。深、软、松、肥的耕作层（A）：深度达 15～20 cm，暗棕色，容重低，孔隙度高，同时具有深而不陷、软而不烂、肥而不腻、爽而不漏等特点；紧实适度的犁底层（P）：犁底层不松不紧，厚度为 5～8 cm，灰棕色，块状结构，具有一定的托水保肥性能；水、气协调的潴育层（W）。斑纹层及埋藏较深的淀积层（Bs）和潜育层（Br），其厚度可达 50 cm 以上，有垂直裂缝可以透水，有小孔隙可以透气，这是高产稻田爽水的重要原因。

从土壤物理性状来看，高产稻田应该有适宜的土壤质地。高产水稻土的质地一般以重壤最适宜，中壤和轻黏壤次之。这类土壤质地不仅使土壤保持有一定的通气透水性和保水保肥性，而且具有较好的供肥性和生产性能。其 < 0.001 mm 黏粒的含量为 15%～30%，黏粒含量为 15%～25% 最好，在粉砂中粗、中、细互相搭配，粗粉砂含量不宜超过 40%（费槐林，2001），同时有良好的土壤结构。结构良好的稻田，泡水犁耙时，土块易碎成水稳性微粒，泥质绵软；干后整地时，土块易碎成水稳性团粒，土质疏松。这样的土壤结构既便于耕作，以利于水稻等作物的生长，同时也是协调水、肥、气、热的重要基础。

从土壤化学性状来看,高产稻田具有适量而协调的土壤养分,高产稻田一般含有较高的有机质含量,双季稻的土壤有机质一般为2%~4%,单季稻的土壤有机质一般为2%~3.5%;土壤全氮含量为0.14%~0.30%,全磷0.10%~0.20%,阳离子代换量>10 cmol/kg,盐基饱和度为70%~90%(费槐林,1995)。

作物产量是土壤肥力、气候条件及人为管理措施等因素的综合表现(孙永健等,2014)。前人研究中,一般将水稻产量的等级按如下标准划分:单季水稻产量高于9000 kg/hm² 为高产水稻土,6000~9000 kg/hm² 为中产水稻土,低于6000 kg/hm² 为低产水稻土(周卫,2014)。然而,在具体的水稻种植中,受外界因素的影响,往往出现土壤肥力等级与水稻产量不匹配的问题,因此,本研究综合作物产量和土壤肥力综合评价指标体系,构建了土壤肥力指数与水稻产量的模型,并通过模型验证,将高产稻田定义如下:某一区域全部田块连续三年的水稻产量高低排序中前25%的稻田即为高产稻田。

高产稻田具有如下特征:排灌设施良好,土壤无明显退化趋势和障碍因子(水稻周年产量:北方一熟稻区>10 500 kg/hm²;西南水旱轮作稻区丘陵区>9000 kg/hm²、平原区>10 500 kg/hm²;长江中游和长江中下游双季稻区丘陵区>14 250 kg/hm²、平原区>15 000 kg/hm²;长江下游水旱轮作稻区丘陵区>8250 kg/hm²、平原区>9750 kg/hm²)(表1-1)。

表1-1 我国各稻区高产稻田土壤性状及主要培肥措施

指标	北方一熟稻区	西南水旱轮作稻区	长江中游双季稻区	长江中下游双季稻区	长江下游水旱轮作稻区
物理肥力	$h > 20$ cm; BD 1.1~1.3 g/cm³; >2 mm WSD 比例超过15%	$h > 12$ cm; BD 1.1~1.2 g/cm³	$h > 15$ cm; BD 0.9~1.1 g/cm³	$h > 16$ cm; BD 0.9~1.1 g/cm³	$h > 15$ cm; BD 1.0~1.2 g/cm³
化学肥力	pH > 5.5; SOM > 30 g/kg; TN 1.5~2.2 g/kg; 底层 Mn^{2+} < 0.5 mg/kg	pH > 5.7; SOM > 20 g/kg; TN > 1.0 g/kg; 耕层 Mn^{2+} > 75 mg/kg	pH 4.8~7.6; SOM > 20 g/kg; TN > 1.0 g/kg	pH 5.5~6.0; SOM > 20 g/kg; TN 1.0~2.0 g/kg	pH 5.5~7.5; SOM > 20 g/kg; TN > 1.0 g/kg; AP > 10 mg/kg; AK > 110 mg/kg; CEC > 15 cmol/kg
生物肥力	MBC > 200 mg/kg	MBC > 800 mg/kg	MBC > 800 mg/kg	MBC > 900 mg/kg	MBC > 550 mg/kg
IFI	IFI > 0.7	IFI > 0.75	IFI > 0.8	IFI > 0.78	IFI > 0.7
关键因子	BD、AK、SOM	pH、AN、AK、AP、Fe-Mn-Oxides、NMP、PNR	AP、SOM、AK	AN、SOM、TN	SOM、TN
培肥耕作途径	化肥氮磷钾配施有机肥(NPKM)(30%有机肥氮替代);秋翻+秋旋,全量秸秆还田,增密减氮,前期控水	垄作栽培;NPKM(30%有机肥氮替代)	NPKM(30%有机肥氮替代);旋耕+秸秆还田	NPKM(30%有机肥氮替代);紫云英翻压还田、秸秆直接还田	配方施肥、推荐施肥、秸秆还田、冬闲田扩种绿肥还田

注:h,耕层厚度;BD,土壤容重;WSD,水稳性团聚体;IFI,土壤综合肥力指数;pH,土壤酸碱度;SOM,土壤有机质;TN,土壤全氮;MBC,微生物量碳;AN,有效氮;AP,有效磷;AK,速效钾;CEC,阳离子交换总量;Fe-Mn-Oxides,铁锰氧化物;NMP,氮矿化势;PNR,氮硝化势。

由表 1-1 可知,我国北方一熟稻区、西南和长江下游水旱轮作稻区、长江中游和中下游双季稻区高产水稻土肥力特征主要表现为:耕层厚度基本维持在>12 cm,大都在15 cm

以上；土壤容重在 0.9 ~ 1.3 g/cm³；土壤综合肥力指数（IFI）> 0.7，在 0.7 ~ 0.8 范围内；土壤有机质和全氮含量高，微生物量碳含量丰富，土壤 pH 适中。

二、高产稻田地域分布

刘玉等（2012）定量分析了 1998 年以来中国粮食生产的时空演变特征，发现粮食总产量较高的区域集中在东北平原、黄淮海平原、成都平原和江汉平原等。在此基础上，本研究按照水稻种植的分布区域划分为北方（东北）一熟稻区、西南稻区、长江中游（中下游）双季稻区、长江中下游水旱轮作稻区等典型稻作区域。各典型稻作区域的高产稻田地域分布特点有所不同。

（一）北方（东北）一熟稻区

东北地区水稻种植集中分布在西北部、中部和南部的平原地区，主要种植区为三江平原、松嫩平原、辽河平原，基本沿松花江、辽河分布。该区域的水稻产量整体呈现出由西南向东北逐渐降低的趋势，而高产水稻田则主要分布在辽宁省辽河平原中西部稻区、吉林省松花江流域、东辽河流域、大柳河流域和图们江流域稻区，以及黑龙江省松嫩平原、中部平原及牡丹江流域稻区。这些区域的地势较为平坦，适合机械化作业，土壤肥沃，土层深厚，水资源丰厚，主要农作区 ≥ 10℃ 年积温为 2200 ~ 3600℃，全年雨量丰沛，周期均衡，年平均降水量为 400 ~ 1000 mm（曹丹等，2018；王晓煜，2018）。

从土壤类型来看，该区域的土壤多为由草甸土、沼泽土、白浆土、盐碱土等发育而成的水稻土，大部分为养分含量较高的黑土、黑钙土和草甸土，土壤有机质含量相对较高，土壤中含有较为丰富的氮、磷、钾及各种微量元素（徐德海，2016）。

（二）西南稻区

西南稻区主要包括四川、重庆、贵州、云南等 4 省（直辖市），水稻的种植格局以成都平原为主。重庆的水稻土多分布在海拔 1500 m 以下的河谷阶地、丘陵、平坝及溶蚀槽坝内，分属于 3 个亚类，即淹育型水稻土、潴育型水稻土和潜育型水稻土，且以肥力较高的淹育型水稻土为主，占水稻土的 80% 以上。其中，高产水稻土主要分布在渝西丘陵区和渝中低山丘陵区、河谷平坝及浅丘地带，海拔低，水热条件优越，宜种性广，土地垦殖指数、复种轮作指数和农业生产水平较高。河谷平坝浅丘地区平均气温为 17.5 ~ 19.0℃，海拔 400 ~ 600 m 地区为 16.5 ~ 17.5℃，海拔 600 ~ 800 m 地区为 14.5 ~ 16.5℃，大部分地区年平均降水量在 1000 ~ 1200 mm（袁天凤，2007）。从不同区域来看，重庆市稻田的水稻基础地力产量从高到低依次为渝东北 > 渝西 > 渝中 > 渝东南，而高产稻田的土壤（33 个样本）pH 为 6.3，有机质含量为 28.7 g/kg，碱解氮、有效磷和速效钾的含量分别为 136 mg/kg、13 mg/kg 和 105 mg/kg（梁涛等，2018）。重庆渝西和渝中地区有机质含量较高的土属主要是暗紫色水稻土、矿子黄泥水稻土、矿子黄泥土。渝西地区高产稻田主要分布在海拔 400 m 以下、坡度 15° 以下的平缓坡区域，地势平缓，属于川东平行岭谷区。该区气温高，热量丰富，年日照时数在 1000 h 以上，年均气温为 18.6℃，无霜期最长可达 350 天；年降水量大多在 980 ~ 1200 mm，年降水日数一般在 140 ~ 160 天。渝中地区高产稻田主要分布在海拔 500 m 以下，土壤类型以紫色土和水稻土为主。该区气温较高，热量较为丰富，年日照时数为 1200 ~ 1400 h；年均气温 18℃，极端最低气温一般不低于 -4℃；年降水量集中在 1230 ～ 1302 mm，年降水日数多为 150 ～ 160 天。渝东南地区高产的秀山县等地区年日照时数为 1100 ～ 1200 h，无霜期 270 ～ 300 天；年均气温 17.4℃，极端气温不低于 -4℃；年降水量 1100 ～ 1200 mm，年降水日数多在 150 ～ 160 天；土壤类型以黄壤为主，还有部分红壤（梁涛，2017）。

四川省水稻主要分布于 26°01′N（攀枝花市）～ 32°52′N（青川县、广元市一带），97°26′E ～ 110°12′E 范围内的盆地平坝和丘陵地区，该范围内水稻面积占全省水稻总面积的 85% 左右（孙园园等，2015）。而水稻生长季热量资源和日照资源以盆地东南部最丰富，由东南向西北递减（彭国照和邢开瑜，2017），东部盆地属于亚热带湿润气候，冬暖，春早，夏热，秋雨，生长季长（庞艳梅，2016）。

四川成都平原高产水稻土一般为重壤型，耕层厚度 15 ～ 20 cm，物理性黏粒含量为 46%～55%，很少有黏质土。土壤容重 1.27 ～ 1.36 g/cm^3，总孔隙度 52%，毛管孔隙度 49%，非毛管孔隙度 3%。有机质含量较高，平均达 26.3 g/kg，全氮 1.8 g/kg，碱解氮为 137 mg/kg，有效磷 15 mg/kg，全钾 2.78%，速效钾 45 mg/kg，pH 6.5 ～ 7.5，阳离子代换量 0.91 cmol/kg（黄光忠，2012）。

云南省内，水稻生产在单产水平和种植面积等方面具有综合优势的州（市）为楚雄市、景洪市、大理市、丽江市、普洱市、文山市、蒙自市等（段永华等，2016）。土壤类型以红壤、棕壤和紫色土为主（李娅娟和何晓滨，2014）。潘丽媛等（2016）研究得出云南永胜县涛源乡超高产水稻土肥力性状表现为：pH 7.84，土壤有机质含量 17.9 g/kg，全氮 1.3 g/kg，全磷 0.7 g/kg，全钾 6.9 g/kg，碱解氮 102 mg/kg，有效磷 56 mg/kg，速效钾 143 mg/kg。

贵州省高产稻田的土壤有机质和速效养分含量大致分别为：有机质 49.0 g/kg，全氮 2.5 g/kg，碱解氮 194 mg/kg，有效磷 24 mg/kg，速效钾 143 mg/kg，耕层土壤容重 0.96 g/cm^3，总孔隙度 61.9%，土壤质地以黏壤为主，土壤养分缓冲性能好（滕飞龙等，2008）。

（三）长江中游（中下游）双季稻区

长江中游（中下游）双季稻区包括湖南、湖北、江西三省。前期研究表明，湖北省荆州市、孝感市、武汉市一线的江汉平原，湖南省益阳市、岳阳市、常德市和怀化市等，江西省景德镇市、南昌市、赣州市等地区具有热量、日照、降水同步增加的趋势，气候变化特点呈暖湿化，光、热、水同季且同步增加，有利于双季稻产量及产量潜力的增加（艾治勇，2012）。该地区中，高产稻田主要分布在低海拔冲积湖积平原、低海拔冲积平原、低海拔河流低阶地、低海拔湖积平原等低海拔平原类型的地貌上。土壤类型主要以潮土和水稻土为主，地势平坦，土质较好，肥力水平也较高，基本上都能满足灌溉排水。

湖南省高产稻田土壤主要分布在海拔 40 ～ 90 m 的丘陵谷地和冲积平原，地势低平、开阔。其主要成土母质有河流沉积物、第四纪红色黏土和石灰岩风化物。土壤肥力水平高，有机质、氮、磷和钾含量均比较丰富，尤其以土壤有机质和氮含量高。土壤质地均为中壤土至轻黏土，砂黏适中，耕性好，宜耕期长。土壤肥力特征一般表现为：pH 5.4 ～ 7.1，有机质含量 28.0 ～ 53.8 g/kg，全氮 1.7 ～ 3.5 g/kg，全磷 0.5 ～ 0.9 g/kg，全钾 17.4 ～ 23.8 g/kg，碱解氮 156 ～ 273 mg/kg，有效磷 10 ～ 15 mg/kg，速效钾 56 ～ 135 mg/kg，缓效钾 117 ～ 268 mg/kg，CEC 8 ～ 17 cmol/kg，有效硅 121 ～ 365 mg/kg（杨曾平，2006）。

江西省水稻土主要在鄱阳湖平原区和吉泰盆地呈现连片集聚分布，而在山地丘陵区呈现零散、破碎性分布，从区域来看，双季稻主要分布在鄱阳湖平原、赣抚平原、吉泰平原和赣西高产区（杨柳，2017）。这些区域全年雨量充沛，年均降水量 1341～1940 mm，无霜期长，主要土壤类型为红壤、水稻土、黄壤和山地黄棕壤。其中，土壤肥力质量高的区域主要为鄱阳湖周边的平原区域和沿浙赣线的平原与盆地（汪晓燕等，2018）。

湖北省水稻土有机质含量具有东南高、西北低的分布特征（王伟妮，2014）。双季稻种植地区早稻的高产区分别是汉川市、仙桃市、公安县、应城市、孝昌县、云梦县、京山县、麻城市、洪湖市、荆州区，共 10 个县（市/区）。这些地区 4 月平均气温 17.8～18.9℃，4～7 月有效积温为 2929.7℃，5 月平均日照 1618 lux。晚稻高产区域分布在罗田县、英山县、黄冈区、汉川市、嘉鱼县、孝昌县、荆州区、云梦县、洪湖市、石首市、京山县、仙桃市、公安县、应城市、团风县、天门市、江夏区、黄梅县、武穴市、浠水县、监利县，共 21 个县（市/区）。这些地区 9 月平均气温 23.1～24.9℃，7～10 月有效积温为 3064.0℃，7～10 月平均日照 1999 lx（孙懿慧，2010）。

（四）长江中下游水旱轮作稻区

张国荣等（2010）对长江中下游水旱轮作稻区安徽、浙江、湖北的 9 个水稻高产乡（镇）的研究得出，其成土母质为板页岩、第四纪红土、河流冲积物，海拔 10～104 m，平均降水量 1313～1655 mm。土壤肥力特征表现为：pH 5.2～6.4，有机质含量 8.7～29.1 g/kg，全氮 0.7～2.6 g/kg，全磷 0.4～0.7 g/kg，全钾 9.9～14.4 g/kg，碱解氮 60～173 mg/kg，有效磷 5～198 mg/kg，速效钾 59～190 mg/kg。

从该区域各个省的分布情况来看，安徽省主要区划为以淮北平原和江淮丘陵为主的"冷干 - 多辐射"气候区，以及以皖西大别山、沿江平原和皖南山区为主的"暖湿 - 寡辐射"气候区。安徽省太阳总辐射呈北多南少的分布特征，夏、秋两季辐射减少趋势显著。水稻的光合、光温、气候增产潜力均呈现由北向南递增，且省内水稻优势种植区域主要分布在江淮和皖南之间。水稻实际生产中以安徽东北部地区单产最高，最高达到 7900 kg/hm²；最低为安徽西南部，单产在 6000 kg/hm²。以 N 31° 为界，以北为水稻高产区，淮南、马鞍山和淮北一带属水稻高产集中区，单产可分别达到 7756 kg/hm²、7864 kg/hm² 和 7807 kg/hm²；以南为水稻低产区，产量基本为 6000～6800 kg/hm²（罗悦，2018）。安徽水稻土主要是铁聚水耕人为土，土壤质地主要是粉砂壤土，表层土壤综合肥力指数普遍介于 0.7～0.8，肥力质量大体处于良好水平（戴士祥等，2018）。

江苏省一般按地域划分为：苏南地区，包括南京市、苏州市、无锡市、常州市和镇江市；苏中地区，包括扬州市、泰州市和南通市；苏北地区，包括徐州市、盐城市、连云港市、淮安市和宿迁市。水稻种植面积呈现出苏南＞苏北＞苏中，苏南地区是江苏省水稻单产优势地区，但近年来其单产优势正在逐步削弱，目前江苏省水稻单产的优势已转移至苏中地区，苏北地区的单产与苏南、苏中地区的差距在逐步缩小，全省水稻单产的均衡性逐渐增强。2010 年江苏全省 64 个县域水稻单产均有所增加，主要密集分布在苏中和苏北地区（佴军，2013）。在江苏省水稻高产的沿海农区，其土壤类型为灰潮土、潮盐土、渗育型水稻土和潴育型水稻土，土壤有机质和全氮含量变幅分别为 16.8～20.1 g/kg 和 1.07～1.23 g/kg（张辉等，2014）。淮阴区高产土壤的耕层厚度一般为 10～23 cm，容重低，平均为 1.25 g/cm³；耕层土壤孔隙度最高，平均为 52.6%；非毛管孔隙度以 5%～16% 为宜。高产水稻土的渗透速率为 0.1～0.60 mm/min；有机质含量的变化范围为 9.0～30.0 g/kg，平均为 16.0 g/kg；全氮含量平均为 1.4 g/kg（王克孟和马玉军，1992）。

浙江省水稻高产区主要位于宁绍平原单双季籼粳稻区，包括宁波市的慈溪市、奉化区、宁海县、象山县、余姚市；舟山市的岱山县、嵊泗县；绍兴市的上虞区、嵊州市、新昌县、诸暨市。该区温度≥10℃的生长期为221～227天，年积温4841～4855℃。水稻生长季（5～10月）年均降水量800～900 mm，属热量中等、半湿润半干燥气候区，该区水稻面积占浙江省水稻种植面积的20.7%（朱德峰等，2007）。

（五）华南双季稻区

广东省位于中国大陆南部，属亚热带季风气候，年均降水量1336 mm，年均蒸发量1100 mm，年平均气温17～27℃。由北向南，地势逐渐降低，分别为丘陵山地、台地和冲积平原。年平均日照时间由不足1500 h增加到2300 h以上，年太阳总辐射量为4200～5400 MJ/m²。土壤类型以铁铝土、人为土和始成土为主，铁铝土是分布最广的土壤类型。广东省主要的人为土即为水稻土，面积占该省土壤总面积的11.0%。水稻土中，有机碳储量为0.17 Pg，占土壤有机碳储量的13.5%，其中耕作层有机碳储量为0.054 Pg，犁底层为0.044 Pg，淀积层为0.07 Pg。具有较高土壤有机碳密度的水稻土主要分布在广东省北部（罗薇等，2018）。最适宜的双季稻种植区位于南部沿海地区，其水稻安全生育期较长（252～270天），早稻安全播种期始于2月27日至3月8日，晚稻安全齐穗期终于10月11日至19日（叶延琼等，2013）。

广西省中部与南部为平地，地势从西北向东南倾斜，西北与东南之间呈盆地状。从区域上看，桂东南耕地质量良好，高等级耕地较集中；桂南沿海区土壤有机质含量高，土壤适宜性高；桂中地区平原地势有利于耕种，耕地质量非常好；桂北地区属于山区，耕地质量不高，但较多梯田形成了较高的耕地景观价值；桂西为岩溶山区，耕地分布零散，高等级耕地匮乏，土壤质量一般（彭定新等，2018）。广西高产水稻土肥力特征主要表现为：耕层厚度为15～18 cm，土壤质地重壤-轻黏土，pH 6～7，有机质含量24～40 g/kg，全氮1.5～2.0 g/kg，全磷＞1.0 g/kg，全钾＞2.0 g/kg，有效磷10～20 mg/kg，速效钾80 mg/kg，CEC为15～25 cmol/kg（丁玉治等，1992）。

福建省的南北生物气候带大致上可分为南亚热带和中亚热带两个地带。南亚热带天然植被反映出亚热带雨林的特征，自然土壤以砖红壤和赤红壤为主，人多地少，耕作水平较高，多为一年三熟制，高产水稻田所占比例较大。南亚热带高温多雨，气温年际差异小，丰足的水热条件有利于水稻生长，水稻根系吸收力也强，同时土壤中有机质分解快，土壤氮素循环效率高。高产水稻土耕层有机质含量为1.5%，多在2.0%～4.0%，全氮含量在0.1%以上，水解性氮含量在60 mg/kg以上，全磷含量在0.1%以上，有效磷含量在5 mg/kg以上，全钾含量在1%以上，交换性钾含量在40 mg/kg以上，pH 5～7，碳氮比多为8～12。耕层质地从砂土直到黏土，砂质黏壤土-壤质黏土占80%，＜0.002 mm黏粒含量一般占20%～56%（朱鹤健等，1982）。

三、高产稻田存在的问题和挑战

中国是世界第一人口大国，对粮食有着极大的需求，水稻高产无疑是我国粮食供应的重要保证。高产稻田土壤的特性是保水保肥，抗旱抗涝，土体松软适中，土层深厚，能够不断地满足水稻生长发育所需的水、肥、气、热条件，而且便于人为控制调节，使水稻籽粒饱满，高产稳产。然而，高产稻田也面临环境条件不良或者土壤障碍等制约因素。

施肥结构不合理、过量施用化肥、有机肥投入不足，均可造成土壤有机质偏低（彭要培，2017）。武红亮等（2018）利用主成分分析得出，近30年来，水稻土肥力演变的首要决定因子是土壤速效钾，其次是土壤有效磷，长期培肥下土壤有机质和全氮含量相对稳定，没有对土壤肥力演变产生主要影响作用。王娟（2009）研究发现偏施氮肥和氮磷钾配施秸秆还田时，南方土壤氮素肥力降低，氮磷钾配施及其配施有机肥则能够维持其氮素含量稳定。李建军（2015）通过对长江中下游稻区不同年代土壤肥力差异性演变的主成分分析表明，从农田养分平衡管理的角度来看，土壤速效钾和有效磷是该区稻田持续生产及农业持续发展的重要影响因素。因此，明确高产稻田土壤肥力提升的障碍因子，是水稻土高效培肥和产量提升的关键。

高产稻田土壤培肥应注重化肥、有机肥平衡配施，同时结合秸秆还田来改善水稻土肥力。通过施用有机肥或有机无机肥配施可以显著提高土壤有机质含量，其效果优于单施化肥（梁尧等，2012）。但是有机肥料与无机肥料配合施用都存在着成本高、操作复杂的问题。与此相比，秸秆还田则是一种简单易行、成本低的培肥方式。秸秆还田技术虽然可以改良土壤，减少环境污染，但也存在一些弊端（王伟，2019），主要表现在秸秆还田后对土壤中还原性物质积累的影响。金鑫（2013）的研究结果显示，秸秆还田后抑制了水稻前期对N、P、K和矿质元素的吸收，而促进了土壤中还原性物质的积累，特别是活性还原性物质和水溶性Fe^{2+}；马宗国等（2003）等认为稻田秸秆还田后由于长期处于淹水状态，厌氧条件下秸秆腐解增强土壤还原性，产生的有害物质限制水稻根系生长，严重的可能使水稻前期形成僵苗。

高产稻田在传统的耕作模式下，大量使用机械，频繁且长期地搅动土壤，土壤板结严重，土壤质量变差，土壤的理化性质下降，土壤有机质含量降低，严重地损坏了土壤健康（Fayez and Vida，2017）。当前稻田耕作模式主要包括翻耕或旋耕、泡田以及水整地的过程，长期应用此耕作模式会导致土壤物理结构被破坏，土壤板结，土壤的通气性变差、还原性增强（郑桂萍等，2010）。贾凤安等（2017）研究结果显示，在连续耕作8年后，土壤全钾、速效钾显著下降，并且土壤中微生物量也在减少。

高产稻田的氮肥施用量过多，且氮肥回收率低、损失大（彭卫福等，2018）；有效磷含量丰富，但磷的固定量不高；土壤的质地一般为壤土和黏壤，固持钾的能力弱，速效钾含量并不丰富，在培肥管理中常常忽视土壤钾库的平衡保持和提高（李忠佩等，2006）；同时，高产稻田有机肥不当施用导致肥料供应减少，有机肥大量施用在提高产量的同时可能会增加稻田地表径流磷、钾总量，加速了地表水体的富营养化（孙国峰等，2018）。总之，高产稻田中有机肥和化肥的大量投入，致使稻田生态系统水土流失严重，稻田生态效益、社会效益和经济效益下降，不利于农业的可持续发展。

高产稻田需具备排灌良好、旱涝保收的特点，但部分高产稻田的排灌设施老化，沟渠、排灌设施不配套，水资源和肥料利用率不高（宋文，2018），农田水利工程监管不力，稻田基础设施薄弱，抵御自然灾害能力较低，成为限制水稻综合生产能力提高的瓶颈。对灾害性天气应对不足、病虫害防治不力、高温干旱等灾害性天气，以及土壤板结、土质盐碱化、灌溉水污染等逆境因素严重影响水稻的产量和品质（袁红梅等，2018）。

传统的集约高产种植模式用工多、投入大、效益差，过分强调产量（罗华，2003）。目前，稻田面积减少、农村劳动力短缺和传统水稻生产用工费用攀升等原因很大程度上制约了高产水稻生产的发展（王越，2016），高产稻田输入和输出平衡的问题等也是高产稻田所面临的挑战之一。因此，在农田基础设施完善的前提下，如何合理增施有机肥、实行秸秆还田，同时优化氮、磷、钾肥及微量元素肥料施用方式，以满足农作物的需要，仍是今后高产稻田培肥重点。

第二节　稻田土壤肥力评价指标和评价方法进展

土壤肥力包括土壤的生物学、物理学和化学性状，这些性状直接或间接影响植物的养分有效性，影响农业生产的结构、布局和效益。用合理的方法评价土壤肥力，有助于政府管理者或农民做出正确的决策，以优化耕地资源，最大限度地提高土壤生产力（Marzieh and Majid，2017）。

水稻土土壤肥力是水稻生产可持续发展的基础资源，亦是影响水稻产量的重要因素。因此，有关稻田土壤肥力评价的研究一直是人们关注的重点。而土壤肥力的发展与演变又是一个长期复杂的过程，因此如何选择合理的评价方法和指标对稻田土壤肥力进行科学的评价、为稻田可持续生产和管理提供理论指导就显得尤为重要。本节重点阐述国内外有关稻田土壤肥力评价方法和指标的研究进展，以期为我国不同稻作区域选择合理的土壤肥力评价方法和指标提供参考。

一、土壤肥力评价方法

土壤单一养分或肥力指标的变化能够从一定程度上反映土壤肥力的变化特征，但往往难以全面表征土壤肥力，国内外学者提出了多种评价方法，已由原来的定性描述阶段发展到现在的定量评价阶段，主要有专家打分法（王京文，2003）、综合土壤质量指数法（Karlen et al.，2006）、Fuzzy 综合评判法、土壤质量动态评价法、多变量指示克里金法（Nazzareno and Michele，2004）等，这些方法的优点是能够为定量化评价土壤肥力发挥重要作用，但由于土壤类型、肥力质量高低差异大，选取指标不同，难以选定统一方法进行土壤肥力质量评价。到目前为止，对土壤肥力的定量评价大多引用综合指数的思路，即兼顾土壤肥力的各项指标，利用数学方法，计算出土壤肥力的综合得分值（王子龙等，2007）。在综合评价过程中，各指标权重的确定直接影响到评价结果的准确性。依据评价思路和数学方法的不同，各评价方法呈现出较大的差异，但都存在给各指标赋权的过程。传统的评价方法所赋的权重根据来源可分为经验权重（主观权重）和统计权重（客观权重）。这样对权重的分析普遍存在对人为赋权的过度依赖和刻意回避。针对这些问题，有学者提出了将"主观权重"与"客观权重"统一起来的"综合权重赋值法"（陶菊春和吴建民，2001），但其未针对土壤肥力评价的特征；也有学者将 Delphi 法和粗糙集理论结合起来评价土壤肥力，试图解决单一考虑"主观权重"或"客观权重"的不足（叶回春等，2014），但也没有对综合权重做更加深入的阐述。为此，周王子等（2016）以湖北省孝感市高岗村为例，基于综合权重法并结合地理信息系统（GIS）技术，对村域尺度上耕地综合肥力进行评价和分析，同时与传统的土壤肥力评价方法（层次分析法和内梅罗指数法）进行比较。结果表明，综合权重法与层次分析法、内梅罗指数法存在相对一致性，但它们之间也存在差异性，表现在内梅罗指数法得出的土壤综合肥力指数（IFI）与综合权重法相比整体偏低，且样点 IFI 频率分布与综合权重法也有较大差别；综合权重法和层次分析法的各指标权重差异明显，如综合权重法和层次分析法中速效钾权重相差近 2 倍。

无论是专家打分法、综合土壤质量指数和 Fuzzy 综合评判法等传统评价方法，还是综合权重法，都需对各评价指标进行标准化处理。土壤肥力评价指标都具有连续性和模糊性的特点，在标准化处理中不能人为划分等级界限，均需借用模糊数学或多准则决策模型等现代数学方法。但有些土壤肥力指标的作用不太容易被这些数值模型证明。为探讨更好的方法，Nie 等（2016）建立了一个基于 GIS 和生态位适宜度模型（niche-fitness model）的土壤肥力综合评价方法。研究表明，土壤基础生态位适宜度（soil basic niche-fitness）值和单季水稻产量之间呈显著相关关系。土壤基础生态位适宜值越大，土壤肥力等级越高，土壤对作物生长的辅助能力越好。土壤基础生态位的方法被证明是一种评价土壤肥力空间差异有效的方法。但该评价方法在最佳生态位适宜度指标的确定方法和土壤生态位适宜度综合评价模型方面还有待进一步研究。

近年来，越来越多的学者倾向于将主成分分析与聚类分析相结合作为一种新的评价方法，即主成分 - 聚类分析法，用来评价土壤肥力。其优点是根据主成分函数中的特征值可以看出各土壤肥力指标对土壤肥力的影响程度。温延臣等（2015）运用主成分分析和聚类分析等数理统计方法，选取 14 种包含土壤化学肥力、物理肥力及生物肥力的指标对不同施肥制度下土壤肥力水平进行综合评价。第一主成分中土壤全碳等特征向量系数均为 0.28 ~ 0.30；其次是土壤容重、土壤总孔隙度，特征向量系数为 0.25 左右。同时，也有研究表明，运用土壤肥力指数模型和基础地力指数模型来研究表征土壤综合肥力是合理的（李建军，2015）。

上述这些评价方法基本都没有直接将作物产量纳入指标之一进行综合评价，在实际中，由于不合理的施肥、耕作和管理措施等，在评价时会出现土壤肥力指数较高而实际生产力较低的矛盾现象。因此，如何将作物产量纳入土壤肥力综合评价指标体系值得进一步探讨。已有研究根据测定长期施肥后不同处理土壤化学肥力指标、生物学指标和作物产量，运用三角形方法，通过计算各指标指数和可持续性指数来综合评价土壤可持续性（图 1-1）。图 1-1 中 a、b 和 c 是从点 O 出发的三条不同长度的线段，分别代表土壤化学肥力指数、生物肥力指数和作物指数，连接三条线段的另一端点组成三角形 ABC，求得 $S_{\triangle ABC}$ 即为土壤可持续性指数，用以评价土壤肥力可持续性（Kang et al.，2005；孙本华等，2015）。这种方法计算过程简单，不考虑各指标的权重，但在确定土壤化学肥力指标、生物肥力指标和作物指标临界值时，存在一定人为主观性。

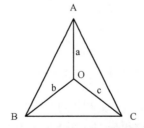

图 1-1 三角形方法评价土壤可持续性

基于江西进贤的红壤稻田不同施肥长期定位试验，在往年土壤肥力数据库的基础上，采用 Fuzzy 方法对不同施肥处理的土壤肥力进行评价和计算发现，土壤肥力显著影响水稻产量。除了 1981 年之外，其余年份的土壤综合肥力指数与水稻相对产量均呈显著的正相关关系，且均可以用线性方程进行拟合。但是，不同年份之间的拟合方程存在差异。表 1-2 表明，当土壤综合肥力指数每增加 0.1，1985 年、1989 年、1995 年、2002 年、2005 年、2012 年和 2017 年水稻相对产量分别增加了 8.68%、22.59%、8.98%、9.79%、7.23%、12.92% 和 10.28%。

表1-2　土壤综合肥力指数（y）与水稻相对产量（x）的拟合方程及相关参数

年份	拟合方程	R^2	P
1981	$y=55.006x + 52.464$	0.2071	0.21842
1985	$y=86.799x + 27.935$	0.6176	0.01205
1989	$y=225.87x - 70.973$	0.6351	0.01012
1995	$y=89.834x + 17.256$	0.7801	0.00159
2002	$y=97.858x + 0.9594$	0.8169	8.26×10^{-4}
2005	$y=72.313x + 40.712$	0.4476	0.04875
2012	$y=129.16x - 13.291$	0.8734	2.22×10^{-4}
2017	$y=102.78x + 18.168$	0.9285	2.92×10^{-5}

为进一步验证土壤综合肥力指数（y）与水稻相对产量（x）的拟合方程，在计算了长期试验各处理的 2017 年土壤综合肥力指数的基础上，结合一元一次拟合方程（$y=1.6263x-0.2298$）预测了 2017 年进贤县域的晚稻相对产量。图 1-2 表明，预测的水稻相对产量与实际的水稻相对产量高度吻合（R^2 为 0.5268，$P < 0.01$，RRMSE 小于 25%），说明采用典型点位的一元一次方程可以预测和评估县域尺度的水稻生产能力。

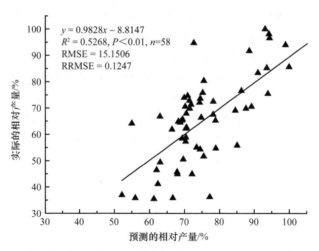

图 1-2　预测的相对产量与实际相对产量的相互关系

根据上述研究结果，将水稻实际产量和相对产量纳入土壤肥力综合评价体系，单独或同时考虑 2 个产量指标的影响，结果表明（图 1-3），与传统的 Fuzzy 方法相比，3 种考虑作物产量的方法明显降低了 CK、N、P、K、NP、NK、NPK 和 2NPK 肥力指数，提高了 NPKOM 的肥力指数，且以综合考虑实际产量和相对产量的效果最好。

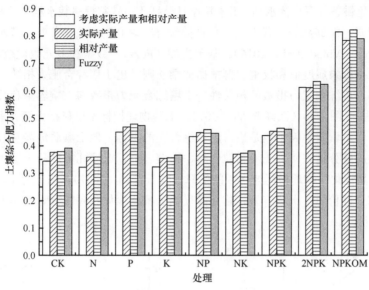

图 1-3　土壤肥力综合评价不同方法的比较

二、土壤肥力评价指标

土壤肥力是土壤物理肥力、化学肥力、生物肥力的综合体现，所以选择有代表性的土壤肥力指标是进行土壤肥力评价的关键，应尽可能地涉及所有主要的物理、化学和生物性质（Bhardwaj et al.，2011）。土壤肥力参评指标的选取直接关系到评价结果的客观性和准确性，因此，土壤肥力指标的选定必须遵循主导性、生产性和稳定性三项原则，同时尽量选择可靠、可度量和可重复的指标（徐建明等，2010）。

（一）土壤物理肥力指标

土壤物理性状决定土壤功能及耕地用途，直接或间接地影响作物生长。土壤物理退化是影响作物产量的主要因素（Lima et al.，2009）。Mueller 等（2013）研究表明土壤质地、味道、耕层厚度、土壤紧实度、土壤湿度、温度等可视土壤结构指标能较好地对土壤质量进行分等定级。Andrews 等（2002）研究表明土壤容重可以用来监测土壤的紧实度，是评价土壤质量的重要物理指标。容重增加，土壤通气性、水分及养分循环和作物根系生长都会受到影响（Doran，2002）。据调查，土壤旱测容重达 1.4 g/cm^3 或水测容重 1.3 g/cm^3 以上时，稻苗发根受到明显的抑制。由此可知，土壤机械阻力的大小对根系发育影响较大。但是当土壤容重为 1.3 g/cm^3 以下时，其影响显著减小（吴国港等，1984）。王道中等（2015）研究表明，牛粪、猪粪、秸秆与无机肥料长期配合施用能降低砂姜黑土土壤容重，显著提高土壤田间持水量，从而改善砂姜黑土不良的物理性状，保证作物高产稳产。范业成和叶厚专（1998）通过对江西红壤性水稻土的肥力特征进行比较研究，证明高产水稻土的熟化程度高，其耕层土壤厚度一般达到 15 cm。Sacco 等（2012）研究表明，稻田不同水分管理对土壤孔隙度产生显著影响，持续淹水条件下土壤紧实度增加，导水率降低。土壤团聚体是衡量土壤抗退化、抵御外界破坏等能力的重要指标，其大小分布和稳定性常用来描述作物和土壤管理对土壤物理性质的影响（Saygm et al.，2012）。Bandyopadhyay 等（2010）研究表明有机 - 无机肥料配施可以降低土壤容重，增加土壤耕性，提高土壤导水率和土壤团聚体稳定性。免耕条件下直播水稻 / 玉米轮作且秸秆还田较常规移栽水稻 / 玉米轮作但秸秆带走的耕作模式，能够显著改善土壤水稳性团聚体（＞ 0.2 mm）、容重、贯入阻力和入渗率等物理性指标（Vinod et al.，2016）。基于模糊（Fuzzy）数学和多元数理统计分析原理，先计算各肥力指标隶属度值和权重，再根据加乘法则求出土壤综合肥力指数，通过分析土壤物理指标和土壤综合肥力指数的相关性，土壤综合肥力指数与土壤容重和总孔隙度均表现为极显著相关（图 1-4）（江泽普等，2007）。土壤物理指标不仅包括土壤容重和孔隙度等土壤结构因子，土壤质地因子也是最常用和综合性的指标，但土壤质地涉及几种不同颗粒级别。通过主成分分析表明，土壤黏粒含量、土壤容重、土壤孔隙度和土壤水稳性团聚体数量包含了红壤退化中物理指标 85.6% 的信息（柳云龙等，2007）。综上所述，在对稻田土壤肥力进行综合评价时，土壤容重、总孔隙度、土壤团聚体和黏粒含量可作为土壤物理肥力指标的主要因子。

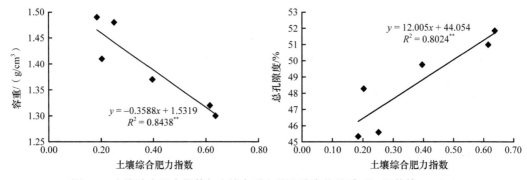

图 1-4　土壤综合肥力指数与土壤容重和总孔隙度的关系（江泽普等，2007）

（二）土壤化学肥力指标

土壤化学性状直接影响土壤养分形态和浓度，对作物生长和动植物健康产生显著影响。有关土壤化学性状的指标较丰富，Schoenholtz 等（2000）认为土壤有机碳、全氮、铵态氮、硝态氮、矿化氮、矿化磷、全磷、有效磷、全钾、交换性镁、交换性钙、pH 和土壤阳离子交换量（CEC）等是评价土壤肥力的重要化学指标。土壤有机碳是表征土壤肥力质量和土壤环境质量的一个关键性参数。Livia 等（2013）采用固态 ^{13}C 核磁共振光谱测定结果表明，长期（持续 2000 年）种植水稻，土壤有机碳含量逐渐增加（从 18 g/kg 增加到 30 g/kg），而相同母质的非稻田土壤有机碳含量较低（11 g/kg）。这可能是因为稻田耕作管理使得土壤氧化还原环境不断变化，从而影响水稻土铁氧化物组成，可能增加了土壤有机碳储存潜力。41 年连续化肥和堆肥配合施用提高了水稻土总有机碳含量。相比之下，无机肥或不施肥土壤有机碳含量显著下降，导致土壤物理状况恶化，其微团聚体（0.053 ～ 0.25 mm）的土壤有机碳与土壤物理性状有很好的相关性（Lee et al.，2009）。Liang 等（2013）研究表明长期施用有机肥可以使耕层土壤全氮增加 92.1%。廖育林等（2009）研究结果表明，氮、磷和钾化肥与稻草长期配合施用能维持并提高红壤性水稻土的生产力和土壤肥力，使水稻获得持续高产，土壤有机质、全氮、全磷、可矿化氮量、有效磷和速效氮均增加；而偏施化肥处理，稻田系统生产力的可持续性和土壤肥力难以维持。在各自试验设计的施肥水平下，随着施肥时间的延长，红壤性水稻土氮、磷素水平均呈现盈余，而钾素则表现为亏缺状态（廖育林等，2008；高菊生等，2014）。黑土区土壤有机质和全氮是影响土壤综合肥力的关键因素（康日峰等，2016）。土壤有机质和全氮存在高度相关性，所以一般在使用有机质含量指标后不再需要全氮含量。施用生物炭可提高土壤表层水势，促进水稻秸秆木质部液流的流动，提高土壤阳离子交换性能和生物学活性，显著增加缺磷土壤的水稻产量（Hidetoshi et al.，2009）。同时有研究表明，保护性耕作可通过提高土壤有机碳来提高作物产量（Berner et al.，2008）。基于层次分析法和 Fuzzy 数学方法计算了长江上游典型区水耕人为土的土壤综合肥力指数，发现研究区的电导率和土壤综合肥力指数呈显著相关（图 1-5）（周红艺等，2003）。与 20 世纪 80 年代相比较，随着施肥措施的改变，长江中下游水稻土土壤肥力主要贡献因子由当初的全氮、碱解氮和有机质转变为全氮、碱解氮和速效钾，主要限制因素从有效磷和速效钾含量的缺乏转向 pH 的逐渐降低（李建军等，2015）。杨梅花等（2016）针对江西 3 个县的稻田土壤，用主成分分析法提取的最小数据集的土壤化学肥力指标为有机质、阳离子交换量和 pH。随着人们认知程度和分析手段的更新，具有个性的相关土壤化学肥力指标可能会逐渐出现。例如，在东南亚地区，稻田土壤植物有效硅含量是水稻可持续生产的一个关键因素（Thimo et al.，2015）。目前，在相对综合的评价指标中，水稻土土壤化学肥力评价指标随着施肥、耕作模式和稻作区域的差异而各有侧重，主要集中体现在土壤有机质、有效磷、速效钾、pH、电导率、阳离子交换量和有效硅等指标。

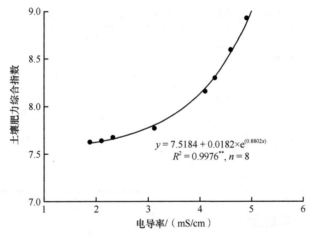

$$y = 7.5184 + 0.0182 \times e^{(0.8802x)}$$
$$R^2 = 0.9976^{**}, n = 8$$

图 1-5　电导率和土壤综合肥力指数的相关关系（周红艺等，2003）

（三）土壤生物肥力指标

土壤微生物与土壤肥力有着直接的关系。Lima 等（2013）研究表明，在水稻生态系统中，土壤微生物特性对土壤质量变化的反应比土壤物理、化学属性更为灵敏。土壤微生物量碳、土壤微生物量氮、微生物熵等均被用作评价土壤肥力早期变化的有效指标。土壤生物学指标越来越多地应用于土壤肥力评价，并将成为未来土壤肥力评价的研究热点（Bastida et al.，2008）。潜在可矿化氮、微生物量碳、微生物量氮、土壤呼吸量、生物量、土壤微生物多样性、土壤酶、土壤动物等被认为是主要的土壤生物学指标（Nambiar et al.，2001）。有机肥的施入，可以增加稻田土壤中可培养铁还原菌的数量和其特定的增殖活性，从而有效地限制了盐分对水稻栽培和生长的影响（Bongoua et al.，2012）。Bowles 等（2014）研究表明有机物料施用可改变微生物群落结构，碳循环酶活性随土壤有机氮的增加而增加，氮循环相关酶活性随碳的有效性增加而增加。在长期秸秆还田的施肥方式下，作物产量与土壤酶活性中的脲酶、转化酶、碱性磷酸酶活性均有极显著正相关（$P < 0.01$），水稻土养分中除有效磷外，其他养分（全磷、全钾、铵态氮、硝态氮和速效钾）和作物产量均无显著相关。酶活性在一定程度上反映了土壤肥力状况，因此在筛选土壤肥力评价指标时，土壤酶活性应作为一个重要的关注对象（王灿等，2008）。Wang 等（2009）发现氨氧化细菌中 Nitrosopira 族随着氮肥用量的增加而减少。土壤生物学指标变化还与种植制度和耕作措施等因素关系密切。彭佩钦等（2006）研究认为，洞庭湖区不同利用方式的土壤有机碳、全氮和微生物生物量碳、氮存在显著的差异，其中双季稻显著高于旱地和一季稻水田利用方式。Chen 等（2012）研究了长期不同施肥制度下稻田反硝化微生物的响应，认为施肥制度显著影响了反硝化微生物群落构成和大小，但对多样性影响较小。Choosai 等（2010）对移栽和直播两种稻作方式的研究表明，蚯蚓的活动可以产生与周围土体不同性质的土粒，对土壤肥力产生重要影响，显著提高水稻的产量，并指出蚯蚓等土壤动物是土壤肥力的一项重要生物学指标。

土壤生物学指标越来越受到人们的重视。对于众多的土壤生物学指标，由于研究者对不同指标的重要性认识不同，以及分析条件的限制、侧重点不同，选取的土壤生物肥力评价指标难以统一（表 1-3），但主要集中在微生物量碳氮、酶活性和微生物群落结构等指标。

表1-3　不同研究人员土壤生物肥力指标选取统计

土壤生物肥力指标	参考文献					
	Bongoua-Devisme 等（2012）	Bowles 等（2014）	Wang 等（2009）	彭佩钦 等（2006）	Chen 等（2012）	Choosai 等（2010）
微生物群落结构		√			√	
铁还原菌、氨氧化细菌等	√		√			
微生物量碳氮				√		
酶活性	√	√				
土壤动物						√

三、存在问题和研究展望

目前，大部分的土壤肥力评价主要是基于单个试验或单个试验点的研究，今后应基于地理信息系统和地统计学等方法，加强较大区域尺度土壤肥力精准评价方法的改进。选用评价方法时应最大限度地减少人为的主观性，使评价结果能客观地反映土壤肥力水平的真实差异性，如选择主成分分析法、聚类分析法、加权综合法等一些综合评价方法，并尽可能地利用新技术和新的分析手段，减少数据分析量对评价方法的限制，同时就如何将作物产量纳入土壤肥力综合评价体系进行进一步探讨。

我国土壤肥力指标的研究以前多集中于土壤化学肥力指标的监测和分析，后来逐渐关注土壤生物肥力指标。有关土壤生物肥力指标，国内应用相对广泛的主要集中在土壤微生物量碳/氮和土壤酶活性。随着分子生物学技术在国内的发展，PCR-DGGE 技术和基于 16S rRNA 基因的高通量测序技术，较传统微生物分析技术能更真实地反映土壤中微生物群落的复杂性和多样性。因此，基于这些分子生物学技术获取的大数据资料可以进一步丰富土壤生物肥力指标，从而为合理评价土壤肥力提供更多参考。

水稻土是在特殊的土壤管理措施下发育形成的。"淹水条件下耕作"一直是影响水稻土肥力的最大难题，它导致土壤大团聚体被破坏，易溶性养分淋失（Jiang and Xie，2009），并使得水稻土的氮肥利用率不到旱地的一半。因此，影响水稻土肥力的主要因子与其他耕作土壤（旱地）以及自然土壤（森林土壤、草地等）有所不同。同时，以往的相关研究大多针对不同施肥措施稻田土壤肥力进行评价，但施肥只是土壤肥力变化的影响因素之一，因此今后应加强对现代农业耕作措施（不同轮作模式、秸秆还田、免耕等不同耕作模式）下稻田土壤肥力评价的研究。应制定一套针对不同稻作区典型施肥和耕作模式下比较完整和有代表性的评价指标体系，以及客观又简单实用的评价方法，为以水稻高产优质为目标的土壤培肥技术提供参考。

第三节　高产稻田培肥耕作的主要措施

由于秸秆还田等技术的推广，我国水稻种植区的土壤肥力总体上得到了改善，但是，随着高产品种的推广，如何进一步培肥稻田仍是水稻产量提升的关键问题。土壤肥力与作物产量密切相关。在化肥施用量相同的情况下，提高土壤肥力可以明显促进作物增产。特别是在高产目标的驱动下，提升土壤肥力可以有效降低水稻产量对外源肥料的依存率，所以，面对化肥的"零增长"目标，通过提高土壤肥力来保证作物高产就显得十分重要。

一、培肥的主要施肥措施

肥料是粮食的"粮食"，国内外的许多实践已证明，在所有增产因子中只有施肥量与粮食产量呈直线相关关系（曹志洪，1998）。自20世纪70年代开始，亚洲许多国家都在不同地区建立了稻田长期定位试验。在众多研究报道中，一些长期定位试验水稻产量呈现显著的下降趋势（Dobermann et al.，2000；Ladha et al.，2003），也有一些试验呈现显著的增加趋势（Yadav et al.，2000；Saleque et al.，2004），但大部分的长期定位试验产量变化趋势较为平缓（Dawe et al.，2000；Ladha et al.，2003）。造成水稻产量对施肥响应不一致的结果，与肥料能否科学施用、肥料类型、管理措施等因素密切相关。

（一）不合理施肥的后果

对于水稻土，不合理的施肥制度可致土壤肥力降低、土壤微生物活性减弱，同时引起作物减产，从而进一步导致土壤退化（徐明岗等，2006）。

大量研究表明，长期不施肥可显著降低土壤有机碳含量。林葆等（1996）总结了全国化肥试验网长期定位试验结果，表明无肥区的土壤有机碳含量下降，其降低幅度为0.08%～0.14%；长期施用化肥对土壤有机碳的影响不大（祝华明等，1995；马成泽等，1994）；长期施用有机肥或采用秸秆还田均能够显著提高土壤有机碳含量（周卫军等，2002；Zhang et al.，2012）。

（二）有机肥的作用

在中国，有机肥的使用已经有几千年的历史。施用有机肥不仅能够给水稻提供大量的营养元素，同时还能提高土壤有机质含量，因此也被认为是一种可持续的肥料管理方式。英国洛桑试验站 Hoosfield 厩肥残效处理的产量结果表明，有机肥的残效远比我们想象的要长得多，该处理在1852～1871年的20年中每年施厩肥35 t/hm²，1872年以后不再施肥。在以后的90年中，该处理的大麦产量始终明显高于不施肥处理。其产量在前40年中比无肥处理高出一倍以上，在后 50 年中也可高出 50%（沈善敏，1984）。Yadav 等（2000）通过分析长期定位试验数据报道了有机肥比化肥具有更持续的增产作用。尽管有机肥对土壤的改良作用已经被许多研究所证实，但有机肥是否能够将其土壤改良功能和肥料残效体现在产量趋势的提高上仍然存在争议。

Ding 等（2012）的研究结果显示，施用有机肥显著增加了土壤全碳含量以及各碳库中有机碳含量，其增加量随着有机肥施用量的增加而增大。长期施用氮磷钾肥或有机肥均可显著提高土壤中的氮磷钾养分（Regmi et al.，2002；Zhang et al.，2009；张桂兰等，1999）。氮磷钾肥配合施用或有机 - 无机肥配施显著提高了土壤氮含量（韩晓日等，1995；刘杏兰等，1996）。张国荣等（2009）研究发现在长期耕种施肥中，不施肥处理下的土壤全氮和碱解氮含量均呈降低趋势，其他各施肥处理下的土壤全氮均有不同程度积累，而施用化肥和有机肥土壤全氮及速效氮都有不同程度积累。与施用化肥氮相比，施用有机肥对提升土壤氮素的效果更显著（黄东迈等，2002；王伯仁等，2002）。

不同培肥管理措施在影响土壤有机碳和全氮、有效氮等养分的同时，亦改变了土壤微生物生态特征。近年来，很多研究证实了施用有机肥显著提升了土壤的微生物活性和群落多样性。Jackson 等（2003）分析结果显示，化肥与有机肥配合施用，在补充土壤有机碳源的同时提高了养分有效性和保水能力，大大提高了土壤微生物的活性，所以单施有机肥和有机 - 无机肥配施处理的土壤微生物生物量碳较高。Marschner 等（2001）研究表明，长期施用有机肥使革兰氏阳性菌 / 革兰氏阴性菌（G^+/G^-）比例提高，真菌 / 细菌比例降低。袁红朝等（2011）研究发现，在红壤性水稻土上，多样性指数分析（香农指数和均匀度指数）显示秸秆还田处理的土壤细菌多样性最高；施肥处理（氮磷钾配施和秸秆还田）的土壤细菌多样性均高于不施肥处理；与不施肥处理相比，长期秸秆还田土壤细菌多样性提高了 1 倍。郝晓晖等（2010）采用 BIOLOG 法对土壤微生物群落功能多样性进行测定，结果表明，中、高量有机肥处理提高了稻田土壤微生物的碳源利用率和微生物群落功能多样性；土壤微生物碳源利用的类型因长期不同施肥处理而产生差异。张恩平等（2009）研究表明，有机 - 无机肥配施较单施无机肥可显著增加土壤细菌和放线菌的数量，提高土壤真菌的多样性；有机肥和低浓度氮肥配施处理的土壤细菌数量、真菌群落的多样性和均匀性显著高于其他处理。因此，施用有机肥有利于土壤生态系统功能增强。

不同培肥管理措施对土壤酶活性有显著影响。王树起等（2008）研究发现，化肥和有机肥配合施用可以大幅增加黑土 0 ～ 20 cm 和 20 ～ 40 cm 土层的土壤磷酸酶、脲酶及转化酶活性；李东坡等（2004）认为高量有机肥的土壤脲酶和磷酸酶活性显著高于低量有机肥，这表明随着有机肥用量的增加，土壤脲酶和磷酸酶活性也逐渐增加；马星竹等（2008）研究表明，单施有机肥和有机 - 无机肥配施处理显著提高了土壤糖苷酶和磷酸单酯酶的活性，这种活性的增加主要是由有机肥带入到土壤中的酶活性所引起。在水稻土上，氮磷钾肥配施有机肥（猪粪）可以大幅提高土壤微生物生物量和土壤酶活性，并优化土壤的微生物群落结构（吴晓晨等，2009；邵兴华等，2012；Liu et al.，2009；Yuan et al.，2012）。颜慧等（2008）研究表明，秸秆还田和施用猪粪有利于红壤性水稻土中细菌和放线菌的生长，施用有机肥可显著提高磷脂脂肪酸（PLFA）总量及土壤脲酶和磷酸酶活性。裴雪霞等（2010）研究发现，长期施用有机肥显著提高了土壤总 PLFA 含量、真菌 / 细菌比值、真菌 PLFA 相对含量、SMBC 含量、SMBN 含量、SMBP 含量，土壤碱性磷酸酶、蛋白酶和脲酶活性也明显增强，并促进了 AM 菌根的生长。卜洪震等（2010）研究发现，与不施肥对照相比，施用化肥、秸秆还田及有机 - 无机肥配施可以显著提高土壤微生物量碳及总 PLFA 的量。

二、培肥的主要耕作措施

耕作是农业生产过程中一项重要的土壤培肥措施，合理的土壤耕作方式能够改善土壤水、肥、气、热状况，进而影响土壤物理（水、孔隙及土壤结构）、化学（有机质矿化、养分有效性及气体排放）和生物学（土壤微生物分布及活性）性状，最终促进根系生长和提高作物产量（Huang et al.，2012）。目前主要的土壤耕作措施包括翻耕、旋耕、（少）免耕、垄耕等，其中翻耕是传统的土壤耕作方式，耕翻后土壤的结构会发生变化，对土壤含水量、总孔隙度、水稳性团聚体含量及团聚体结构稳定系数均有较大影响，有利于促进土壤通气孔隙的形成，改善土壤结构。旋耕一般耕作深度为 8 ～ 15 cm，能够改善土壤结构、增加土壤储水量、促进根系生长，但长期旋耕也会导致土壤稳定性降低、营养流失等问题。（少）免耕可以防止水土流失，节省人力物力，是一种保护性耕作措施，但长期（少）免耕容易引起土壤板结，使耕层变浅。

不同耕作方式对土壤肥力和水稻产量的影响研究较多。江泽普等（2007）认为，免耕直播水稻株高、结实率及产量都较高，穗粒数和千粒重则与常规插秧相当，而免耕抛秧穗粒数、结实率、千粒重及产量均较低；在土壤理化性状方面，与常规插秧比，免耕栽培稻田表层土壤有机质增加。汤文光等（2015）研究表明，免耕增加了表层土壤容重，土壤养分含量相对较低。但也有研究认为，免耕可以提高水稻的叶面积指数、有效穗数、每穗粒数、千粒重和结实率等（陈达刚等，2013）。王昌全等（2001）连续 8 年的稻麦两熟定位试验表明，免耕能提高作物产量，其原因是免耕可增加土壤孔隙度、促进团聚体形成、提高土壤有机质和有效养分含量，从而改善土壤理化性状。吴建富等（2008）认为，中长期连续机械旋耕与传统翻耕对双季机插稻的产量及其构成因素均无显著影响，但传统翻耕有利于双季机插水稻稳产。也有研究认为，不同土壤耕作措施下稻田土壤质量表现为旋耕处理优于翻耕处理。钱银飞（2014）通过连续 5 年定位试验研究耕作方式对双季稻产量的影响，发现产量以翻耕处理最高，旋耕和半免耕处理（早稻免耕、晚稻旋耕）次之，免耕处理最低，其原因是免耕处理的有效穗数、穗粒数和千粒重显著下降。但一些学者认为，长期连续耕作导致农田的耕层普遍浅化，土壤紧实，严重阻碍了作物根系的生长和产量的提高，同时弱化了土壤的蓄水保肥能力，容易导致水土流失。

因为垄作提高了土壤温度，有效积温增加，从而使得微生物活动旺盛，有效养分增加，土壤气、热、水、肥协调，创造了一个良好的生长环境，因而水稻生长健壮，根系发达（张玉屏等，2003），为水稻高产优质提供了很好的条件。黄建国和袁玲（1990）调查结果表明，水稻垄作比平作的单株分蘖数增加，有效穗数增加，结实率增加，空秕率减少，稻米的蛋白质和淀粉含量分别提高 0.3% 和 2.5%。章秀福等（2005）的研究也发现垄畦栽培对碾磨品质、外观品质有改善作用，整精米率提高，垩白度下降。因此，采取科学合理的耕作方式，有利于保证稻田耕地质量，提高水稻移栽质量，促进水稻生长发育和提高产量水平。上述研究结果的差异可能与不同的土壤类型和田间管理方式有关（Gathala et al.，2011）。总的来看，目前有关稻田土壤耕作方式效应的研究结果尚存在一定争议，且着眼于稻田周年生产的研究较少。

不同的耕作措施会对土壤容重、土壤紧实度和土壤孔隙度等物理性状产生不同的影响（姜桂英，2009）。王福军等（2012）研究长期耕作措施下华北农田土壤碳库的情况表明，翻耕和旋耕处理在其耕作层中土壤容重较为均匀，而免耕处理土层中土壤容重出现逐渐递增的趋势，其原因主要是由于免耕土壤扰动小，使得各层次土壤容重相当。也有研究认为免耕使土壤容重降低，有利于土壤水分与土壤空气的相互消长平衡，加强了土壤对环境水、热变化的缓冲能力，从而为植物生长、微生物生命活动创造良好环境（Micucci and Taboada，2006）。梁金凤等（2010）研究表明，与免耕相比，常规深翻耕使土壤容重得到了明显的下降，且随耕作深度的增加，容重的降低作用趋势逐渐增加。冯跃华等（2004）研究表明，免耕处理耕作层 0～5 cm 土层的土壤容重比常规牛耕处理在同一层次的土壤容重低 7.7%。而李凤博等（2008）对免耕、旋耕、牛耕等进行了深入且系统的研究，发现免耕处理显著增加了土壤容重，旋耕和牛耕处理则相对降低了土壤容重，但是降低的趋势不明显。

土壤孔隙是土壤中养分、水分、空气和微生物等的迁移、转化的主要场所（贺康宁，1995），它对土壤中水和空气的传导、运动，以及植物根系的穿扎和吸水都具有非常重要的作用（姜桂英，2009）。不同的耕作措施对土壤孔隙度的影响也不同，蔡立群等（2012）研究表明免耕稻秆覆盖和免耕地膜覆盖较传统耕作改善了土壤蓄水性能，传统耕作稻秆还田和免耕稻秆覆盖处理较传统耕作处理显著增加了土壤总孔隙度，且免耕稻秆覆盖可以显著提高土壤饱和导水率。张雯等（2006）也得出类似的结论，认为保护性耕作能使土壤形成较高毛管孔隙度和适宜的通气孔隙，有利于增加土壤蓄水量，且保护性耕作方式中留茬免耕和覆盖免耕方式的土壤容重均大于灭茬免耕和传统耕作方式。研究发现，牛耕处理的机械组成在直播条件下与免耕处理的无明显差异，但是免耕处理在微团粒方面比牛耕处理的要高，土壤 0～7 cm 耕层中 0.01 mm、0.05 mm 和 0.25 mm 3 个颗粒直径的团聚体分别比牛耕增加了 3.1%、5.8% 和 12.3%，说明免耕处理有利于土壤团聚体的形成，免耕处理表层 0～10 cm 土壤团聚体数量、分布和稳定性显著优于牛耕处理（朱炳耀等，1999；雷金银等，2008）。研究表明，长期不同耕作方式可促进土壤腐殖质化、团粒化，也增加了土壤保水保肥的能力。

耕作方式对土壤化学养分的影响主要是通过耕作直接作用于土壤，改变土壤结构，从而影响土壤养分的转化与循环（徐琪，1998）。大量研究表明，稻秆还田下的（少）免耕、深松均能增加土层土壤氮、磷、钾的含量（刘世平等，1998；晋凡生和张宝林，2000；康轩等，2009）。不同耕作措施对土壤有机质及全氮含量的影响反映在土壤剖面的不同层次上，在 0～20 cm 土层，免耕土壤有机质和全氮累积量高于常规耕作土壤，而 20～40 cm 土层，常规耕作土壤的有机质和全氮含量明显高于免耕处理。研究表明，常规牛耕更容易使土壤受到外部因素的干扰，使微生物和有机物的接触面得到增加，从而导致了土壤中原有的有机物矿化分解速度比免耕处理的快而强烈（谢德体等，1991）。因此，常规牛耕处理土壤中有机质含量比免耕处理低，且主要表现在土壤表层。冯跃华等（2004）研究表明，直播条件下，与牛耕处理相比，免耕处理有利于提高耕作层 0～5 cm 土壤全氮、碱解氮、有机质、有效磷、速效钾的含量，且 0～5 cm 养分含量在土壤剖面中含量均为最高，5～10 cm 和 10～20 cm 土层的常规养分含量均低于表层土壤。据研究表明，垄作免耕 10 年后，稻田长期垄作免耕土壤表层有机质含量提高，0～10 cm 土层的有机质含量达 47.5 g/kg，比常规平作高 41.1%（高明等，2005）。此外，土壤有效磷和速效钾也分别提高 1.3 mg/kg 和 5.0 mg/kg（李世平，1992）。陈仁天等（2012）研究表明，在相同水分管理条件下，无论是早稻还是晚稻，免耕有利于土壤全氮和土壤碱解氮含量的提高。但王昌全等（2001）

研究结果却相反，认为在土壤垂直剖面上无论哪个耕层，土壤全量养分牛耕处理均低于常规免耕处理，趋势会随着免耕时间的增加而增加。李华兴等（2001）的研究也表明水稻成熟期土壤中的碱解氮、有效磷、速效钾含量均是牛耕处理的高于免耕处理。余泺等（2010）研究指出，垄作免耕的矿化速率高于厢作免耕、水旱轮作、常规平作等保护性耕作措施。

土壤微生物是土壤中活的生命体，是土壤肥力转化不可或缺的活性物质，主要通过分解动植物残体而参与土壤生态系统的物质循环、能量流动、腐殖质的形成和分解、养分释放和氮素固定等肥力形成过程（张星杰等，2009）。已有研究表明，不同耕作措施可使土壤微生物生物量碳、氮数量波动剧烈，常规翻耕处理土壤表层微生物生物量碳、氮数量低于（少）免耕，且土层越深，土壤微生物生物量碳、氮数量越少（Six et al.，1998）。但是也有人得出了相反的结论，Roger-Estrade 等（2010）研究表明，传统的土壤耕作措施降低了土壤微生物多样性。也有研究表明，在 0 ～ 3.8 cm 土层，免耕处理微生物生物量碳含量是常规翻耕处理的 87%，而在 3.8 ～ 7.5 cm 土层免耕处理土壤微生物生物量碳含量仅为常规翻耕处理的 33%（Six et al.，1998；王笳和王树楼，1994）。

农田土壤酶参与了土壤中一切复杂的生物化学过程，对土壤有机质的转化起着非常重要的作用，其活性的高低客观地反映了土壤肥力的高低和土壤物质能量代谢旺盛的程度，是土壤质量水平、土壤生物化学特性的一个重要指标（陈军胜，2005；张星杰，2009）。因此，深入研究不同耕作模式下土壤酶活性的变化，对于管理整个农田生态系统具有重大意义。高明等（2004）研究表明，土壤酶活性随着土层深度的增加而逐渐下降，不同处理间垄作免耕最高，常规平作最低，表明垄作免耕有利于提高稻田土壤酶活性和土壤肥力。王晓凌等（2007）研究指出，蔗糖酶活性、土壤脲酶、过氧化氢酶和蛋白酶活性在免耕及沟播处理时显著高于套作和常规耕作处理，而脲酶活性在各处理间差异较小，这与 Leszek 等（1997）的研究结果基本一致。李华兴等（2001）研究指出，免耕土壤的酸性磷酸酶活性高于牛耕。众多研究得出免耕措施提高了土壤酶活性，表明其在提高土壤营养元素的有效性和促进作物生长发育方面有较好的效果。

不同耕作措施因改变了土壤理化及生物学性状，如土壤氧化还原电位、土壤通气性、土壤结构、土壤水分动态、微生物活性及作物根系生长等，进而影响了 CH_4 排放或者吸收（Cai et al.，2010；Mangalassery et al.，2014）。与传统耕作相比，免耕（尤其是长期免耕）能有效减少 CH_4 排放，这可能与免耕能够减小土壤容重、降低可溶性有机碳含量有关（Ussiri et al.，2009；Bayer et al.，2012）。免耕还田等保护性耕作措施对农田土壤 CH_4 和 N_2O 直接排放影响的结果变化不一，免耕或少耕增加了 N_2O 排放，免耕等保护性耕作措施促进（Yao et al.，2009）、抑制（Ruan and Robertson，2013）N_2O 排放，或无显著影响（Zhang et al.，2013）的结果都有报道，这可能与研究位点的气候、土壤等因素有关。免耕还田通过改变土壤 pH、含水量、有机碳及其组分、氮素状态、容重、孔隙度及有机质降解和微生物利用过程（Zhang et al.，2012；Mangalassery et al.，2014），从而对 CH_4 和 N_2O 排放造成不同影响。为了揭示某一农作措施对温室气体排放造成的变化及主要影响因素，Meta 分析方法被广泛应用于评价保护性耕作下土壤温室气体的排放（Chen et al.，2013；Skinner et al.，2014）。基于全球尺度上的 Meta 分析结果指出，免耕或少耕增加了 N_2O 排放。大量研究表明，免耕或稻秆还田条件下土壤 N_2O 产生过程受多种因素影响，如土地利用方式、气候土壤条件、秸秆还田量等，且影响效果不一，这可能主要是因为相应措施对土壤厌氧状态和氮素存在形式差异导致的。

参 考 文 献

艾治勇. 2012. 长江中游地区气候变化特点及双季稻适应性高产栽培技术研究. 长沙: 湖南农业大学博
　　士学位论文.

卜洪震, 王丽宏, 尤金成, 等. 2010. 长期施肥管理对红壤稻田土壤微生物量碳和微生物多样性的影响.
　　中国农业科学, 43(16): 3340-3347.

蔡立群, 罗珠珠, 张仁陟, 等. 2012. 对旱地农田土壤水分保持及入渗性能的影响研究. 中国沙漠, 32(5):
　　362-368.

曹丹, 白林燕, 冯建中, 等. 2018. 东北三省水稻种植面积时空变化监测与分析. 江苏农业科学, 46(10):
　　260-265, 271.

曹志洪, 周健民. 2008. 中国土壤质量. 北京: 科学出版社.

曹志洪. 1998. 科学施肥与我国粮食安全保障. 土壤, (2): 57-63, 69.

陈达刚, 周新桥, 李丽君, 等. 2013. 华南主栽高产籼稻根系形态特征及其与产量构成的关系. 作物学报,
　　39(10): 1899-1908.

陈军胜. 2005. 华北平原免耕冬小麦田土壤水热特征及其对冬小麦生长发育影响研究. 北京: 中国农业
　　大学博士学位论文.

陈仁天, 唐茂艳, 赵荣德, 等. 2012. 耕作方式和大田水分管理对水稻氮素吸收利用的影响. 南方农业学
　　报, 43(7): 942-946.

崔光辉, 卞尚道, 梁嘉陵. 1996. 水稻垄作稻 - 菇 - 鱼立体共生复合群体结构模式的研究. 现代化农业, (4):
　　7-8.

戴士祥, 任文杰, 滕应, 等. 2018. 安徽省主要水稻土基本理化性质及肥力综合评价. 土壤, 50(1): 66-72.

丁玉治, 黄景, 农光标, 等. 1992. 广西高产水稻土的肥力特征及其培育. 广西农业大学学报, (3): 137-143.

段永华, 张钟, 郭春平, 等. 2016. 云南省水稻生产的区域比较优势分析. 云南农业科技, (1): 16-18.

范业成, 叶厚专. 1998. 江西红壤性水稻土肥力特性及其管理. 江西农业学报, 15(3): 70-74.

费槐林. 1995. 水稻优质高产栽培技术问答. 北京: 科学普及出版社.

费槐林. 2001. 水稻良种高产高效栽培. 北京: 金盾出版社.

冯跃华, 邹应斌, 王淑红, 等. 2004. 免耕对土壤理化性状和直播稻生长及产量形成的影响. 作物研究, 03:
　　137-140.

高菊生, 黄晶, 董春华, 等. 2014. 长期有机无机肥配施对水稻产量及土壤有效养分影响. 土壤学报,
　　51(2): 126-136.

高明, 李阳兵, 魏朝富, 等. 2005. 稻田长期垄作免耕对土壤肥力性状的影响研究. 水土保持学报, (3): 29-33.

高明, 周保同, 魏朝富, 等. 2004. 不同耕作方式对稻田土壤动物、微生物及酶活性的影响研究. 应用生
　　态学报, 15(7): 1177-1181.

韩晓日, 陈思凤, 郭鹏程, 等. 1995. 长期施肥对作物产量及土壤氮素肥力的影响. 土壤通报, 26(6): 244-246.

郝晓晖, 胡荣桂, 吴金水, 等. 2010. 长期施肥对稻田土壤有机氮、微生物生物量及功能多样性的影响.
　　应用生态学报, 21(6): 1477-1484.

贺康宁. 1995. 水土保持林地土壤水分物理性质的研究. 北京林业大学学报, (3): 44-50.

黄东迈, 朱培立, 王志明. 2002. 耕作土壤有机态氮内循环中几个问题的商榷. 土壤学报, 39(增刊): 100-108.

黄光忠. 2012. 成都平原高产水稻土肥力特征与培育技术——以郫县为例. 见: 中国土壤学会. 面向未来
　　的土壤科学 (上册).

黄建国, 袁玲. 1990. 垄作对再生稻产量品质的影响. 耕作与栽培, (3): 27-28.

贾凤安, 刘晨, 吕睿, 等. 2017. 耕作年限对延安新造耕地土壤养分、酶活性及微生物多样性的影响. 陕
　　西农业科学, 63(10): 1-5.

江泽普, 黄绍民, 韦广泼, 等. 2007. 不同连作免耕稻田土壤肥力变化与综合评价. 西南农业学报, 20(6):
　　1250-1254.

江泽普, 黄绍民, 韦广泼, 等. 2007. 不同免耕模式对水稻产量及土壤理化性状的影响. 中国农学通报, (12): 362-365.

姜桂英. 2009. 不同耕作方式和轮作模式对河南褐潮土肥力的影响. 福州: 福建农林大学硕士学位论文.

金鑫. 2013. 秸秆还田对稻田土壤还原性物质和水稻生长的影响. 南京: 南京农业大学硕士学位论文.

晋凡生, 张宝林. 2000. 免耕覆盖玉米秸秆对旱塬地土壤环境的影响. 生态农业研究, (3): 49-52.

康日峰, 任意, 吴会军, 等. 2016. 26 年来东北黑土区土壤养分演变特征. 中国农业科学, 49(11): 2113-2125.

康轩, 黄景, 吕巨智, 等. 2009. 保护性耕作对土壤养分及有机碳库的影响. 生态环境学报, 18(6): 2339-2343.

雷金银, 吴发启, 王健, 等. 2008. 保护性耕作对土壤物理特性及玉米产量的影响. 农业工程学报, 24(10): 40-45.

李东坡, 武志杰, 陈利军, 等. 2004. 长期不同培肥黑土磷酸酶活性动态变化及其影响因素. 植物营养与肥料学报, 10(5): 550-553.

李凤博, 牛永志, 高文玲, 等. 2008. 耕作方式和秸秆还田对直播稻田土壤理化性质及其产量的影响. 土壤通报, (3): 549-552.

李华兴, 卢维盛, 刘远金, 等. 2001. 对水稻生长和土壤生态的影响. 应用生态学报, 12(4): 53-56.

李建军, 辛景树, 张会民, 等. 2015. 长江中下游粮食主产区 25 年来稻田土壤养分演变特征. 植物营养与肥料学报, 21(1): 92-103.

李建军. 2015. 我国粮食主产区稻田土壤肥力及基础地力的时空演变特征. 贵阳: 贵州大学硕士学位论文.

李世平. 1992. 冬水田垄作试验简报. 江西农业科技, (5): 29.

李娅娟, 何晓滨. 2014. 云南省主要土壤类型养分状况及变化特征. 中国农技推广, 30(8): 35-37.

李忠佩, 张桃林, 陈碧云. 2006. 江西余江县高产水稻土有机质和养分含量变化. 中国农业科学, 39(2): 324-330.

梁金凤, 齐庆振, 贾小红, 等. 2010. 不同耕作方式对土壤性质与玉米生长的影响研究. 生态环境学报, 19(4): 945-950.

梁涛, 廖敦秀, 陈新平, 等. 2018. 重庆稻田基础地力水平对水稻养分利用效率的影响. 中国农业科学, 51(16): 3106-3116.

梁涛. 2017. 基于土壤基础地力的施肥推荐研究——以重庆水稻和玉米为例. 重庆: 西南大学硕士学位论文.

梁尧, 韩晓增, 丁雪丽. 2012. 东北黑土有机质组分与结构的研究进展. 土壤, 44(6): 888-897.

廖育林, 郑圣先, 聂军, 等. 2008. 不同类型生态区稻—稻种植制度中钾肥效应及钾素平衡研究. 土壤通报, 39(3): 612-618.

廖育林, 郑圣先, 聂军, 等. 2009. 长期施用化肥和稻草对红壤水稻土肥力和生产力持续性的影响. 中国农业科学, 42(10): 3541-3550.

林葆, 林继雄, 李家康. 1994. 长期施肥的作物产量和土壤肥力变化. 植物营养与肥料学报, 1: 6-18.

刘清, 蔡学斌, 娄正. 2014. 我国农户粮食产后处理现状、问题及建议. 农业工程技术 (农产品加工业), (10): 18-21.

刘世平, 庄恒扬, 单玉华, 等. 1998. 轮耕对土壤供氮和小麦吸氮状况的影响. 江苏农学院学报, (2): 50-53.

刘杏兰, 高宗, 刘存寿, 等. 1996. 有机 - 无机肥配施的增产效应及对土壤肥力影响的定位研究. 土壤学报, 339(2): 138-147.

刘玉, 王国刚, 高秉博, 等. 2012. 中国粮食生产的区域格局变化研究——基于 1998—2010 年的数据实证分析. 农业现代化研究, 33(6): 673-677.

柳云龙, 胡宏韬, 陈永强. 2007. 低丘红壤肥力退化与评价指标体系研究. 水土保持通报, 27(5): 63-66, 70.

罗华. 2003. 湘中地区稻田高产高效种植模式比较研究. 长沙: 湖南农业大学硕士学位论文.

罗薇, 张会化, 陈俊坚, 等. 2018. 广东省土壤有机碳储量及分布特征. 生态环境学报, 27(9): 1593-1601.

罗悦. 2018. 气候变化和城镇化双驱动下安徽水稻生产响应机制研究. 南京: 南京信息工程大学硕士学位论文.

马成泽, 周勤, 何方. 1994. 不同肥料配合施用土壤有机碳盈亏分布. 土壤学报, 31(1): 34-41.

马星竹, 陈利军, 武志杰, 等. 2008. 长期施肥对黑土糖苷酶和磷酸单酯酶活性的影响. 浙江大学学报 (农业与生命科学版), 34(5): 546-551.

马宗国, 卢绪奎, 万丽, 等. 2003. 小麦秸秆还田对水稻生长及土壤肥力的影响. 作物杂志, (5): 37-38.

佴军. 2013. 近 30 年江苏省水稻生产的时空变化与效益分析. 扬州: 扬州大学博士学位论文.

潘丽媛, 肖炜, 董艳, 等. 2016. 超高产生态区水稻根际微生物物种及功能多样性研究. 农业资源与环境学报, 33(6): 583-590.

庞艳梅. 2016. 气候变化对四川水稻产量的影响及农业气象灾害发生趋势研究. 北京: 中国农业大学博士学位论文.

裴雪霞, 周卫, 梁国庆, 等. 2010. 长期施肥对黄棕壤性水稻土生物学特性的影响. 中国农业科学, 43(20): 4198-4206.

彭定新, 叶萍, 严志强. 2018. 广西耕地变化及其对粮食生产的影响. 广西师范学院学报 (自然科学版), 35(4): 78-85.

彭国照, 邢开瑜. 2017. 四川盆区近 50 年的水稻气候资源变化特征. 贵州农业科学, 45(4): 128-133.

彭佩钦, 吴金水, 黄道友, 等. 2006. 洞庭湖区不同利用方式对土壤微生物生物量碳氮磷的影响. 生态学报, 26(7): 2262-2266.

彭卫福, 吕伟生, 黄山, 等. 2018. 土壤肥力对红壤性水稻土水稻产量和氮肥利用效率的影响. 中国农业科学, 51(18): 3614-3624.

彭要培. 2017. 长安区影响耕地质量的障碍因子分析及耕地生产潜力研究. 西安: 长安大学硕士学位论文.

钱银飞. 2014. 不同耕作方式对南方红壤区双季稻周年产量及土壤性状的影响. 见: 中国作物学会. 2014 年全国青年作物栽培与生理学术研讨会论文集.

上海市农科院土保所土壤组. 1978. 高产稳产水稻土的肥力特征. 上海农业科技, 4: 15-16.

邵兴华, 张建忠, 夏雪琴, 等. 2012. 长期施肥对水稻土酶活性及理化特性的影响. 生态环境学报, 21(1): 74-77.

沈善敏. 1984. 国外的长期肥料试验 (一)(二)(三). 土壤通报, 15(2): 85-91, 134-138, 198-185.

宋文. 2018. 基于耕地综合质量的高标准农田建设与监测研究. 北京: 中国地质大学博士学位论文.

孙本华, 孙瑞, 郭芸, 等. 2015. 塿土区长期施肥农田土壤的可持续性评价. 植物营养与肥料学报, 21(6): 1403-1412.

孙国峰, 张丽萍, 周炜, 等. 2018. 连续施用猪粪有机肥的高产稻田氮磷钾径流流失特征. 江苏农业科学, 46(23): 349-351.

孙懿慧. 2010. GIS 支持下的湖北省水稻生产潜力和区域种植研究. 武汉: 华中农业大学硕士学位论文.

孙永健, 杨志远, 孙园园, 等. 2014. 成都平原两熟区水氮管理模式与磷钾肥配施对杂交稻冈优 725 产量及品质的影响. 植物营养与肥料学报, 20(1): 17-28.

孙园园, 徐富贤, 孙永健, 等. 2015. 四川稻作区优质稻生产气候生态条件适宜性评价及空间分布. 中国生态农业学报, 23(4): 506-513.

汤文光, 肖小平, 唐海明, 等. 2015. 长期不同耕作与秸秆还田对土壤养分库容及重金属 Cd 的影响. 应用生态学报, 26(1): 168-176.

陶菊春, 吴建民. 2001. 综合加权评分法的综合权重确定新探. 系统工程理论与实践, 21(8): 43-48.

滕飞龙, 钱晓刚, 冯梦喜, 等. 2008. 贵州省超高产稻田土壤肥力特征初步研究. 贵州农业科学, (2): 97-99.

汪晓燕, 郭熙, 赵小敏. 2018. 近 30 年江西省耕地肥力质量时空演变规律. 江苏农业科学, 46(6): 284-288.

王伯仁, 徐明岗, 文石林, 等. 2002. 长期施肥红壤氮的累积与平衡. 植物营养与肥料学报, 8(增刊): 29-34.

王灿, 王德建, 孙瑞娟, 等. 2008. 长期不同施肥方式下土壤酶活性与肥力因素的相关性. 生态环境, 17(2): 688-692.

王昌全, 魏成明, 李廷强, 等. 2001. 不同免耕方式对作物产量和土壤理化性状的影响. 四川农业大学学报, 19(2): 152-154.

王道中, 花可可, 郭志彬. 2015. 长期施肥对砂姜黑土作物产量及土壤物理性质的影响. 中国农业科学, 48(23): 4781-4789.

王福军, 张明园, 张海林, 等. 2012. 华北农田不同耕作方式的固碳效益评价. 中国农业大学学报, 17(4): 40-45.

王筎, 王树楼. 1994. 旱地玉米免耕整秸秆覆盖土壤养分, 结构和生物研究. 山西农业科学, 22(3): 17-19.

王京文. 2003. GIS 支持下的大比例尺蔬菜地土壤肥力与环境质量评价研究——以慈溪市周巷镇蔬菜基地为例. 杭州: 浙江大学硕士学位论文.

王娟. 2009. 我国典型土壤长期定位施肥下土壤氮素时空演变特征研究. 杨凌: 西北农林科技大学硕士学位论文.

王克孟, 马玉军. 1992. 淮阴市高产土壤肥力指标的研究. 土壤, (5): 239-243.

王树起, 韩晓增, 乔云发, 等. 2008. 长期施肥对东北黑土酶活性的影响. 应用生态学报, 19(3): 551-556.

王伟. 2019. 耕作培肥模式对寒地稻田土壤养分及水稻产量的影响. 哈尔滨: 东北农业大学硕士学位论文.

王伟妮. 2014. 基于区域尺度的水稻氮磷钾肥料效应及推荐施肥量研究. 武汉: 华中农业大学博士学位论文.

王晓凌, 陈明灿, 张雷, 等. 2007. 不同耕作方式对土壤微生物量和土壤酶活性的影响. 安徽农学通报, 13(12): 28-30.

王晓煜. 2018. 东北三省水稻产量差与效率差解析. 北京: 中国农业大学博士学位论文.

王越. 2016. 我国稻谷生产安全的挑战与应对. 贵阳: 贵州大学硕士学位论文.

王子龙, 付强, 姜秋香. 2007. 土壤肥力综合评价研究进展. 农业系统科学与综合研究, 23(1): 15-18.

温延臣, 李燕青, 袁亮, 等. 2015. 长期不同施肥制度土壤肥力特征综合评价方法. 农业工程学报, 31(7): 91-99.

吴国港, 朴莲粉, 玄成奎. 1984. 稻田少耕农艺的研究报告. 延边农学院学报, 15(1): 21-34.

吴建富, 潘晓华, 石庆华, 等. 2008. 不同耕作方式对水稻产量和土壤肥力的影响. 植物营养与肥料学报, 14(3): 196-502.

吴晓晨, 李忠佩, 张桃林, 等. 2009. 长期施肥对红壤性水稻土微生物生物量与活性的影响. 土壤, 41(4): 594-599.

武红亮, 王士超, 闫志浩, 等. 2018. 近 30 年我国典型水稻土肥力演变特征. 植物营养与肥料学报, 24(06): 1416-1424.

谢德体, 魏朝富, 曾觉廷. 1991. 土壤有机质变化特性研究. 西南农业大学学报, (4): 70-73.

幸晓维, 谢悦新. 2011. 广东农村统计年鉴. 北京: 中国统计出版社.

徐德海. 2016. 黑龙江省水稻发展现状及其可持续发展性. 中国种业, (9): 20-23.

徐建明, 张甘霖, 谢正苗, 等. 2010. 土壤质量指标与评价. 北京: 科学出版社.

徐明岗, 梁国庆, 张夫道. 2006. 中国土壤肥力演变. 北京: 中国农业科学技术出版社.

徐琪. 1998. 中国稻田生态系统. 北京: 中国农业出版社.

颜慧, 钟文辉, 李忠佩, 等. 2008. 长期施肥对红壤水稻土磷脂脂肪酸特性和酶活性的影响. 应用生态学报, 19(1): 71-75.

杨曾平. 2006. 高产稻田土壤肥力特征及其退化研究. 长沙: 湖南农业大学硕士学位论文.

杨柳. 2017. 江西省及其典型粮食产区水稻熟制变化研究. 南昌: 江西师范大学硕士学位论文.

杨梅花, 赵小敏, 王芳东, 等. 2016. 基于主成分分析的最小数据集的肥力指数构建. 江西农业大学学报, 38(6): 1188-1195.

叶回春, 张世文, 黄元仿, 等. 2014. 粗糙集理论在土壤肥力评价指标权重确定中的应用. 中国农业科学, 47(4): 710-717.

叶延琼, 李韵, 章家恩, 等. 2013. GIS 支持下的广东省水稻种植生态适宜性评价. 湖南农业大学学报 (自然科学版), 39(2): 131-136, 221.

余泺, 高明, 慈恩, 等. 2010. 不同耕作方式下土壤氮素矿化和硝化特征研究. 生态环境学报, 19(3): 733-738.

袁红朝, 秦红灵, 刘守龙, 等. 2011. 长期施肥对红壤性水稻土细菌群落结构和数量的影响. 中国农业科学, 44(22): 4610-4617.

袁红梅, 杨列亮, 王玉海, 等. 2018. 枣庄市水稻生产的现状·问题及对策. 安徽农业科学, 46(9): 190-192, 196.

袁天凤. 2007. 基于粮食生产能力的重庆市耕地质量评价研究. 重庆: 西南大学博士学位论文.

张恩平, 高巍, 张淑红, 等. 2009. 长期施肥条件下菜田土壤微生物特征变化. 生态学杂志, 28(7): 1288-1291.

张桂兰, 宝德俊, 王英, 等. 1999. 长期施用化肥对作物产量和土壤性质的影响. 土壤通报, 30(2): 64-67.

张国荣, 谷思玉, 李菊梅, 等. 2010. 长江中下游地区高产稻田施肥与产量的关系. 中国土壤与肥料, (1): 75-80.

张国荣, 李菊梅, 徐明岗, 等. 2009. 长期不同施肥对水稻产量及土壤肥力的影响. 中国农业科学, 42(2): 543-551.

张辉, 王绪奎, 许建平, 等. 2014. 江苏省不同农区土壤碳氮分布特征及其影响因素. 江苏农业学报, 30(5): 1028-1036.

张雯, 侯立白, 张斌, 等. 2006. 辽西易旱区不同耕作方式对土壤物理性能的影响. 干旱区资源与环境, (3): 149-153.

张星杰, 刘景辉, 李立军, 等. 2009. 保护性耕作方式下土壤养分、微生物及酶活性研究. 土壤通报, 40(3): 542-546.

张玉屏, 朱德峰, 林贤青, 等. 2003. 田间条件下水稻根系分布及其与土壤容重的关系. 中国水稻科学, (2): 48-51.

章秀福, 王丹英, 屈衍艳, 等. 2005. 垄畦栽培水稻的植株形态与生理特性研究. 作物学报, (6): 742-748.

郑桂萍, 钱永德, 汪秀志, 等. 2010. 寒地水稻保护性耕作对稻田土壤生理生化状况的影响. 安徽农业科学, 38(10): 5166-5169, 5172.

中华人民共和国国家统计局. 2017. 中国统计年鉴 2017. 北京: 中国统计出版社.

周红艺, 何毓蓉, 张保华, 等. 2003. 长江上游典型区水耕人为土的电导率与肥力评价探讨. 西南农业学报, 16(1): 86-89.

周王子, 董斌, 刘俊杰, 等. 2016. 基于权重分析的土壤综合肥力评价方法. 灌溉排水学报, 35(6): 81-86.

周卫. 2014. 低产水稻土改良与管理——理论·方法·技术. 北京: 科学出版社.

周卫军, 王凯荣, 张光远, 等. 2002. 有机与无机肥配合对红壤稻田系统生产力及其土壤肥力的影响. 中国农业科学, 35(9): 1109-1113.

朱炳耀, 黄建华, 黄永耀, 等. 1999. 连续免耕对中稻产量及土壤理化性质的影响. 福建农业学报, 14(增刊): 159-163.

朱德峰, 陈惠哲, 章秀福, 等. 2007. 浙江水稻种植制的变化与种植区划. 浙江农业学报, (6): 423-426.

朱鹤健, 郭成达, 林振盛, 等. 1982. 福建省高产水稻土肥力特性的研究. 土壤通报, (4): 1-5.

祝华明, 王美勤, 吴樟梅. 1995. 施肥对红砂田有机碳及土壤养分演变与作物产量的影响研究. 土壤通报, 26(2): 76-77.

Andrews S S, Mithcell J P, Mancinelli R, et al. 2002. On-farm assessment of soil quality in California's central valley. Agronomy Journal, 94: 12-23.

Bandyopadhyay K K, Mistra A K, Ghosh P K, et al. 2010. Effect of integrated use of farmyard manure and chemical fertilizers on soil physical properties and productivity of soybean. Soil and Tillage Research, 110: 115-125.

Bastida F, Zsolnay A, Hernandez T, et al. 2008. Past, present and future of soil quality indices: A biological perspective. Geoderma, 147: 159-171.

Bayer C, Gomes J, Vieira F C B, et al. 2012. Methane emission from soil under long-term no-till cropping systems. Soil and Tillage Research, 124: 1-7.

Berner A, Hildermann I, Fließbach A, et al. 2008. Crop yield and soil fertility response to reduced tillage under organic management. Soil and Tillage Research, 101: 89-96.

Bhardwaj A K, Jasrotian P, Hamiltona S K, et al. 2011. Ecological management of intensively cropped agro-ecosystems improves soil quality with sustained productivity. Agriculture Ecosystems Environment, 140: 419-429.

Bongoua-Devisme A J, Mustin C, Berthelin J. 2012. Responses of Iron-reducing bacteria to salinity and organic matter amendment in paddy soils of Thailand. Pedosphere, 22(3): 375-393.

Bowles T M., Veronica A M, Francisco C, et al. 2014. Soil enzyme activities, microbial communities, and carbon and nitrogen availability in organic agroecosystems across an intensively-managed agricultural landscape. Soil Biology and Biochemistry, 68: 252-262.

Cai Z, Tsuruta H, Gao M, et al. 2003. Options for mitigating methane emission from a permanently flooded rice field. Global Change Biology, 9(1): 37-45.

Chen H, Li X, Hu F, et al. 2013. Soil nitrous oxide emissions following crop residue addition: A meta-analysis. Global Change Biology, 19(10): 2956-2964.

Chen Z, Liu J B, Wu M N, et al. 2012. Differentiated response of denitrifying communities to fertilization regime in paddy soil. Microbial Ecology, 63(2): 446-459.

Choosai C, Jouquet P, Hanboonsong Y, et al. 2010. Effects of earthworms on soil properties and rice production in the rainfed paddy fields of Northeast Thailand. Applied Soil Ecology, 45: 298-303.

Cimélio B, Gomes J, Vieira F C B, et al. 2012. Methane emission from soil under long-term no-till cropping systems. Soil and Tillage Research, 124: 1-7.

Dawe D, Dobermann A, Moya P, et al. 2000. How widespread are yield declines in long-term rice experiments in Asia? Field Crop Res, 66: 175-193.

Ding X L, Han X Z, Liang Y, et al. 2012. Changes in soil organic carbon pools after 10 years of continuous manuring combined with chemical fertilizer in a Mollisol in China. Soil and Tillage Research, 122: 36-41.

Dobermann A, Dawe D, Roetter R P, et al. 2000. Reversal of rice yield decline in a long-term continuous cropping experiment. Agron J, 92: 633-643.

Doran J W. 2002. Soil health and global sustainability: translating science into practice. Agriculture Ecosystems Environment, 88: 119-127.

FAO. 2009. How to Feed the World in 2050. Rome: High Level Expert Forum.

Fayez R, Vida K. 2017. Carbon and nitrogen mineralization kinetics as affected by tillage systems in a calcareous loam soil. Ecological Engineering, 106: 24-34.

Gathala M K, Ladha J, Saharawat Y S, et al. 2011. Effect of tillage and crop establishment methods on physical properties of a medium-textured soil under a seven-year rice-wheat rotation. Soil Science Society of America Journal, 75(5): 1851-1862.

Hidetoshi A, Benjamin K S, Haefele M S, et al. 2009. Biochar amendment techniques for upland rice production in Northern Laos 1. Soil physical properties, leaf SPAD and grain yield. Field Crop Research, 111: 81-84.

Huang M, Zou Y, Jiang P, et al. 2012. Effect of tillage on soil and crop properties of wet-seeded flooded rice. Field Crops Research, 129: 28-38.

Jackson L E, Calderon F J, Steenwerth K L. 2003. Responses of soil microbial processes and communit structure to tillage events and implications for soil quality. Geoderma, 114: 305-317.

Jiang X, Xie D. 2009. Combining ridge with no-tillage in lowland rice-based cropping system: long-term effect on soil and rice yield. Pedosphere, 19: 515-522.

Kang G S, Beri V, Sidhu B S, et al. 2005. A new index to assess soil quality and sustainability of wheat-based cropping systems. Biology and Fertility of Soils, 41: 389-398.

Karlen D L, Hurley E, Andrews S, et al. 2006. Crop rotation effects on soil quality in the northern corn/ soybean belt. Agronomy Journal, 98: 484-495.

Ladha J K, Dawe D, Pathak H, et al. 2003. How extensive are yield declines in long-term rice-wheat experiments in Asia? Field Crop Res, 81: 159-180.

Lee S B, Lee C H, Jung K Y, et al. 2009. Changes of soil organic carbon and its fractions in relation to soil physical properties in a long-term fertilized paddy. Soil and Tillage Research, 104: 227-232.

Leszek M, Janusz N, Zbigniew S. 1997. Soil and crop responses to tillage systems a Polish perspective. Soil and Tillage Research, 43: 65-80.

Liang B, Zhao W, Yang X Y, et al. 2013. Fate of nitrogen-15 as influenced by soil and nutrient management history in a 19-year wheat-maize experiment. Field Crop Research, 20(144): 126-134.

Lima A C R, Brussaard L, Totola M R, et al. 2013.A function evaluation of three indicator sets for assessing soil quality. Applied Soil Ecology, 64: 194-200.

Lima A C R, Hoogmoed W B, Pauletto E A, et al. 2009. Management systems in irrigated rice affect physical and chemical soil properties. Soil and Tillage Research, 103: 92-97.

Liu M Q, Hu F, Chen X Y, et al. 2009. Organic amendments with reduced chemical fertilizer promote soil microbial development and nutrient availability in a subtropical paddy field: The influence of quantity, type and application time of organic amendments. Applied Soil Ecology, 42: 166-175.

Livia W, Angelika K, Werner H, et al. 2013. Management-induced organic carbon accumulation in paddy soils: The role of organo-mineral associations. Soil and Tillage Research, 126: 60-71.

Mangalassery S, Sjögersten S, Sparkes D L, et al. 2014. To what extent can zero tillage lead to a reduction in greenhouse gas emission from temperate soil? Sci Rep, 4: 4586.

Marschner P, Yang C H, Lieberei R, et al. 2001. Soil and plant specific effects on bacterial community composition in the rhizosphere. Soil Biology and Biochemistry, 33(11): 1437-1445.

Marzieh M, Majid H. 2017. Using ordered weight averaging (OWA) aggregation for multi-criteria soil fertility evaluation by GIS (case study: southeast Iran). Computers and Electronics in Agriculture, 132: 1-13.

Micucci F G, Taboada M A. 2006. Soil physical properties and soybean (Glycine max, Merrill) root abundance in conventionally and zero-tilled soils in the humid Pampa of Argentina. Soil and Tillage Research, 86: 152-162.

Mueller L, Shepherd G, Schindler U, et al. 2013. Evaluation of soil structure in the framework of an overall soil quality rating. Soil and Tillage Research, 127: 74-84.

Nambiar K K M, Gupta A P, Fu Q L, et al. 2001. Biophysical, chemical and socio-economic indicators for assessing agricultural sustainability in the Chinese coastal zone. Agriculture Ecosystems Environment, 87: 209-214.

Nazzareno D, Michele C. 2004. Multivariate indicator Kriging approach using a GIS to classify soil degradation for Mediterranean agricultural lands. Ecology Indic, 4: 177-187.

Nie Y, Yu J, Peng Y T, et al. 2016. A comprehensive evaluation of soil fertility of cultivated land: A GIS-Based soil basic Niche-Fitness model, Communications in Soil Science and Plant Analysis, 47(5): 670-678.

Regmi A P, Ladha J K, Pathak H, et al. 2002. Yield and soil fertility trends in a 20-Year rice-rice-wheat experiment in Nepal. Soil Science Society of America Journal, 66: 857-867.

Roger-estrade J, Anger C, Bertrand M, et al. 2010. Tillage and soil ecology: partners for sustainable agriculture. Soil and Tillage Research, 111: 33-40.

Sacco D, Cremon C, Zavattaro L, et al. 2012. Seasonal variation of soil physical properties under different water managements in irrigated rice. Soil and Tillage Research, 118: 22-31.

Saleque M A, Abedin M J, Bhuiyan N I, et al. 2004. Long-term effects of inorganic and organic fertilizer sources on yield and nutrient accumulation of lowland rice. Field Crop Res, 86: 53-65.

Saygm S D, Cornelis W M, Erpul G, et al. 2012. Comparison of different aggregate stability approaches for loamy sand soils. Applied Soil Ecology, 54: 1-6.

Schoenholtz S H, Miegroet H V, Burger J A. 2000. A review of chemical and physical properties as indicators of forest soil quality: challenges and opportunities. Forest Ecology and Management, 138: 335-356.

Six J, Elliot E T, Paustian K, et al. 1998. Aggregation and soil organic matter accumulation in cultivated and native grassland soils. Soils Science Society of America Journal, 62(5): 1367-1377.

Skinner C, Gattinger A, Muller A, et al. 2014. Greenhouse gas fluxes from agricultural soils under organic and non-organic management—A global meta-analysis. Science of The Total Environment, 468-469: 553-563.

Thimo K, Anika M, Doris V, et al. 2015. Plant-available silicon in paddy soils as a key factor for sustainable rice production in Southeast Asia. Basic and Applied Ecology, 16: 665-673.

Ussiri D A N, Lal R, Jarecki M K. 2009. Nitrous oxide and methane emissions from long-term tillage under a continuous corn cropping system in Ohio. Soil and Tillage Research, 104(2): 247-255.

Vinod K S, Yadvinder S, Brahma S D, et al. 2016. Soil physical properties, yield trends and economics after five years of conservation agriculture based rice-maize system in north-western India. Soil and Tillage Research, 155: 133-148.

Wang Y N, Ke X B, Wu L Q, et al. 2009. Community composition of ammonia-oxidizing bacteria and archaea in rice field soil as affected by nitrogen fertilization. Systematic and Applied Microbiology, 32: 27-36.

Yadav R L, Dwivedi B S, Prasad K, et al. 2000. Yield trends, and changes in soil organic-C and available NPK in a long-term rice-wheat system under integrated use of manures and fertilisers. Field Crop Res, 68: 219-246.

Yao Z S, Zheng X H, Xie B H, et al. 2009. Tillage and crop residue management significantly affects N-trace gas emissions during the non-rice season of a subtropical rice-wheat rotation. Soil Biology & Biochemistry, 41(10): 2131-2140.

Yuan H Z, Ge T D, Wu X H, et al. 2012. Long-term field fertilization alters the diversity of autotrophic bacteria based on the ribulose-1, 5-biphosphate carboxylase/oxygenase (Rubis CO) large-subunit genes in paddy soil. Applied Microbiology and Biotechnology, 95: 1061-1071.

Zhang H L, Bai X L, Xue J F, et al. 2013. Emissions of CH_4 and N_2O under different tillage systems from double-cropped paddy fields in southern China. PLoS One, 8(6): e65277.

Zhang H M, Wang B R, Xu M G, et al. 2009. Crop Yield and soil responses to long-term fertilization on a red soil in Southern China. Pedosphere, 19(2): 199-207.

Zhang W J, Xu M G, Wang X J, et al. 2012. Effects of organic amendments on soil carbon sequestration in paddy fields of subtropical China. Journal of Soils Sediments, 12: 457-470.

第二章　典型稻作区稻田土壤肥力空间变化特征

水稻是中国三大粮食作物之一，我国有超过 2/3 的人口以大米为主食，水稻种植面积约占全球的 1/5，在我国的粮食安全保障体系和农业生产中占有重要地位。了解水稻土肥沃程度和科学培肥，是当前保障水稻丰产稳产和实现粮食安全的重要内容。我国水稻土面积为 2978.0 万 hm^2，约占全国耕地面积的 1/5。我国粮食主产区水稻土分为四大区域：东北区，主要分布在吉林、黑龙江；长江中下游区，主要分布在江苏、上海、浙江、安徽、江西、湖北、湖南；西南区，主要分布在四川、重庆、云南、贵州；华南区，主要分布在福建、广东、广西、海南（罗霄等，2011）。可见，我国水稻种植区分布广泛，水稻土类型较多。水稻土是在以种植水稻为主的耕作制度下，通过人为管理措施影响而形成的。各水稻种植区域的肥料施用、耕作措施、田间管理等人为管理存在差异，同时土壤母质、气候、地形和水文等外部因素也可能会对土壤肥力的潜在价值产生一定程度的影响（Bünemanna et al.，2018），导致水稻土肥力高低水平存在高度的空间异质性。

第一节　西南水旱轮作稻区土壤肥力空间变化特征

一、研究区域与方法

（一）研究区域

为了开展西南水旱轮作区稻田土壤肥力的典型县域空间变化特征研究，选取重庆市巴南区作为典型县域。巴南区地处 29°27′45″N ～ N29°46′23″N、106°25′89″E ～ 106°59′58″E，东西宽约 46 km，南北长 70 km，幅员面积 1825 km^2。巴南区现辖 8 个街道、14 个镇。

全区耕地土壤有 6 个土类（即水稻土、紫色土、黄壤土、潮土、石灰（岩）土和冲积土），9 个亚类，22 个土属，85 个土种。耕地总面积 7.36 万 hm^2，占幅员面积的 40.3%，其中，水稻土 43 620.32 hm^2，占耕地总面积的 59.3%；紫色土 26 328.41 hm^2，占耕地总面积的 35.8%；黄壤 3184.57 hm^2，占耕地总面积的 4.3%；潮土 305.94 hm^2，占耕地总面积的 0.4%；石灰（岩）土 127.93 hm^2，占耕地总面积的 0.2%。

（二）研究方法

本研究收集了典型县域重庆市巴南区的全国第二次土壤普查数据（1982 年）和耕地地力调查数据（2010 年），采用 ArcGIS、ArcView 等软件对空间数据进行整理，应用数据库软件 Visual FoxPro 8.0 和 Excel 表格对属性数据进行编码规范，通过数据对比和软件分析，总结巴南区稻田土壤的肥力变化趋势。

（三）指标测定

土壤样品养分含量采用常规方法测定：pH 采用 pH 计法，有机质采用 K_2CrO_7-H_2SO_4 氧化法，全氮采用半微量凯氏法，全磷和全钾采用 NaOH 熔融法，碱解氮采用碱解扩散法，有效磷采用 $NaHCO_3$ 浸提 - 钼锑抗比色法，速效钾采用 NH_4OAc 浸提 - 火焰光度计法。

（四）数据分析

试验数据用 Excel 2016 整理，运用 SPSS 17.0 进行相关性分析及显著性检验（$P < 0.05$）。

二、县域尺度土壤肥力指标描述性统计

重庆市巴南区 1982 年稻田土壤肥力相关指标统计分析结果表明（表 2-1），1982 年全区稻田土壤 pH 为 4.7 ～ 8.4，平均值为 6.14；有机质含量为 0.67 ～ 3.62 g/kg，平均值为 1.6 g/kg，整体处于一个相对较低的水平；全氮含量为 0.04 ～ 0.8 g/kg，平均值为 0.1 g/kg；全磷含量为 0.04 ～ 0.21 g/kg，平均值为 0.08 g/kg；全钾含量为 1.07 ～ 3.1 g/kg，平均值为 2.3 g/kg；碱解氮含量为 50 ～ 174 mg/kg，平均值为 91 mg/kg；有效磷含量为 1 ～ 48 mg/kg，平均值为 9 mg/kg；速效钾含量为 18 ～ 164 mg/kg，平均值为 67 mg/kg。

表2-1　巴南区1982年稻田土壤肥力描述性统计表

指标	N	极小值	极大值	均值	标准误	标准差	方差	偏度	峰度
pH	194	4.7	8.4	6.14	0.6589	0.9178	0.842	0.525	-0.81
有机质 /（g/kg）	194	0.67	3.62	1.6	0.033	0.466	0.218	1.471	2.766
全氮 /（g/kg）	194	0.04	0.8	0.1	0.004	0.057	0.003	9.253	109.176
全磷 /（g/kg）	194	0.04	0.21	0.08	0.002	0.026	0.003	1.452	4.256
全钾 /（g/kg）	185	1.07	3.1	2.3	0.033	0.449	0.202	-0.801	-0.056
碱解氮 /（mg/kg）	185	50	174	91	1.366	18.58	345.43	0.918	1.995
有效磷 /（mg/kg）	194	1	48	9	0.388	5.404	29.202	2.477	13.165
速效钾 /（mg/kg）	194	18	164	67	1.769	24.64	607.46	0.878	1.441

重庆市巴南区 2010 年稻田土壤肥力相关指标统计分析结果表明（表 2-2），2010 年全区稻田土壤 pH 为 4.4 ～ 8.8，平均值为 6.27；有机质含量为 3.26 ～ 61.2 g/kg，平均值为 17.4 g/kg；全氮含量为 0.27 ～ 2.39 g/kg，平均值为 1.1 g/kg；碱解氮含量为 40.74 ～ 382.03 mg/kg，平均值为 157 mg/kg；有效磷含量为 0 ～ 286.47 mg/kg，平均值为 21 mg/kg；速效钾含量为 34.79 ～ 428.29 mg/kg，平均值为 123 mg/kg。

表2-2　巴南区2010年稻田土壤肥力描述性统计表

指标	N	极小值	极大值	均值	标准误	标准差	方差	偏度	峰度
pH	286	4.4	8.8	6.27	0.07	1.186	1.408	0.564	-0.961
有机质 /（g/kg）	286	3.26	61.2	17.4	0.444	7.516	56.497	1.378	4.004
全氮 /（g/kg）	286	0.27	2.39	1.1	0.022	0.373	0.14	0.718	0.462
碱解氮 /（mg/kg）	286	40.74	382.03	157	3.425	57.934	3 356.43	0.799	1.265
有效磷 /（mg/kg）	286	0	286.47	21	1.72	29.09	846.33	3.775	24.946
速效钾 /（mg/kg）	286	34.79	428.29	123	3.934	66.54	4 427.87	1.801	4.093

通过对比 1982 年和 2010 年的土壤肥力指标数据，结果表明巴南区土壤酸碱度整体处

于中性偏微酸性水平，且碱性土壤面积有逐渐增加的趋势；30 年间，稻田土壤有机质和碱解氮含量几乎没有变化，而土壤全氮、速效磷、速效钾含量增加显著，这可能与近些年稻田施肥量和施肥状况有关。

三、县域尺度水稻产量及土壤肥力的空间变化特征

（一）巴南区稻田土壤 pH 的空间演变特征

图 2-1 为 1982 年和 2010 年巴南区稻田土壤 pH 分布，由图可知，2010 年稻田土壤 pH 范围为 4.4 ～ 8.8，土壤 pH 7.0 以下的占总样本的 72.0%，表明巴南区稻田土壤酸碱度整体处于中性偏微酸性水平，与第二次土壤普查相比，碱性稻田土壤面积有所增加，酸性稻田土壤面积相对减小。

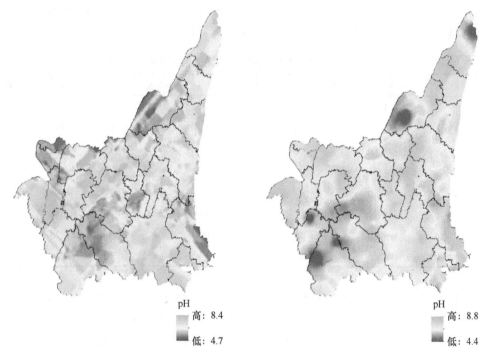

pH
高: 8.4
低: 4.7

pH
高: 8.8
低: 4.4

图 2-1　1982 年（左）和 2010 年（右）巴南区稻田土壤 pH 分布

（二）巴南区稻田土壤有机质的空间演变特征

图 2-2 为 1982 年和 2010 年巴南区稻田土壤有机质分布，由图可知，2010 年稻田土壤有机质平均含量为 17.4 g/kg，而 1982 年稻田土壤有机质平均含量为 1.6 g/kg，变化较大；稻田土壤有机质平均含量大于 20 g/kg 的区域有所增加，主要分布在巴南区的西北部和东北部及中部部分区域。

（三）巴南区稻田土壤全氮含量的空间演变特征

图 2-3 为 1982 年和 2010 年巴南区土壤全氮分布，由图可知，稻田土壤 2010 年全氮平均含量为 1.1 g/kg，而 1982 年土壤全氮含量平均值为 0.1 g/kg，全区全氮含量有较大的增加，这可能与近些年稻田土壤氮肥施用量增加有较大关系。

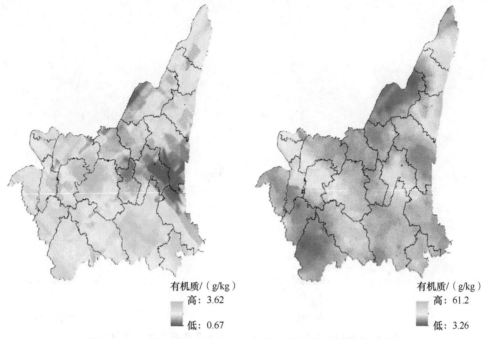

有机质/（g/kg）
高: 3.62
低: 0.67

有机质/（g/kg）
高: 61.2
低: 3.26

图 2-2 1982 年（左）和 2010 年（右）巴南区土壤有机质分布

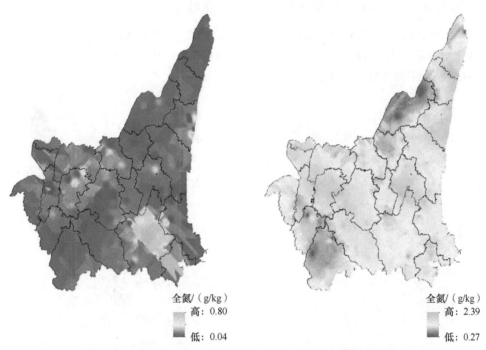

全氮/（g/kg）
高: 0.80
低: 0.04

全氮/（g/kg）
高: 2.39
低: 0.27

图 2-3 1982 年（左）和 2010 年（右）巴南区土壤全氮分布

（四）巴南区稻田土壤碱解氮含量的空间演变特征

图 2-4 为 1982 年和 2010 年巴南区土壤碱解氮分布，由图可知，2010 年稻田土壤碱解氮含量变幅为 40.74 ～ 382.03 mg/kg，大部分区域的土壤碱解氮含量为 60 ～ 120 mg/kg，土壤碱解氮平均含量为 157 mg/kg，显著高于 1982 年稻田土壤碱解氮含量的平均含量（91 mg/kg）。

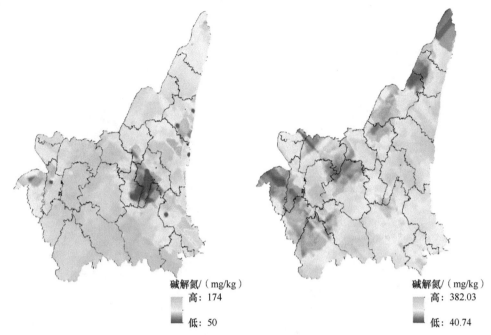

碱解氮/（mg/kg）
高：174
低：50

碱解氮/（mg/kg）
高：382.03
低：40.74

图 2-4　1982 年（左）和 2010 年（右）巴南区土壤碱解氮分布

（五）巴南区稻田土壤有效磷含量的空间演变特征

图 2-5 为 1982 年和 2010 年巴南区土壤有效磷分布，由图可知，2010 年全区稻田土壤有效磷平均含量为 21 mg/kg，与第二次土壤普查数据相比，1982 年水田土壤有效磷平均含量为 9 mg/kg，平均增加了 12 mg/kg。

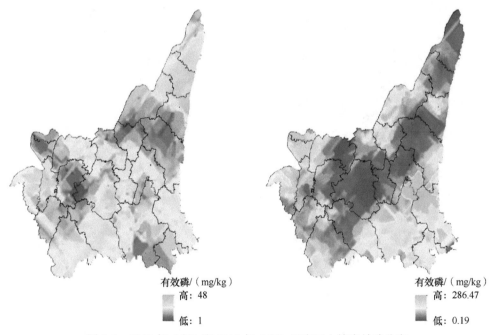

有效磷/（mg/kg）
高：48
低：1

有效磷/（mg/kg）
高：286.47
低：0.19

图 2-5　1982 年（左）和 2010 年（右）巴南区土壤有效磷分布

（六）巴南区稻田土壤速效钾含量的空间演变特征

图 2-6 为 1982 年和 2010 年巴南区土壤速效钾分布，由图可知，2010 年稻田土壤速效钾平均含量为 123 mg/kg，而 1982 年稻田土壤速效钾平均含量为 67 mg/kg，平均增加了 56 mg/kg。

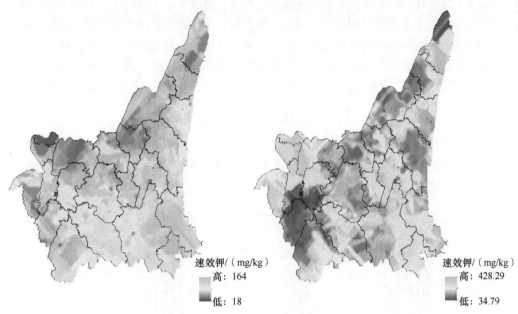

图 2-6　1982 年（左）和 2010 年（右）巴南区土壤速效钾分布

（七）巴南区 2018 年稻田产量分布特征

图 2-7 为巴南区 2018 年稻田产量水平分布，2018 年全区水稻产量范围为 5100 ～ 9750 kg/hm^2，平均产量为 7575 kg/hm^2，表明巴南区水稻产量整体较高，可能与土壤肥力状况、田间施肥管理有关。

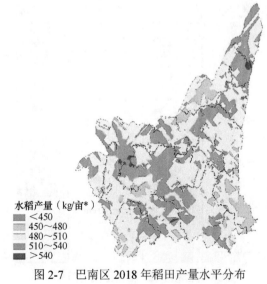

图 2-7　巴南区 2018 年稻田产量水平分布

* 1 亩 ≈ 666.7 m^2

四、稻田土壤肥力剖面特征

在西南水旱轮作区，选择重庆市巴南区高产（10 500～12 000 kg/hm²）、中产（6750～8250 kg/hm²）、低产（＜5250 kg/hm²）三类稻田土壤。在 2018 年 6 月（淹水期）利用动力土壤采样器挖土壤剖面并分层采集土壤样品。不同产量水平稻田随机选 3 个点，剖面深度100 cm 左右，用于土壤剖面构型和土壤颜色的观测；采集的土样用于测定铁、锰氧化物含量以及铁氧化细菌和铁还原细菌，并选取土壤典型的指标（物理指标、化学指标、生物指标）作为肥力评价指标，运用多元回归分析和主成分分析等方法，通过方法比较和指标分析，探索水稻土不同于其他土壤类型的肥力指标，最终对高产稻田肥力做出综合评价。

（一）稻田土壤剖面颜色及分布特征

土壤剖面构型不仅影响土壤个体形态特征及其发育程度，也反映土壤肥力状况。图 2-8～图 2-10 为不同产量稻田土壤的剖面构型，图中字母 A 表示耕作层，P 代表潜育层，

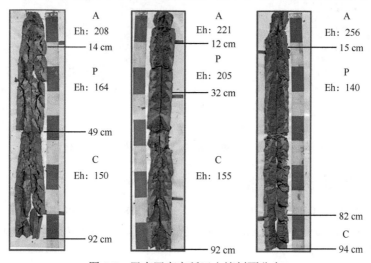

图 2-8　巴南区高产稻田土壤剖面分布
Eh 表示氧化还原电位；产量：10 500～12 000 kg/hm²；地点：重庆巴南区接龙镇

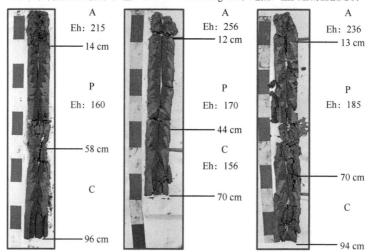

图 2-9　巴南区中产稻田土壤剖面分布
Eh 表示氧化还原电位；产量：6750～7500 kg/hm²；地点：重庆巴南区石滩镇

C 代表母质层（下同）。从图中可以看出，高产稻田土壤的耕作层厚度在 12～15 cm，犁底层在 35 cm 左右；中产稻田土壤的耕作层厚度在 12～14 cm，犁底层在 32～44 cm；低产稻田土壤的耕作层厚度在 13～18 cm，犁底层在 30～38 cm。结果表明：低产稻田土壤表层土壤没形成稳定土壤结构，而高产和中产稻田土壤均形成稳定土壤结构，土壤剖面构型受土壤氧化还原状况影响较大。

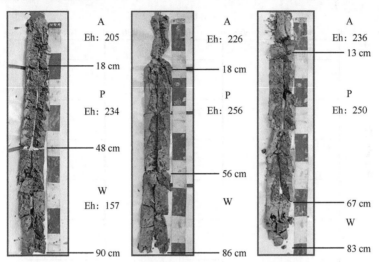

图 2-10　巴南区低产稻田土壤剖面分布

Eh 表示氧化还原电位；产量：< 5250 kg/hm²；地点：重庆巴南区石滩镇

（二）稻田土壤 pH 和有机质剖面分布特征

图 2-11 为巴南区不同肥力稻田土壤的 pH 剖面分布。从图中可以看出，中肥力稻田土壤的 pH 平均值最高，其值为 6.69；其次为高肥力稻田，平均值为 5.71；最低的是低肥力稻田。高肥力稻田土壤中，耕层土壤 pH 显著高于潴育层（W）和母质层（C）；而中肥力和低肥力稻田土壤不同剖面的 pH 没有显著差异。

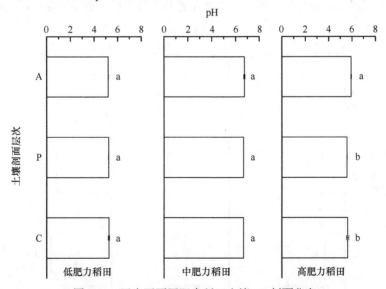

图 2-11　巴南区不同肥力稻田土壤 pH 剖面分布

图 2-12 为巴南区不同肥力稻田土壤有机质剖面分布。从图中可以看出，高肥力稻田土壤的有机质含量平均值最高，为 23.7 g/kg；其次为中肥力稻田土壤的有机质含量，其平均值为 19.5 g/kg；最低的是低肥力稻田土壤。高肥力稻田土壤中，不同剖面的有机质含量没有显著差异；而中肥力和低肥力稻田土壤不同剖面的有机质含量变化趋势一致，均为耕层土壤有机质显著高于潴育层和母质层。

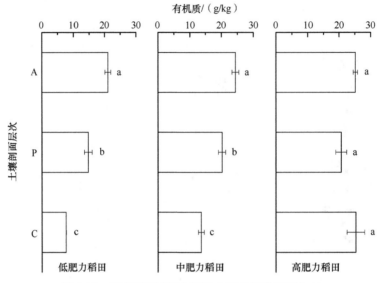

图 2-12　巴南区不同肥力稻田土壤有机质剖面分布

（三）稻田土壤氮素剖面分布特征

图 2-13 为巴南区不同肥力稻田土壤全氮含量剖面分布。从图中可以看出，高肥力稻田土壤的全氮含量平均值最高，为 1.0 g/kg；其次为中肥力稻田土壤的全氮含量，平均值为 0.9 g/kg；最低的是低肥力稻田土壤。高肥力稻田土壤中，耕层土壤全氮显著高于潴育层和母质层；中肥力稻田土壤耕层和潴育层土壤全氮含量显著高于母质层，耕层和潴育层土壤全氮含量

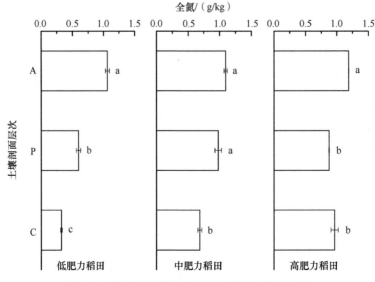

图 2-13　巴南区不同肥力稻田土壤全氮剖面分布

没有显著差异；低肥力稻田土壤不同剖面的全氮含量差异显著，其变化趋势为：耕层＞潴育层＞母质层。

图 2-14 为巴南区不同肥力稻田土壤碱解氮剖面分布。从图中可以看出，中肥力稻田土壤的碱解氮含量平均值最高，为 102 mg/kg；其次为高肥力稻田土壤的碱解氮含量，平均值为 91 mg/kg；最低的是低肥力稻田土壤。高肥力稻田土壤中，耕层土壤碱解氮含量显著高于潴育层和母质层，潴育层和母质层土壤碱解氮含量没有显著性差异；中肥力和低肥力稻田土壤不同剖面的碱解氮含量变化趋势为耕层和潴育层土壤显著高于母质层。

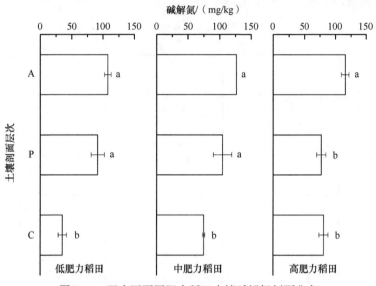

图 2-14　巴南区不同肥力稻田土壤碱解氮剖面分布

（四）稻田土壤磷素剖面分布特征

图 2-15 为巴南区不同肥力稻田土壤全磷剖面分布。从图中可以看出，高肥力稻田土壤的全磷含量平均值最高，为 0.26 g/kg；其次为中肥力稻田土壤的全磷含量，平均值为 0.24 g/kg；

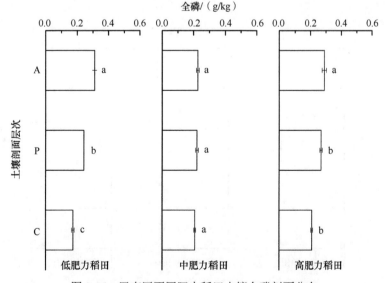

图 2-15　巴南区不同肥力稻田土壤全磷剖面分布

低肥力稻田土壤全磷含量最低。高肥力稻田土壤中耕层和潴育层全磷含量显著高于母质层，中肥力稻田土壤不同剖面全磷含量没有显著差异，低肥力稻田土壤不同剖面全磷含量有显著性差异。

　　图 2-16 为巴南区不同肥力稻田土壤有效磷剖面分布。从图中可以看出，高肥力稻田土壤的有效磷含量平均值最高，为 6 mg/kg；其次为低肥力稻田土壤的有效磷含量，平均值为 5 mg/kg；中肥力稻田土壤有效磷含量最低。高肥力稻田土壤中，潴育层土壤有效磷含量显著高于母质层，中肥力稻田土壤不同剖面的有效磷含量没有显著差异，低肥力稻田耕层土壤有效磷含量显著高于潴育层和母质层。

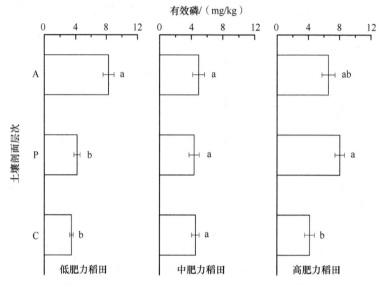

图 2-16　巴南区不同肥力稻田土壤有效磷剖面分布

（五）稻田土壤钾素剖面分布特征

　　图 2-17 为巴南区不同肥力稻田土壤全钾剖面分布。从图中可以看出，高肥力稻田土壤的

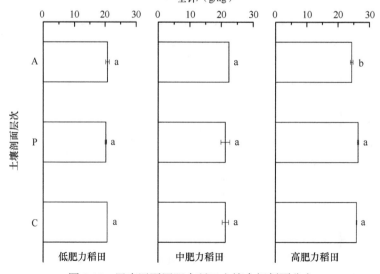

图 2-17　巴南区不同肥力稻田土壤全钾剖面分布

全钾含量平均值最高，为 25.6 g/kg；其次为中肥力稻田土壤的全钾含量，平均值为 21.7 g/kg；低肥力稻田土壤全钾含量最低。高肥力稻田土壤中耕层土壤全钾含量显著低于潜育层和母质层；而中肥力和低肥力稻田土壤不同剖面的全钾含量没有显著差异。

　　图 2-18 为巴南区不同肥力稻田土壤速效钾剖面分布。从图中可以看出，低肥力稻田土壤的速效钾含量平均值最高，为 170 mg/kg；其次为高肥力稻田土壤的速效钾含量，平均值为 137 mg/kg；中肥力稻田土壤的速效钾含量最低。高肥力和低肥力稻田土壤中，耕层土壤速效钾含量显著高于潜育层和母质层；而中肥力和低肥力稻田土壤不同剖面的速效钾含量均有显著差异。

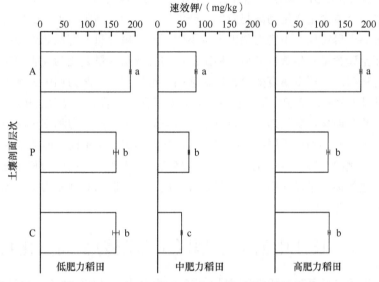

图 2-18　巴南区不同肥力稻田土壤速效钾剖面分布

五、小结

（一）巴南区水稻产量及土壤肥力的空间变异特征

　　通过对比 1982 年和 2010 年巴南区稻田土壤的主要化学性质，可总结出该区域稻田土壤肥力的空间变异特征。巴南区土壤酸碱度整体处于中性偏微酸性水平，与第二次土壤普查相比，碱性土壤面积有所增加，酸性土壤面积相对减小。巴南区土壤有机质平均含量大于 20 g/kg 的区域有所增加，主要分布在巴南区的西北部和东北部及中部部分区域。该区域稻田土壤全氮含量有较大的增加，这可能与近 30 年氮肥施用量增加有关。该区域稻田土壤碱解氮含量为 25 ～ 169 mg/kg，大部分区域的土壤碱解氮含量为 60 ～ 120 mg/kg，稻田土壤碱解氮平均含量为 84 mg/kg。与 1982 年稻田土壤相比，有效磷和速效钾含量均显著增加，分别平均增加了 16 mg/kg 和 48 mg/kg。从 2018 年巴南区水稻产量整体数据来看，其产量为 5100 ～ 9750 kg/hm²，平均产量为 7575 kg/hm²，表明巴南区水稻产量整体较高，可能与土壤肥力状况、田间施肥管理有关。

（二）巴南区高产稻田土壤肥力剖面特征

　　重庆市巴南区高产和中产稻田土壤的耕层及犁底层厚度普遍比低产稻田高，产生这个结果的原因可能是低产稻田土壤表层土壤没形成稳定土壤结构，而高产和中产稻田土壤均形成稳定土壤结构，土壤剖面构型受土壤氧化还原状况影响较大。高肥力稻田土壤中，耕层土壤 pH 显著高于潴育层和母质层；而中肥力和低肥力稻田土壤不同剖面的 pH 没有显著差异。高肥力稻田土壤中，不同剖面的有机质含量没有显著差异；而中肥力和低肥力稻田土壤不同剖面的有机质含量的变化趋势一致，均为耕层土壤有机质显著高于潴育层和母质层。

高肥力稻田土壤中，耕层土壤全氮和碱解氮含量显著高于潴育层和母质层，潴育层和母质层土壤碱解氮含量没有显著性差异；中肥力稻田土壤耕层和潴育层土壤全氮含量显著高于母质层，耕层和潴育层土壤全氮含量没有显著差异；低肥力稻田土壤不同剖面的全氮含量差异显著，其变化趋势为耕层＞潴育层＞母质层，而中肥力和低肥力稻田土壤不同剖面的碱解氮含量变化趋势为耕层和潴育层土壤显著高于母质层。

稻田土壤的全磷含量变化为高肥力＞中肥力＞低肥力。高肥力稻田土壤耕层和潴育层全磷含量显著高于母质层；中肥力稻田土壤不同剖面全磷含量没有显著差异；低肥力稻田土壤不同剖面全磷含量有显著性差异。稻田土壤的有效磷含量变化为高肥力＞低肥力＞中肥力。高肥力稻田潴育层土壤有效磷含量显著高于母质层，中肥力稻田土壤不同剖面的有效磷含量没有显著差异；低肥力稻田耕层土壤有效磷含量显著高于潴育层和母质层。

稻田土壤的全钾含量变化为高肥力＞中肥力＞低肥力。高肥力稻田土壤中耕层土壤全钾含量显著低于潴育层和母质层；而中肥力和低肥力稻田土壤不同剖面的全钾含量没有显著差异。稻田土壤的全钾含量变化为低肥力＞高肥力＞中肥力。高肥力和低肥力稻田土壤中，耕层土壤速效钾含量显著高于潴育层和母质层；而中肥力和低肥力稻田土壤不同剖面的速效钾含量有显著差异。

第二节　长江中游双季稻区土壤肥力空间变化特征

土壤肥力高低水平存在高度的空间异质性。一般认为，结构性因素（地形地貌、母质、气候等）和人为因素（土地利用方式、耕作、施肥、管理水平等）是土壤肥力空间分布的影响因子（Cambardella，1994）。长江中游双季稻区是我国主要的粮食主产区，本节以湖南省宁乡市为例，基于 1979 年第二次土壤普查数据与 2005～2007 年间的测土配方施肥数据，筛选相同田块数据，并于 2018 年在历史点的基础上，采集了表层土壤样品进行分析测定。通过克里格法进行空间插值与模型预测等方法对 6 项常规指标（pH、有机质、全氮、碱解氮、有效磷、速效钾）和土壤肥力综合肥力指标进行时空上的比较，系统分析了 40 年来宁乡市稻田土壤肥力时空变异特征，以点带面，旨在为该区域稻田土壤培育提供理论依据。

一、研究区域与方法

（一）研究区概况

湖南省是我国 13 个粮食主产省份之一，水稻面积和总产多年来居全国首位，2017 年水稻播种面积 404.9 万 hm^2，水稻产量 262.7 亿 kg（湖南省统计局，2018）。湖南省也是我国双季稻种植主要省份之一，双季稻种植面积历史最高时曾达 413.3 万 hm^2，占全省水稻种植面积 90% 以上；但也曾经历过严重萎缩情况，2003 年双季稻面积一度下降到 255.7 万 hm^2。2004 年以来，湖南省启动"压单扩双"行动，尤其是从 2011 年起，湖南省加大行政推动力度，抓住关键技术，增加资金投入，以"集中育秧"为抓手，强力推行"压单扩双"，双季稻面积得以连续增加。到 2013 年，湖南省省双季稻面积达到 291.3 万 hm^2，占全省水稻播种面积的 71.3%（李尚兰等，2014）。但是，湖南省中低产田面积占稻田总面积的 2/3 以上，严重制约水稻总产增加。提高和保持土壤肥力水平是实现增产、高产、稳产的重要保证，因此，一方面要加强中低产稻田改良，促进农业增效农民增收，另一方面要加强高产稻田土壤培肥，促进水稻生产的可持续发展。

宁乡市（2017 年 4 月 10 日，撤销宁乡县，设立县级宁乡市）是湖南省水稻主产区。宁乡市面积总计 2906 km²，是全国闻名的“鱼米之乡”，被列为全国优质米生产基地，连续七年获评全国粮食生产先进县。水稻是该区域主要的粮食作物，且该区域水稻种植模式主要为双季稻，是典型的双季稻主产区。据统计，宁乡市 2017 年全年粮食种植面积 13.1 万 hm²，其中水稻播种面积 12.1 万 hm²，占粮食种植面积的 92.4%，优质稻种植面积所占比重为 81%，粮食总产量 81.8 万 t，是洞庭湖流域具有代表性的水稻种植区域。

宁乡市地处湘东偏北的洞庭湖南缘地区，属中亚热带向北亚热带过渡的大陆性季风湿润气候，四季分明，寒冷期短，炎热期长。日平均气温 16.8℃，年平均无霜期 274 d，年平均日照 1737.6 h，境内雨水充足，年均降水量 1358.3 mm，相对湿度高达 81%。境内多为丘陵地带，西部的沩山区域是雪峰山庞大东部地带的南侧主干区，往东则是雪峰山余脉向东北滨湖平原过渡地带，境内地貌有山地、丘岗、平原。地表轮廓大体是北、西、南缘山地环绕，自西向东呈阶梯状逐级倾斜，东南丘陵起伏，北部岗地平缓，东北低平开阔。成土母质主要是花岗岩、板页岩、砂岩、石灰岩、紫色岩、第四纪红土及河流沉积物（蒋端生等，2010）。

（二）数据来源及方法

本研究以 1979 年宁乡县第二次土壤普查为基础，当时取样缺乏 GPS 定位，仅有文字记载，但在 40 年的土地流转生产过程中，丘块名基本保持不变。而 2005 ～ 2007 年的测土配方施肥有完整的田块信息，因此对 1979 年和 2007 年的相同田块进行筛选，共获取 416 组数据。2018 年在历史点的基础上，随机采集了 133 个表层土壤（0 ～ 20 cm）样品（图 2-19），并调查了该样点的水稻产量。所有样品经风干、剔除杂质、研磨，分别过 20 目和 100 目筛后，用于土壤理化性质分析。所有测定指标均采用常规方法进行分析（鲁如坤，2000）。

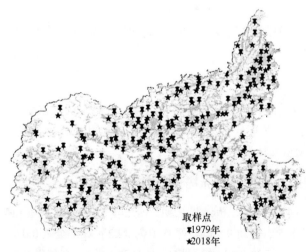

取样点
■ 1979 年
★ 2018 年

图 2-19　宁乡市稻田土壤采样点位分布

为使两个时间节点的土壤养分指标相对应，特选取土壤 pH、有机质、全氮、碱解氮、有效磷、速效钾等六项指标及其综合肥力指数进行土壤养分时空变异分析。

（三）土壤综合肥力指数评价方法

土壤综合肥力指数采用 Fuzzy 法进行评价。首先建立评价指标的隶属度函数模型，土壤有机质、全氮、碱解氮、有效磷、速效钾等均采用 S 型隶属函数（曹志洪和周健民，2008），pH 采用抛物线型隶属函数（叶回春等，2013）。

S 型隶属函数表达式如下：

$$f(x)=\begin{cases}0.1 & x<x_1 \\ 0.9(x-x_1)/(x_2-x_1)+0.1 & x_1\leqslant x<x_2 \\ 1.0 & x\geqslant x_2\end{cases} \qquad (2\text{-}1)$$

抛物线型隶属函数表达式如下：

$$f(x)=\begin{cases}0.1 & x<x_1或x\geqslant x_4 \\ 0.9(x-x_1)/(x_2-x_1)+0.1 & x_1\leqslant x<x_2 \\ 1.0 & x_2<x\leqslant x_3 \\ 1.0-0.9(x-x_3)/(x_4-x_3) & x_3<x\leqslant x_4\end{cases} \qquad (2\text{-}2)$$

根据前人研究结果（肖志鹏，2008），同时结合本区域稻田土壤的实际，本研究确定各指标的隶属度函数曲线中转折点的相应取值，如表 2-3 所示。

表2-3　隶属度函数转折点取值

项目	pH	有机质 /（g/kg）	全氮 /（g/kg）	碱解氮 /（mg/kg）	有效磷 /（mg/kg）	速效钾 /（mg/kg）
x_1	4.5	10	1	100	5	50
x_2	5.5	40	2.5	200	20	150
x_3	6.0	—	—	—	—	—
x_4	7.0	—	—	—	—	—

各个指标的单因子指数相加，即为土壤综合肥力指数。

$$\text{IFI}=\sum W_i\times N_i \qquad (2\text{-}3)$$

式中，N_i 为第 i 项肥力指标的隶属度值；W_i 为第 i 项指标的权重系数。IFI 取值为 0～1，其值越高，表明土壤肥力越高。

（四）数据处理

采用 SPSS 22.0 软件进行数据统计分析；土壤肥力指标的半方差函数模型通过 GS+7.0 实现；土壤肥力指标的空间分析则通过 ArcGIS 10.2 相关分析模块完成。利用 R 语言（3.4.4）进行数据的随机森林重要性分析。

二、县域尺度稻田土壤肥力指标描述性统计

1979 年土壤肥力指标统计分析结果表明（表 2-4），研究区土壤 pH4.50～8.10，平均值为 6.27；土壤有机质 5.5～58.9 g/kg，平均值为 34.2 g/kg；全氮 0.07～2.8 g/kg，平均值为 1.1 g/kg；碱解氮 14～273 mg/kg，平均值为 157 mg/kg；有效磷 0～25 mg/kg，平均值为 5 mg/kg；速效钾 2～216 mg/kg，平均值为 84 mg/kg；IFI 0.09～0.91，平均值为 0.53。

表2-4　土壤肥力统计性描述

年份	指标	样本数	最小值	最大值	平均值	标准差	变异系数 /%
1979	pH	139	4.50	8.10	6.27	0.66	10.5
	有机质 / (g/kg)	139	5.5	58.9	34.2	8.31	24.3
	全氮 / (g/kg)	139	0.07	2.8	1.1	0.4	37.4
	碱解氮 / (mg/kg)	139	14	273	157	37	23.6
	有效磷 / (mg/kg)	139	0	25	5	4.95	106.5
	速效钾 / (mg/kg)	139	2	216	84	36.82	43.9
	IFI	139	0.09	0.91	0.53	0.14	26.3
2018	pH	133	4.64	7.13	5.69	0.53	9.4
	有机质 / (g/kg)	133	16.9	58.5	38.7	7.80	20.1
	全氮 / (g/kg)	133	0.9	3.2	2.2	0.43	19.8
	碱解氮 / (mg/kg)	133	72	300	188	41.20	21.9
	有效磷 / (mg/kg)	133	0.6	32	9	8.16	88.6
	速效钾 / (mg/kg)	133	31	204	95	45.00	47.1
	IFI	133	0.18	1.00	0.78	0.17	21.1

　　2018 年土壤肥力指标统计分析结果表明，研究区土壤 pH4.64 ~ 7.13，平均值为 5.69；土壤有机质 16.9 ~ 58.5 g/kg，平均值为 38.7 g/kg；全氮 0.9 ~ 3.2 g/kg，平均值为 2.2 g/kg；碱解氮 72 ~ 300 mg/kg，平均值为 188 mg/kg；有效磷 0.6 ~ 32 mg/kg，平均值为 9 mg/kg；速效钾 31 ~ 204 mg/kg，平均值为 95 mg/kg；IFI 0.18 ~ 1.00，平均值为 0.78。

　　1979 年，土壤有效磷变异系数为 106.5%，属于强变异程度，其他指标均介于 10% ~ 100%，中等变异程度。2018 年，土壤 pH 的变异系数为 9.37%，属于弱变异程度，其他指标均介于 10% ~ 100%，中等变异程度。

三、县域尺度稻田土壤肥力空间变化特征

（一）土壤肥力空间结构

　　利用 ArcGIS 地统计模块对各肥力指标半方差模型进行拟合，并进行预测误差比较，比较标准是：标准平均值（MSE）最接近于 0；标准均方根误差（RMSSE）最接近于 1（汤国安和杨昕，2006）。由表 2-5 可以看出，就预测误差而言，各肥力指标与半方差函数拟合较好，说明理论模型能较好反映各指标的空间结构特征。

表2-5　土壤肥力指标半方差函数模型及其参数

年份	项目	理论模型	块金值 (C_0)	基台值 ($C+C_0$)	块金系数 [$C_0/(C+C_0)$]（%）	变程 /km	标准平均值	标准均方根
2018	pH	指数	0.05	0.30	17.3	2.1	-0.033	1.170
	有机质	球状	6.10	63.19	9.7	2.5	0.002	1.001
	全氮	球状	0.01	0.19	6.4	2.3	-0.001	1.003
	碱解氮	指数	230	1620	14.2	1.8	-0.010	0.990

年份	项目	理论模型	块金值 (C_0)	基台值 ($C+C_0$)	块金系数 [$C_0/(C+C_0)$] (%)	变程 /km	标准平均值	标准均方根
2018	有效磷	线性	66.4	66.4	100.0	39.4	0.021	0.893
	速效钾	指数	245	2021	12.1	2.5	0.002	1.001
	IFI	高斯	0.004	0.022	18.4	1.8	0.018	1.084
1979	pH	指数	0.21	0.41	49.9	16.7	−0.019	0.977
	有机质	球状	10.70	89.46	12.0	2.8	0.008	1.044
	全氮	球状	0.02	0.18	10.7	3.4	0.005	1.062
	碱解氮	指数	205	1928	10.6	2.0	−0.002	1.043
	有效磷	线性	28.7	28.7	100.0	38.8	−0.001	0.747
	速效钾	指数	888	1804	49.2	9.5	−0.001	1.027
	IFI	高斯	0.003	0.027	10.5	1.6	0.006	1.024

　　块金系数（块金值 / 基台值 [$C_0/(C_0+C)$]）可表示空间变异程度（随机因素引起的空间变异占系统总变异的比例），若块金系数 < 25%，则变量具有较强的空间相关性，结构性因素（气候、母质、地形、土壤类型等）起主要作用；若块金系数在 25% ～ 75%，变量具有中等的空间相关性；若块金系数 > 75% 时，则变量空间相关性很弱，人为因素（施肥、耕作措施、种植制度等）起主要作用；若块金系数接近于 1，则说明该变量具有恒定的变异（汪景宽等，2007）。

　　由表 2-5 可以看出，1979 年，土壤有效磷块金系数为 100%，变异恒定；pH 和速效钾的块金系数分别为 49.9% 和 49.2%，具有中等空间相关性；其他指标和 IFI 的块金系数均为 10% 左右，表现出较强的空间相关性。2018 年，土壤有效磷块金系数为 100%，变异恒定；其他指标的块金系数均 < 25%，表现出较强的空间相关性。40 年来，土壤有效磷一直表现出较弱的空间相关性，由人为活动引起的空间异质性占主导作用；pH、有机质、全氮、碱解氮、速效钾和综合肥力的空间相关性较强，受结构性因素影响较大。

（二）宁乡市土壤有机质时空变化特征

　　1979 年，研究区土壤有机质主要分布在 20 ～ 30 g/kg 和 30 ～ 40 g/kg 两个等级中。2018 年，土壤有机质则主要分布在 30 ～ 40 g/kg 和 > 40 g/kg 两个等级中，较 1979 年均有不同程度的增加，尤其以西部和东南部地区增加较为明显（图 2-20）。

（三）宁乡市土壤全氮时空变化特征

　　1979 年，研究区土壤全氮整体偏低，主要分布在 0.75 ～ 1.0 g/kg 和 1.0 ～ 2.0 g/kg 两个等级当中。2018 年，全市大部分地区土壤全氮大于 2.0 g/kg，较 1979 年有较大幅度的增加，尤其以西部和东南部地区增加较为明显（图 2-21）。

（四）宁乡市土壤碱解氮时空变化特征

　　研究区稻田土壤碱解氮含量在 1979 年整体偏低，相当一部分地区含量低于 120 mg/kg，且空间分布不均，其中西部和东南部较低。2018 年，土壤碱解氮含量的空间分布趋于均衡。

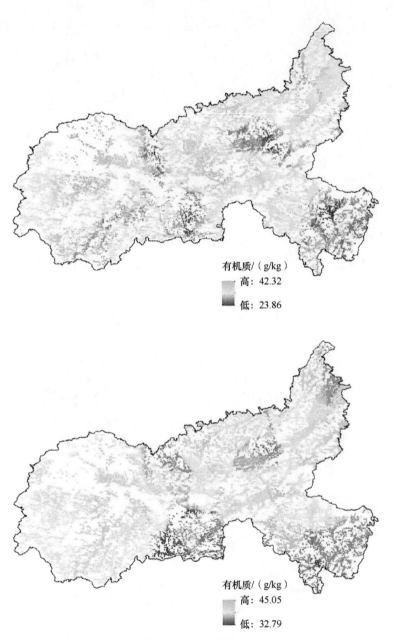

图 2-20　土壤有机质时空变化

上：1979 年；下：2018 年

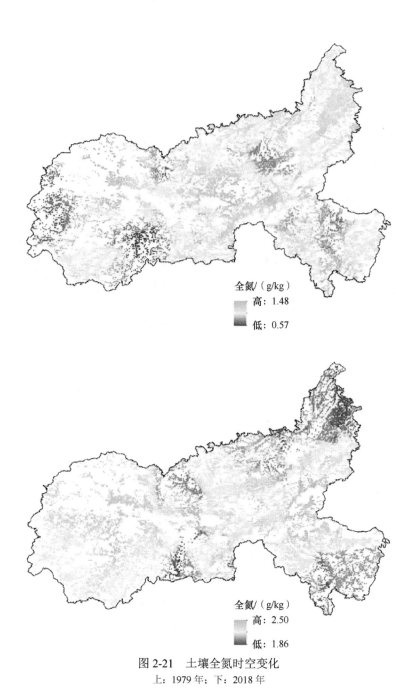

图 2-21　土壤全氮时空变化

上：1979 年；下：2018 年

近 40 年来，土壤碱解氮基本呈现增加趋势，以西部和东南部地区增加较为明显，而中部地区则相对较少（图 2-22）。

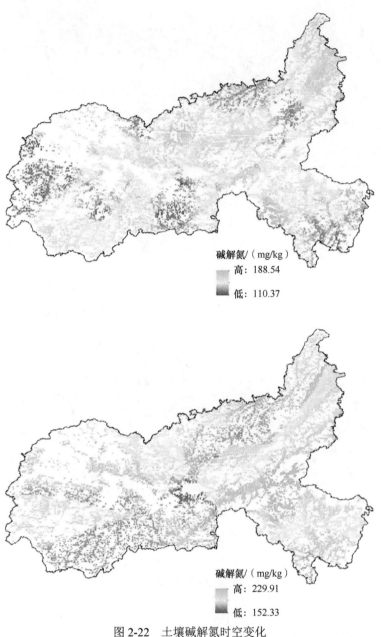

图 2-22　土壤碱解氮时空变化
上：1979 年；下：2018 年

（五）宁乡市有效磷时空变化特征

1979 年，研究区稻田土壤有效磷含量低于 10 mg/kg，中部和东南部地区甚至有相当一部分面积低于 3 mg/kg。2018 年，土壤有效磷大部分区域高于 10 mg/kg，并呈现南低北高的空间分布特征，相对于 1979 年，大部分区域的土壤有效磷均有所增加，以中部和南部地区增加较为明显（图 2-23）。

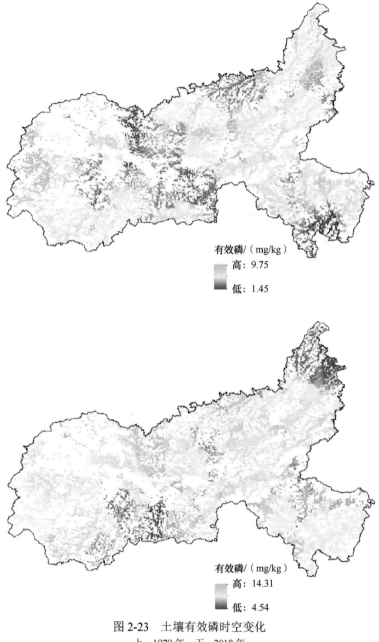

图 2-23　土壤有效磷时空变化

上：1979 年；下：2018 年

（六）宁乡市土壤速效钾时空变化特征

　　1979 年研究区稻田土壤速效钾含量主要位于 50～100 mg/kg、100～150 mg/kg 两个等级中，其中西南和中部地区含量低于 50 mg/kg。2018 年，土壤速效钾含量呈现东高西低的空间分布特征，东部地区大部分为 50～100 mg/kg，土壤速效钾含量整体适中。近 40 年来，区域内大部分土壤速效钾含量呈逐渐增加趋势，中部和东南部分地区有降低趋势（图 2-24）。

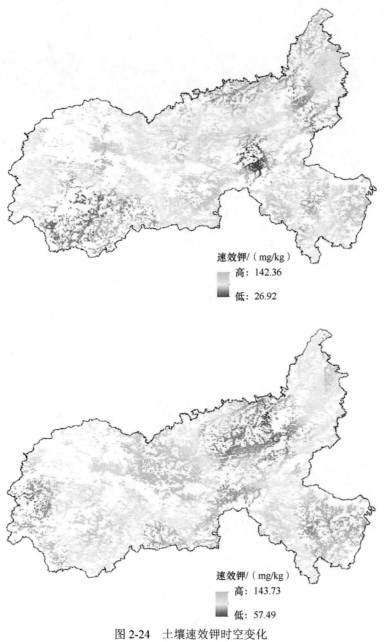

速效钾/（mg/kg）
高：142.36
低：26.92

速效钾/（mg/kg）
高：143.73
低：57.49

图 2-24　土壤速效钾时空变化
上：1979 年；下：2018 年

（七）宁乡市土壤 pH 时空变化特征

　　1979 年，研究区土壤 pH 空间差异较大，但以中性和弱酸性为主，土壤酸碱度较为适中。2018 年，西部地区 pH 4.5 ～ 5.5，部分地区甚至低于 4.5，土壤整体呈酸性。近 40 年来，研究区土壤 pH 除东北少部分地区略有增加，其余地区有不同程度的降低，整体呈酸化趋势（图 2-25）。

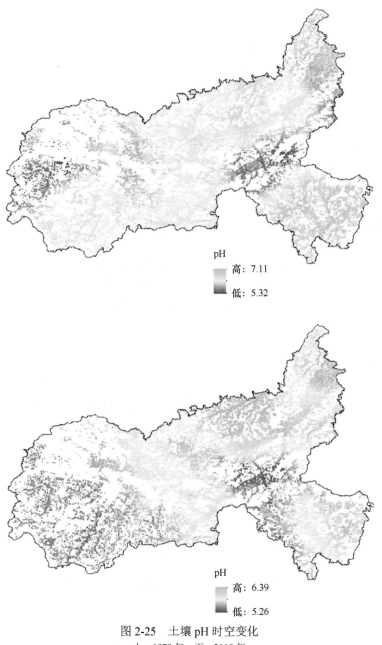

图 2-25　土壤 pH 时空变化
上：1979 年；下：2018 年

（八）宁乡市土壤综合肥力指数时空变化特征

本研究对稻田土壤综合肥力指数划分为 5 个等级，分别是高（IFI ≥ 0.8）、较高（0.8 >
IFI ≥ 0.6）、中等（0.6 > IFI ≥ 0.4）、较低（0.4 > IFI ≥ 0.2）、低（IFI < 0.2）。从图 2-26
可以看出，1979 年研究区大部分地区稻田土壤综合肥力处于中等水平。2018 年，研究区稻
田土壤综合肥力基本处于较高水平，部分地区甚至达到高水平。经过 40 年的变化，中部和
东北部地区稻田土壤综合肥力提高了一个等级，其余大部分地区则提高了两个等级。

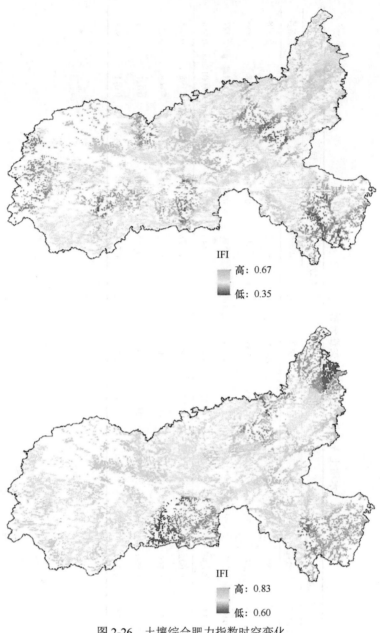

图 2-26　土壤综合肥力指数时空变化

上：1979 年；下：2018 年

（九）宁乡市地形因子与稻田土壤养分空间分布相关性分析

　　通过下载宁乡市 30 m×30 m 精度的 DEM 数据（地理空间数据云 http：//www.gscloud.cn/），采用 ArcGIS 软件提取各个样本的地形因子数据，通过 SPSS 软件分析，得到研究区内主要稻田土壤养分与海拔、坡度、坡向、曲率等多种因子的相关性。从表 2-6 可以看出，1979 年，研究区稻田土壤 pH 与海拔呈显著负相关，有机质与海拔呈显著正相关，说明随着海拔增高，稻田土壤 pH 逐渐降低，有机质则逐渐增加。2018 年，研究区稻田土壤 pH 与坡向呈显著正相关，肥力指数与曲率呈显著正相关，其他指标与环境因子无显著相关性。

表2-6 水稻土养分与地形因子相关性分析

年份	项目	pH		有机质		全氮		碱解氮		有效磷		速效钾		肥力指数	
		相关性	显著性	相关性	显著性	相关性	显著性	相关性	显著性	相关性	显著性	相关性	显著性	相关性	显著性
1979	曲率	-0.071	0.186	-0.007	0.898	-0.030	0.579	0.041	0.445	0.036	0.503	-0.116	0.034*	0.004	0.948
	坡向	0.067	0.172	0.010	0.845	0.044	0.371	-0.015	0.765	-0.010	0.843	0.008	0.875	0.008	0.866
	坡度	0.001	0.987	-0.032	0.535	-0.020	0.696	0.000	0.994	0.008	0.886	0.043	0.417	-0.042	0.427
	海拔	-0.133*	0.011	0.114	0.030*	-0.054	0.303	-0.071	0.183	0.032	0.543	0.007	0.889	-0.001	0.988
2018	曲率	-0.090	0.305	0.406	0.602	0.025	0.772	-0.007	0.954	0.173	0.078	0.151	0.124	0.198	0.043*
	坡向	0.210*	0.015	0.022	0.799	-0.061	0.484	-0.195	0.103	0.039	0.665	-0.066	0.458	-0.066	0.455
	坡度	-0.099	0.257	0.000	0.996	-0.027	0.759	0.089	0.463	0.087	0.353	-0.009	0.920	0.021	0.821
	海拔	-0.147	0.092	0.025	0.772	0.078	0.373	0.026	0.830	0.028	0.761	-0.066	0.477	0.011	0.909

* 表示两因子间呈显著相关，$P < 0.05$。

四、水稻产量与土壤肥力的耦合特征

（一）水稻产量与土壤肥力相关性分析

通过对当前水稻产量与土壤 pH、有机质、全氮、速效养分等土壤肥力指标及土壤综合肥力指数（IFI）进行 Pearson 相关性分析，由表 2-7 可以看出，水稻产量与土壤全氮、碱解氮和综合肥力指数呈极显著正相关。

表2-7　土壤肥力与产量Pearson相关性分析

	pH	有机质	全氮	碱解氮	有效磷	速效钾	IFI	产量
pH	1.000	0.096	-0.007	-0.167	-0.069	-0.244	-0.164	-0.014
有机质	0.096	1.000	0.748**	0.711**	0.324*	0.194	0.603**	0.207
全氮	-0.007	0.748**	1.000	0.672**	0.204	0.180	0.682**	0.396**
碱解氮	-0.167	0.711**	0.672**	1.000	0.375*	0.213	0.639**	0.384**
有效磷	-0.069	0.324*	0.204	0.375*	1.000	0.219	0.434**	0.188
速效钾	-0.244	0.194	0.180	0.213	0.219	1.000	0.363**	-0.007
IFI	-0.164	0.603**	0.682**	0.639**	0.434**	0.363**	1.000	0.381**
产量	-0.014	0.207	0.396**	0.384**	0.188	-0.007	0.381**	1.000

** 表示两因子间呈极显著相关，$P < 0.01$；* 表示两因子间呈显著相关，$P < 0.05$。

（二）稻田土壤肥力指标重要性分析

由于两个时间点的稻田土壤综合肥力差异较大，因此，利用随机森林对土壤综合肥力的影响因素进行重要性分析（图 2-27）。1979 年，碱解氮对土壤综合肥力指数的重要性得分达 52.7%；其次为有机质，重要性得分为 30.3%；全氮仅为 16.5%，故碱解氮和有机质是土壤综合肥力的主要驱动因素。经过近 40 年变迁，2018 年土壤肥力因子对土壤综合肥力的重要性发生了变化，土壤碱解氮的重要性降低，重要性得分从 52.7% 下降到 12.3%，其他

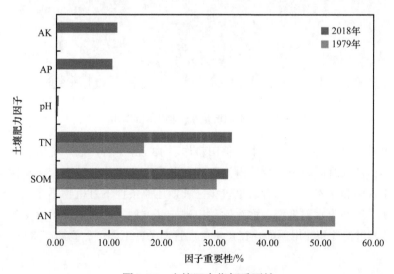

图 2-27　土壤肥力指标重要性

土壤肥力因子重要性得分分别有不同程度升高。土壤综合肥力的驱动因素由土壤碱解氮和有机质转变为土壤全氮和有机质，2018 年，土壤全氮和有机质的重要性得分较高，分别为 33.1% 和 32.4%。

五、稻田土壤肥力剖面变化特征

在长江中游双季稻区，选取湖南省典型双季稻区中高产稻田（年产量 > 18 000 kg/hm²）、中产稻田（年产量 12 000 ～ 15 000 kg/hm²）、低产稻田（年产量 < 9000 kg/hm²）三种类型土壤。每类土壤随机选取 3 个点挖取剖面（剖面深度 100 cm 左右），用于观测比较不同产量下稻田土壤的剖面特征，并依据土壤发生学分层采集土壤样品，用于测定土壤剖面养分含量，通过物理、化学、生物等指标的比较与分析，探索高产稻田土壤肥力分布特征，最终对高产稻田肥力做出综合评价。

（一）剖面构型

高产稻田一般为潴育性，剖面层次分为耕作层（A）、犁底层（P）、潴育层（W）和母质层（C）；中产稻田年产量 12 000 ～ 15 000 kg/hm²，一般为淹育性，剖面层次分为耕作层（A）、犁底层（P）、母质层（C）和基岩层（D），部分有母质层和基岩层的过渡层（Cd）；低产稻田年产量 < 9000 kg/hm²，一般为潜育性，剖面层次分为耕作层（A）、犁底层（P）、潜育层（G）和母质层（C），犁底层较薄（图 2-28）。

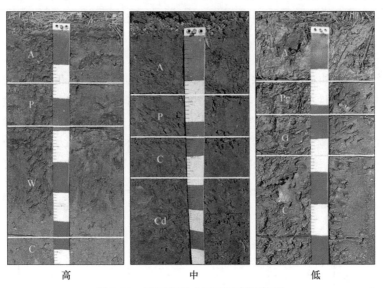

图 2-28　不同产量水平稻田剖面构型

高产稻田耕作层 16 cm 左右，中产稻田耕作层 13 cm 左右，低产稻田耕作层 14 cm 左右。淹育性稻田渍水时间较短，物质淋溶程度较弱，土壤氧化性较强；潜育性稻田长期渍水，经常处于水饱和状态，土壤含氧量较少，长期还原条件下有机物不能充分分解，产生有毒有害物质，不利于水稻生产；潴育性稻田则排灌方便，土壤水分干湿交替频繁，氧化还原过程交替，淋溶淀积作用明显，在正常生产管理条件下即可达到高产水平。

（二）剖面养分变化

不同产量水平下，稻田土壤理化性质表现出明显的剖面特征。

从图 2-29 可以看出，不同产量水平下，水稻土有机质表现出相同的剖面分别特征，即随土层的加深而递减。但对于同一层次，则表现为低产＞高产＞中产，如耕作层，高产稻田土壤有机质为 38.6 g/kg，略高于中产稻田（34.3 g/kg），却低于低产稻田（44.2 g/kg）。长期淹水状态下，尽管有机质含量高，但长期还原条件影响水稻产量水平。

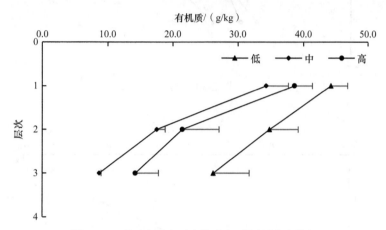

图 2-29　不同产量水平土壤有机质剖面分布特征

与有机质剖面变化一致，不同产量水平稻田土壤全氮含量随土层的加深而递减，相同层次，土壤全氮含量表现为低产＞高产＞中产，耕作层高产稻田土壤全氮为 2.1 g/kg，略高于中产稻田（1.9 g/kg），却低于低产稻田（2.2 g/kg）。对于碱解氮，耕作层含量基本一致，犁底层以下则差异明显，低产稻田显著高于中产和高产（图 2-30）。

不同产量水平下，稻田土壤全磷随土层的加深而递减，相同层次下，耕作层全磷含量基本一致，均为 0.6 g/kg 左右；犁底层及以下土层，则差异明显，表现为低产＞中产＞高产。土壤有效磷，低产稻田随土层加深而递减，中产和高产则是先减少后增加，耕作层土壤有效磷均在 15 mg/kg 左右，犁底层以下，低产稻田显著高于中产和高产（图 2-31）。

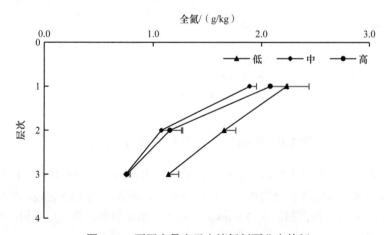

图 2-30　不同产量水平土壤氮剖面分布特征

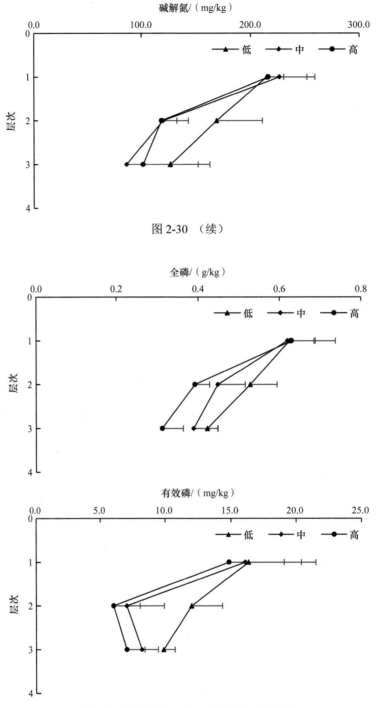

图 2-30　（续）

图 2-31　不同产量水平土壤磷剖面分布特征

　　不同产量水平下，稻田土壤速效钾随土层的加深而递减，全钾则相反，底层有增加趋势。稻田土壤全钾相同层次表现为低产＞高产＞中产，耕作层为 13.3 g/kg，略高于中产稻田（12.5 g/kg），却低于低产稻田（13.9 g/kg）。对于土壤速效钾，耕作层不同产量水平差异不明显（图 2-32）。

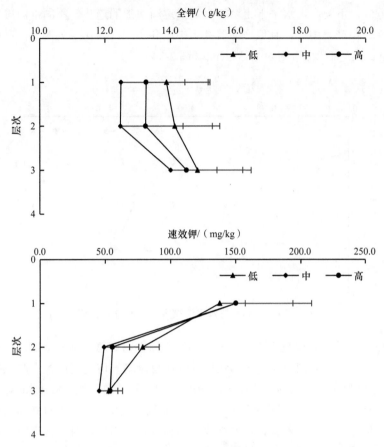

图 2-32 不同产量水平土壤钾剖面分布特征

不同产量水平下，稻田土壤 pH 随土层的加深而升高；耕作层各产量水平 pH 无明显差异，均在 5.5 左右；犁底层则表现为高产＞中产＞低产，且均大于 6.0；第三层次，表现为高产＞低产＞中产，该层次中产稻田 pH 增加相对缓慢。总体来说，不同产量水平下不同剖面层次土壤 pH 差异不显著（图 2-33）。

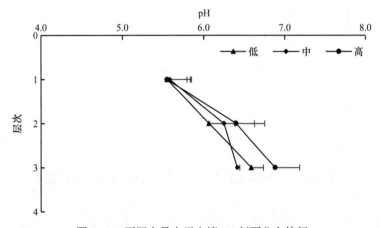

图 2-33 不同产量水平土壤 pH 剖面分布特征

沿剖面方向，不同产量水平下土壤容重均呈逐渐增加的趋势。不同剖面层次土壤容重均表现出低产＞高产＞中产，且低产显著高于中产和高产，以耕层为例，低产稻田土壤容重仅为 0.73 g/cm³，高产稻田则为 1.05 g/cm³（图 2-34）。

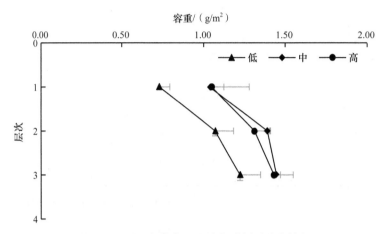

图 2-34　不同产量水平土壤容重剖面分布特征

由图 2-35 可以看出，沿剖面方向，低产稻田还原性物质总量逐渐降低，中产和高产稻田则先增加后降低。不同剖面层次土壤还原性物质总量均表现出低产＞中产＞高产，且低产显著高于中产和高产，以耕层为例，低产稻田还原性物质总量达 9.83 cmol/kg，高产稻田则仅为 2.47 cmol/kg。中高产田耕层因排水通畅，通气状况良好，还原性物质相对较低，低产稻田则因长期渍水，通气不畅，还原性物质累积较多。因此，对于低产田，尽管表层养分含量较高，土壤容重较低，但因还原性物质等障碍因素的存在，抑制了根系的生长和养分的吸收，因而产量较低，高产稻田则因养分适中且障碍因素较弱，水稻产量潜能往往能较好的发挥。

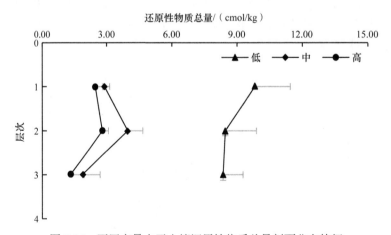

图 2-35　不同产量水平土壤还原性物质总量剖面分布特征

六、小结

以宁乡市为典型县域的统计分析表明，1979 年，土壤有效磷变异系数为 106.5%，表现较强的变异；其他指标均介于 10% ～ 100%，中等变异程度。2018 年，土壤 pH 的变异系数为 9.37%，属于较弱的变异，其他指标均介于 10% ～ 100%，中等变异程度。空间结构分析表明，土壤有效磷在两个时间点的块金比值均为 100%，空间变异恒定，空间相关性较弱，表明其受随机因素影响较大，土壤 pH、有机质、全氮、碱解氮、速效钾和综合肥力的块金系数则 < 25%，表现较强的空间相关性。环境因素空间相关性分析发现，1979 年稻田土壤速效钾和坡度与海拔呈显著负相关，2018 年稻田土壤速效钾与坡向呈显著负相关，肥力指数与曲率呈显著正相关，表明本区域土壤肥力空间异质性受结构性因素（地形、土壤类型等）和人为因素（施肥、耕作措施、种植制度等）共同影响（曹祥会等，2016；杨文等，2015）。

相关性分析表明，水稻相对产量与土壤综合肥力指数呈极显著正相关，土壤综合肥力指数每增加 0.1，水稻相对产量增加 13.8%。对肥力指标的重要性分析表明，40 年来，有机质、全氮和碱解氮一直都是土壤综合肥力指数的重要因素，但碱解氮对土壤综合肥力指数的重要性得分从 52.7% 降至 12.3%，而全氮则从 16.5% 提高至 33.1%，有机质保持在 30% 左右，可见，全氮的增加是稻田土壤综合肥力指数提升的关键驱动因素。因此，土壤氮素和有机质的维持是稻田土壤肥力和水稻生产的重要措施（Gao et al.，2015），稻田生产在合理调控氮素的前提下，更要提倡有机 - 无机肥配合施用（Chen et al.，2017）。

土壤剖面构型不仅反映土壤形成内部条件与外部环境，还体现耕作土壤肥力状况和生产性能（辛亮亮，2015），是土壤质量和作物产量的重要影响因子（李开丽等，2016；檀满枝等，2014）。以典型水稻土亚类对土壤剖面构型进行分析，结果表明，潴育型水稻土因排灌方便且干湿交替频繁，具有良好的剖面层次分布，耕层厚度和土壤容重合理，养分含量相对较高，一般表现为高产；潜育型水稻土尽管养分含量相对较高，但排灌不畅，长期处于淹水状态，还原性物质含量较高，对水稻生长不利，往往水稻产量相对较低。

第三节　长江中下游双季稻区土壤肥力空间变化特征

江西省是我国 13 个粮食主产省之一，又是全国仅有的两个不间断向国家提供商品粮的省份之一。水稻尤其是双季稻，在江西省粮食生产上占据重要地位。据统计，江西省双季稻种植面积 307 万 hm²，占全省水稻种植总面积的 89%，双季稻种植比例居全国前列。但是，由于种植作物品种不同和施肥耕作习惯差异较大，该地区的土壤肥力存在明显的空间差异。因此，本研究拟以进贤县为典型县域，开展土壤肥力空间变异研究，以期为深入总结该地区的土壤肥力特征提供参考。

一、研究区域与方法

进贤县属江西省南昌市辖县，地处江西省中部、鄱阳湖南岸，位于抚州河与信江下游之间，东临东乡县，南接临川区，西隔抚河与南昌县、丰城市相望，北与余干县毗邻，面积 1971 km²，辖 9 个镇、12 个乡，地处 116°01′15″E ～ 116°33′38″E，28°09′41″N ～ 28°46′13″N。全县南北长约 63 km，东西宽约 52 km。在区域农业地貌中，全县山地、水域和耕地面积各占总面积的 30% 左右，在江西省粮食主产区"三区一片"（环鄱阳湖、赣抚平原、吉泰盆地和赣西）中占据着重要的一席之地。水稻是该区域主要的粮食作物，且水稻种植模式基本为"早稻—晚稻—冬闲"，面积达 763.0 km²，占该县粮食种植总面积的 89%，是鄱阳湖流域具有代表性的水稻种植区域。水稻土是进贤县主要的耕作土壤。

选择江西省进贤县为研究对象，选取土壤 pH、有机质、碱解氮、有效磷和速效钾为土壤肥力评价指标，用地统计学研究 1982～2017 年稻田肥力的空间变异特征，旨在为该区域的高产稻田土壤肥力培育提供理论依据。1982 年土壤属性数据来源于第二次土壤普查资料，并以 1982 年第二次进贤县土壤普查数据作参照，兼顾高、中、低产的稻田，按照相对均匀空间分布原则，为避免水稻生长期间施肥的影响，先后于 2008 年和 2017 年在水稻收获后按照 5 点法采取耕层（0～20 cm）土壤样品 94 个和 103 个，采样时利用 GPS 记录采样点经纬度，具体点位分布见图 2-36。将土样室内风干，剔除动植物残渣等杂质并磨细过筛，用于土壤理化性质的测定，方法参见《土壤农化分析》（鲍士旦，1981）。

　　　　　　　　　　　　　　　　　　　　　　　▲ 2017年采样点
　　　　　　　　　　　　　　　　　　　　　　　● 2008年采样点
　　　　　　　　　　　　　　　　　　　　　　　■ 1980年采样点
　　　　　　　　　　　　　　　　　　　　　　　▨ 水田

图 2-36　进贤县 1982 年、2008 年和 2017 年稻田土壤采样点位分布

二、县域尺度水稻产量及土壤肥力指标的统计学特征

进贤县 1982 年、2008 年和 2017 年土壤肥力相关指标统计分析结果表明（表 2-8），1982 年全县 pH 范围为 4.80～7.30，平均值为 5.87；有机质含量范围为 10.4～57.1 g/kg，平均值为 28.4 g/kg；全氮含量范围为 0.7～2.4 g/kg，平均值为 1.6 g/kg；碱解氮含量范围为 49～354 mg/kg，平均值为 144 mg/kg；有效磷含量范围为 1～25 mg/kg，平均值为 7 mg/kg；速效钾含量范围为 0.6～96 mg/kg，平均值为 52 mg/kg；IFI 范围为 0.09～0.88，平均值为 0.55。2008 年全县 pH 范围为 4.40～6.30，平均值为 5.06；有机质含量范围为 3.0～53.3 g/kg，平均值为 34.3 g/kg；碱解氮含量范围为 68～370 mg/kg，平均值为 173 mg/kg；有效磷含量范围为 3～69 mg/kg，平均值为 25 mg/kg；速效钾含量范围为 18～325 mg/kg，平均值为 71 mg/kg；IFI 范围为 0.22～0.92，平均值为 0.58。2017 年全县 pH 范围为 4.31～6.13，

平均值为 4.79；有机质含量范围为 12.4～51.4 g/kg，平均值为 36.7 g/kg；全氮含量范围为
1.2～3.1 g/kg，平均值为 2.3 g/kg；碱解氮含量范围为 63～339 mg/kg，平均值为 180 mg/kg；
有效磷含量范围为 4～75 mg/kg，平均值为 33 mg/kg；速效钾含量范围为 27～252 mg/kg，
平均值为 74 mg/kg；IFI 范围为 0.44～0.97，平均值为 0.71。

表2-8　进贤县近35年稻田土壤肥力描述性统计

年份	统计对象	N	全距	极小值	极大值	均值	标准误	标准差	方差	偏度	峰度
1982	pH	53	2.50	4.80	7.30	5.87	0.08	0.56	0.32	0.35	-0.33
	有机质 /（g/kg）	53	46.72	10.4	57.1	28.4	1.1	8.2	66.8	0.51	2.21
	全氮 /（g/kg）	53	1.68	0.7	2.4	1.6	0.05	0.4	0.1	-0.39	0.29
	碱解氮 /（mg/kg）	53	304.80	49	354	144	6	47	2197	1.85	7.24
	有效磷 /（mg/kg）	53	23.50	1	25	7	0.6	4.7	22	1.37	2.76
	速效钾 /（mg/kg）	53	95.60	0.6	96	52	3	20	419	0.19	0.07
	IFI	53	0.79	0.09	0.88	0.55	0.02	0.17	0.03	-0.35	0.32
2008	pH	94	1.90	4.40	6.30	5.06	0.04	0.43	0.19	0.74	0.16
	有机质 /（g/kg）	94	50.30	3.0	53.3	34.3	1.1	10.5	111	-1.22	1.88
	全氮 /（g/kg）	—	—	—	—	—	—	—	—	—	—
	碱解氮 /（mg/kg）	94	302.00	68	370	173	4	37	1352	1.70	9.23
	有效磷 /（mg/kg）	94	66.50	3	69	25	2	15	222	1.00	0.57
	速效钾 /（mg/kg）	94	307.50	18	325	71	5	47	2225	3.06	12.70
	IFI	94	0.70	0.22	0.92	0.58	0.02	0.16	0.03	-0.07	-0.35
2017	pH	103	1.82	4.31	6.13	4.79	0.03	0.29	0.08	1.83	6.19
	有机质 /（g/kg）	103	38.96	12.4	51.4	36.7	0.7	7.3	53.8	-0.44	0.33
	全氮 /（g/kg）	103	1.85	1.2	3.1	2.3	0.04	0.4	0.2	-0.28	-0.33
	碱解氮 /（mg/kg）	103	275.57	63	339	180	5	49	2 416	0.01	0.63
	有效磷 /（mg/kg）	103	71.18	4	75	33	2	16	251	0.50	-0.47
	速效钾 /（mg/kg）	103	225.08	27	252	74	4	37	1389	1.92	5.29
	IFI	103	0.53	0.44	0.97	0.71	0.01	0.11	0.01	-0.24	-0.35

三、县域尺度水稻产量及土壤肥力空间变化特征

（一）进贤县水稻产量空间变化特征

进贤县 2017 年晚稻单产 3133～8833 kg/hm²，晚稻平均产量为 5778 kg/hm²。如图 2-37
显示，该区域水稻产量的分布趋势为：中部地区（民和镇、七里乡和前坊镇）、东南部地区
（下埠集乡、衙前乡、钟陵乡和池溪乡）和西部地区（架桥镇、温圳镇、文港镇）的产量较
高，而东北部环湖地区（三里乡、梅庄镇、二塘乡和南台乡）、中南部地区（张公镇、白圩
乡、长山晏乡和李渡镇）的产量较低。

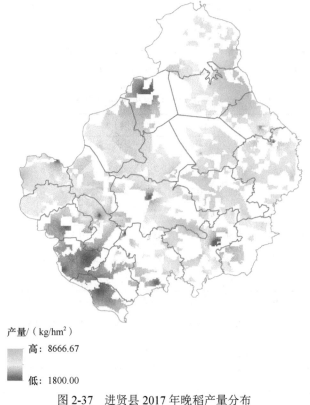

产量/（kg/hm²）
高：8666.67

低：1800.00

图 2-37　进贤县 2017 年晚稻产量分布

（二）进贤县土壤 pH 的时空变化特征

在进贤县，1982 年至 2017 年，土壤酸化趋势明显（图 2-38）。1982 年土壤 pH 大多数大于 5.0，其中小于 5.0 的样点占比 98.1%；5.0 ~ 5.5 的样点占比 28.3%；5.5 ~ 6.0 的样点占比 32.1%；大于 6.0 的样点占比 37.7%。2008 年土壤 pH 大多数小于 5.5，其中小于 5.0 的样点占比 44.7%；5.0 ~ 5.5 的样点占比 40.4%；大于 5.5 的样点占比 13.8%。2017 年土壤 pH 大多数小于 5.0，其中小于 4.5 的样点占比 10.7%；4.5 ~ 5.0 的样点占比 74.8%；大于 5.0 的样点占比 14.6%。

与 1982 年相比，2017年的土壤 pH 变化明显（变化幅度为 -2.47 ~ 0.34）。由于 1982 年和 2017 年的采样点位不同，本研究进一步计算了土壤 pH 降低的稻田面积，结果表明，全县稻田土壤 pH 降低的面积比例为 99.8%，而 pH 增加的比例仅为 0.2%。其中，土壤 pH 降幅较大的区域主要分布在进贤县西部地区，而土壤 pH 略有增加的区域主要为东南部地区。

（三）进贤县土壤有机质的时空变化特征

在进贤县，1982 年至 2017 年，土壤有机质提升明显（图 2-39）。1982 年土壤有机质大多数小于 35 g/kg，其样点占比 81.1%；大于 35 g/kg 的样点占比 18.9%。2008 年土壤有机质小于 35 g/kg 的样点大幅减少，其中小于 35 g/kg 的样点占比 44.7%；35 ~ 37 g/kg 的样点占比 10.6%；37 ~ 39 g/kg 的样点占比 10.6%；大于 39 g/kg 的样点占比 34.0%。2017 年土壤有机质大多数大于 35 g/kg，其中 35 ~ 37 g/kg 的样点占比 10.7%；37 ~ 39 g/kg 的样点占比 10.7%；大于 39 g/kg 的样点占比 39.8%；而小于 35 g/kg 的样点占比仅为 38.8%。

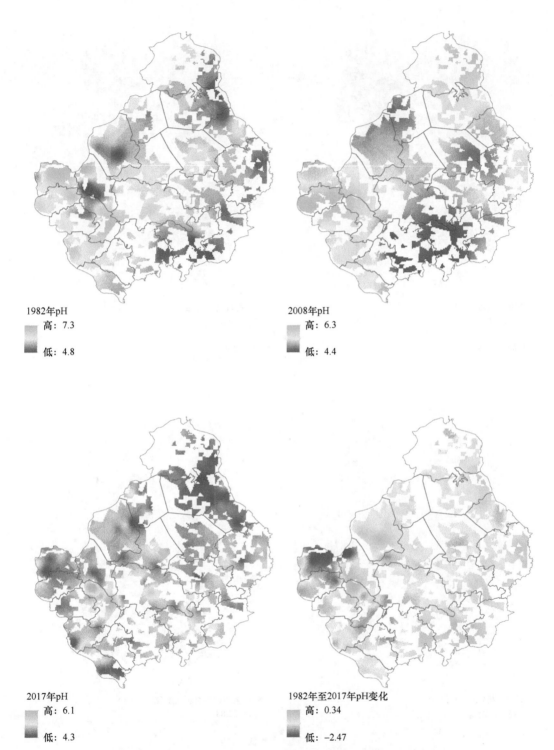

1982年pH
高：7.3
低：4.8

2008年pH
高：6.3
低：4.4

2017年pH
高：6.1
低：4.3

1982年至2017年pH变化
高：0.34
低：−2.47

图 2-38　进贤县 1982 年、2008 年和 2017 年稻田土壤 pH 变化特征

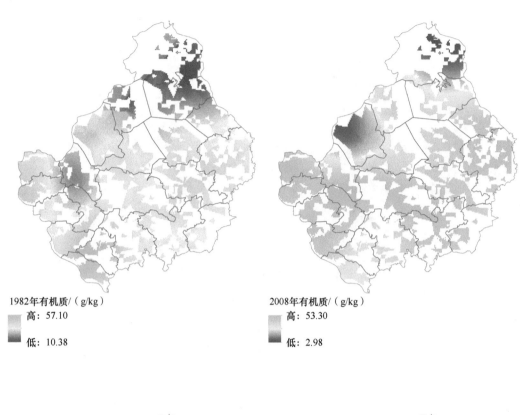

1982年有机质/（g/kg）
高：57.10
低：10.38

2008年有机质/（g/kg）
高：53.30
低：2.98

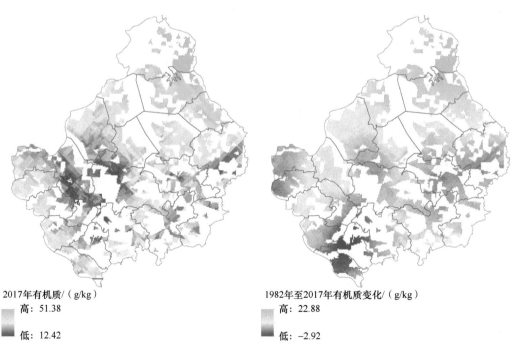

2017年有机质/（g/kg）
高：51.38
低：12.42

1982年至2017年有机质变化/（g/kg）
高：22.88
低：−2.92

图 2-39　进贤县 1982 年、2008 年和 2017 年稻田土壤有机质变化特征

与1982年相比，2017年的土壤有机质变化较大（变化幅度为-2.9～22.9 g/kg），且全县稻田土壤有机质提高的面积比例为98.1%，而有机质降低的比例仅为1.9%。其中，土壤有机质增幅较大的区域主要分布在进贤县北部地区，而土壤有机质略有降低的区域主要为南部地区。

（四）进贤县土壤全氮的时空变化特征

在进贤县，1982年至2017年，土壤全氮含量提升明显（图2-40）。1982年土壤全氮

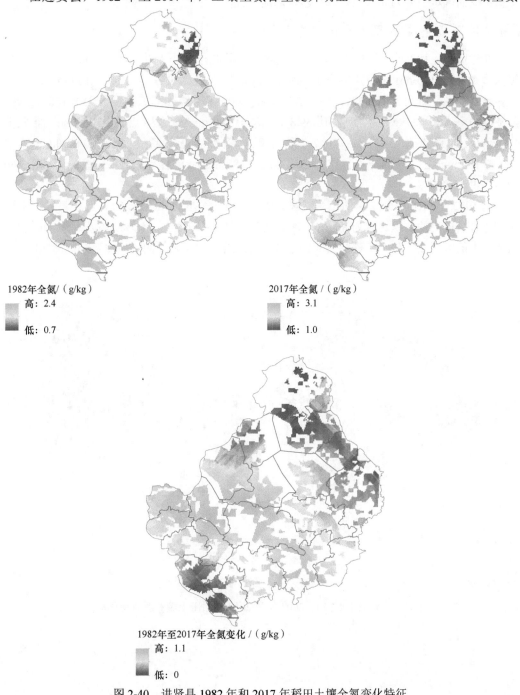

图2-40　进贤县1982年和2017年稻田土壤全氮变化特征

大多数小于 1.8 g/kg，其中 1.5～1.8 g/kg 的样点占比 37.7%；大于 1.8 g/kg 的样点占比 28.3%；小于 1.5 g/kg 的样点占比 34.0%。2017 年土壤全氮大多数大于 2.0 g/kg，其中 2.0～2.5 g/kg 的样点占比 39.8%；大于 2.5 g/kg 的样点占比 34.0%；而小于 2.0 g/kg 的样点占比仅为 26.2%。

与 1982 年相比，2017 年的土壤全氮变化幅度为 0～1.1 g/kg，且全县稻田土壤全氮均有不同程度提高。其中，土壤全氮增幅较大的区域主要分布在进贤县中西部地区，而土壤全氮不变的区域主要为北部、东部和西南部地区。

（五）进贤县土壤碱解氮的时空变化特征

在进贤县，1982 年至 2017 年，土壤碱解氮含量提升明显（图 2-41）。1982 年土壤碱解氮大多数小于 140 mg/kg，其中小于 140 mg/kg 的样点占比 50.9%；140～160 mg/kg 的样点占比 26.4%；而大于 160 的样点占比 22.6%。2008 年土壤碱解氮大多数大于 160 mg/kg，其中 160～180 mg/kg 的样点占比 39.8%；大于 180 mg/kg 的样点占比 35.1%；而小于 160 mg/kg 的样点占比 27.7%。2017 年土壤碱解氮仍然是大多数大于 160 mg/kg，其中 160～180 mg/kg 之间的样点占比 18.5%；大于 180 mg/kg 的样点占比 53.4%；而小于 160 的样点占比 28.2%。

与 1982 年相比，2017 年的土壤碱解氮变化幅度为 -76～115 mg/kg，且全县稻田土壤碱解氮含量提高的面积比例为 86.0%，碱解氮含量降低的比例为 14.0%。其中，土壤碱解氮增幅较大的区域主要分布在进贤县西部地区，而土壤碱解氮降低的区域主要为中部地区。

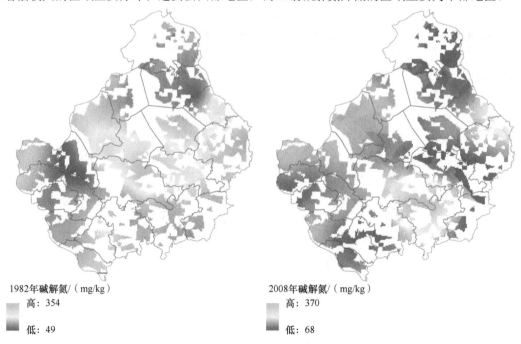

1982年碱解氮/（mg/kg）
高：354
低：49

2008年碱解氮/（mg/kg）
高：370
低：68

图 2-41　进贤县 1982 年、2008 年和 2017 年稻田土壤碱解氮变化特征

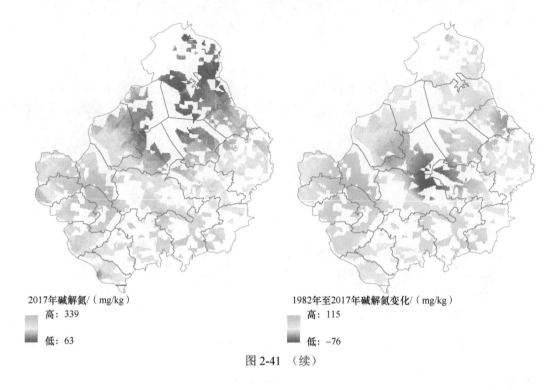

2017年碱解氮/（mg/kg）
　高：339
　低：63

1982年至2017年碱解氮变化/（mg/kg）
　高：115
　低：-76

图 2-41 （续）

（六）进贤县土壤有效磷的时空变化特征

在进贤县，1982 年至 2017 年，土壤有效磷含量提升明显（图 2-42）。1980 年土壤有效磷全部小于 20 mg/kg。2008 年土壤有效磷含量大多数超过 20 mg/kg，其中 20 ～ 30 mg/kg 的样点占比 21.3%；大于 30 mg/kg 的样点占比 30.9%；而小于 20 mg/kg 的样点占比 47.9%。2017 年土壤有效磷大多数大于 30 mg/kg，其中 30 ～ 40 mg/kg 的样点占比 24.3%；大于 40 mg/kg 的样点占比 30.1%；而小于 30 的样点占比 45.6%。

与 1982 年相比，2017 年的土壤有效磷变化幅度为 -2 ～ 66 mg/kg，且全县稻田土壤有效磷含量提高的面积比例为 99.9%，有效磷含量降低的比例为 0.1%。其中，土壤有效磷增幅较大的区域主要分布在进贤县北部边缘地区，而土壤有效磷降低的区域主要为西部、南部和中部地区。

（七）进贤县土壤速效钾的时空变化特征

在进贤县，1982 年至 2017 年，土壤速效钾含量提升明显（图 2-43）。1982 年土壤速效钾大部分大于 50 mg/kg，其中 50 ～ 60 mg/kg 的样点占比 17.0%；大于 60 mg/kg 的样点占比 34.0%；小于 50 mg/kg 的样点占比 49.1%。2008 年土壤速效钾大部分大于 60 mg/kg，小于 50 mg/kg 的样点数明显减少，其样点占比 29.8%；50 ～ 60 mg/kg 的样点占比 19.2%；60 ～ 70 mg/kg 的样点占比 13.8%；大于 70 mg/kg 的样点占比 37.2%。2017 年土壤速效钾大多数大于 70 mg/kg，其中 70 ～ 80 mg/kg 的样点占比 9.7%；大于 80 mg/kg 的样点占比 31.1%；而小于 70 的样点占比 59.2%。

与 1982 年相比，2017 年的土壤速效钾变化幅度为 0.3 ～ 46 mg/kg，且全县稻田均呈现出土壤速效钾含量增加的趋势。其中，土壤速效钾增幅较大的区域主要分布在进贤县东南地区，而土壤速效钾增幅较小的区域主要为中北部地区。

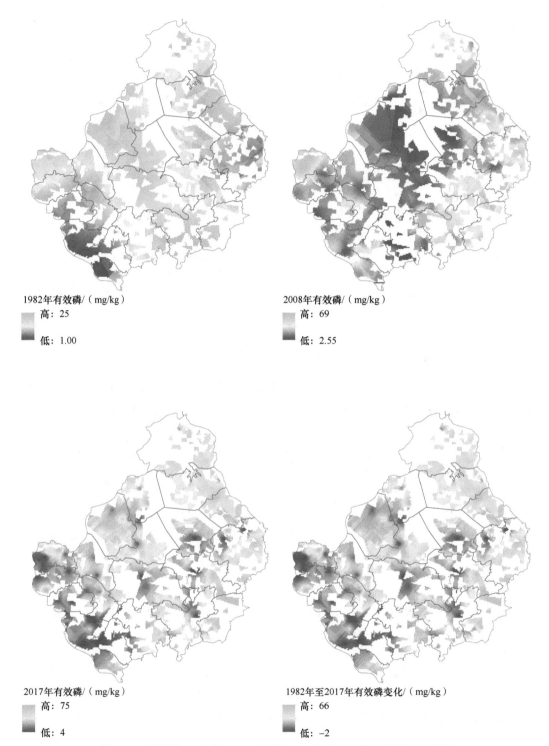

图 2-42　进贤县 1982 年、2008 年和 2017 年稻田土壤有效磷变化特征

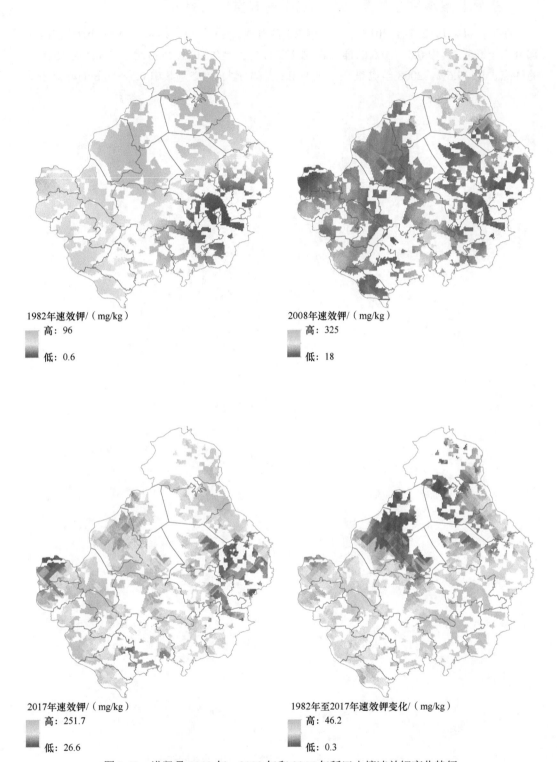

1982年速效钾/（mg/kg）
高：96
低：0.6

2008年速效钾/（mg/kg）
高：325
低：18

2017年速效钾/（mg/kg）
高：251.7
低：26.6

1982年至2017年速效钾变化/（mg/kg）
高：46.2
低：0.3

图 2-43 进贤县 1982 年、2008 年和 2017 年稻田土壤速效钾变化特征

（八）进贤县土壤综合肥力指数（IFI）的时空变化特征

在进贤县，1982 年至 2017 年，土壤 IFI 含量提升明显（图 2-44）。1982 年土壤 IFI 大部分大于 0.5，其中 0.5 ～ 0.6 的样点占比 22.6%；小于 0.5 的样点占比 37.7%；而大于 0.6 的样点占比 39.6%。2008 年也呈现出土壤 IFI 大部分大于 0.5，其中 0.5 ～ 0.6 的样点占比

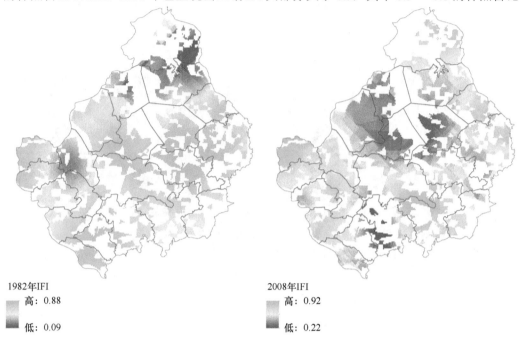

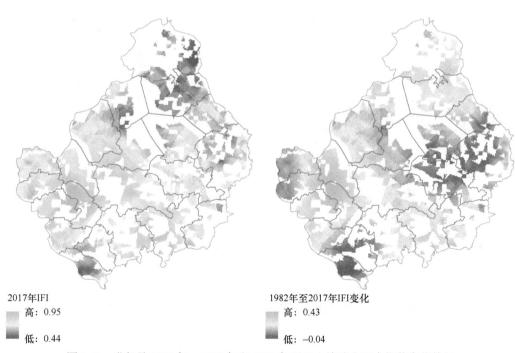

图 2-44　进贤县 1982 年、2008 年和 2017 年稻田土壤综合肥力指数变化特征

22.3%；大于 0.6 的样点占比 46.8%；小于 0.5 的样点占比 30.9%。而 2017 年土壤 IFI 是大多数大于 0.6，其中 0.6 ～ 0.7 的样点占比 25.2%；大于 0.7 的样点占比 57.3%；而小于 0.6 的样点占比 17.5%。

与 1982 年相比，2017 年的土壤 IFI 变化幅度为 -0.04 ～ 0.43，且全县稻田土壤 IFI 提高的面积比例为 99%，而 IFI 降低的比例为 1%。其中，土壤 IFI 增幅较大的区域主要分布在进贤县西部地区，而 IFI 降低的区域主要为东部、南部边缘地区。

四、水稻产量与土壤肥力的耦合特征

Fuzzy 评价方法显示，进贤县 2019 年的土壤综合肥力质量指数为 0.43 ～ 0.57，全县平均为 0.50。图 2-45 结果显示，该区域土壤肥力质量差异大，表现为西部和军山湖南部肥力质量较高，东北部环湖地区肥力质量稍低。

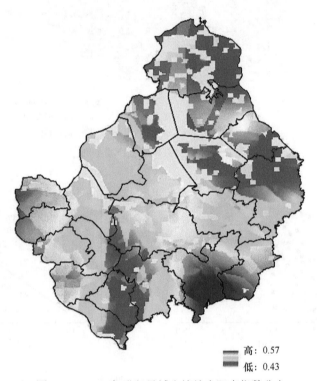

高：0.57
低：0.43

图 2-45　2019 年进贤县域土壤综合肥力指数分布

进贤县晚稻单产为 4350 ～ 6684 kg/hm²，全县平均晚稻产量为 5691 kg/hm²。图 2-46 结果显示，该区域水稻产量趋势与土壤综合肥力指数基本相似，也呈现出西部和军山湖南部产量较高、东北部环湖地区产量稍低。

在县域尺度上，土壤有机质、全氮、全磷、碱解氮、有效磷和速效钾均与晚稻产量存在显著的正相关关系，且可以用线性方程进行拟合，但土壤 pH 和全钾则与产量无显著关系（图 2-47）。通过相关系数发现，土壤有机质、全氮和碱解氮与晚稻产量相关性最高（R^2 均大于 0.3），且结合拟合方程的斜率发现，当土壤有机质和全氮分别增加 1 g/kg 和 0.1 g/kg，晚稻产量可分别提高 113 kg/hm² 和 206 kg/hm²；而当碱解氮增加 1 mg/kg，晚稻产量则提升 41 kg/hm²。

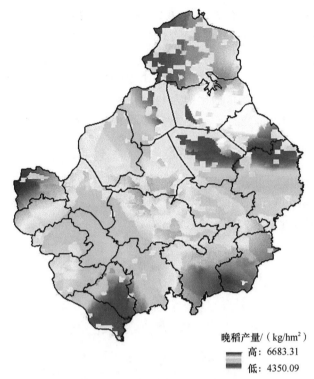

晚稻产量/（kg/hm²）
高：6683.31
低：4350.09

图 2-46　进贤县域晚稻产量分布

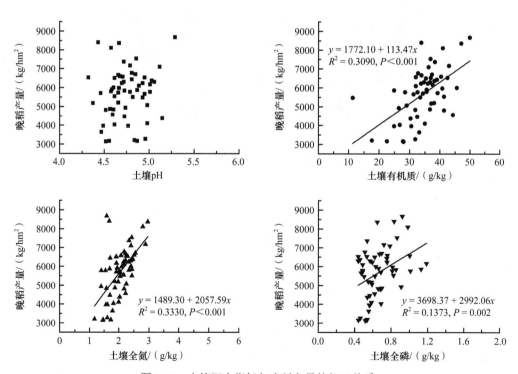

图 2-47　土壤肥力指标与晚稻产量的相互关系

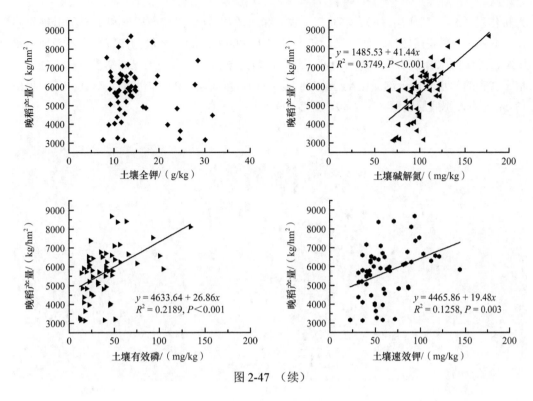

图 2-47 （续）

进一步通过水稻产量（y）与土壤综合肥力指数（x）的拟合方程发现（图 2-48），一元一次拟合方程（$y=-433.72+12\,145.54x$，$R^2=0.6416$，$P<0.001$）可以较好地拟合二者的相关关系。结果表明，当土壤综合肥力指数提升 0.1，晚稻产量可以增加 1215 kg/hm²。

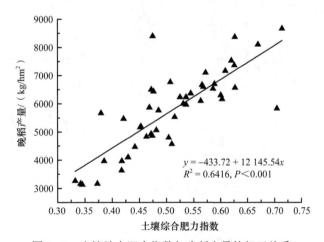

图 2-48　土壤综合肥力指数与晚稻产量的相互关系

五、稻田土壤肥力剖面分布特征

（一）剖面构型

高产稻田年产量＞16 500 kg/hm²，中产稻田年产量为 12 000～15 000 kg/hm²，一般为潴育型，受地面水和地下水的双重影响，氧化还原作用剧烈，发生层段完整，剖面层次分为耕作层（A）、犁底层（P）、潴育层（W）和母质层（C）；高产稻田和中产稻田耕作层16 cm左右，犁底层较厚；低产稻田年产量< 10 000 kg/hm²，一般为淹育型，不受地下水影响，土体内水分移动基本为自上而下的单向渗透淋溶，土壤剖面已有初步分化，处于水稻土发育的初步阶段，剖面层次分为耕作层（A）、犁底层（P）和母质层（C）；低产稻田13 cm左右，犁底层较薄（图2-49，图2-50）。

高产稻田　　　　　　　中产稻田　　　　　　　低产稻田

图 2-49　不同产量水平稻田剖面构型

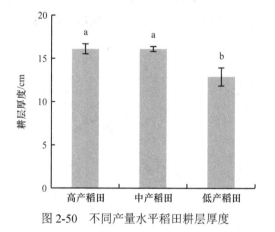

图 2-50　不同产量水平稻田耕层厚度

（二）土壤 pH

图2-51A为不同产量稻田土壤pH剖面分布。不同产量水平下，稻田土壤pH随土层的加深而提高，耕层、犁底层和潴育层pH平均为5.3、5.8和6.3。各层次稻田土壤pH表现为高产>中产>低产，耕层高产、中产、低产稻田pH分别为5.5、5.4和5.1，且各层次高产稻田pH均显著高于低产稻田。

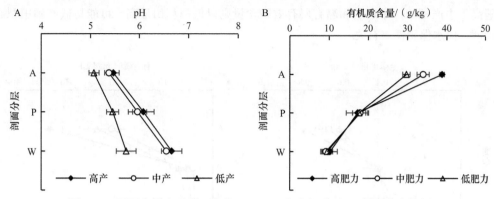

图 2-51　不同产量水平稻田土壤 pH（A）和有机质（B）剖面分布特征

（三）土壤有机质含量

从图 2-51B 可以看出，不同产量水平下，不同层次土壤有机质含量表现出随土层的加深而递减的趋势。耕作层土壤有机质含量则表现为高产＞中产＞低产，高产、中产和低产稻田土壤有机质分别为 38.8 g/kg、34.0 g/kg 和 29.7 g/kg，不同产量水平稻田犁底层和潴育层土壤有机质差异不显著。

（四）土壤氮含量

不同产量水平稻田土壤氮含量随土层的加深而递减，相同层次，土壤全氮含量表现为高产＞中产＞低产。高产稻田耕作层土壤全氮为 2.3 g/kg，高于中产稻田（1.9 g/kg）和低产稻田（1.9 g/kg），其他层次则差异不显著。碱解氮含量趋势与全氮含量基本一致，高产稻田耕作层土壤碱解氮含量高于中产稻田和低产稻田，犁底层土壤碱解氮含量以低肥力稻田最高，但差异不显著（图 2-52）。

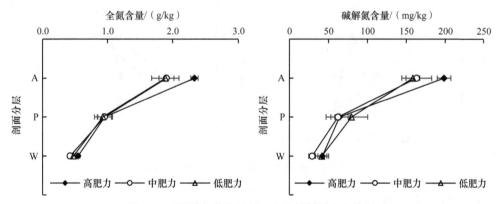

图 2-52　不同产量水平稻田土壤氮剖面分布特征

（五）土壤磷含量

图 2-53 为不同产量稻田土壤全磷剖面分布。从图中可以看出，各产量水平下，稻田土壤全磷随土层的加深而递减。耕层土壤全磷含量以高产稻田最高（0.8 g/kg），其次为中产稻田土壤（0.7 g/kg），低产稻田最低（0.6 g/kg）；犁底层和潴育层各肥力水平土壤全磷含量差异不显著。耕层土壤有效磷含量表现为高产＞中产＞低产，其中高产稻田有效磷含量

显著高于中产稻田；犁底层和潜育层有效磷含量则以低产稻田最高，可能与低产稻田犁底层较薄、保水保肥性差有关。

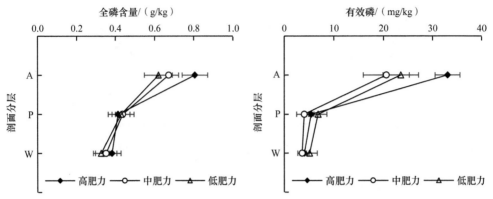

图 2-53　不同产量水平稻田土壤磷剖面分布特征

（六）土壤钾含量

图 2-54 为不同产量稻田土壤钾速剖面分布。从图中可以看出，不同产量水平下，稻田土壤全钾含量随土层的加深而增加，速效钾则相反，耕层、犁底层和潜育层全钾平均含量为 9.3 g/kg、9.9 g/kg 和 10.6 g/kg，速效钾平均含量分别为 111 mg/kg、76 mg/kg 和 74 mg/kg。稻田耕层和犁底层土壤全钾表现为高产＞中产＞低产，耕作层高产田、中产田和低产田分别为 10.0 g/kg、9.8 g/kg 和 8.1 g/kg。对于土壤速效钾，不同产量水平耕作层差异不显著，以高产田最高，中产田最低；犁底层和潜育层速效钾以低产田最高。

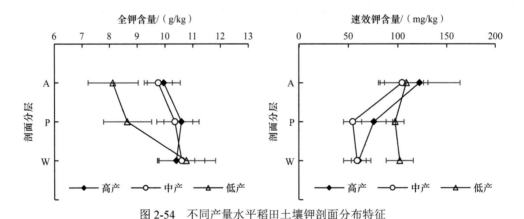

图 2-54　不同产量水平稻田土壤钾剖面分布特征

（七）阳离子交换量

图 2-55 为不同产量稻田土壤阳离子交换量（cation exchange capacity，CEC）剖面分布。从图中可以看出，不同产量水平下，高产稻田土壤 CEC 随土层的加深而增加，中产和低产稻田 CEC 则以犁底层最低。耕层土壤 CEC 表现为低产＞中产＞高产，含量依次为 11.2 cmol/kg、10.4 cmol/kg 和 10.0 cmol/kg；犁底层土壤 CEC 表现为高产＞低产＞中产，含量依次为 10.5 cmol/kg、9.9 cmol/kg 和 9.3 cmol/kg；潜育层不同产量水平土壤 CEC 无显著差异。

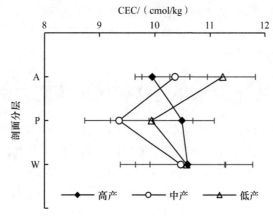

图 2-55 不同产量水平稻田土壤阳离子交换量剖面分布特征

（八）耕层土壤微生物量碳、氮含量

由图 2-56 可知，耕层土壤微生物量碳、氮含量随水稻产量的增加而提高，高产稻田耕层土壤微生物量碳含量显著高于中、低产稻田（$P < 0.05$），微生物量氮含量则显著高于低产稻田。

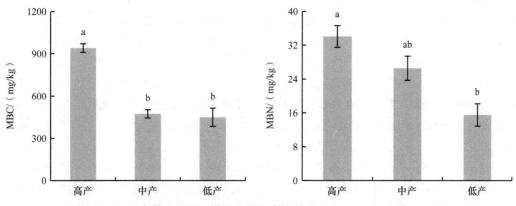

图 2-56 不同产量水平稻田耕层土壤微生物量碳（MBC）、氮含量（MBN）

六、小结

在县域尺度上，收集了进贤县第二次土壤普查数据（1982 年）和测土配方施肥数据（2008），2017 年调查了 103 个样点的土壤肥力，初步建立起基于 GIS 的进贤县数字化土壤基础性质数据库，采用地统计学研究该区域典型县域高产稻田肥力的空间变异特征。结果表明，从 1982 至 2008 年，土壤 pH 下降了 0.87，其他土壤肥力指标均显著增加；而从 2008 至 2017 年，土壤 pH、有机质、碱解氮略有降低，有效磷和有效钾均有所增加；与 1982 年相比，2017 年除了土壤 pH 降低之外，土壤有机质、全氮、碱解氮、有效磷和有效钾均显著增加。利用 Fuzzy 计算的土壤综合肥力指数（IFI）显示 2008 年和 2017 年的 IFI 显著高于 1982 年。

同时，结合 2017 年县域尺度的数据发现，土壤有机质、全氮和碱解氮与晚稻产量相关性最高，进一步通过土壤综合肥力指数与水稻产量的拟合方程发现，当肥力指数提升 0.1，该区域的晚稻产量可以增加 1215 kg/hm^2。

进一步结合高、中、低产的土壤剖面结果表明，不同层次土壤有机质、氮、磷、钾等含量大体表现出随土层的加深而递减的趋势，且耕层土壤有机质 / 氮磷和微生物量碳氮等指标均表现为高产＞中产＞低产。

第四节　长江中下游水旱轮作稻区土壤肥力空间变化特征

安徽省位于长江中下游，为我国水稻主产省份之一，水稻种植区域的耕作制度为水稻 - 小麦或水稻 - 油菜水旱两熟轮作。本节以安徽省庐江县为例，于 2009 年和 2018 年在庐江县稻田土壤肥力监测区域采集耕作层土样，选取土壤 pH、有机质、全氮、有效磷和速效钾作为稻田土壤肥力评价指标，开展长江中下游水旱轮作稻区典型县域稻田土壤肥力的空间变化特征研究。

一、研究区域与方法

（一）研究区概况

安徽省地处华东腹地，位于长江、淮河中下游，为暖温带与亚热带过渡地区，淮河以北属暖温带半湿润季风气候，淮河以南为亚热带湿润季风气候，四季分明，气候温和，雨量适中。庐江县隶属于安徽省合肥市，位于安徽省中部、合肥市南部，北濒巢湖，南近长江，西依大别山脉，东与巢湖市、无为县接壤，南以枞阳县、桐城市为邻，西靠舒城县，北抵肥西县，地理位置介于 30°57′N ～ 31°33′N、117°01′E ～ 117°34′E，县域南北两端相距 62 km，东西最大间隔 52 km。庐江县地处中纬度地带，属北亚热带湿润季风气候，四季分明，冬寒夏热，春秋温和，梅雨特征显著，年均气温 15.8℃，年均降水量 1188 mm，年日照时数 2000 h 以上，多年平均无霜期为 238 d，雨量充沛，光照充足，无霜期长，光、热、水资源比较丰富。庐江县地处江淮丘陵地带，地形以平原、丘陵为主，地势西南高、东北低，素有"东丘、南岗、西山、北圩"之称，中部丘陵地区起伏和缓，圩、岗、畈错杂分布，约占全县总面积的 54.3%；东南部和西部低山丘陵区海拔 100 ～ 595 m，约占全县总面积的 18.0%；沿湖平原圩区海拔为 6 ～ 10 m，约占全县总面积的 16.7%；水域约占 11.0%。全县水域辽阔，北有巢湖，东有长江调蓄，西有龙河口水库，高引低灌，境内河道稠密，大小河道有 12 条，水利条件优越，适宜种植水稻。庐江县典型种植制度主要有水稻 - 小麦（油菜）和双季稻等。庐江县长期位于全国粮食生产先进县行列，先后被评为国家现代农业示范区、国家现代农业示范区农业改革与建设试点县。

庐江县土壤的成土母质主要有下蜀系黄土、河流冲积物和湖相沉积物，以及残积、坡积物等。根据庐江县第二次土壤普查结果，可将全县土壤划为 6 个土类、14 个亚类、45 个土属、74 个土种。6 个土类包括水稻土、黄棕壤、潮土、紫色土、石灰（岩）土和沼泽土，其中，水稻土是全县面积最大、分布最广和土种面积最多的一个土类，占全县耕地面积的 86.7%。按水耕熟化、水型及起源类型等分异程度，可将水稻土划分为 4 个亚类：潴育型水稻土、淹育型水稻土、侧漂型水稻土和潜育型水稻土。潴育型水稻土占全县耕地面积的 39.4%，主要分布于圩畈区，耕作层厚，无障碍层次，有效养分丰富，水源充足，是高产土壤。

（二）研究方法

2009 年和 2018 年在庐江县稻田土壤肥力监测区域，利用 GPS 全球定位系统在半径 50 m

范围内采集 3 ~ 5 点 0 ~ 20 cm 耕作层土样充分混匀后分别得到混合土样 76 个和 53 个，利用 GIS 技术生成用于地统计学分析的土壤采样点分布图（图 2-57）。取回的土壤样品在室内自然风干，剔除作物根系等杂质后磨碎并过筛，用于土壤理化性质的测定。本研究选取土壤 pH、有机质、全氮、有效磷和速效钾作为稻田土壤肥力评价指标，各指标测定方法参照《土壤农业化学分析方法》（鲁如坤，2000）：土壤 pH 采用 1∶2.5 土水比浸提 -pH 计测定；土壤有机质采用 $K_2Cr_2O_7$-H_2SO_4 氧化法测定；土壤全氮采用凯氏定氮法测定；土壤有效磷采用 $NaHCO_3$ 浸提 - 钼锑抗比色法测定；土壤速效钾采用 NH_4OAc 浸提 - 火焰光度计法测定。

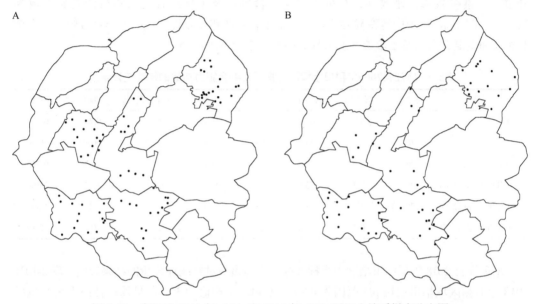

图 2-57　庐江县 2009 年（A）和 2018 年（B）稻田土壤采样点分布图

在土壤综合肥力指数（integrated fertility index，IFI）计算过程中，首先采用相关系数法（包耀贤等，2012；柳开楼等，2018）确定各个肥力指标的权重系数：计算各项肥力指标之间的相关系数，获得某一肥力指标与其他肥力指标相关系数的平均值（不包括肥力指标自身的相关系数），将该平均值与所有肥力指标相关系数平均值总和的比值作为该肥力指标的权重。2009 年土壤 pH、有机质、全氮、有效磷和速效钾的权重系数分别为 0.147、0.265、0.294、0.128 和 0.167；2018 年土壤 pH、有机质、全氮、有效磷和速效钾的权重系数分别为 0.124、0.263、0.334、0.160 和 0.119。然后对上述各项土壤肥力指标建立与之对应的隶属函数，计算其隶属度值，以此来表示各肥力指标的状态值。土壤 pH 的隶属度采用抛物线型隶属函数公式确定，土壤有机质、全氮、有效磷和速效钾的隶属度采用 S 型隶属函数公式确定（徐建明等，2010）。参考《土壤质量指标与评价》（徐建明等，2010）中推荐的关于稻田土壤肥力指标隶属度函数的阈值范围并结合庐江县稻田土壤养分状况，确定隶属度函数曲线转折点的值：土壤 pH 在隶属度函数曲线转折点 X_1、X_2、X_3 和 X_4 的相应取值分别为 4.5、6.0、7.0 和 8.5，土壤有机质、全氮、有效磷和速效钾在隶属度函数曲线转折点 X_1 的相应取值分别为 10 g/kg、0.75 g/kg、3 mg/kg 和 50 mg/kg，X_2 的相应取值分别为 30 g/kg、1.5 g/kg、15 mg/kg 和 150 mg/kg。再根据模糊数学中的加乘原则，利用各土壤肥力指标的权重系数和隶属度值计算土壤综合肥力指数。

二、县域尺度稻田土壤肥力指标描述性统计

对庐江县2009年稻田土壤肥力指标及综合肥力指数进行统计分析的结果表明（表2-9），2009年监测区域稻田土壤pH范围为4.92～6.77，平均值为5.58，呈弱酸性；土壤有机质含量范围为12.4～35.6 g/kg，平均值为24.0 g/kg；土壤全氮含量范围为0.59～2.03 g/kg，平均值为1.34 g/kg；土壤有效磷含量范围为2.2～23.6 mg/kg，平均值为7.8 mg/kg；土壤速效钾含量范围为49～186 mg/kg，平均值为88 mg/kg；土壤综合肥力指数范围为0.22～0.92，平均值为0.65。土壤pH的变异系数较小，为7.6%，表现为弱变异强度。土壤有效磷、速效钾、有机质和全氮含量以及土壤综合肥力指数的变异系数为21.5%～62.1%，属于中等变异强度，其中土壤有效磷和速效钾含量的变异系数较大，土壤有机质和全氮含量以及土壤综合肥力指数的变异系数基本相当。

表2-9　庐江县2009年稻田土壤肥力指标及综合肥力指数的描述统计结果

项目	样点数	极小值	极大值	均值	标准差	变异系数 /%	偏度	峰度
pH	76	4.92	6.77	5.58	0.42	7.6	0.78	0.04
有机质 /（g/kg）	76	12.4	35.6	24.0	5.4	22.5	-0.19	-0.49
全氮 /（g/kg）	76	0.59	2.03	1.34	0.29	21.5	-0.26	0.21
有效磷 /（mg/kg）	76	2.2	23.6	7.8	4.8	62.1	1.35	1.66
速效钾 /（mg/kg）	76	49	186	88	30	33.9	1.32	1.50
土壤综合肥力指数	76	0.22	0.92	0.65	0.16	24.1	-0.66	-0.17

对庐江县2018年稻田土壤肥力指标及综合肥力指数进行统计分析的结果表明（表2-10），2018年监测区域稻田土壤pH范围为4.70～6.90，平均值为5.54，呈弱酸性；土壤有机质含量范围为16.4～36.2 g/kg，平均值为27.4 g/kg；土壤全氮含量范围为0.89～2.07 g/kg，平均值为1.51 g/kg；土壤有效磷含量范围为3.2～29.8 mg/kg，平均值为10.6 mg/kg；土壤速效钾含量范围为38～225 mg/kg，平均值为120 mg/kg；土壤综合肥力指数范围为0.38～0.97，平均值为0.77。土壤pH的变异系数较小，为8.9%，表现为弱变异强度。土壤有效磷、速效钾、全氮和有机质含量以及土壤综合肥力指数的变异系数为18.5%～64.3%，属于中等变异强度。和2009年一样，庐江县稻田监测区域土壤有效磷和速效钾含量的变异系数较大，土壤有机质和全氮含量以及土壤综合肥力指数的变异系数基本相当。

表2-10　庐江县2018年稻田土壤肥力指标及综合肥力指数的描述统计结果

项目	样点数	极小值	极大值	均值	标准差	变异系数 /%	偏度	峰度
pH	53	4.70	6.90	5.54	0.50	8.9	0.60	0.11
有机质 /（g/kg）	53	16.4	36.2	27.4	5.1	18.5	-0.35	-0.43
全氮 /（g/kg）	53	0.89	2.07	1.51	0.30	19.6	-0.03	-0.67
有效磷 /（mg/kg）	53	3.2	29.8	10.6	6.8	64.3	1.58	1.92
速效钾 /（mg/kg）	53	38	225	120	43	36.2	0.23	-0.42
土壤综合肥力指数	53	0.38	0.97	0.77	0.14	18.7	-0.96	0.52

三、县域尺度稻田土壤肥力空间变化特征

（一）庐江县土壤 pH 的空间变化特征

庐江县稻田肥力监测区域 2009 年和 2018 年土壤 pH 分布情况如图 2-58 所示。本研究将稻田土壤 pH 划分为五个等级：一（6.0～7.0）、二（5.5～6.0）、三（5.0～5.5）、四（4.5～5.0）、五（<4.5）。2009 年土壤 pH 为 6.0～7.0 的样点所占比例为 17.1%，5.5～6.0 的样点所占比例为 32.9%，5.0～5.5 的样点所占比例为 46.1%，4.5～5.0 的样点所占比例为 3.9%；2018 年土壤 pH 为 6.0～7.0 的样点所占比例为 18.9%，5.5～6.0 的样点所占比例为 32.1%，5.0～5.5 的样点所占比例为 37.7%，4.5～5.0 的样点所占比例为 11.3%（图 2-59）。

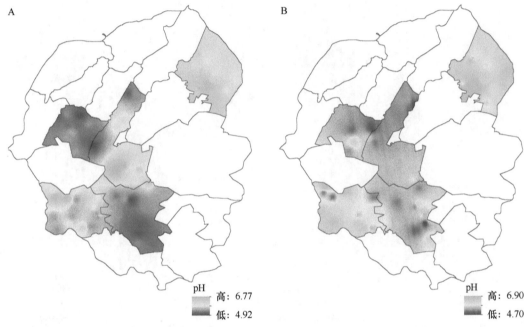

图 2-58　庐江县 2009 年（A）和 2018 年（B）稻田土壤 pH 分布

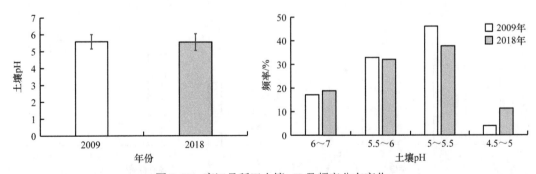

图 2-59　庐江县稻田土壤 pH 及频率分布变化

总体上来看，与 2009 年相比，庐江县稻田肥力监测区域 2018 年土壤 pH 降低幅度很小（图 2-59），但土壤 pH 为 5.0～5.5 的样点所占比例从 2009 年的 46.1% 下降到 2018 年的 37.7%，土壤 pH 为 4.5～5.0 的样点所占比例从 2009 年的 3.9% 上升到 2018 年的 11.3%。

（二）庐江县土壤有机质的空间变化特征

庐江县稻田肥力监测区域 2009 年和 2018 年土壤有机质含量分布情况如图 2-60 所示。本研究将稻田土壤有机质含量划分为五个等级：丰（≥ 30.0 g/kg）、较丰（20.0 ~ 30.0 g/kg）、中（15.0 ~ 20.0 g/kg）、缺（10.0 ~ 15.0 g/kg）、极缺（< 10.0 g/kg）。2009 年土壤有机质含量大于 30.0 g/kg 的样点所占比例为 14.5%，20.0 ~ 30.0 g/kg 的样点所占比例为 60.5%，15.0 ~ 20.0 g/kg 的样点所占比例为 19.7%，10.0 ~ 15.0 g/kg 的样点所占比例为 5.3%；2018 年土壤有机质含量大于 30.0 g/kg 的样点所占比例为 37.7%，20.0 ~ 30.0 g/kg 的样点所占比例为 54.7%，15.0 ~ 20.0 g/kg 的样点所占比例为 7.5%（图 2-61）。

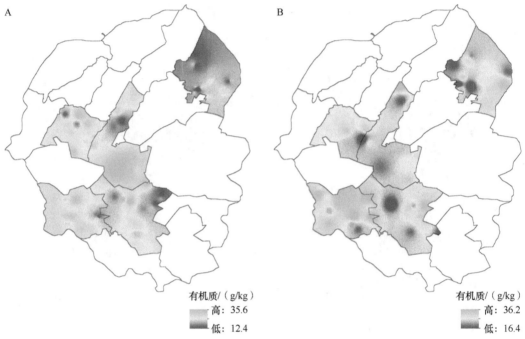

图 2-60　庐江县 2009 年（A）和 2018 年（B）稻田土壤有机质含量分布

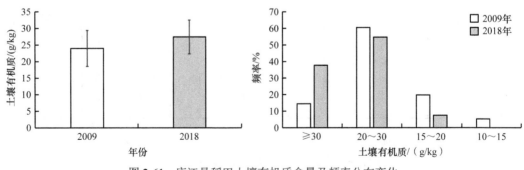

图 2-61　庐江县稻田土壤有机质含量及频率分布变化

与 2009 年相比，庐江县稻田肥力监测区域 2018 年土壤有机质含量增加了 14.3%（图 2-61），年增加量为 0.4 g/kg；土壤有机质含量大于 30.0 g/kg 的样点所占比例从 2009 年的 14.5% 增加到 2018 年的 37.7%，小于 20.0 g/kg 的样点所占比例从 2009 年的 25.0% 下降到 2018 年的

7.5%，2018 年样点的有机质含量均在 15.0 g/kg 以上。

（三）庐江县土壤全氮的空间变化特征

庐江县稻田肥力监测区域 2009 年和 2018 年土壤全氮含量分布情况如图 2-62 所示。本研究将稻田土壤全氮含量划分为五个等级：丰（≥ 1.5 g/kg）、较丰（1.0 ~ 1.5 g/kg）、中（0.75 ~ 1.0 g/kg）、缺（0.5 ~ 0.75 g/kg）、极缺（< 0.5 g/kg）。2009 年土壤全氮含量大于 1.5 g/kg 的样点所占比例为 30.3%，1.0 ~ 1.5 g/kg 的样点所占比例为 60.5%，0.75 ~ 1.0 g/kg 的样点所占比例为 5.3%，小于 0.75 g/kg 的样点所占比例为 3.9%；2018 年土壤全氮含量大于 1.5 g/kg 的样点所占比例为 50.9%，1.0 ~ 1.5 g/kg 的样点所占比例为 47.2%，0.75 ~ 1.0 g/kg 的样点所占比例为 1.9%（图 2-63）。

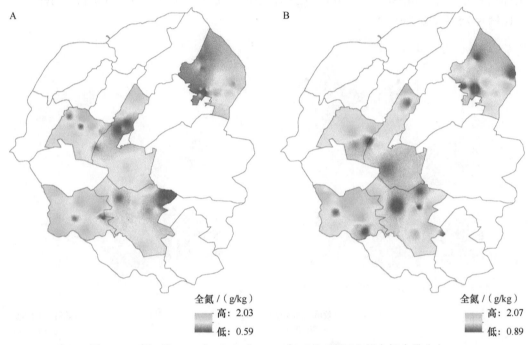

图 2-62　庐江县 2009 年（A）和 2018 年（B）稻田土壤全氮含量分布

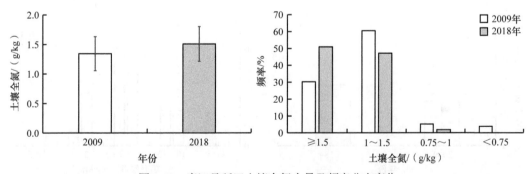

图 2-63　庐江县稻田土壤全氮含量及频率分布变化

与 2009 年相比，庐江县稻田肥力监测区域 2018 年土壤全氮含量增加了 12.2%（图 2-63），年增加量为 0.02 g/kg，土壤全氮含量的增幅与土壤有机质含量的增幅基本接近；土壤全氮含量大于 1.5 g/kg 的样点所占比例从 2009 年的 30.3% 增加到 2018 年的 50.9%，小于 1.0 g/kg 的样点所占比例从 2009 年的 9.2% 下降为 2018 年的 1.9%。

（四）庐江县土壤有效磷的空间变化特征

庐江县稻田肥力监测区域 2009 年和 2018 年土壤有效磷含量分布情况如图 2-64 所示。本研究将稻田土壤有效磷含量划分为五个等级：丰（≥ 15 mg/kg）、较丰（10 ～ 15 mg/kg）、中（5 ～ 10 mg/kg）、缺（3 ～ 5 mg/kg）、极缺（< 3 mg/kg）。2009 年土壤有效磷含量大于 15 mg/kg 的样点所占比例为 7.9%，10 ～ 15 mg/kg 的样点所占比例为 18.4%，5 ～ 10 mg/kg 的样点所占比例为 38.2%，3 ～ 5 mg/kg 的样点所占比例为 27.6%，小于 3 mg/kg 的样点所占比例为 7.9%；2018 年土壤有效磷含量大于 15 mg/kg 的样点所占比例为 17.0%，10 ～ 15 mg/kg 的样点所占比例为 24.5%，5 ～ 10 mg/kg 的样点所占比例为 50.9%，3 ～ 5 mg/kg 的样点所占比例为 7.5%（图 2-65）。

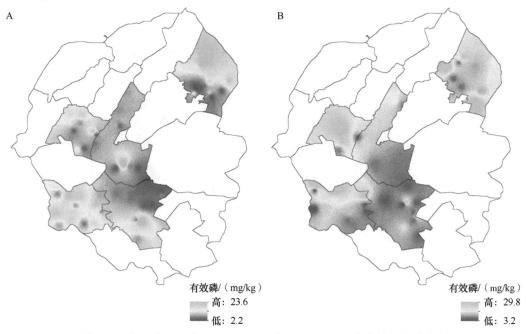

图 2-64　庐江县 2009 年（A）和 2018 年（B）稻田土壤有效磷含量分布

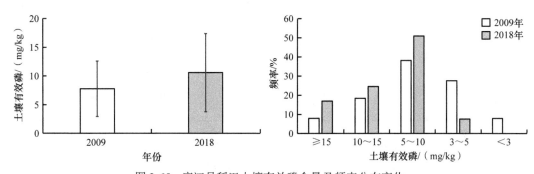

图 2-65　庐江县稻田土壤有效磷含量及频率分布变化

与 2009 年相比，庐江县稻田肥力监测区域 2018 年土壤有效磷含量增加了 36.4%（图 2-65），年增加量为 0.3 mg/kg；土壤有效磷含量大于 15 mg/kg 的样点所占比例从 2009 年的 7.9% 上升到 2018 年的 17.0%，土壤有效磷含量为 10～15 mg/kg 和 5～10 mg/kg 的样点所占比例分别从 2009 年的 18.4% 和 38.2% 增加到 2018 年的 24.5% 和 50.9%，土壤有效磷含量小于 5 mg/kg 的样点所占比例从 2009 年的 35.5% 下降为 2018 年的 7.5%。

（五）庐江县土壤速效钾的空间变化特征

庐江县稻田肥力监测区域 2009 年和 2018 年土壤速效钾含量分布情况如图 2-66 所示。本研究将稻田土壤速效钾含量划分为五个等级：丰（≥150 mg/kg）、较丰（110～150 mg/kg）、中（80～110 mg/kg）、缺（50～80 mg/kg）、极缺（＜50 mg/kg）。2009 年土壤速效钾含量大于 150 mg/kg 的样点所占比例为 5.3%，110～150 mg/kg 的样点所占比例为 13.2%，80～110 mg/kg 的样点所占比例为 31.6%，50～80 mg/kg 的样点所占比例为 48.7%，小于 50 mg/kg 的样点所占比例为 1.3%；2018 年土壤速效钾含量大于 150 mg/kg 的样点所占比例为 28.3%，110～150 mg/kg 的样点所占比例为 34.0%，80～110 mg/kg 的样点所占比例为 22.6%，50～80 mg/kg 的样点所占比例为 9.4%，小于 50 mg/kg 的样点所占比例为 5.7%（图 2-67）。

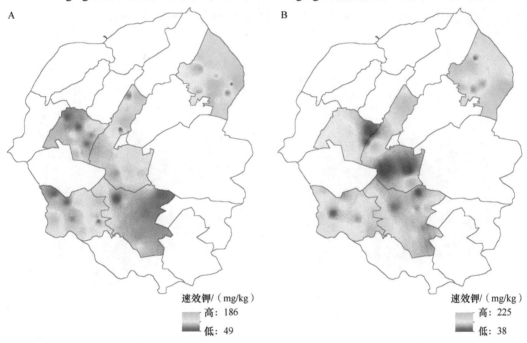

图 2-66 庐江县 2009 年（A）和 2018 年（B）稻田土壤速效钾含量分布

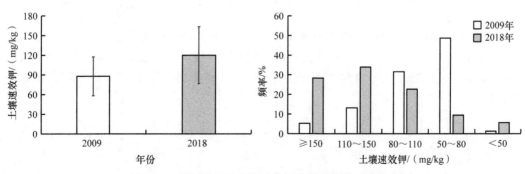

图 2-67 庐江县稻田土壤速效钾含量及频率分布变化

　　与2009年相比，庐江县稻田肥力监测区域2018年土壤速效钾含量增加了36.6%（图2-67），年增加量为4 mg/kg；土壤速效钾含量大于150 mg/kg的样点所占比例从2009年的5.3%上升到2018年的28.3%，土壤速效钾含量为110～150 mg/kg的样点所占比例从2009年的13.2%上升到2018年的34.0%，土壤速效钾含量为50～80 mg/kg的样点所占比例从2009年的48.7%下降到2018年的9.4%。

（六）庐江县土壤综合肥力指数的空间变化特征

　　庐江县稻田肥力监测区域2009年和2018年土壤综合肥力指数分布情况如图2-68所示。本研究将稻田土壤综合肥力指数划分为五个等级：高（≥0.85）、较高（0.70～0.85）、中（0.50～0.70）、低（0.35～0.50）、极低（<0.35）。2009年土壤综合肥力指数大于0.85的高肥力样点所占比例为6.6%，0.70～0.85的较高肥力样点所占比例为38.2%，0.50～0.70的中肥力样点所占比例为32.9%，0.35～0.50的低肥力样点所占比例为18.4%，小于0.35的极低肥力样点所占比例为3.9%；2018年土壤综合肥力指数大于0.85的高肥力样点所占比例为30.2%，0.70～0.85的较高肥力样点所占比例为39.6%，0.50～0.70的中肥力样点所占比例为24.5%，0.35～0.50的低肥力样点所占比例为5.7%（图2-69）。

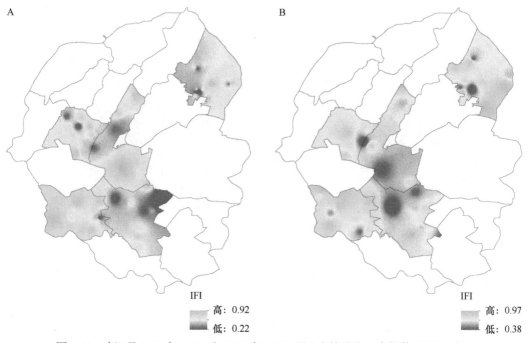

图2-68　庐江县2009年（A）和2018年（B）稻田土壤综合肥力指数（IFI）分布

　　与2009年相比，庐江县稻田肥力监测区域2018年土壤综合肥力指数增加了18.5%（图2-69），年增加量为0.01；土壤综合肥力指数大于0.85的高肥力样点所占比例从2009年的6.6%上升到2018年的30.2%，小于0.50的低肥力样点所占比例从2009年的22.4%下降为2018年的5.7%。

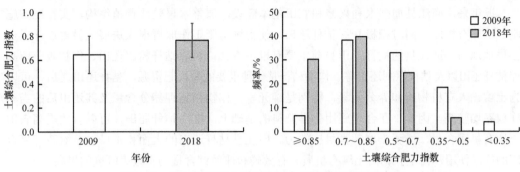

图 2-69　庐江县稻田土壤综合肥力指数及频率分布变化

（七）庐江县土壤肥力指标重要性分析

利用随机森林对土壤综合肥力的影响因素进行重要性分析的结果显示（图 2-70），2009年造成庐江县监测区域稻田土壤综合肥力差异的影响指标依次为土壤全氮、有机质、速效钾、有效磷和 pH；而 2018 年造成庐江县监测区域稻田土壤综合肥力差异的影响指标依次为土壤全氮、有效磷、速效钾、有机质和 pH。两个年份对稻田土壤综合肥力贡献最大的指标均为土壤全氮含量，pH 的贡献较小，土壤全氮含量是庐江县监测区域稻田土壤综合肥力的主要驱动因素。与 2009 年相比，2018 年土壤有效磷、全氮和 pH 对稻田土壤综合肥力的贡献率分别增加了 50.5%、20.4% 和 46.7%。

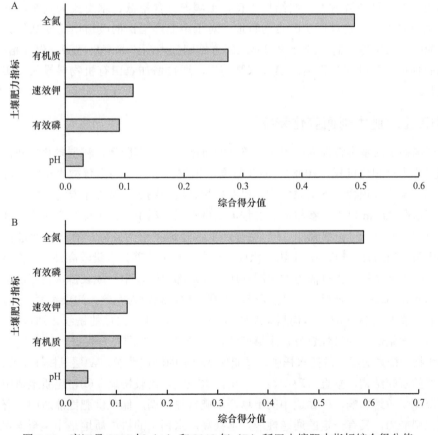

图 2-70　庐江县 2009 年（A）和 2018 年（B）稻田土壤肥力指标综合得分值

　　近年来，庐江县加强水利兴修和农田基本建设，调整水旱轮作种植结构，实行配方施肥，增施有机肥，同时积极开展秸秆还田，使土壤培肥工作取得很大进展，显著提升了全县耕地地力。庐江县的秸秆还田目前主要有以下方式：机收秸秆粉碎还田、作物收获留高茬秸秆还田以及秸秆沤制还田等。作物秸秆是一种重要的有机肥资源，秸秆还田之后，可以为土壤输入有机物质和养分元素，特别是钾元素，作物秸秆钾养分含量及其还田后的当季释放率均较高。因此，在合理施用化学肥料的基础上，推广秸秆还田，可以有效提高农田土壤有机质含量，增强土壤钾素供应能力。庐江县秸秆还田的大面积推广以及氮磷钾复合肥的广泛使用，使全县稻田土壤有机质、有效磷和速效钾含量均有较大幅度的提高。

　　今后要进一步扩大秸秆还田面积，恢复冬季绿肥种植翻压还田，增施有机肥料，推广水旱轮作模式，做到用地与养地相结合。在掌握土壤肥力状况的基础上，建立科学施肥指标体系，合理配置土、肥、水资源，进行农田土壤培肥及耕地质量保护，以确保粮食生产安全，同时促进农业可持续发展。对于高产稻田来说，要继续加强农田基本建设，科学施肥、精耕细作，合理轮作、用养结合，维持和提升土壤的可持续生产能力，实现高产稳产。全县中低产稻田根据其主要障碍因素，可归为三类，即渍涝潜育型、障碍层次型和瘠薄培肥型。渍涝潜育型是指由于季节性洪水泛滥及局部地形低洼、排水不良，以及土质黏重、耕作制度不当引起滞水潜育现象，需加以改造的水害性稻田，其主导障碍因素为土壤潜育化、渍涝程度的积水。障碍层次型指土壤剖面 1 m 以内有沙漏、黏盘、砾石、砂礓等障碍层次，土壤剖面构型上有严重缺陷的耕地。瘠薄培肥型是指受地形地貌、气候等难以改变的大环境影响，耕层较薄、土层结构不良、土壤养分含量低、水土流失较快，只能通过长期培肥和农田基本建设逐步改良的耕地。对于中低产稻田的改造培肥要基于具体原因提出相应的解决措施，同时结合应用测土配方施肥技术，广辟有机肥源，倡导秸秆还田，发展绿肥种植，鼓励农户积造腐熟农家肥施用，通过增加农田有机物料投入以实现土壤肥力提升。

四、稻田土壤肥力剖面变化特征

　　高产水稻土的基本特性为：田块平整、灌排配套；土壤肥沃，耕层熟化度较高，水气肥协调（曹志洪和周健民，2008）。庐江县高产稻田土壤主要为潴育型水稻土，母质为河流冲积物、湖相沉积物、下蜀系黄土，以及残积、坡积物等，分布于高圩、畈、塝、冲等处，地下水在 70 cm 以下，参与成土过程，属良水型水稻土，由于受长期耕作、施肥等影响，土壤耕作层（A）和犁底层（P）明显，土体随地下水的升降，氧化还原过程交替进行，形成明显的潴育层（W），土壤熟化程度较高。除土壤养分含量较高外，庐江县高产水稻土还具有以下特征。①排灌方便。因其所处地形部位较适中，地表排水良好，地下水位 70～100 cm，农田基本建设具一定规模，水利工程设施较为完善，沟渠配套，能灌能排，旱涝保收。②具有良好的土体构型。A 层 16 cm 左右，具有大量的锈纹、锈斑和鳝血斑，表明有机质含量高且通气性良好，土壤肥沃，呈暗褐色。P 层发育良好，厚度 7～10 cm，结构为块状，松紧适度，既托水托肥，又能保持一定的渗透性能。W 层呈棱柱状或棱块状，具有良好的胶膜结构，垂直节理明显，该层内水肥气热比较协调。③耕层质地适中。土壤肥力状况深受质地影响，砂黏适中的土壤，水肥气热协调，保肥供肥性能适中，既有较强的保水保肥能力，又有一定的通透性能。本县高产水稻土的耕层质地是中壤至重壤。④土壤结构与耕性良好。高产水稻土结构良好，土壤在失水后呈粒状结构，浸水后，形成大量的水稳性微团聚体结构，能够协调在淹水情况下的水肥气热关系。由这种微团聚体体组合的大土团较疏松，利于耕作，不起浆，不淀板。土壤容重为 1.0～1.2 g/cm³，孔隙度为 54%～60%，毛管孔隙占有一定的比例，土壤的耕性良好，通透性能良好，具有适当的渗透性能。

图 2-71 为庐江县高产稻田土壤典型剖面，采自庐江县郭河镇南圩村，为潴育型水稻土砂泥田，该区为圩区，成土母质为河流冲积物，轮作制度为水稻 - 小麦轮作，土壤剖面构型为 A-P-W-C，层次分明。

图 2-71　庐江县高产稻田土壤典型剖面（剖面地点：庐江县郭河镇南圩村）

A 层：0～15 cm，灰棕色，铁锰斑纹较多，作物根系密集，粒状结构，疏松多孔，土壤容重为 1.0 g/cm³，pH 为 4.86，呈酸性，有机质含量 35.9 g/kg，全氮含量 1.41 g/kg，全磷含量 0.63 g/kg，有效磷含量 37.6 mg/kg，全钾含量 25.2 g/kg，速效钾含量 247 mg/kg，阳离子交换量为 12.5 cmol/kg（表 2-11）；P 层：15～23 cm，浅灰色，有铁锰斑纹，块状结构，坚实，土壤容重为 1.6 g/cm³，pH 为 6.29，呈弱酸性，有机质含量 18.6 g/kg，全氮含量 0.61 g/kg，全磷含量 0.32 g/kg，有效磷含量 6.8 mg/kg，全钾含量 25.2 g/kg，速效钾含量 93 mg/kg，阳离子交换量为 11.2 cmol/kg；W 层：23～70 cm，黄灰色，有铁锰斑纹，棱柱状结构，稍坚实。

表2-11　庐江县高产稻田土壤典型剖面理化性质（剖面地点：庐江县郭河镇南圩村）

	耕作层	犁底层
土壤容重 /（g/cm³）	1.0±0.1	1.6±0.1
pH	4.86±0.05	6.29±0.04
有机质 /（g/kg）	35.9±4.0	18.6±3.2
全氮 /（g/kg）	1.41±0.002	0.61±0.14
全磷 /（g/kg）	0.63±0.12	0.32±0.05
全钾 /（g/kg）	25.2±1.4	25.2±1.1
有效磷 /（mg/kg）	37.6±13.2	6.8±1.1
速效钾 /（mg/kg）	247±36	93±32
阳离子交换量 /（cmol/kg）	12.5±0.3	11.2±0.1

五、小结

庐江县 2009 年监测区域稻田土壤 pH 平均值为 5.58，弱酸性，土壤有机质含量平均值为 24.0 g/kg，全氮含量平均值为 1.34 g/kg，有效磷含量平均值为 7.8 mg/kg，速效钾含量平均值为 88 mg/kg，土壤综合肥力指数平均值为 0.65，土壤肥力总体为中等水平；2018 年监测区域稻田土壤 pH 平均值为 5.54，弱酸性，土壤有机质含量平均值为 27.4 g/kg，全氮含量平均值为 1.51 g/kg，有效磷含量平均值为 10.6 mg/kg，速效钾含量平均值为 120 mg/kg，土壤综合肥力指数平均值为 0.77，土壤肥力总体上处于较高水平。两个年份庐江县稻田监测区域土壤有效磷和速效钾含量的变异系数均较大，土壤有机质和全氮含量以及土壤综合肥力指数的变异系数相对较小且基本相当，土壤 pH 表现为弱变异强度。近年来由于测土配方技术的实施、氮磷钾三元复合肥的普遍施用以及秸秆还田的大面积推广，庐江县监测区域稻田土壤有机质和养分含量有较大幅度的增加，特别是土壤有效磷和速效钾含量，使得土壤肥力水平明显提升，从中肥力转变为较高肥力。

第五节　北方（东北）一熟稻区土壤肥力空间变化特征

据统计，2015 年东北三省水稻种植总面积为 445.44 万 hm²（其中，黑龙江 314.78 万 hm²，吉林 76.17 万 hm²，辽宁 54.49 万 hm²），占全国水稻种植面积的 14.7%，稻谷的总产量占全国的 15.8%（中华人民共和国国家统计局，2016）。东北三省已经成为中国今后 30 年内最主要的粮食生产后备基地（殷志强等，2009）。但是，东北黑土开垦后，由于长期掠夺式经营，普遍表现为自然肥力逐渐下降，中低产田面积扩大，抗灾能力低，严重影响了粮食的高产和稳产，因此东北土壤肥力变化广受关注。造成耕地整体质量水平下降的原因很多，表现在土壤肥力退化、水土流失、土壤盐渍化、旱涝灾害、土壤沙化、土壤酸化等，直接影响土壤质量、土地生产力发挥和资源持续利用，制约东北地区粮食综合生产能力提升。东北三省中低产田比重为 73.4%，比全国均值高出 2 个百分点。其中，中产田占 26.4%，低产田占 47.0%。黑龙江省中低产田占 84.3%，其中，中产田占 22.0%，低产田占 62.3%。吉林省中低产田占 43.5%，其中，中产田占 14.9%，低产田占 28.6%。辽宁省中低产田占 49.7%，其中，中产田占 15.9%，低产田占 33.8%。黑龙江省中低产面积占比最大。根据黑龙江省五常、海伦等各县（市、区）的耕地检测结果分析，从 1982 年第二次土壤普查到 2007 年，25 年间耕地土壤有机质平均下降 14.43%，其中下降幅度最大的为 34.12%；与第二次土壤普查时相比，耕层土壤除全氮含量稍有上升外，全磷含量平均下降 0.03%；有效磷含量平均下降 1.43%；全钾含量平均下降 0.33%；有效钾含量平均下降 30%；第二次土壤普查时，南部地区黑土层平均厚度为 30 cm 左右，到 2007 年调查仅为 20 cm，20 多年间减少了 10 cm，严重的地方出现了"破皮黄""火烧云"①的现象；调查结果显示，目前黑土层厚度在 20～30 cm 的面积占黑土总面积的 25% 左右。"十五"期间，东北水稻平均产量只有 6.62 t/hm²，而大面积生产中高产稻区和高产田块平均单产为 7～9 t/hm²，超高产品种的小面积生产潜力更是可以达到 10～12 t/hm²。高产稻区和高产田与中低产稻区和中低产田单产水平相差达 40%～50%。也就是说，通过拉近现实生产水平与潜

---

① 注："破皮黄""火烧云"是指在一些坡度特别大或耕作时间较长的黑土区域，土壤受侵蚀之后，黑土层变薄，或直接露出黄色底土层。

在生产力之间的距离，还有很大的潜力可以挖掘。大量研究表明，提高土壤肥力水平是实现水稻高产的重要措施，同时土壤肥力的变化是一个相对缓慢的过程，因此高产稻田的土壤培肥也是实现水稻丰产稳产的重要挑战。这就需要我们研究高产稻田土壤肥力与生产力协同关系，从而为北方（东北）一熟制稻区土壤肥力和水稻生产的可持续发展提供理论依据。

本节将结合典型县域（黑龙江省方正县）监测数据，采用 Arcgis 和地统计学等方法开展东北稻田肥力变化特征及肥力评价的研究，明确不同耕作和施肥模式下稻田肥力的空间变化特征及其与生产力水平的内在关系。

一、研究区域与方法

方正县属黑龙江省哈尔滨市辖县，位于松花江中游南岸，长白山支脉张广才岭北段西麓（45°32′46″N ~ 46°09′00″N，128°13′41″E ~ 129°33′20″E），地处寒温带大陆性季风气候区，年均气温 2.6℃，年均降水量为 579.7 mm。该县总面 2976 km²，为丘陵 - 低山区地形，中部为冲积平原，东西两侧为低山丘陵；耕地面积 8.4×10⁴ hm²，其中稻田面积 6.7×10⁴ hm²，主要分布在蚂蚁河两侧，包括天门乡和会发镇的东部、德善乡的西部，以及松南乡、方正镇、宝兴乡。水稻种植制度为一年一熟，水稻年产量 30 万 t，是黑龙江省水稻主产区之一。研究稻区土壤成土母质包括坡积物、冲积物、冲洪积物等，土壤类型有草甸土、白浆土、黑土、新积土等。以方正县第二次土壤普查的点位为基础，考虑稻田分布格局，兼顾高、中、低产量的合理布设，遵循空间上相对均匀的原则，在研究稻区共设 114 个具有代表性的采样点（图 2-72）。用 GPS 定位，在半径 500 m 范围内采集 3 ~ 5 点耕作层土样，充分混合后以四分法取混合土样，并记录稻田肥料投入情况。样品自然风干，剔除动植物残渣等杂质并过筛，用于测定土壤容重、pH、全氮、有效磷、速效钾、有机质和阳离子交换量（CEC）等指标。对县域稻田土壤综合肥力指数（IFI）进行了计算，对稻田土壤综合肥力水平进行合理评价。

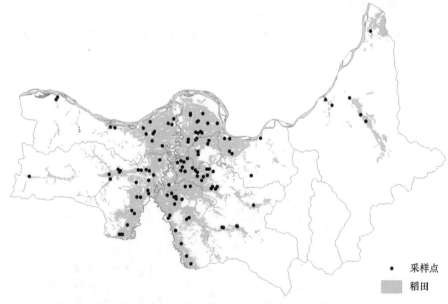

图 2-72　方正县稻田样点分布图（2017 年）

二、县域尺度水稻产量及土壤肥力指标的统计学特征

对方正县 114 个稻田采样点的土壤肥力指标和综合肥力指数进行统计分析（表 2-12），结果显示，土壤容重、pH、全氮、有效磷、速效钾、有机质、CEC 和 IFI 的均值分别为 1.30 g/cm³、5.83、1.7 g/kg、38 mg/kg、172 mg/kg、36.5 g/kg、23 cmol/kg 和 0.60。土壤容重和 pH 的变异系数较小，分别为 9.2% 和 5.7%，表现为弱变异强度。土壤全氮、有效磷、速效钾、有机质、阳离子交换量和综合肥力指数的变异系数在 20.0% ~ 36.2% 之间，属于中等变异强度。由偏度和峰度系数可知，土壤容重的偏度为负值，其分布峰为左偏，其他肥力指标和综合肥力指数的偏度为正值，分布峰为右偏。采用 Kolmogorov-Smirnov 方法对各项肥力指标和综合肥力指数进行检验，其 K-S 检验值均大于 0.05，土壤各项肥力指标和综合肥力指数均服从正态分布，符合克里格插值要求。

表2-12　各项肥力指标及综合肥力指数的描述性统计

项目	样点数	极小值	极大值	均值	标准差	变异系数 /%	偏度	峰度	K-S 检验值
容重 / （g/cm³）	114	0.92	1.57	1.30	0.12	9.15	-0.31	0.56	0.82
pH	114	5.18	6.78	5.83	0.33	5.69	0.50	0.46	0.29
全氮 / （g/kg）	114	0.7	3.4	1.7	0.4	26.1	0.73	1.11	0.67
有效磷 / （mg/kg）	114	12	78	38	14	36	0.54	-0.05	0.78
速效钾 / （mg/kg）	114	101	284	172	37	22	0.71	0.44	0.15
有机质 / （g/kg）	114	15.7	63.3	36.5	9.6	26.2	0.40	0.58	0.52
CEC/ （cmol/kg）	114	14	37	23	5	20	0.59	0.50	0.62
IFI	114	0.18	0.99	0.60	0.18	30.00	0.06	-0.64	0.67

三、县域尺度水稻产量及土壤肥力空间变化特征

（一）水稻产量的变化

如图 2-73 所示，全县水稻产量范围为 7500 ~ 9150 kg/hm²，平均产量为 8220 kg/hm²。

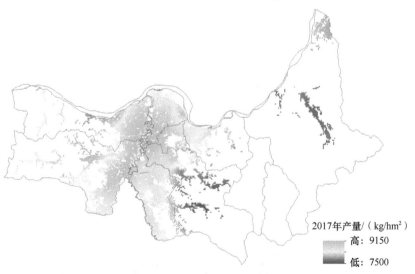

2017年产量/（kg/hm²）
高: 9150
低: 7500

图 2-73　2017 年方正县水稻产量变化

全县稻田区域空间分布较均匀。从不同区域的产量水平来看，中间蚂蚁河两侧的水稻产量相对较高，范围为 8250 ～ 8640 kg/hm²，该区域占稻田面积的 47.4%；离蚂蚁河距离越远，产量越低，产量范围为 7950 ～ 8250 kg/hm² 的区域占稻田面积的 41.3%。

（二）耕层厚度和容重的变化

方正县 2017 年稻田耕层厚度调查范围为 12 ～ 30 cm，平均 16.9 cm。从图 2-74 可见，全县稻田土壤耕层厚度分布较为均匀。中间蚂蚁河往北大部分区域厚度（16.6 ～ 18.3 cm）大于南部和西南部区域（＜ 16.5 cm）。从面积分布来看，70% 的稻田耕层厚度为 16.5 ～ 17.5 cm，21.5% 的稻田耕层厚度＜ 16.5 cm。稻田耕层容重测定值范围为 0.7 ～ 1.5 g/cm³，

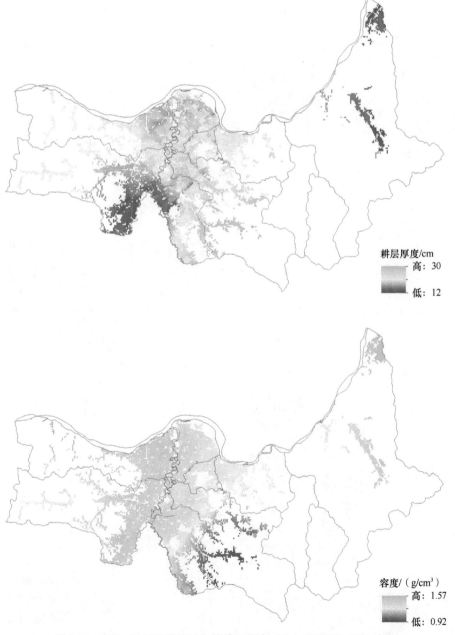

耕层厚度/cm
高：30
低：12

容度/（g/cm³）
高：1.57
低：0.92

图 2-74　2017 年方正县稻田土壤耕层厚度（上）和容重（下）变化

平均 1.29 g/cm³。总体来看，全县中间蚂蚁河以东的稻田耕层容重低于中间蚂蚁河以西区域。全县稻田耕层容重属于大小合适范围（1.1 ～ 1.3 g/cm³）的面积占 46.2%，容重偏大（1.3 ～ 1.5 g/cm³）的稻田面积占 49.2%。

（三）土壤化学肥力指标变化

2017 年，方正县稻田耕层土壤 pH 为 5.18 ～ 6.78，平均 5.83。从图 2-75 可见，全县大部分稻田区域土壤 pH 为 5.51 ～ 5.60，占全部稻田面积的 67.1%，在全县东北部和中间蚂蚁河偏东北区域的稻田土壤 pH 位于 6.01 ～ 6.30，面积占全县稻田面积的 15.9%。

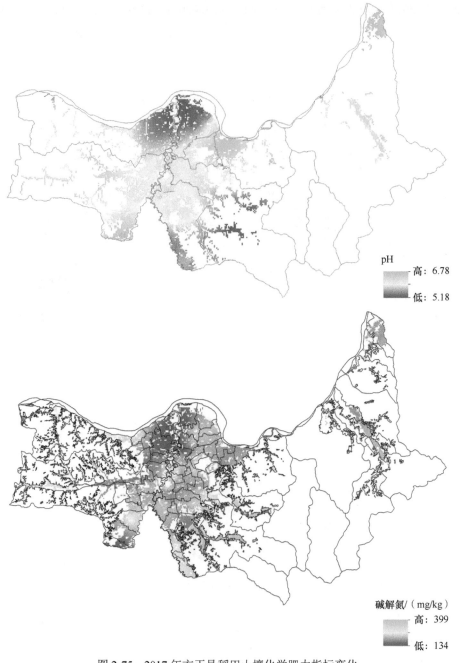

图 2-75　2017 年方正县稻田土壤化学肥力指标变化

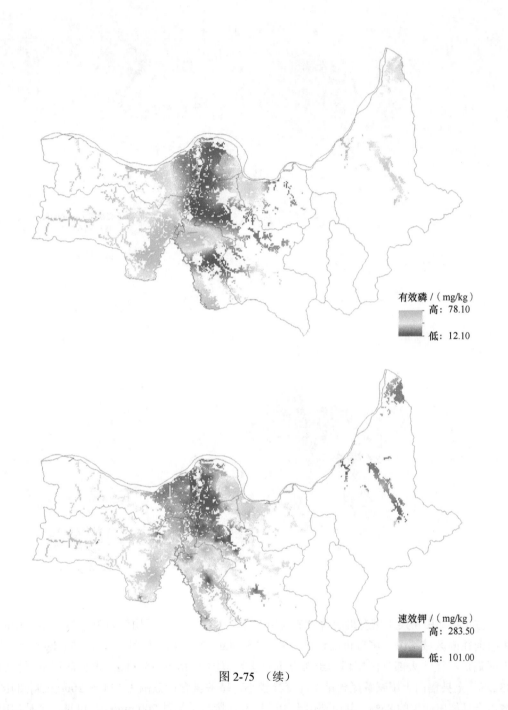

图 2-75 （续）

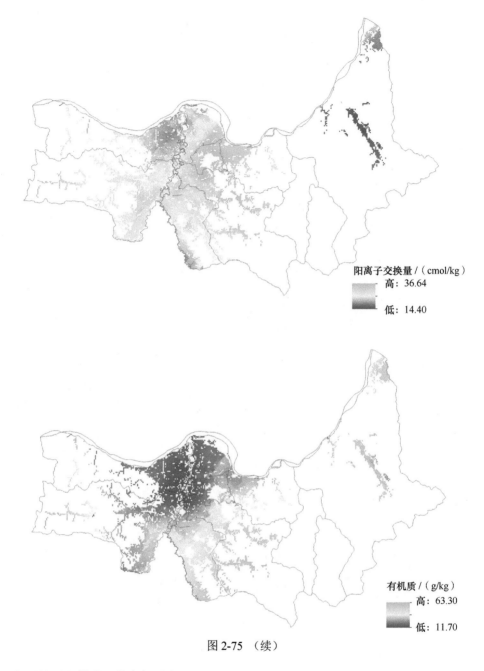

图 2-75 （续）

　　方正县稻田耕层土壤有机质含量范围为 11.7 ～ 63.3 g/kg，平均值为 36 g/kg。全县中间蚂蚁河往南区域稻田土壤有机质含量（大于 35 g/kg）高于往北区域（小于 35 g/kg）。全县中间蚂蚁河往北大部分区域稻田土壤有机质含量范围为 26 ～ 35 g/kg，占全部稻田面积的43.2%。全县稻田土壤碱解氮含量空间变异较小，碱解氮含量范围为 134 ～ 200 mg/kg 的区域占全县稻田面积的 86%，其余稻田土壤碱解氮含量基本超过 200 mg/kg，可见，全县稻田土壤碱解氮含量均处于较丰富水平。全县稻田土壤有效磷含量空间分布较均匀，土壤有效磷含量范围为 12.1 ～ 78.1 mg/kg，基本超过了土壤有效磷的农学阈值。从不同区域的土壤有效磷含量来看，中间蚂蚁河偏东北区域的稻田土壤有效磷相对较低，该区域土壤有效磷含量范围为 24 ～ 35 mg/kg，占全县稻田面积的 35.7%；中间蚂蚁河偏西、偏南区域的土壤有效磷含量范围为 35 ～ 57 mg/kg，这些区域约占全县稻田面积的 64.3%。全县稻田土壤速效钾含量范围为 101 ～ 283.5 mg/kg，处于较丰富水平，不同空间分布较均匀。从不同区域的土壤速效钾含量来看，中间蚂蚁河偏东和西北区域的稻田土壤速效钾相对较低，该区域土壤速效钾含量范围为 145 ～ 160 mg/kg，占全县稻田面积的 18.5%；中间蚂蚁河南部区域的土壤速效钾含量范围为 170 ～ 200 mg/kg，这些区域约占全县稻田面积的 57.6%。全县稻田土壤 CEC 含量范围为 14.4 ～ 36.6 cmol/kg，平均值为 23 cmol/kg。全县稻田区域空间分布较均匀。从不同区域的土壤 CEC 含量来看，中间蚂蚁河偏东北区域的稻田土壤 CEC 含量相对较高，该区域土壤 CEC 含量范围为 25 ～ 33 cmol/kg，占全县稻田面积的 18.4%；其他区域的稻田土壤 CEC 含量基本小于 25 cmol/kg。

（四）土壤肥力指数的变化

从图 2-76 可见，综合各项土壤肥力指标（土壤 pH、有机质、碱解氮、有效磷、速效钾），采用 Fuzzy 综合指数法对水稻土肥力质量进行评价。全县稻田土壤 IFI 在 0.18 ～ 0.99，全县稻田区域空间分布较均匀。从不同区域的土壤 IFI 来看，中间蚂蚁河东北和西北区域的水稻土 IFI 值相对较低，IFI 在 0.46 ～ 0.60，该区域占稻田面积的 30.1%；蚂蚁河偏西南区域的水稻土肥力相对较高，IFI 在 0.72 ～ 0.85，占稻田面积的 13.8%。

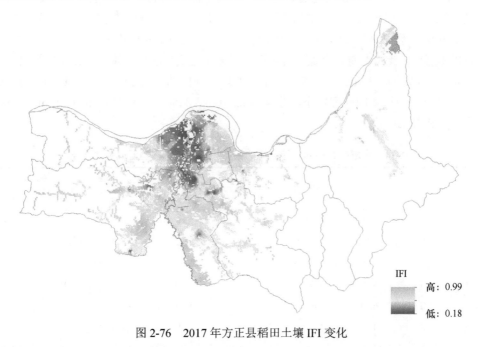

IFI
高: 0.99
低: 0.18

图 2-76　2017 年方正县稻田土壤 IFI 变化

由表 2-13 可见，土壤有机质和全氮呈耦合关系，IFI 与土壤有机质、全氮和全磷含量呈显著正相关（$P < 0.05$），与其他肥力指标的相关性不显著。

表2-13　土壤肥力指数与土壤肥力指标之间相关关系

	pH	碱解氮 /（mg/kg）	有效磷 /（mg/kg）	速效钾 /（mg/kg）	有机质 /（g/kg）	全氮 /（g/kg）	全磷 /（g/kg）	全钾 /（g/kg）	IFI
pH	1.00								
碱解氮 /（mg/kg）	0.03	1.00							
有效磷 /（mg/kg）	-0.04	-0.64	1.00						
速效钾 /（mg/kg）	0.09	-0.78	0.41	1.00					
有机质 /（g/kg）	0.362	0.339	-0.05	-0.76	1.00				
全氮 /（g/kg）	0.372	0.329	-0.192	-0.746	0.981[**]	1.00			
全磷 /（g/kg）	0.514	0.01	0.182	-0.473	0.932[*]	0.911[*]	1.00		
全钾 /（g/kg）	-0.705	-0.692	0.528	0.322	-0.275	-0.288	-0.161	1.00	
IFI	0.56	0.362	-0.181	-0.682	0.965[**]	0.974[**]	0.919[*]	-0.459	1.00

注：IFI 为土壤综合肥力指数。* 表示在 0.05 水平（双侧）上显著相关，** 表示在 0.01 水平（双侧）上显著相关。

（五）土壤肥力指标及综合肥力指数的空间结构分析

由表 2-14 可知，理论模型均较好反映了土壤肥力指标和综合肥力指数的空间变异特征。土壤容重和速效钾为高斯模型，土壤 pH 和综合肥力指数为指数模型，土壤全氮、有效磷、有机质和阳离子交换量为球状模型。土壤容重、全氮、有机质和阳离子交换量的块金系数在 39% ～ 50% 之间，说明它们具有中等强度的空间自相关性，其空间变异受结构性因素和随机性因素共同影响，其中结构性因素占主导作用；土壤 pH、有效磷、速效钾和综合肥力指数的块金系数均在 25% 以下，说明它们具有强烈的空间自相关性，其空间变异受到结构性因素影响。土壤容重、全氮、有机质和阳离子交换量的变程较大，分别为 33 446 m、21 550 m、31 073 m、39 660 m，表明它们具有较大范围的空间连续性。土壤 pH、有效磷、速效钾和综合肥力指数的变程较小，分别为 6360 m、8450 m、5640 m 和 3510 m，说明它们的空间自相关范围较小。

表2-14　土壤肥力指标和综合肥力指数半方差函数模型及其相关参数

项目	理论模型	块金值	基台值	块金系数 /%	变程 /m	R^2	预测误差	
							MSE	RMSSE
容重	G	0.0082	0.0211	39	33 446	0.826	0.0025	1.1868
pH	E	0.0141	0.1102	13	6 360	0.347	0.0001	1.2196
全氮	S	0.1088	0.2186	50	21 550	0.622	-0.0077	1.0547
有效磷	S	35.80	197.70	18	8 450	0.658	-0.0144	1.229
速效钾	G	262.0	1469	18	5 640	0.552	-0.0072	1.2347
有机质	S	54.20	132.3	41	31 073	0.856	-0.0099	1.1046
CEC	S	13.99	28.58	49	39 660	0.867	0.0102	1.1129
IFI	E	0.0052	0.0324	16	3 510	0.422	0.0069	0.9687

注：CEC 为阳离子交换量；IFI 为土壤综合肥力指数；G：高斯模型；E：指数模型；S：球状模型。

四、水稻产量与土壤肥力的耦合特征

东北一熟稻田（方正县）土壤综合肥力分布有明显的方向均匀性，土壤综合肥力指数（IFI）以县域中部以北较低（0.46～0.60），面积占全县稻田面积 30.1%；中部以南、东北、西北方向较高（0.60～0.72），面积占全县稻田面积 56.1%；西南方向最高（0.72～0.85），占全县稻田面积 13.8%。高产稻田集中分布在中部和西部，东北部产量较低。

由表 2-15 可见，根据已监测的土壤肥力指标分析，水稻产量的变化与土壤容重、碱解氮和有机质含量之间呈显著相关关系。水稻产量随容重的降低而显著增加（$P < 0.01$），随土壤碱解氮和有机质含量的降低而显著增加（$P < 0.05$）。但水稻产量与 IFI 之间未见显著相关性。可能是由于该县水稻产量水平比较接近，变异系数为 4.1%，使得产量变化对 IFI 的响应不敏感。

表2-15　水稻产量与土壤肥力指标之间相关关系

	耕层厚度 /cm	容重 / (g/cm³)	pH	碱解氮 / (mg/kg)	有效磷 / (mg/kg)	速效钾 / (mg/kg)	有机质 / (g/kg)	阳离子交换量 / (cmol/kg)	产量 / (kg/hm²)
耕层厚度 /cm	1.000								
容重 / (g/cm³)	-0.424**	1.000							
pH	-0.043	0.115	1.000						
碱解氮 / (mg/kg)	0.395**	-0.683**	-0.192*	1.000					
有效磷 / (mg/kg)	-0.061	0.023	0.249**	0.069	1.000				
速效钾 / (mg/kg)	0.056	-0.057	0.290**	0.102	0.670**	1.000			
有机质 / (g/kg)	0.073	-0.540**	-0.011	0.637**	0.362**	0.325**	1.000		
阳离子交换量 / (cmol/kg)	0.291**	-0.498**	0.131	0.484**	0.096	0.176	0.435**	1.000	
产量 / (kg/hm²)	-0.101	0.305**	0.129	-0.298**	0.028	0.164	-0.207*	0.054	1.000

* 表示在 0.05 水平（双侧）上显著相关，** 表示在 0.01 水平（双侧）上显著相关。

基于 2007 年典型县域（方正县）测土配方施肥数据（产量、耕层厚度、土壤 pH、有机质、碱解氮、有效磷和速效钾），以及 2017 年方正县稻田土壤调查分析数据（产量、耕层厚度、土壤 pH、有机质、碱解氮、有效磷、速效钾和 CEC），采用随机森林模型筛选了引起典型县域高产稻田肥力变化的驱动因子。结果表明，2007 年，各肥力指标对稻田土壤肥力影响大小的顺序为：有效磷＞速效钾＞碱解氮＞有机质＞产量＞pH＞耕层厚度；2017 年，各肥力指标对稻田土壤肥力影响大小的顺序为：容重＞CEC＞速效钾＞有机质＞碱解氮＞pH＞有效磷＞产量＞耕层厚度。从 2007 年和 2017 年的分析结果来看，土壤速效钾含量可能是引起北方一熟稻区稻田土壤肥力变化的关键驱动因子之一。

五、稻田土壤肥力剖面变化特征

（一）剖面特征

高肥力稻田较中、低肥力稻田的土壤剖面各层次发育更成熟、颜色更鲜亮，耕层更厚（图 2-77）。高肥力稻田耕作层（A）和犁底层（P）的过渡没有低肥力稻田明显。

高肥力　　　　　　　　中肥力　　　　　　　　低肥力

图 2-77　不同肥力水平稻田剖面构型

（二）耕层厚度变化

不同发生层厚度可以较直观地判断水稻土发育成熟的程度。不同肥力稻田耕层厚度范围为 14 ～ 21 cm（图 2-78），高肥力稻田耕层厚度分别较中肥力和低肥力稻田提高 29% 和 48%，高肥力稻田耕层厚度显著高于低肥力稻田（$P < 0.05$）。中肥力稻田犁底层厚度（26 cm）显著高于高肥力和低肥力稻田（$P < 0.05$）。

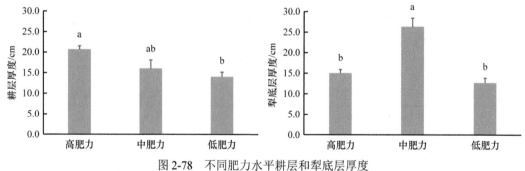

图 2-78　不同肥力水平耕层和犁底层厚度

（三）容重变化

容重可以较直观地判断水稻土宜耕程度（图 2-79）。不同肥力稻田耕层和犁底层容重范

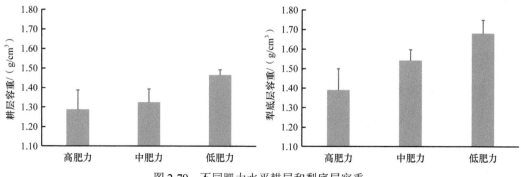

图 2-79　不同肥力水平耕层和犁底层容重

围分别为 1.29 ～ 1.47 g/cm³ 和 1.39 ～ 1.68 g/cm³，耕层和犁底层容重均随着稻田肥力水平的降低而增加。高肥力稻田耕层、犁底层容重较中肥力和低肥力稻田降低 3% 和 12%、10% 和 17%。不同肥力水平耕层和犁底层容重未见显著差异。

（四）pH 变化

不同肥力稻田土壤剖面各层次土壤 pH 在 1、2、3 层分别为 5.92 ～ 5.99、6.3 ～ 6.59 和 5.93 ～ 6.39，各层次差异不显著（图 2-80）。

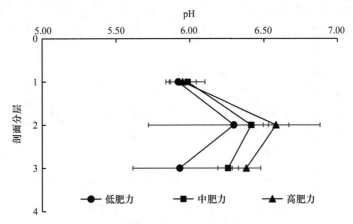

图 2-80　不同肥力稻田土壤剖面 pH 变化
剖面分层：1. A；2. P；3. W

（五）有机质含量变化

如图 2-81 所示，不同肥力稻田土壤剖面各层次土壤有机质含量随土层深度增加逐渐降低，有机质含量高产稻田最大，为 16.0 ～ 46.0 g/kg；中产稻田次之，为 12.9 ～ 32.9 g/kg，低产稻田最小，为 6.9 ～ 23.3 g/kg。在 1 和 2 层中高产稻田有机质含量显著高于中、低产稻田（$P < 0.05$），分别高出 71.7% ～ 259.4% 和 24.5% ～ 132.1%。中产稻田和低产稻田剖面各层次土壤有机质含量差异不显著。

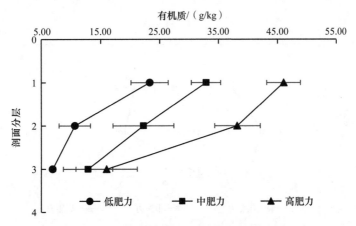

图 2-81　不同肥力稻田土壤剖面有机质含量
剖面分层：1. A；2. P；3. W

（六）全氮含量变化

如图 2-82 所示，不同肥力稻田土壤剖面各层次土壤全氮含量变化规律与有机质相似，随土层深度增加逐渐降低，各层次全氮含量以高产稻田最大，为 0.4 ～ 1.9 g/kg，显著高于低产稻田，较低产稻田增加了 113.3% ～ 310.7%；在 1 层和 3 层较中产稻田分别增加了 68.0% 和 60.0%，差异显著（$P < 0.05$）。中产稻田和低产稻田剖面各层次土壤全氮含量无显著差异。

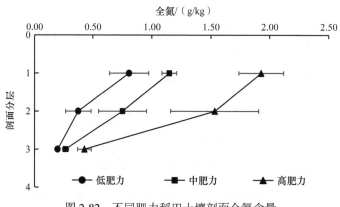

图 2-82　不同肥力稻田土壤剖面全氮含量
剖面分层：1. A；2. P；3. W

（七）全磷、全钾含量变化

如图 2-83 所示，不同肥力稻田土壤剖面各层次土壤全磷含量表现为高产＞中产＞低产。1 层全磷高、中产稻田显著高于低产稻田，分别增加了 112.9% 和 67.4%。2 层高产稻田较中、低产稻田分别增加了 57.5% 和 244.2%，差异显著（$P < 0.05$）。2、3 层中产和低产稻田无显著差异。

不同肥力稻田剖面各层次土壤全钾含量范围为 17.9 ～ 20.7 g/kg。1、2 层土壤全钾含量中产稻田最大，高产稻田次之；3 层高产稻田最大，剖面各层次土壤全钾含量无显著差异。

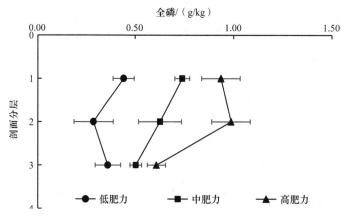

图 2-83　不同肥力稻田土壤剖面全磷（上）和全钾（下）含量
剖面分层：1. A；2. P；3. W

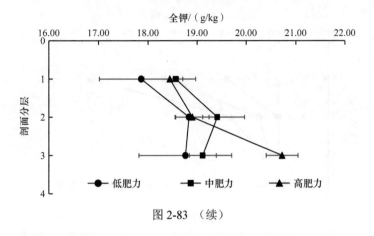

图 2-83　（续）

（八）碱解氮含量变化

不同肥力稻田土壤剖面各层次土壤碱解氮含量变化规律也与有机质相似，随土层深度增加逐渐降低，各层次碱解氮含量以高产稻田最大，中产稻田次之，低产稻田最小（图 2-84）。高产稻田较中、低产稻田显著增加了 1 层和 2 层剖面土层碱解氮含量，分别增加了 $48.0\% \sim 95.3\%$ 和 $128.5\% \sim 292.3\%$（$P < 0.05$）。中、低产稻田剖面各层次土壤碱解氮含量无显著差异。

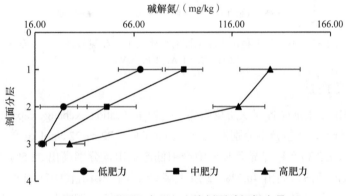

图 2-84　不同肥力稻田土壤剖面碱解氮含量

剖面分层：1. A；2. P；3. W

（九）有效磷和速效钾含量变化

如图 2-85 所示，不同肥力稻田土壤剖面各层次土壤有效磷含量随土层深度的增加逐渐降低，有效磷含量表现为高产＞中产＞低产，1 层和 3 层土层有效磷含量高产稻田显著高于低产稻田，分别增加了 136.2% 和 34.1%（$P < 0.05$）。各剖面土层有效磷含量，高产与中产稻田、中产与低产稻田无显著差异。

不同肥力稻田剖面各层次土壤速效钾含量范围为 104 ～ 263 g/kg，高产稻田最大，剖面各层次土壤速效钾含量无显著差异。

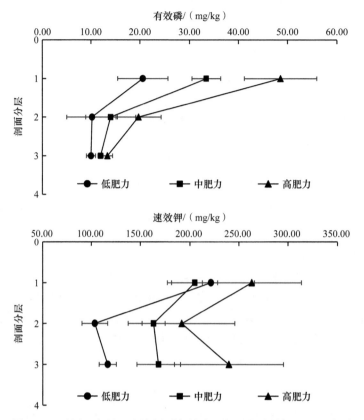

图 2-85　不同肥力稻田土壤剖面有效磷（上）和速效钾（下）含量
剖面分层：1. A；2. P；3. W

（十）阳离子交换量

不同肥力稻田土壤剖面各层次土壤阳离子交换量（cation exchange capacity，CEC）表现为高产＞中产＞低产，含量范围分别为 23 ～ 32 cmol/kg、22 ～ 22 cmol/kg 和 15 ～ 20 cmol/kg（图 2-86）。1 层 CEC 高产稻田显著高于中产和低产稻田，分别高出 22.5% 和 72.4%，中产稻田显著高于低产稻田，高出 40.7%。2 层土壤 CEC 高产稻田较中产和低产稻田分别高出 45.3% 和 108.3%，差异显著（$P < 0.05$）。3 层土壤 CEC 不同肥力稻田无显著差异。

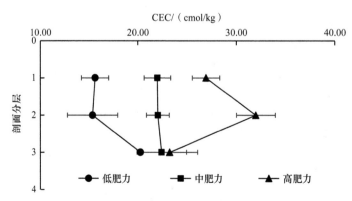

图 2-86　不同肥力稻田土壤剖面阳离子交换量 CEC
剖面分层：1. A；2. P；3. W

（十一）Mn^{2+} 含量变化

水稻土耕层淹水后长期处于还原状态，以嫌气微生物活动占优势。耕层的作物处于还原状态，但水稻根系具有特殊的泌氧能力，使根系周围有氧化区域，Fe^{2+}、Mn^{2+} 易被氧化而显绣纹。不同肥力水平稻田土壤 Mn^{2+} 含量均随着土层深度的增加而降低（图 2-87）。耕层土壤 Mn^{2+} 含量以高肥力稻田最高，并显著高于中、低肥力稻田（$P < 0.05$），中、低肥力稻田之间的 Mn^{2+} 含量差异不显著。高、中、低肥力稻田之间的犁底层 Mn^{2+} 含量差异不显著。犁底层以下（潴育层或潜育层）Mn^{2+} 含量以高肥力稻田最低，低肥力稻田最高，且达显著差异水平（$P < 0.05$）。土壤 Mn^{2+} 含量间接反映稻田土壤通气状况，可以较好地反映稻田的肥力水平。

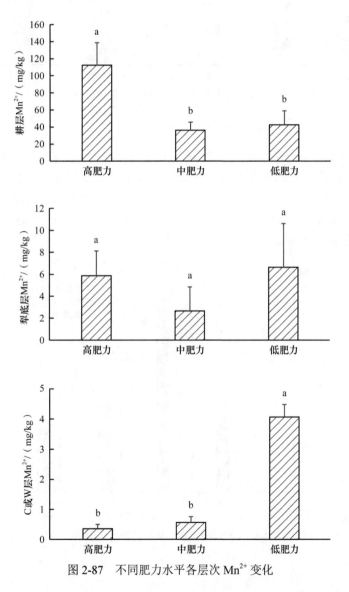

图 2-87　不同肥力水平各层次 Mn^{2+} 变化

（十二）耕层土壤微生物量碳、氮含量

由图 2-88 可知，耕层土壤微生物量碳、氮含量均以高肥力土壤最高。高肥力稻田耕层土壤微生物量碳含量显著高于中、低肥力稻田（$P < 0.05$）。不同肥力水平之间微生物量氮含量差异不显著。

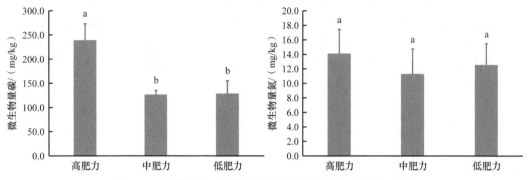

图 2-88　不同肥力水平耕层土壤微生物量碳、氮含量变化

（十三）土壤团聚体组成变化

由图 2-89 可知，各处理以 $0.25 \sim 2$ mm 粒级团聚体所占比重最大，占 $41.6\% \sim 47.3\%$；$0.053 \sim 0.25$ mm 粒级团聚体次之。与低肥力稻田耕层土壤相比，中肥力和高肥力耕层土壤 > 2 mm 粒级团聚体所占百分比有所增加，增幅分别为 288.5% 和 645.5%。低肥力稻田耕层土壤较中、高肥力稻田显著增加了耕层土壤 $0.053 \sim 0.25$ mm 粒级团聚体所占的百分比，增幅为 $24.9\% \sim 51.6\%$。

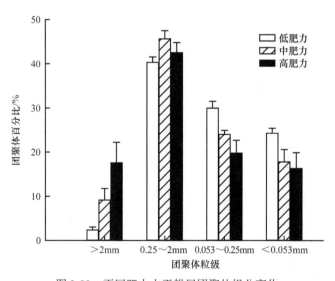

图 2-89　不同肥力水平耕层团聚体组分变化

六、小结

东北一熟稻区典型县域（方正县）稻田土壤综合肥力指数的平均值为 0.60，16% 的稻田土壤肥力达到良好级以上水平，45% 的稻田土壤肥力处于中等水平。土壤全氮、有效磷、速效钾和有机质含量均较为丰富，其中土壤有效磷和速效钾为造成方正县稻田土壤肥力差异的主要贡献因子。土壤综合肥力指数空间分布特征表现为南高北低的分布格局，局部地区出现较多不连续的斑块。方正县稻田土壤养分肥力差异较大，尤其是北部蚂蚁河沿岸，该地区土壤全氮、有效磷、速效钾和有机质含量相对较低，应根据不同区域的具体养分匮乏状况适当调整氮磷钾肥施入量比例，从而较为准确地指导县域尺度的稻田施肥管理。

同属草甸型水稻土的高、中、低产水稻田，土壤剖面构型呈明显差异。高产稻田与中产和低产稻田相比，水稻土发育更成熟。剖面层次更明晰，耕作层深度适宜、结构疏松，大团聚体占比更高，颜色鲜亮；耕层养分含量丰富，基本无限制养分因子。

第六节　中国典型稻区土壤肥力空间变化特征

本章以上部分针对各主要稻区区域代表性的典型县域，对土壤肥力多项指标和土壤综合肥力指数的空间变化特征进行了详细阐述，同时选择主要稻区的典型土壤类型，研究了各稻区高产稻田的剖面构型特征、土壤肥力在垂直空间的分布特征，从水平空间和垂直空间初步探明了主要稻区各自区域内土壤肥力空间变化特征。但由于我国幅员辽阔，主要稻区分布区域广泛，各稻区之间由于土壤、气候、人为管理措施等差异都会导致稻区之间土壤肥力发生变化，同时土壤肥力变化对外界环境和人为措施的响应是一个相对缓慢的过程，因此，为了科学比较我国主要稻区之间土壤肥力空间变化特征，以下将基于主要稻区至今已持续进行 30～40 年的多个长期定位试验点近 5 年监测数据，以及典型县域的土壤肥力调查监测数据，研究我国主要稻区稻田土壤肥力空间变化现状。

一、长期施肥和耕作措施下稻田土壤肥力空间变化特征

一般情况下，土壤肥力水平高低的直接表现为水稻产量的高低（董一漩等，2019）。因此，通过合理的施肥和耕作措施培肥土壤，是实现水稻丰产稳产的基础。土壤肥力变化对不同施肥和耕作措施的响应是一个相对缓慢的过程，为科学比较主要稻区之间高产稻田土壤肥力的异同，经过 30～40 年持续施肥或耕作措施定位试验所形成稳定的不同肥力水平稻田土壤，给我们提供了一个良好的平台。本研究所选择的定位试验分布于主要稻区的典型土壤类型。西南水旱轮作稻区选择位于重庆北碚不同耕作模式和四川遂宁不同施肥措施定位试验，分别代表中性紫色水稻土和碱性紫色土；长江流域双季稻区选择位于湖南宁乡、江西进贤和南昌不同施肥模式定位试验，均代表红壤性水稻土；长江中下游水旱轮作稻区选择位于江苏苏州不同施肥模式定位试验，代表潴育型水稻土；东北一熟稻区选择方正县做为代表区域，通过农户调查结合采样分析，确定不同肥力水平稻田，代表草甸型水稻土。根据各定位试验不同处理的实际产量水平，划分高、中、低肥力稻田（表 2-16），进而比较主要稻区高产稻田土壤肥力现状（2016～2018 年监测值）。万琪慧等（2019）介绍了重庆北碚不同耕作措施长期试验设计方案，其余各试验点试验设置详见《中国农田土壤肥力长期试验网络》（徐明岗等，2015）。

表2-16　各试验点不同肥力水平稻田处理选择

肥力水平	北碚试验点	遂宁试验点	宁乡试验点	进贤试验点	南昌试验点	苏州试验点
高肥力	垄作免耕	NPKM	NPK+0.3M、NPK+0.6M	NPKM	0.5F+0.5M、0.3F+0.7M、0.7F+0.3M	NPKM、PKM、NPM
中肥力	常规平作	NPK	NPK、NPKS	NP、NK、NPK、NPK2	NPK	NP、PK、NR、NPK、MNR、MNK、MN
低肥力	冬水休闲	CK	CK	CK、N、P、K	CK	NPK、NP、PK

　　各试验点高、中、低肥力稻田土壤 pH 表现为稻区之间的差异更大，受施肥和耕作措施的影响较小（表2-17）。西南水旱轮作稻区、长江流域双季稻区和东北一熟稻区高、中、低肥力稻田土壤 pH 范围分别为 7.06～8.31、4.99～6.73 和 5.92～5.99，平均值分别为 7.77、5.81 和 5.95，长期不同施肥和耕作措施后，西南水旱轮作稻区 pH 较长江流域双季稻区和东北一熟稻区高 1.81～1.95。北碚、遂宁、宁乡、进贤、南昌和方正试验点高肥力稻田和中、低肥力稻田相比较，土壤 pH 变化范围分别为 -0.12～0.40、-0.22～-0.01、-0.04～0.04、0.05～0.14、-0.06～0.40 和 -0.03～0.03，可见主要稻区各试验点由长期不同施肥和耕作措施形成的不同肥力水平稻田土壤 pH 差异较小，土壤 pH 的差异主要由稻区之间成土母质、气候等环境因素所导致（赵凯丽等，2019）。

表2-17　主要稻区各试验点稻田土壤pH变化

肥力水平	西南水旱轮作稻区		长江流域双季稻区			东北一熟稻区
	北碚	遂宁	宁乡	进贤	南昌	方正
高肥力	7.46	8.09	6.70	5.53	5.39	5.95
中肥力	7.06	8.10	6.73	5.39	4.99	5.99
低肥力	7.58	8.31	6.66	5.48	5.45	5.92

　　主要稻区各试验点和不同肥力水平之间土壤有机质含量呈明显差异，各试验点稻田土壤有机质含量均随着肥力水平的提升而增加（表2-18）。北碚、遂宁、宁乡、进贤、南昌、苏州、方正试验点高肥力稻田土壤有机质含量较中肥力和低肥力稻田分别提高22.1%和 10.0%、21.2% 和 2.2%、34.5% 和 53.0%、20.2% 和 25.6%、28.4% 和 46.5%、4.5% 和 18.9%、39.8% 和 97.4%。可见，以上长期试验结果表明，合理的施肥，即有机 - 无机配施，通过增加有机物料投入量，能够提高土壤有机质含量。但不合理施肥或耕作，会导致中、低肥力稻田土壤有机质含量逐渐降低（汪景宽等，2007）。主要稻区之间高、中和低肥力水平的土壤有机质含量变异系数分别为29.8%、22.6% 和 24.3%，由于试验点数量有限，稻区之间的土壤有机质含量未呈现明显区域变化规律，稻区之间不同肥力水平稻田土壤有机质

表2-18　主要稻区各试验点稻田土壤有机质含量变化　　　　（单位：g/kg）

肥力水平	西南水旱轮作稻区		长江流域双季稻区			长江中下游水旱轮作稻区	东北一熟稻区
	北碚	遂宁	宁乡	进贤	南昌	苏州	方正
高肥力	33.1	18.9	41.3	39.3	52.9	30.2	46.0
中肥力	27.1	18.5	30.7	32.7	41.2	28.9	32.9
低肥力	30.1	15.6	27.0	31.3	36.1	25.4	23.3

含量变异系数较大的主要原因，可能是由于各试验点有机物料的投入量有差异。目前，农田有机物料的投入量仍是影响土壤有机质平衡的第一要素，同时各稻区之间因土壤母质、水热梯度等因素的影响，有机物料碳转化效率存在较大差异（蔡岸冬和张文菊，2015）。

土壤全氮含量与土壤有机质相关性很大，主要稻区各试验点土壤全氮含量变化趋势和土壤有机质相似，高肥力稻田土壤全氮含量均高于中、低肥力稻田（表2-19），北碚、遂宁、宁乡、进贤、南昌、苏州、方正试验点高肥力稻田土壤全氮含量较中、低肥力稻田分别提高15.0%和35.3%、13.3%和41.7%、31.6%和47.1%、20.0%和26.3%、31.8%和20.8%、11.1%和25.0%、72.7%～137.5%。高肥力稻田通过有机 - 无机配施等措施，可明显增加土壤氮素含量。以东北一熟稻区方正试验点的增幅最大，与土壤有机质含量对不同肥力水平的响应特征相似。可能是由于高肥力稻田土壤团聚体以 > 0.25 mm 大团聚体为主，而 > 0.25 mm 大团聚体具有明显的固碳（氮）的能力（丛耀辉，2016）。主要稻区之间高、中和低肥力水平的土壤全氮含量变异系数分别为18.2%、19.2%和31.8%，以低肥力水平稻田土壤全氮含量变异系数最大。可能是由于本研究所选择低肥力水平稻田基本为对照不施肥或不施氮处理，一定程度上反映了各稻区基础地力，而我国主要稻区之间基础地力呈显著差异（李建军等，2015）。

表2-19　主要稻区各试验点稻田土壤全氮含量变化　　　（单位：g/kg）

肥力水平	西南水旱轮作稻区		长江流域双季稻区			长江中下游水旱轮作稻区	东北一熟稻区
	北碚	遂宁	宁乡	进贤	南昌	苏州	方正
高肥力	2.3	1.7	2.5	2.4	2.9	2.0	1.9
中肥力	1.7	1.5	1.9	2.0	2.2	1.8	1.1
低肥力	2.0	1.2	1.7	1.9	2.4	1.6	0.8

土壤碳氮比是评价土壤肥力高低的重要指标。主要稻区各试验点和不同肥力水平稻田土壤碳氮比呈现明显差异（表2-20）。西南水旱轮作稻区、长江流域双季稻区、长江中下游水旱轮作稻区和东北一熟稻区高、中、低肥力稻田土壤碳氮比分别为6.4～9.5、8.6～11.1、8.9～9.2和13.8～16.7，平均值分别为7.9、9.7、9.1和15.7，以东北一熟稻区最高，西南水旱轮作稻区最低。有研究表明，土壤pH与土壤碳氮比呈显著的负相关关系（张晗等，2018）。除宁乡、南昌试验点之外，北碚、遂宁、进贤、苏州、方正试验点高肥力稻田土壤碳氮比与中肥力和低肥力稻田相比较分别降低了10.5%和1.2%、8.6%和12.3%、2.1%和1.1%、3.3%和3.3%、16.9%和17.4%。稻区之间高、中和低肥力水平的土壤碳氮比变异系数分别为23.6%、29.5%和31.2%。土壤碳氮比的变化对土壤碳氮循环和蓄积具有重要影响。但土壤碳氮比受诸多因素的调控，空间变异性很大，土壤pH、阳离子交换量和施肥水平对土壤碳氮比的空间变异有重要影响（Deng et al.，2020）。

表2-20　主要稻区各试验点稻田土壤碳氮比变化

肥力水平	西南水旱轮作稻区		长江流域双季稻区			长江中下游水旱轮作稻区	东北一熟稻区
	北碚	遂宁	宁乡	进贤	南昌	苏州	方正
高肥力	8.5	6.4	9.6	9.4	10.6	8.9	13.8
中肥力	9.5	7.0	9.2	9.6	11.1	9.2	16.6
低肥力	8.6	7.3	9.3	9.5	8.6	9.2	16.7

土壤碱解氮是衡量土壤供氮能力、反映土壤氮素有效性的重要指标。主要稻区各试验点和不同肥力水平稻田土壤碱解氮含量差异明显（表2-21）。高肥力水平稻田土壤碱解氮含量普遍高于中、低肥力稻田。北碚、遂宁、宁乡、进贤、南昌、苏州、方正试验点高肥力稻田土壤碱解氮含量较中肥力和低肥力稻田分别提高了12.9%和22.7%、7.5%和47.4%、28.3%和53.9%、12.4%和20.1%、30.9%和59.4%、5.4%和19.1%、48.4%和95.7%。在基础地力相同的地块，采取超高产栽培模式不仅可以获得作物高产，还可以增加土壤碱解氮含量（唐巧玲等，2013）。同时，土壤碱解氮含量与土壤有机质含量和熟化程度呈正相关，而高肥力水平稻田土壤有机质含量均高于中、低肥力水平稻田，所以高肥力水平稻田土壤碱解氮含量高于中、低肥力水平稻田（刘世全等，2004）。主要稻区之间高、中和低肥力水平的土壤碱解氮含量变异系数分别为33.7%、33.7%和39.8%，属中等变异水平，很可能是由于主要稻区之间氮素投入量的差异所导致（刘钦普，2017）。

表2-21　主要稻区各试验点稻田土壤碱解氮含量变化　　　　　（单位：mg/kg）

| 肥力水平 | 西南水旱轮作稻区 | | 长江流域双季稻区 | | | 长江中下游水旱轮作稻区 | 东北一熟稻区 |
	北碚	遂宁	宁乡	进贤	南昌	苏州	方正
高肥力	157	115	177	263	271	156	135
中肥力	139	107	138	234	207	148	91
低肥力	128	78	115	219	170	131	69

主要稻区各试验点和不同肥力水平稻田土壤有效磷含量差异较土壤碱解氮含量更加明显（表2-22），高肥力水平稻田土壤有效磷含量普遍高于中、低肥力稻田。北碚、遂宁、宁乡、进贤、南昌、苏州、方正试验点高肥力稻田土壤有效磷含量较中肥力和低肥力稻田分别提高了15.4%和100.0%、5.4%和13.8倍、14.7倍和21.0倍、4.5倍和9.4倍、37.0%和8.3倍、2.9倍和17.3倍、48.5%～133.3%。高肥力稻田相较中、低肥力稻田，其磷肥施入量更多，随着磷肥用量增加，其在土壤中的移动性较小，且容易被固定，作物对其当季利用率较低，故磷肥大部分积累在土壤中，导致高肥力土壤有效磷含量持续增加。长江流域双季稻区试验点均为红壤性水稻土，受土壤类型的影响，该区域土壤有机质在形成过程中螯合铁和铝等金属元素，而这些螯合的铁和铝可以吸附磷，使土壤吸磷能力更强（赵庆雷等，2009），导致该区域高肥力与中、低肥力稻田之间土壤有效磷含量的差异更大。主要稻区之间高、中和低肥力水平的土壤有效磷含量变异系数分别为39.6%、67.0%和70.1%，本研究所选择中、低肥力水平稻田较高肥力稻田，其磷肥施入量要低。除施肥措施影响之外，耕作模式和土壤性质等不同可能导致稻区之间中、低肥力水平稻田土壤有效磷含量的差异较高肥力水平稻田更大（廖菁菁等，2007）。

表2-22　主要稻区各试验点稻田土壤有效磷含量变化　　　　　（单位：mg/kg）

| 肥力水平 | 西南水旱轮作稻区 | | 长江流域双季稻区 | | | 长江中下游水旱轮作稻区 | 东北一熟稻区 |
	北碚	遂宁	宁乡	进贤	南昌	苏州	方正
高肥力	30	59	110	83	74	55	49
中肥力	26	56	7	15	54	14	33
低肥力	15	4	5	8	8	3	21

　　土壤速效钾是直接影响水稻钾素吸收的土壤钾素形态之一，各试验点不同肥力水田稻田土壤速效钾含量呈明显区域特征（表2-23）。主要稻区高肥力水平稻田土壤速效钾含量均值由大到小依次为东北一熟稻区（263 mg/kg）、西南水旱轮作稻区（103 mg/kg）、长江中下游水旱轮作稻区（71 mg/kg）、长江流域双季稻区（52 mg/kg）。主要稻区之间高、中和低肥力水平的土壤速效钾含量变异系数分别为77.3%、62.9%和72.6%。我国土壤的钾素养分潜力有自南而北逐渐升高的趋势，这与土壤中高岭石减少和水云母增多的分布规律是大体一致的，这可能是东北一熟区不同肥力水平稻田土壤速效钾含量相对较高的原因（谢建昌和周健民，1999）。除宁乡、进贤和方正试验点外，其他各试验点高肥力稻田土壤速效钾含量较中、低肥力稻田均有所降低，降幅在1.4%～21.2%。这很可能是由于高肥力水平稻田通过作物吸收带走的钾素相对中、低肥力水平更高，而土壤钾素没有得到有效补充。可见，外源钾素投入量不足仍是主要稻区土壤钾素可持续利用的主要问题。尤其是南方红壤区域受酸化和钾素易淋失的影响（周玲红等，2020），土壤钾素缺乏问题更加突出。

表2-23　主要稻区各试验点稻田土壤速效钾含量变化　　　　　（单位：mg/kg）

肥力水平	西南水旱轮作稻区		长江流域双季稻区			长江中下游水旱轮作稻区	东北一熟稻区
	北碚	遂宁	宁乡	进贤	南昌	苏州	方正
高肥力	82	124	38	55	64	71	263
中肥力	92	148	38	43	74	72	205
低肥力	104	123	31	46	38	80	222

　　以上研究基于主要稻区典型施肥和耕作长期定位试验，阐明了稻区之间典型施肥和耕作措施下高肥力稻田土壤肥力变化特征。我国主要稻区高肥力稻田相较中、低肥力稻田，具有更丰富的碳氮磷养分含量、更适宜的土壤酸碱度水平，但南方稻区仍面临钾素缺乏问题。长期定位试验点高肥力稻田的施肥和耕作措施，可以为主要稻区高产稻田培肥途径的制定提供科学依据。但以上稻田土壤肥力空间变化的研究仅基于主要稻区长期定位试验点，而我国稻区分布范围广泛、种植模式和土壤类型多样，因此，为弥补试验点区域代表性的不足，以下稻田土壤肥力空间变化现状的研究基于主要稻区的典型县域近年来调查监测数据而开展。

二、主要稻区稻田土壤肥力空间变化特征

　　典型县域按照区域代表性的原则进行选择，各县域基本情况和采样方法详见本章第一节至第五节。

　　主要稻区之间稻田土壤 pH 差异显著（图2-90）。西南水旱轮作区（SW）、长江中游双季稻区（MYR）、长江中下游双季稻区（MLYR）、长江下游水旱轮作区（LYR）和东北-熟稻区（NE）土壤 pH 范围分别为4.40～8.80、4.64～7.13、4.31～6.13、4.60～6.90 和5.18～7.09，平均值分别为6.28、5.69、4.79、5.38 和5.83，各区域土壤 pH 均值超过中位值0.01～0.28，pH 均值大小表现为 SW ＞ NE ＞ MYR ＞ LYR ＞ MLYR；从变异强度看，以 SW 最大，变异系数为18.9%，其余各稻区 pH 变异系数在5.9%～9.4%。区域间的差异主要由土壤母质不同所导致，成土母质对土壤 pH 影响较大，西南水旱轮作区（SW）多为钙质紫色页岩，其土壤 pH 呈中性至微碱性，长江流域双季稻区（MYR、MLYR）多为

红色黏土或砂岩，其土壤 pH 呈酸性至强酸性（何腾兵等，2006）。总体而言，我国主要稻区稻田土壤整体偏酸性。

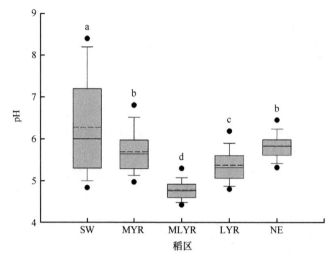

图 2-90　主要稻区稻田土壤 pH 变化

图中不同的小写字母表示各稻区平均值差异显著（$P < 0.05$）；实心圆圈（●）为异常值，中间实线代表中位数，虚线代表平均值；矩形箱上、下两条线分别代表 75% 和 25% 的置信区间；上、下两个短线分别代表 95% 和 5% 的置信区间。

主要稻区之间稻田土壤有机质含量差异明显（图 2-91）。SW、MYR、MLYR、LYR 和 NE 土壤有机质含量分别在 3.3 ～ 61.2、16.9 ～ 58.5、12.4 ～ 51.4、15.2 ～ 44.1 和 15.7 ～ 63.3 g/kg，均值分别为 17.4 g/kg、38.7 g/kg、36.7 g/kg、26.6 g/kg 和 36.5 g/kg，主要稻区土壤有机质含量平均为 31.2 g/kg。各稻区稻田土壤有机质含量高低依次为 MYR、MLYR ＞ NE ＞ LYR ＞ SW。从空间变异强度来看，以 SW 最大，变异系数为 43.2%，其余各稻区土壤有机质含量变异系数范围为 20.0% ～ 26.1%。西南水旱轮作稻区（SW）土壤有机质含量空间变异最大，且土壤有机质含量相对较低，低于其他稻区 34.5% ～ 55.0%，可能由于该区域的土壤母质及有机物料投入水平相对较低，同时西南地区地形起伏较大，导致土壤有

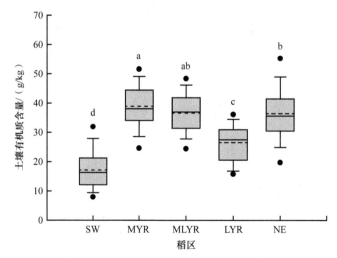

图 2-91　主要稻区稻田土壤有机质含量变化

图中不同的小写字母表示各稻区平均值差异显著（$P < 0.05$）；实心圆圈（●）为异常值，中间实线代表中位数，虚线代表平均值；矩形箱上、下两条线分别代表 75% 和 25% 的置信区间；上、下两个短线分别代表 95% 和 5% 的置信区间。

机质含量空间变异较大（杨葳，2012）。长江流域双季稻区（MYR 和 MLYR）主要为红壤性水稻田，固碳潜力较大（潘根兴等，2008），近年来伴随有绿肥和稻草还田等有机物料还田，所以该区域水稻土有机质含量相对较丰富（罗霄等，2011）。

　　土壤氮素是土壤肥力的重要物质基础，是植物生长的必需营养元素之一。主要稻区之间稻田土壤全氮含量差异显著（图 2-92）。SW、MYR、MLYR、LYR 和 NE 土壤全氮含量范围分别为 0.3～2.4 g/kg、0.9～3.2 g/kg、1.2～3.0 g/kg、0.7～2.3 g/kg 和 0.7～3.4 g/kg，均值分别为 1.1 g/kg、2.2 g/kg、2.3 g/kg、1.5 g/kg 和 1.7 g/kg，主要稻区全氮含量平均约为 1.9 g/kg。主要稻区土壤全氮含量大小依次为 MLYR ＞ MYR ＞ NE ＞ LYR ＞ SW。稻区之间土壤全氮含量和土壤有机质含量变化趋势相近，表明主要稻区耕层土壤碳氮之间存在显著耦合关系。长江中下游水旱轮作稻区稻田土壤全氮含量平均值低于东北一熟稻区，可能是由于这两个稻区均属于东部沿海季风区，在宏观大尺度上研究土壤氮素的分布规律若只考虑气候水热条件的影响，而忽略区域性的影响因素，则在较高的温度下，土壤中的理化反应过程较快，微生物活性强且代谢旺盛，土壤动物活跃，作物生长速度也较快，因此，土壤氮素的分解和养分的转化速度也较快，土壤氮素和养分含量相对较低，反之，则易于

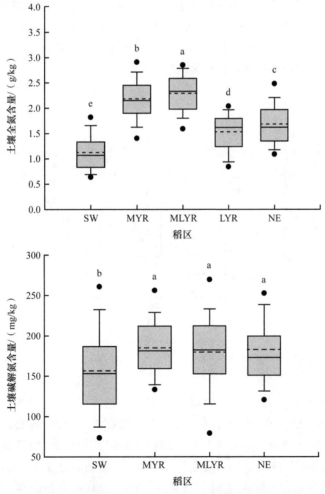

图 2-92　主要稻区稻田土壤全氮和碱解氮含量变化

图中不同的小写字母表示各稻区平均值差异显著（$P ＜ 0.05$）；实心圆圈（●）为异常值，中间实线代表中位数，虚线代表平均值；矩形箱上下两条线分别代表 75% 和 25% 的置信区间；上下两个短线分别代表 95% 和 5% 的置信区间。

土壤氮素的积累（冯春梅等，2019）。

　　土壤碱解氮含量作为衡量土壤实际氮素水平的重要指标之一，各主要稻区之间稻田土壤碱解氮含量存在明显差异（图2-92）。SW、MYR、MLYR 和 NE 土壤碱解氮含量范围分别为 41～382 mg/kg、72～300 mg/kg、63～339 mg/kg 和 82～642 mg/kg，均值分别为 157 mg/kg、185 mg/kg、180 mg/kg 和 183 mg/kg，主要稻区土壤碱解氮含量平均约为 183 mg/kg。主要稻区稻田土壤氮素基本处于盈余状态，土壤碱解氮含量位于较丰富水平。区域差异的成因可能是土壤类型不同，导致氮素供应能力存在差异，水稻单产水平有高有低，作物对养分需求强度存在差异（孙洪仁等，2019）。

　　土壤中对作物生产最有效的磷素，称为土壤有效磷，有效磷能够被植物直接吸收利用，常被用作衡量土壤磷素丰缺的关键指标。各稻区之间稻田土壤有效磷含量呈显著差异（图2-93）。SW、MYR、MLYR、LYR 和 NE 土壤有效磷含量范围分别为 1～286 mg/kg、1～32 mg/kg、4～75 mg/kg、2～40 mg/kg 和 12～82 mg/kg，均值分别为 21 mg/kg、9 mg/kg、33 mg/kg、16 mg/kg 和 34 mg/kg，主要稻区土壤有效磷含量平均约为 23 mg/kg。主要稻区土壤有效磷含量大小依次为 NE、MLYR > SW > LYR > MYR。与相关研究结果相近，目前中国主要粮食种植区域土壤有效磷含量普遍集中在 20 mg/kg 左右，并且呈现中部较低、东北和广西较高的趋势（冯媛媛，2019）。SW、MYR、MLYR、LYR 和 NE 土壤有效磷含量变异系数分别为 138.2%、88.7%、48.3%、58.1% 和 39.3%，稻区之间差异较大，主要原因可能是地区之间磷素施入量不平衡所致（高祥照等，2000）。

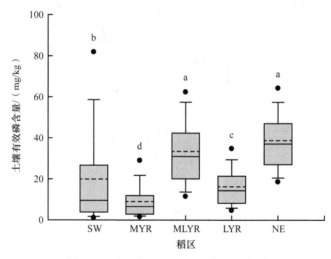

图 2-93　主要稻区稻田土壤有效磷变化

图中不同的小写字母表示各稻区平均值差异显著（$P < 0.05$）；实心圆圈（●）为异常值，中间实线代表中位数，虚线代表平均值；矩形箱上下两条线分别代表 75% 和 25% 的置信区间；上下两个短线分别代表 95% 和 5% 的置信区间。

　　主要稻区之间稻田土壤速效钾含量差异显著，整体呈"V"形变化趋势（图2-94）。SW、MYR、MLYR、LYR 和 NE 土壤速效钾含量分别在 35～428 mg/kg、31～204 mg/kg、27～252 mg/kg、38～340 mg/kg 和 101～284 mg/kg，均值分别为 123 mg/kg、95 mg/kg、74 mg/kg、112 mg/kg 和 172 mg/kg，各主要稻区稻田土壤速效钾含量平均为 113 mg/kg。主要稻区土壤速效钾含量大小依次为 NE > SW > LYR > MYR > MLYR，总体呈北高南低、西高东低变化趋势，与柳开楼等（2021）关于我国不同稻作区土壤速效钾含量空间变化的研究结果相近。SW、MYR、MLYR、LYR 和 NE 土壤速效钾含量变异系数分别为 54.0%、

47.1%、50.5%、42.6% 和 21.7%，除东北一熟稻区（NE）空间变异程度较小之外，其他稻区的土壤速效钾含量表现较大的空间变异性。其原因之一主要与各区域水稻土的成土母质含钾矿物不同有关，其中，东北水稻土成土母质的含钾矿物以钾长石和伊利石为主（刘淑霞等，2002），长江以南多地由于受土壤风化程度高、多熟轮作系统完善、淋溶损失严重、高产品种大量引进等多种因素影响，土壤速效钾含量的提高主要依靠外源钾的投入（高菊生等，2014），因此区域内外源钾投入量的不均衡，也可能导致土壤速效钾含量空间变异程度增大。所以，南方稻区农田施肥应该适量增加钾肥用量及秸秆还田，以维持和提高土壤钾素肥力。

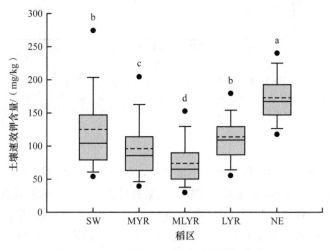

图 2-94　主要稻区稻田土壤速效钾变化

图中不同的小写字母表示各稻区平均值差异显著（$P < 0.05$）；实心圆圈（●）为异常值，中间实线代表中位数，虚线代表平均值；矩形箱上下两条线分别代表 75% 和 25% 的置信区间；上下两个短线分别代表 95% 和 5% 的置信区间。

为进一步比较主要稻区稻田土壤肥力水平，选取土壤 pH、有机质、全氮、有效磷和速效钾等指标，参考《土壤质量指标与评价》（徐建明等，2010），按照 Fuzzy 综合评判法计算土壤综合肥力指数。各区域中各指标隶属度函数所采用的拐点数值均相同，pH 采用梯形（抛物线型）隶属度函数，X_1、X_2、X_3 和 X_4 分别为 4.5、5.5、6 和 7，有机质、碱解氮、有效磷和速效钾采用正相关型（S 型）隶属度函数，X_1 和 X_2 见表 2-24。

表2-24　各区域隶属度函数拐点数值

项目	有机质 /（g/kg）	全氮 /（g/kg）	有效磷 /（mg/kg）	速效钾 /（mg/kg）
X_1	10	1.0	5	50
X_2	40	2.5	40	200

由图 2-95 可见，各稻区土壤综合肥力指数差异显著（$P < 0.05$），大小依次为：东北一熟稻区（0.76）＞长江中游和长江中下游双季稻区（0.65～0.67）＞长江中下游水旱轮作稻区（0.45）＞西南水旱轮作稻区（0.36）。各稻区土壤综合肥力指数平均为 0.53，各稻区土壤综合肥力指数的变幅较大，说明我国南方稻田的土壤肥力存在提升空间。研究表明，基于土壤综合肥力指数可较准确地评估一定区域的水稻生产能力，红壤稻田的土壤综合肥力指数增加 0.1，水稻相对产量可增加 7.2%～22.6%（柳开楼等，2018）。

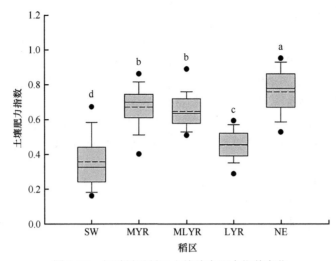

图 2-95　主要稻区稻田土壤综合肥力指数变化

图中不同的小写字母表示各稻区平均值差异显著（$P < 0.05$）；实心圆圈（●）为异常值，中间实线代表中位数，虚线代表平均值；矩形箱上下两条线分别代表 75% 和 25% 的置信区间；上下两个短线分别代表 95% 和 5% 的置信区间。

三、小结

从主要稻区典型施肥和耕作长期定位试验点，以及典型县域稻田土壤肥力的空间变化来看，我国主要稻区土壤 pH 整体呈弱酸性；土壤有机质、全氮和碱解氮含量均呈现南方双季稻区最高、东北一熟稻区和长江中下游水旱轮作稻区次之、西南水旱轮作稻区最低的空间变化特征；土壤有效磷含量的空间变异较大，除长江中游双季稻区外，其余稻区土壤有效磷均接近或超过土壤有效磷的农学阈值，存在潜在的环境风险；土壤速效钾含量整体表现为北高南低、西高东低的变化趋势；各稻区土壤肥力指数的变幅较大，呈西低东高、南低北高的趋势，总体而言，我国南方稻区的土壤肥力存在提升空间。

参 考 文 献

包耀贤, 徐明岗, 吕粉桃, 等. 2012. 长期施肥下土壤肥力变化的评价方法. 中国农业科学, 45(20): 4197-4204.

蔡岸冬, 张文菊, 杨品品, 等. 2015. 基于 Meta-Analysis 研究施肥对中国农田土壤有机碳及其组分的影响. 中国农业科学, 48(15): 2995-3004.

蔡岸冬, 张文菊. 2015. 基于长期试验的土壤不同大小颗粒固碳效率的研究. 植物营养与肥料学报, 21(6): 1431-1438.

曹祥会, 龙怀玉, 周脚根, 等. 2016. 河北省表层土壤有机碳和全氮空间变异特征性及影响因子分析. 植物营养与肥料学报, 22(4): 937-948.

曹志洪, 周健民. 2008. 中国土壤质量. 北京: 科学出版社.

陈吉, 赵炳梓, 张佳宝, 等. 2010. 主成分分析方法在长期施肥土壤质量评价中的应用. 土壤, 42(3): 415-420.

从耀辉. 2016. 黑土区水稻土水稳性团聚体有机氮组分及其对矿化氮的贡献. 沈阳: 沈阳农业大学硕士学位论文.

邓绍欢, 曾令涛, 关强, 等. 2016. 基于最小数据集的南方地区冷浸田土壤质量评价. 土壤学报, 53(5): 1326-1333.

董一漩, 屠乃美, 魏征. 2019. 不同基础肥力水稻土对施肥响应的差异性研究进展. 中国稻米, 25(5): 19-23.

冯春梅, 刘书田, 侯彦林, 等. 2019. 中国东部沿海季风区土壤全氮格局及其与水热条件关系. 广西师范

学院学报 (自然科学版), 36(01): 88-93.

冯媛媛. 2019. 主要粮食作物磷肥利用率与土壤有效磷含量的定量关系分析. 荆州: 长江大学硕士学位论文.

高菊生, 黄晶, 董春华, 等. 2014. 长期有机无机肥配施对水稻产量及土壤有效养分影响. 土壤学报, 51(02): 314-324.

高祥照, 马文奇, 崔勇, 等. 2000. 我国耕地土壤养分变化与肥料投入状况. 植物营养与肥料学报, 6(4): 363-369.

郝小雨, 周宝库, 马星竹, 等. 2015. 长期施肥下黑土肥力特征及综合评价. 黑龙江农业科学, 48(11): 23-30.

何腾兵, 董玲玲, 刘元生, 等. 2006. 贵阳市乌当区不同母质发育的土壤理化性质和重金属含量差异研究. 水土保持学报, 20(6): 157-162.

湖南省统计局. 2018. 湖南统计年鉴 2018. 北京: 中国统计出版社.

蒋端生, 曾希柏, 张杨珠, 等. 2010. 湖南宁乡耕地肥力质量演变趋势及原因分析. 土壤通报, (3): 627-632.

李建军, 辛景树, 张会民, 等. 2015. 长江中下游粮食主产区 25 年来稻田土壤养分演变特征. 植物营养与肥料学报, 21(1): 92-103.

李开丽, 檀满枝, 密术晓, 等. 2016. 基于土壤剖面质地构型的土壤质量评价 I——以河南省封丘县为例. 土壤, 48(6): 1253-1260.

李尚兰, 胡大力, 赵中华, 等. 2014. 双季稻: 粮食安全的"保险阀"——湖南双季稻生产调查. 农村工作通讯, (12): 48-50.

廖菁菁, 黄标, 孙维侠, 等. 2007. 农田土壤有效磷的时空变异及其影响因素分析——以江苏省如皋市为例. 土壤学报, 2007(04): 620-628.

刘钦普. 2017. 中国化肥施用强度及环境安全阈值时空变化. 农业工程学报, 33(6): 214-221.

刘世全, 高丽丽, 蒲玉琳, 等. 2004. 西藏土壤有机质和氮素状况及其影响因素分析. 水土保持学报, 18(6): 54-67.

刘淑霞, 赵兰坡, 李楠, 等. 2002. 吉林省主要耕作土壤中含钾矿物组成及其与不同形态钾的关系. 植物营养与肥料学报, 8(1): 70-76.

柳开楼, 韩天富, 黄晶, 等. 2021. 中国稻作区土壤速效钾和钾肥偏生产力时空变化. 土壤学报, 58(1): 202-212.

柳开楼, 黄晶, 张会民, 等. 2018. 基于红壤稻田肥力与相对产量关系的水稻生产力评估. 植物营养与肥料学报, 24(6): 1425-1434.

柳开楼, 李大明, 黄庆海, 等. 2014. 红壤稻田长期施用猪粪的生态效益及承载力评估. 中国农业科学, 47(2): 303-313.

鲁如坤. 2000. 土壤农业化学分析方法. 北京: 中国农业科技出版社.

罗霄, 李忠武, 叶芳毅, 等. 2011. 基于 PI 指数模型的南方典型红壤丘陵区稻田土壤肥力评价. 地理科学, 31(4): 495-500.

潘根兴, 李恋卿, 郑聚锋, 等. 2008. 土壤碳循环研究及中国稻田土壤固碳研究的进展与问题. 土壤学报, 2008(05): 901-914.

沈萍. 1999. 微生物学实验. 第 3 版. 北京: 高等教育出版社.

孙本华, 孙瑞, 郭芸, 等. 2015. 墺土区长期施肥农田土壤的可持续性评价. 植物营养与肥料学报, 21(6): 1403-1412.

孙洪仁, 张吉萍, 江丽华, 等. 2019. 中国水稻土壤氮素丰缺指标与适宜施氮量. 中国农学通报, 35(11): 88-93.

檀满枝, 李开丽, 史学正, 等. 2014. 华北平原土壤剖面质地构型对小麦产量的影响研究. 土壤, (5): 913-919.

汤国安, 杨昕. 2006. ArcGIS 地理信息系统空间分析实验教程. 北京: 科学出版社.

唐巧玲, 阳剑, 黄光福, 等. 2013. 栽培模式对水稻土脲酶活性及土壤碱解氮含量的影响. 作物研究, 27(02): 113-116.

万琪慧, 马黎华, 蒋先军. 2019. 垄作免耕对水稻根系特性和氮磷钾养分累积的影响. 草业学报, 28(10): 44-52.

汪景宽, 李双异, 张旭东, 等. 2007. 20 年来东北典型黑土地区土壤肥力质量变化. 中国生态农业学报, 15(1): 19-24.

温延臣, 李燕青, 袁亮, 等. 2015. 长期不同施肥制度土壤肥力特征综合评价方法. 农业工程学报, 31(7): 91-99.

肖志鹏, 张杨珠, 尹力初, 等. 2008. 湖南省主要类型水稻土的基本养分状况与肥力质量评价. 湖南农业科学, (2): 71-74.

谢建昌, 周健民. 1999. 我国土壤钾素研究和钾肥使用的进展. 土壤, (5): 244-254.

辛亮亮. 2015. 土壤剖面构型改良与耕地质量提升研究. 北京: 中国地质大学硕士学位论文.

徐建明, 张甘霖, 谢正苗, 等. 2010. 土壤质量指标与评价. 北京: 科学出版社.

徐明岗, 娄翼来, 段英华. 2015. 中国农田土壤肥力长期试验网络. 北京: 中国大地出版社.

颜雄, 彭新华, 张杨珠, 等. 2015. 长期施肥对红壤性水稻土理化性质的影响及土壤肥力质量评价. 湖南农业科学, (3): 49-52.

杨葳. 2012. 紫色丘陵区土壤养分空间变异及肥力评价研究——以重庆市铜梁县为例. 重庆: 西南大学硕士学位论文.

杨文, 周脚根, 焦军霞, 等. 2015. 亚热带丘陵小流域土壤有效磷空间变异与淋失风险研究. 环境科学学报, 35(2): 541-549.

叶回春, 张世文, 黄元仿, 等. 2013. 北京延庆盆地农田表层土壤肥力评价及其空间变异. 中国农业科学, 46(15): 3151-3160.

殷志强, 秦小光, 李长生. 2009. 东北三省主要农作物耗水量与缺水量研究. 科技导报, 27(13): 42-49.

曾祥明, 韩宝吉, 徐芳森, 等. 2012. 不同基础地力土壤优化施肥对水稻产量和氮肥利用率的影响. 中国农业科学, 45(14): 2886-2894.

张晗, 欧阳真程, 赵小敏, 等. 2018. 江西省不同农田利用方式对土壤碳、氮和碳氮比的影响. 环境科学学报, 38(6): 2486-2497.

张淑香, 张文菊, 沈仁芳, 等. 2015. 我国典型农田长期施肥土壤肥力变化与研究展望. 植物营养与肥料学报, 21(6): 1389-1393.

赵凯丽, 王伯仁, 徐明岗, 等. 2019. 我国南方不同母质土壤 pH 剖面特征及酸化因素分析. 植物营养与肥料学报, 25(8): 1308-1315.

赵庆雷, 王凯荣, 谢小立. 2009. 长期有机物循环对红壤稻田土壤磷吸附和解吸特性的影响. 中国农业科学, 42(1): 355-362.

中华人民共和国国家统计局. 2016. 中国统计年鉴 2016. 北京: 中国统计出版社.

周玲红, 黄晶, 王伯仁, 等. 2020. 南方酸化红壤钾素淋溶对施石灰的响应. 土壤学报, (2): 457-467.

周卫. 2015. 低产水稻土改良与管理——理论·方法·技术. 北京: 科学出版社.

Bünemanna E K, Bongiorno G, Bai Z G, et al. 2018. Soil quality-A critical review. Soil Biology and Biochemistry, 120: 105-125.

Cambardella C A. 1994. Field-scale variability of soil properties in central Iowa soils. Soilence Society of America Journal, 58(5): 1501-1511.

Chen D, Yuan L, Liu Y, et al. 2017. Long-term application of manures plus chemical fertilizers sustained high rice yield and improved soil chemical and bacterial properties. European Journal of Agronomy, 90: 34-42.

Deng X F, Ma W Z, Ren Z Q, et al. 2020. Spatial and temporal trends of soil total nitrogen and C/N ratio for croplands of East China. Geoderma, doi.org/10.1016/j.geoderma.2019.114035.

Gao W, Yang J, Ren S, et al. 2015. Erratum to: The trend of soil organic carbon, total nitrogen, and wheat and maize productivity under different long-term fertilizations in the upland fluvo-aquic soil of North China. Nutrient Cycling in Agroecosystems, 103: 61-73.

Rodriguez-Galiano V F, Ghimire B, Rogan J, et al. 2012. An assessment of the effectiveness of a random forest classifier for land-cover classification. ISPRS Journal of Photogrammetry and Remote Sensing, 67(1): 93-104.

Saiya-Cork K R, Sinsabaugh R L, Zak D R. 2002. The effects of long term nitrogen deposition on extracellular enzyme activity in an Acer saccharum forest soil. Soil Biology and Biochemistry, 34(9): 1309-1315.

第三章 典型稻作区稻田土壤肥力时间演变与评价

我国水稻土遍布全国东西南北，土壤肥力对水稻产量有决定性的影响，不同地区高产稻田土壤肥力和演变动态具有不同特征，研究并阐明这个问题对不同地区因地制宜、有针对性地制订土壤管理和培肥方案至关重要，对保障水稻产量稳定性和持续增长具有非常重要的意义。多数研究表明土壤养分的时空变异与时间、地理纬度等密切相关，并受气候等自然因素和农田养分资源管理等人为活动，以及社会经济发展水平的影响较大。例如，自全国第二次土壤普查以来，我国农田土壤氮、磷持续盈余且盈余量持续加大，钾亏缺逐年缓和，有机质含量除东北地区外，大部分地区呈上升趋势（沈善敏等，1998；Shen et al.，2007）。1985～1997年，我国耕地土壤在常规施肥管理水平下，有机质和氮、磷、钾含量不断提高。1988～2012年，在农民习惯性施肥条件下，我国粮食主产区（长江中下游区、东北区、西南区、华南区）稻田土壤有机质、全氮、碱解氮、有效磷和速效钾的含量基本呈现上升趋势，粮食主产区稻田土壤 pH 呈下降趋势（李建军，2015）。可见，随着农业生产管理措施的改变，我国主要稻区在典型施肥和耕作措施下，稻田土壤肥力是动态变化过程。因此，为了更好地指导现代农业生产条件下稻田土壤培肥，实现水稻丰产稳产，本章基于典型稻区持续30年以上的不同施肥和耕作长期定位试验，以及典型县域的调查监测数据，由点及面，探明主要稻区稻田肥力的时间变化特征。

第一节 西南水旱轮作稻区土壤肥力时间演变与评价

一、长期不同耕作条件下稻田土壤肥力时间演变与评价

（一）研究区域与方法

1. 研究区域

本节内容选择在重庆市北碚区西南大学试验农场的稻田垄作免耕长期试验站进行，长期定位试验自1990年开始实施。该区域气候属亚热带季风气候，海拔230 m，年平均气温18.30℃，年平均降水量1105.4 mm，5～9月降水量占全年降水量的70%，年均日照时数1276.7 h，年平均无霜期334 d。土壤为中生代侏罗系沙溪庙组灰棕紫色沙泥岩母质上发育的中性紫色水稻土，其基本理化性质为：pH 7.1，有机质23.1 g/kg，全氮1.7 g/kg，全磷0.8 g/kg，全钾22.7 g/kg，碱解氮120.1 mg/kg，有效磷7.5 mg/kg，速效钾71.1 mg/kg，物理性砂粒447.4 g/kg，物理性黏粒144.2 g/kg。

2. 试验设计

本试验共设3个处理。①中产稻田：冬水田（flooded paddy field，FPF），中稻—休闲。代表四川盆地稻田传统耕作方法，终年处于淹水状态，保持水层深度为3 cm左右。按传统方

法每年三犁三耙翻耕植稻，耕作深度为 $25 \sim 30$ cm，水稻收获后将稻茬 $2748 \sim 3302$ kg/(hm^2·a)和杂草 $1913 \sim 3155$ kg/(hm^2·a) 翻入土中，并灌冬水休闲。②低产稻田：常规平作（conventional tillage，CT），中稻—油菜。代表四川盆地稻田传统耕作方法，淹水平作种植水稻，水稻收获后，四边开沟排干稻田积水，翻耕，将稻茬 $2697 \sim 3533$ kg/(hm^2·a) 翻入土中，种油菜。油菜生长期间，尽可能地保持四边沟内无积水，油菜收获后，淹水，翻耕将油菜残茬 $768 \sim 987$ kg/(hm^2·a) 和杂草 $6218 \sim 8004$ kg/(hm^2·a) 翻入土中，种水稻。③高产稻田：垄作免耕（ridge with no-tillage，RNT），中稻—油菜。做垄规格为：一垄一沟 55 cm，垄顶宽 25 cm，沟宽 30 cm，沟深 35 cm，每小区做 5 垄。水稻移栽到成活期间水面与垄顶齐平，全年其余时间保持沟内水深 $25 \sim 30$ cm（即垄露出水面 $5 \sim 10$ cm）；水稻收获后排水降低水位，将沟内的稀泥扶到垄上，稻茬 $3563 \sim 4025$ kg/(hm^2·a) 覆盖，种植油菜。油菜生长期间，沟内水位 $5 \sim 10$ cm（即垄露出水面 $20 \sim 25$ cm），保持垄埂浸润，第 2 年油菜收获后将油菜残茬 $743 \sim 941$ kg/(hm^2·a) 和杂草 $8747 \sim 10\,011$ kg/(hm^2·a) 埋在沟底，灌水，水面与垄顶齐平，种植水稻。

每个处理小区面积为 20 m^2，设置 4 次重复，随机区组排列。各处理的施肥量均为：尿素 125 kg/hm^2；过磷酸钙 60 kg/hm^2；氯化钾 75 kg/hm^2。每年油菜和水稻的施肥都是过磷酸钙作底肥一次施用，尿素用量的 2/3 作底肥、1/3 作追肥，氯化钾底肥和追肥各半。

3. 研究方法及指标测定

通过对历史（1990 ～ 2015 年）数据［历史数据主要包括不同耕作措施下土壤肥力指标（pH、有机质、全氮、碱解氮、全磷、全钾、速效钾、有效磷等指标）］的整理并结合 2016 年和 2017 年测定的数据，分析各土壤肥力指标随耕作年限的变化规律，进而找出西南水旱轮作稻田土壤肥力和生产力的主要驱动因素及关键因子。

（二）土壤物理肥力时间演变特征

1. 稻田土壤容重的时间演变特征

表 3-1 为不同耕作措施下土壤容重在 2008 年和 2017 年的时间变化。从表 3-1 可以看出，在 2008 年，高肥力稻田土壤容重最高，其值为 1.45 g/cm^3，其次是低肥力稻田，中肥力稻田土壤容重最低，其值为 1.15 g/cm^3；而在 2017 年稻田土壤容重呈现出和 2008 年一致的规律，高肥力稻田土壤容重最高，中肥力稻田土壤容重最低。

表3-1　不同肥力稻田土壤容重的时间演变特征

处理	土壤容重 / (g/cm^3)	
	2008 年	2017 年
高肥力（RNT）	1.45±0.03	1.36±0.04
低肥力（CT）	1.36±0.02	1.22±0.03
中肥力（FPF）	1.15±0.04	1.08±0.06

垄作免耕的耕作方式使土体构型由松散状况向紧实状况变化，使稻田土壤在淹水状况下的整稚分散取得改善；土壤收缩性的降低，反映了土壤结构孔隙的大量发育，同时也反映了土壤经垄作免耕后，容重增加，利于土壤水分和土壤空气的消长平衡，增大土壤对环

境水、热变化的缓冲能力，为植物、微生物的生命活动创造良好的生境。免耕由于不翻动土壤，减少了对土壤的作业次数，同时加上秸秆的覆盖，减少了降雨对其拍打作用，有利于土壤保持良好的结构，有利于维护和改善自然土壤的结构、空隙分布的有序性及相对稳定性，这一特性有利于作物的生长。

2. 耕作措施差异形成不同肥力水平稻田土壤团聚体的时间演变特征

团聚体大小分布规律是影响土壤肥力的重要因素之一，其重量百分比影响到土壤氮素循环和氮的矿化作用等过程。

图 3-1 为 2008 年不同肥力稻田土壤团聚体的重量百分比分布。不同大小团聚体在稻田土壤中所占的比例有明显差别，> 4.76 mm 粒径团聚体含量在低肥力稻田和高肥力稻田显著高于其他粒径团聚体重量百分比，其次是 0.25 ～ 0.053 mm 粒径土壤团聚体重量百分比，再次是 < 0.053 m 粒径团聚体重量百分比，4.76 ～ 2.0 mm、2.0 ～ 1.0 mm、1.0 ～ 0.25 mm 粒径土壤团聚体重量百分比较小。中肥力稻田各粒径土壤团聚体含量变化趋势基本与低肥力稻田和高肥力稻田相同，0.25 ～ 0.053 mm 粒径土壤团聚体含量最高。

三种肥力稻田土壤中同粒径团聚体的重量百分比有所不同，高肥力稻田土壤 > 4.76 mm 粒径团聚体的重量百分比高，接近 40%，分别比低肥力、中肥力稻田增加了 3.8% 和 14.7%；同时高肥力稻田 0.25 ～ 0.053 mm 粒径团聚体的重量百分比较小，中肥力稻田较大，而且 0.25 ～ 0.053 mm 粒径团聚体的重量百分比要高于 > 4.76 mm 粒径团聚体。同时，三种肥力稻田土壤，高肥力稻田土样不同大小团聚体间重量百分比差异较大；中肥力稻田相对而言，各级团聚体重量百分比相差明显减小。

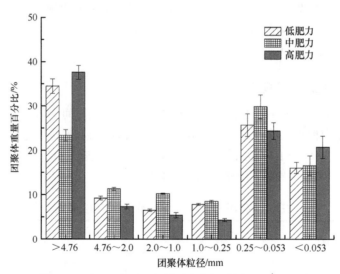

图 3-1　不同肥力稻田土壤团聚体的重量百分比分布

3. 土壤化学肥力时间演变

（1）稻田土壤 pH 和有机质的年际演变特征

图 3-2 为不同肥力稻田土壤 pH 年际变化特征。3 种不同肥力稻田土壤 pH 范围在 6.5 ～ 7.5，从 1990 年至 2017 年，中肥力稻田土壤 pH 随水稻种植年限的增加而逐渐升高，在 2008 年之后土壤 pH 趋于稳定，均显著高于高肥力和低肥力稻田土壤。

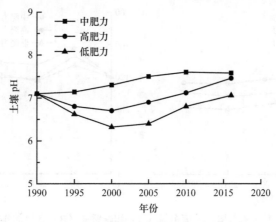

图 3-2　不同肥力稻田土壤 pH 的年际变化

图 3-3 为不同肥力稻田土壤有机质含量的年际变化特征。不同肥力稻田土壤的有机质含量均随耕作年限的增加逐渐增加然后减小，最后逐渐趋于稳定，其平均值范围为 27.2 ~ 39.3 g/kg。高肥力稻田土壤的有机质含量最高，平均值为 32.9 g/kg，明显高于低肥力和中肥力稻田土壤有机质含量。

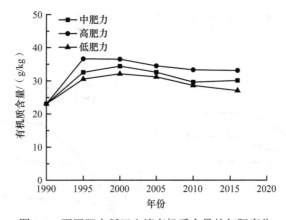

图 3-3　不同肥力稻田土壤有机质含量的年际变化

（2）稻田土壤全氮的年际演变特征

图 3-4A 为不同肥力稻田土壤全氮的年际变化特征，3 种不同肥力稻田土壤全氮含量平均值为 1.5 ~ 2.5 g/kg，高肥力稻田土壤全氮含量高于低肥力和中肥力稻田。高肥力稻田土壤的全氮含量随着耕作年限的增加逐渐增加，然后趋于稳定，这和有机质含量的变化规律是一致的，而低肥力和中肥力稻田土壤全氮含量并没有随着耕作年限的增加而发生变化。

（3）稻田土壤碱解氮的年际演变特征

不同肥力稻田土壤碱解氮含量变化趋势一致（图 3-4B），均是在 1995 年前后达到最高值，之后逐渐趋于稳定。高肥力、中肥力和低肥力稻田土壤有机质含量的平均值分别为 165 mg/kg、135 mg/kg 和 132 mg/kg。高肥力稻田土壤的碱解氮含量高于低肥力和中肥力稻田，低肥力和中肥力稻田土壤碱解氮含量没有差异。

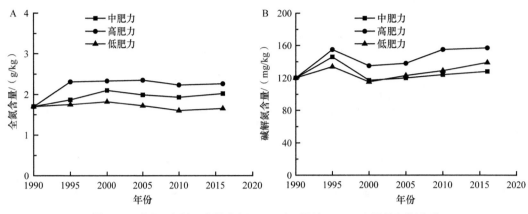

图 3-4　不同肥力稻田土壤全氮（A）和碱解氮（B）含量的年际变化

（4）稻田土壤磷素的年际演变特征

图 3-5 为不同肥力稻田土壤磷素的年际变化特征，不同肥力稻田土壤全磷和有效磷含量变化随耕作年限的变化具有相似的趋势，均是先逐渐增大，之后趋于稳定。高肥力、中肥力和低肥力稻田土壤全磷含量的平均值分别为 1.4 g/kg、1.2 g/kg 和 1.0 g/kg，其变化趋势为：高肥力稻田＞中肥力稻田＞低肥力稻田。高肥力、中肥力和低肥力稻田土壤有效磷含量的平均值分别为 29 mg/kg、12 mg/kg 和 21 mg/kg，其变化趋势为：高肥力稻田＞中肥力稻田＞低肥力稻田。

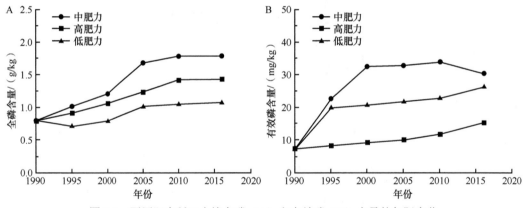

图 3-5　不同肥力稻田土壤全磷（A）和有效磷（B）含量的年际变化

（5）稻田土壤钾素的年际演变特征

不同肥力水平稻田土壤全钾含量均随耕作年限的变化如图 3-6A 所示，高肥力稻田土壤的全钾含量随着耕作年限的增加逐渐增加然后减小，而低肥力和中肥力稻田土壤的全钾含量随着耕作年限的增加先减小然后增加，最后趋于稳定。高肥力、中肥力和低肥力稻田土壤全钾含量的平均值分别为 22.5 g/kg、20.2 g/kg 和 19.6 g/kg，高肥力稻田土壤全钾含量显著高于中肥力和低肥力稻田土壤的全钾含量。

不同肥力水平稻田土壤速效钾含量均随耕作年限的增加逐渐减小（图 3-6B），高肥力、中肥力和低肥力稻田土壤速效钾含量的平均值分别为 82 mg/kg、93 mg/kg 和 83 mg/kg，中肥力稻田土壤的速效钾平均含量显著高于低肥力和高肥力稻田速效钾平均含量。

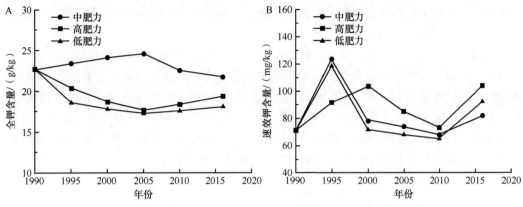

图 3-6　不同肥力稻田土壤全钾（A）和速效钾（B）含量的年际变化

综上所述，我们通过对不同肥力水平下稻田土壤肥力的年际变化特征的分析，发现经过 27 年的长期耕作后，高肥力稻田有相对更高的土壤有机质、全氮、碱解氮、全磷、全钾含量。与低肥力和中肥力稻田土壤相比，垄作免耕措施的土壤培肥效果最好。

4. 土壤生物肥力时间演变

（1）不同肥力稻田土壤微生物量碳（MBC）的时间演变特征

不同肥力稻田土壤微生物量碳含量随季节变化情况如图 3-7 所示。在三种不同肥力稻田土壤中，稻田土壤 MBC 含量在 4 月均达到最大值，而在高肥力稻田土壤中，MBC 含量均高于低肥力和中肥力稻田。其中，在低肥力稻田土壤下，MBC 含量季节变化趋势为 4 月＞ 10 月＞ 1 月 =7 月，其中 1 月和 7 月没有显著差异；在高肥力条件下，稻田土壤 MBC 含量季节变化趋势为 4 月＞ 10 月＞ 1 月 =7 月，其中 1 月和 7 月没有显著差异；在中肥力稻田下，稻田土壤 MBC 含量季节变化趋势为 4 月＞ 10 月＞ 1 月＞ 7 月。

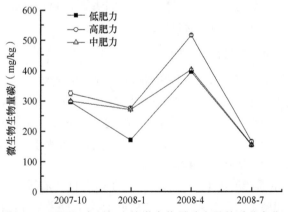

图 3-7　不同肥力稻田土壤微生物量碳含量的季节变化

（2）稻田土壤呼吸速率的时间演变特征

土壤呼吸是土壤碳输出的主要途径，其对大气 CO_2 浓度有很大的影响，是陆地生态系统碳收支的重要环节，确定土壤呼吸强度及其主要影响因子是循环研究的重要科学问题。土壤呼吸指土壤由于代谢作用而释放 CO_2 的过程。土壤呼吸是一种复杂的生物学过程，受到多种因素的影响，它不仅受到土壤温度、土壤含水量、降水、凋落物，以及土壤 C、N

含量等非生物因子的影响，而且受到植被类型、叶面积指数、根系生物量等生物因子和人类活动的综合影响。

从图 3-8 可以看到，在三种不同肥力水平下，土壤呼吸速率是具有相同的变化趋势，均呈现出先减小后增加的变化趋势。1 月的呼吸速率最小，10 月和 4 月比 1 月大，7 月则是呼吸速率最强的季节。土壤呼吸速率可能与温度的变化有较密切的关系，在本研究区域，1 月属于最冷的冬季，气温最低；4 月和 10 月分别为春、秋两季，气温稍高；而 7 月是炎热的夏季。Liu 等（2002）研究发现，在一般情况下，温度是土壤呼吸的关键限制因子，温度变化一般可以解释土壤呼吸日变化和季节性变化的大部分变异。

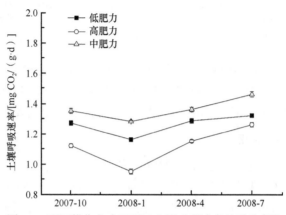

图 3-8　不同耕作方式下稻田土壤呼吸速率的季节变化

在 3 种肥力水平下，土壤呼吸作用的强弱非常明显，高肥力稻田土壤的呼吸速率要显著低于中肥力和低肥力稻田。耕作后土壤会增加 CO_2 排放，这可能是因为耕作可增大土壤的孔隙，有助于 O_2 的进入和 CO_2 的排出（Reicosky et al.，1997）。耕作可使不同层位的土壤暴露在空气中，改变土壤的温度和湿度，使深层土壤有机质加速氧化以 CO_2 的形式释放出来，导致土壤中微生物量和有机质含量的降低。

5. 稻田土壤肥力评价及其特征

为了综合评价长期不同肥力水平下稻田综合肥力的变化趋势，对 26 年间稻田土壤的养分数据进行分析，运用土壤综合肥力指数法对土壤肥力进行综合评价，结果发现长期垄作免耕既能够提高土壤肥力水平，也能够提高水稻产量。从图 3-9 可以看出，经过 26 年的长期耕作，土壤综合肥力指数（IFI）变化存在差异，3 种肥力水平下 IFI 大小表现为高肥力（0.66）＞中肥力（0.57）＞低肥力（0.48）。

由图 3-10 可知，水稻产量在 1990～2000 年的 10 年间随着耕作年限的推移逐渐增加，这可能与水稻的品种和施肥状况有关，但是之后近 15 年，随着耕作年限的增加，水稻产量逐渐趋于稳定，水稻产量总体变化趋势是高肥力稻田显著高于中肥力和低肥力稻田。

6. 土壤肥力关键驱动因子

在 3 种肥力水平下，运用主成分分析法分析近 30 年稻田土壤基本化学性质对土壤肥力的贡献，从图 3-11 和图 3-12 中可以看出，全磷对于土壤肥力的贡献率最大，达到 25.3%；其次是有效磷和速效钾，其贡献率分别为 15.8% 和 14.2%。

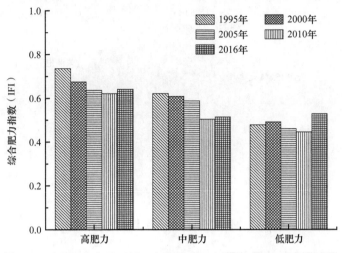

图3-9 不同肥力水平下稻田土壤综合肥力指数（IFI）的年际变化

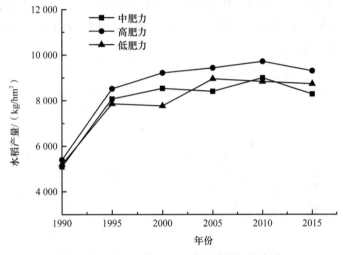

图3-10 不同肥力水平下水稻产量年际变化

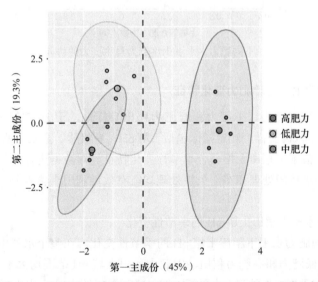

图3-11 不同肥力水平下稻田土壤性质基于PCA的主成分分析

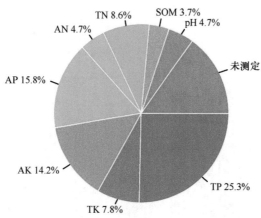

图 3-12　不同肥力水平下各土壤性质贡献率

7. 土壤肥力与生产力的协同关系

通过 3 种肥力水平下土壤综合肥力指数与水稻产量的拟合，从而量化土壤综合肥力指数与水稻产量之间的变化关系。从图 3-13 可以看出，土壤综合肥力指数每提高 0.1，水稻产量将平均增加 809 kg/hm^2。

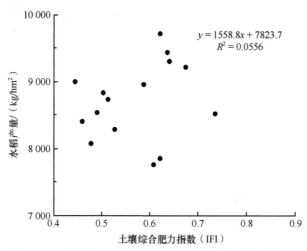

图 3-13　不同肥力水平下土壤肥力与生产力的协同关系

8. 作物不同生育时期土壤肥力变化特征

选取 3 种肥力（高肥力、中肥力和低肥力稻田）样地，于 2017 年 5 月、7 月、9 月、11 月分别采集 0～20 cm 土样，测定指标包括土壤 pH、有机质、全氮、速效钾、有效磷等，主要研究不同耕作措施下稻田土壤养分季节性变化特征。对数据进行统计分析，发现在整个水稻生长季，冬水休闲处理和垄作免耕处理均能有效地利用土壤养分，且变化趋势较为一致。

（1）不同肥力水平下稻田土壤 pH 的季节性变化

图 3-14 为不同肥力水平下稻田土壤 pH 的季节性变化。在整个水稻生长季，中肥力的土壤 pH 显著高于低肥力和高肥力稻田，中肥力稻田土壤 pH 范围均大于 7.5，而低肥力稻田土壤 pH 范围均小于 7.0。3 种肥力水平下土壤 pH 随季节变化均表现出先减小后增大的趋势。

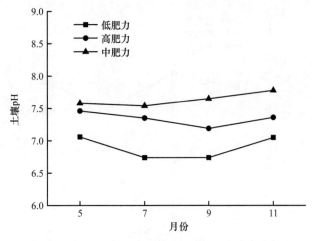

图 3-14　不同肥力水平下稻田土壤 pH 的季节性变化

（2）不同肥力水平下稻田土壤有机质含量的季节性变化

图 3-15 为不同肥力水平下稻田土壤有机质的季节性变化，在整个水稻生长周期，高肥力和中肥力稻田土壤有机质含量变化趋势一致，显著高于低肥力稻田土壤，高肥力和中肥力稻田土壤有机质范围均在 30 ～ 35 g/kg，而低肥力稻田土壤有机质范围在 22 g/kg 左右。3 种不同肥力水平下稻田土壤有机质含量随季节变化均表现出先减小后增大的趋势。

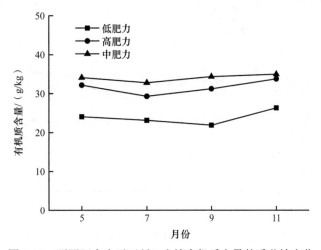

图 3-15　不同肥力水平下稻田土壤有机质含量的季节性变化

（3）不同肥力水平下稻田土壤全氮的季节性变化

图 3-16 为不同肥力水平下稻田土壤全氮的季节性变化，在整个水稻生长季，高肥力和低肥力稻田土壤全氮含量变化趋势一致，均是随着季节的变化而逐渐减小，而中肥力稻田土壤的全氮含量是先增大后减小再增大的趋势，没有规律性；高肥力和中肥力稻田土壤有机质范围均在 2.0 ～ 2.5 g/kg，而低肥力稻田土壤全氮范围在 1.5 g/kg 左右，高肥力和中肥力稻田土壤全氮含量显著高于低肥力稻田土壤。

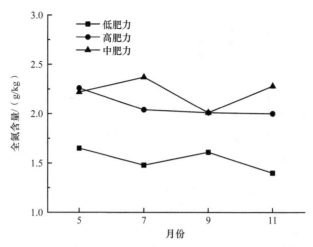

图 3-16　不同肥力水平下稻田土壤全氮含量的季节性变化

（4）不同肥力水平下稻田土壤有效磷的季节性变化

图 3-17 为不同肥力水平下土壤稻田土壤有效磷的季节性变化，在整个水稻生长季，3种不同肥力水平下稻田土壤有效磷含量变化趋势一致，均是随着时间推移而逐渐减小；高肥力和低肥力稻田土壤有效磷含量显著高于中肥力稻田土壤。

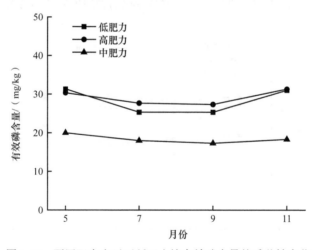

图 3-17　不同肥力水平下稻田土壤有效磷含量的季节性变化

（5）不同肥力水平下稻田土壤速效钾的季节性变化

图 3-18 为不同肥力水平下稻田土壤速效钾的季节性变化，在整个水稻生长季，3种不同肥力水平下稻田土壤速效钾含量变化趋势一致，均是随着时间推移而逐渐减小。与中肥力和低肥力稻田相比，高肥力稻田土壤的速效钾含量在水稻生长季均是最低。

二、长期定位施肥条件下稻田土壤肥力时间演变与评价

（一）研究区域与方法

1. 试验概况

长期肥料定位试验位于四川省遂宁市船山区四川省农业科学院土壤肥料研究所野外试

验站内。该区属于亚热带湿润季风气候，年均气温 17.4℃，年降水量 930 mm，无霜期约为
337 d，年日照时数 1227 h。供试土壤为钙质紫色水稻土，为侏罗系遂宁组砂页岩母质发育
的红棕紫泥田，土壤质地为黏土。长期试验从 1982 年开始，初始时耕层土壤基本性质为：
pH 8.6，有机质 15.9 g/kg，全氮（N）、全磷（P）、全钾（K）分别为 1.1 g/kg、0.6 g/kg 和
22.3 g/kg，速效氮（N）、有效磷（P）、速效钾（K）分别为 66 mg/kg、4 mg/kg 与 108 mg/kg，
该土壤钾素丰富，磷素不足。

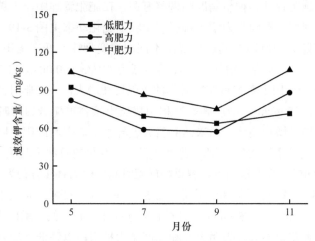

图 3-18　不同肥力水平下稻田土壤速效钾含量的季节性变化

2. 试验设计

试验设 8 个施肥处理，选取其中的 3 个处理进行分析。处理 1：低产稻田，即不施任
何肥料。处理 2：中产稻田，即氮磷钾平衡施肥。处理 3：高产稻田，即氮磷钾配施有机肥。
小区面积 13.4 m²，每个小区重复 4 次，随机区组排列，各小区间用离地面 20 cm 高的水泥板
隔开。种植方式为水稻—小麦一年两熟模式。水稻和小麦品种为当地主栽品种。处理 1 不施
任何肥料；处理 2 肥料用量分别为 240 N kg/hm²、120 P₂O₅ kg/hm² 和 120 K₂O kg/hm²；处理
3 在处理 2 的基础上再增施 30 000 kg/hm² 新鲜猪粪（含水率约 70%，干物质含 N 20 ～ 22 g/kg、
P₂O₅ 18 ～ 25 g/kg、K₂O 13 ～ 16 g/kg）。水稻季和小麦季施肥量相同，所有磷肥和有机肥作
基肥施用，其中水稻季 60% 氮肥和 50% 钾肥作基肥，剩余肥料作分蘖肥施用；小麦季 30%
氮肥和 50% 钾肥作基肥，其余肥料作拔节肥施用；肥料种类为尿素、磷酸二铵、氯化钾及
新鲜猪粪。试验小区田间管理措施同普通大田。

3. 样品测定与数据分析

于样品测定年份水稻收获后的 10 ～ 11 月采集每个处理 0 ～ 20 cm 混合土壤样品，室
内风干，磨细过筛，装瓶保存待分析。土壤样品养分含量采用常规方法测定（鲍士旦，
1981）：pH 采用 pH 计法，有机质采用 $K_2Cr_2O_7$-H_2SO_4 氧化法，全氮采用半微量凯氏法，全
磷和全钾采用 NaOH 熔融法，碱解氮采用扩散法，有效磷采用 $NaHCO_3$ 浸提 - 钼锑抗比色
法，速效钾采用 NH_4OAc 浸提 - 火焰光度计法。土壤磷活化度用有效磷含量占全磷含量的
百分数表示（杨学云等，2007；黄晶等，2016），同理计算氮、钾活化度。

采用 Excel 2010 和 DPS 统计软件进行数据的整理及分析，利用线性方程拟合相关指标
的关系。

（二）土壤物理肥力时间演变

1. 土壤容重时间演变

土壤容重是土壤物理形状的重要指标之一，它反映了土壤紧实情况。土壤容重过大和过小都不利于作物生长，容重过大，土壤过于紧实，不利于作物根系的生长；而容重过小，作物容易发生倒伏，同时也不利于土壤保肥保水。徐明岗等（2006）研究表明，土壤容重与土壤性质、施肥管理和种植制度的调整有关；在施肥管理中，土壤有机质数量和质量与土壤容重关系密切。不同肥力稻田耕层土壤容重变化动态见图3-19。可见，不同肥力稻田耕层土壤容重随施肥时间的延续呈现出不同的演变规律。低产稻田土壤容重（y）随施肥时间（x）的延续呈极显著增加趋势，其直线方程为：$y=0.0045x+1.2281$（$R^2=0.7312$，$P<0.01$），说明低产稻田土壤容重随着耕作的年限持续增大，当施肥时间延长1年时，耕层土壤容重增加0.0045 g/cm³。中产和高产稻田耕层土壤容重随着施肥时间的延续表现出相似的变化趋势，均呈增加趋势，但未达到显著差异水平，表明施肥年限对中产和高产稻田土壤容重影响不大。中产稻田土壤容重随施肥时间变化的直线方程为$y=0.0016x+1.2023$（$R^2=0.2511$，$P>0.05$），高产稻田土壤容重随施肥时间变化的直线方程为$y=0.0015x+1.1915$（$R^2=0.06$，$P>0.05$）。低产、中产和高产稻田耕层土壤容重的变幅分别为1.22～1.39 g/cm³、1.20～1.32 g/cm³和1.09～1.33 g/cm³，且在相同采样年份时，低产稻田土壤容重高于中产和高产稻田，后两者差异不大。表明中产和高产肥力稻田可以降低土壤容重，相应地增加了土壤孔隙度，促使作物具有更好的生长环境。

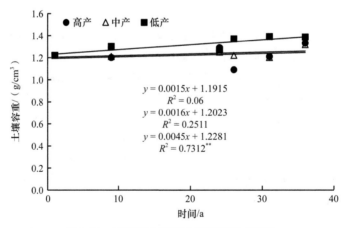

图3-19　不同肥力稻田土壤容重动态变化

2. 土壤孔隙度时间演变

不同肥力稻田耕层土壤孔隙度变化动态见图3-20。不同肥力稻田耕层土壤孔隙度随施肥时间的延续呈现出不同的演变规律。低产稻田土壤孔隙度（y）随施肥时间（x）的延续呈极显著降低趋势，其直线方程为$y=-0.1688x+53.657$（$R^2=0.7312$，$P<0.01$），说明低产稻田土壤孔隙度随着耕作的年限增加持续降低，当施肥时间延长1年时，耕层土壤孔隙度降低0.1688%。中产和高产稻田耕层土壤孔隙度随着施肥时间的延续表现出相似的变化趋势，也均呈下降趋势，但未达到显著差异水平，表明施肥年限对中产和高产稻田土壤孔隙度影响不大。中产稻田土壤孔隙度随施肥时间变化的直线方程为$y=-0.0601x+54.629$

（R^2=0.2511，$P > 0.05$），高产稻田土壤孔隙度随施肥时间变化的直线方程为y=-0.0573x+
55.039（R^2=0.06，$P > 0.05$）。低产、中产和高产稻田耕层土壤孔隙度的变幅分别为
47.7%～54.0%、50.3%～54.7%和49.8%～58.9%，且相同采样年份时，低产稻田土壤孔
隙度低于中产和高产稻田，后两者差异不大，表明中产和高产肥力稻田可以增加土壤孔隙
度，有利于土壤通气、透水。

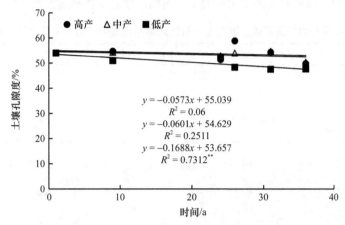

图3-20　不同肥力稻田土壤孔隙度动态变化

3. 土壤微形态结构变化

土壤微形态是土壤质量的重要组成部分，其与土壤肥力直接相关。通过对土壤微形态
的研究，可以了解土壤骨骼颗粒、细粒物质、土壤形成物等的形态和土壤各类颗粒的组配
与空间分布、形态、结构，并分析微观形态的发生，可使我们认识关于土壤中进行的各种
微过程，以及成土母质矿物与有机体之间相互作用关系（曹升赓，1980；何毓蓉和贺秀斌，
2007；秦鱼生等，2009；徐明岗等，2006）。大多数研究表明施肥管理可以改变土壤微形
态，尤其是施用有机肥之后（钟羡云，1982；何毓蓉，1984；杨秀华和黄玉俊，1990；杨
延蕃等，1990）。

不同肥力水平稻田耕层土壤颗粒组成的鉴定结果见表3-2。土壤母质决定了土壤的粗粒
质都以原生矿物为主，不同肥力水平稻田的土壤粗粒质（> 2 μm）和细粒质（> 0.25 μm）
有所变化。低产和中产稻田土壤以原生矿物石英、长石和云母为主，粗颗粒较多；细粒质
颜色为棕色，粗粒质与细粒质紧密接触。高产稻田土壤粗颗质中有少量有机质残体颗粒分
布，且粗粒质数量少，细粒质颜色为棕褐色，粗粒质与细粒质间较疏松。

表3-2　不同肥力稻田耕层土壤颗粒特性（秦鱼生等，2009）

稻田肥力	粗粒质（> 2 μm）	细粒质（> 0.25 μm）
低产	主要是原生矿物，以石英、长石和云母为主，表面光滑，粗颗粒多	颜色为棕色，与粗粒质接触紧密
中产	主要是原生矿物，以石英、长石和云母为主，表面光滑，粗颗粒多	颜色为棕色，与粗粒质接触紧密
高产	主要是原生矿物，有少量有机质残体颗粒，表面光滑，粗颗粒少	颜色为棕色，与粗粒质间较疏松

通过显微镜观察长期不同施肥稻田耕层土壤显微形态的结果见表3-3和图3-21。低产稻
田土壤孔隙极少，土壤紧实，几乎没有动物和植物残体，也没有铁锰结核和腐殖质形成物

分布（表 3-3 和图 3-21）。中产稻田土壤孔隙有少量孔道分布、土壤紧实，极少有动物和植物残体分布，也没有铁锰结核和腐殖质形成物分布（图 3-21）。而高产稻田与低产、中产稻田之间的土壤微形态结构差异较大，高产稻田土壤有孔道状孔隙的形成，孔隙数量明显增加，有少量的动物和植物残体及细胞组织，有少量铁锰结核和分散或絮凝状的腐殖质分布（图 3-21）。三种肥力水平稻田比较，其中以高产稻田土壤相对较疏松，通气性和透光性较好，表明高产稻田可以明显改善土壤孔隙度，增加土壤通气性和透光性。

表3-3　不同肥力稻田耕层土壤孔隙、有机残体和土壤形成物（秦鱼生等，2009）

稻田肥力	土壤孔隙	有机残体	土壤形成物
低产	孔隙极少，土壤紧实	极少植物残体，半分解状况	无铁锰结核和腐殖质
中产	有少量孔道状孔隙分布，土壤紧实	极少植物残体，半分解状况	无铁锰结核和腐殖质
高产	有孔道状、囊状和机构体孔隙分布，土壤较紧实	少量动、植物残体和细胞组织，半分解状况	少量铁锰结核，少量絮凝状的腐殖质

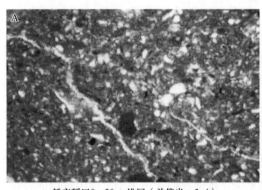
低产稻田0～20cm耕层（单偏光，5×4）

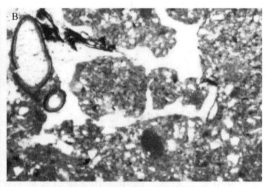
中产稻田0～20cm耕层（单偏光，5×4）

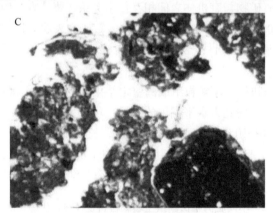
高产稻田0～20cm耕层（单偏光，5×4）

图 3-21　不同肥力稻田耕层土壤微结构（秦鱼生等，2009）

（三）土壤化学肥力时间演变

1. 土壤 pH时间演变

不同肥力水平稻田土壤 pH 的动态变化见图 3-22。不同肥力稻田土壤 pH 随施肥年限的延长呈现出相似的变化趋势，即随着施肥时间的延长土壤中的 pH 呈显著或极显著下降趋势，表现出不同肥力稻田土壤酸化的变化趋势。低产稻田土壤 pH（y）随时间（x）演变的直线拟合方程为：$y=-0.0113x+8.6304$（$R^2=0.6615$，$P<0.05$），中产稻田的直线拟合方程为 $y=-0.0169x+8.6811$（$R^2=0.7779$，$P<0.05$），高产稻田的直线拟合方程为 $y=-0.0161x+8.6344$（$R^2=0.9076$，$P<0.01$）。从试验开始到 2017 年（持续 36 年），低产、中产和高产稻田土壤 pH 分别下降 0.63、0.67 和 0.72，年下降幅度分别是 0.0113、0.0169、0.0161。施用化学肥料的中产和高产稻田土壤 pH 下降幅度高于不施任何肥料的低产稻田，所以施用化学肥料是加速土壤酸化的主要原因。国内外大量研究表明（肖辉林，2001；Guo et al.，2010；袁宇志等，2019；张丹丹等，2019；Huang et al.，2019；Shi et al.，2019；Meng et al.，2019），在自然条件下，土壤酸化是一个非常缓慢的过程，但由于人为活动的影响，比如酸沉降和不当的农田施肥措施等加速了土壤酸化。多数研究表明化学氮肥的施用是导致土壤酸化的主要原因，南澳大利亚 Tarlee 地区长期试验表明，在施用 80 kg N/hm² （铵态氮肥）情况下，土壤有酸化趋势（Gregan et al.，1998）；我国黑土区连续 27 年施用 150～300 kg N/(hm²·a)（尿素）后耕层土壤 pH 下降了 1.52（张喜林等，2008）；白浆土上长期施用化学肥料和秸秆还田均能加速土壤酸化（董炳友等，2002）；红壤上施入尿素可显著降低土壤 pH（蔡泽江，2011），可见土壤酸化与施肥密切相关。

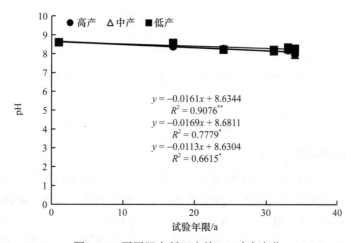

图 3-22　不同肥力稻田土壤 pH 动态变化

2. 土壤有机质时间演变

土壤有机碳是地球生态系统中最大的碳库之一，全球 0～1 m 土壤层有机碳储量估计达 1500 Gt，其中 10～20 cm 土层达 900 Gt（Batjes，1996），因此土壤碳库的微小变化，都可能对大气中的温室气体产生明显的反馈效应；此外，土壤有机碳是土壤的重要组成部分，与土壤结构、土壤肥力、作物产量密切相关，也就是说土壤有机碳对农田土壤肥力的形成与维持、农田生产力的提高有着重要意义（Pan et al.，2009；纪钦阳等，2015；张雅蓉等，2016；史康婕等，2017；郑慧芬等，2018）。据有关数据显示，我国土壤碳储量占全球总储量的 12%，表土平均有机碳密度仅为欧盟平均值的 70%～75%，若采取合理的措施使土壤有机质提高 30%～40%，全国仅耕地就可增加固碳约 10 亿 t（Lin et al.，1997；魏猛等，2018），由此可见我国农田土壤固碳潜力巨大。

不同肥力水平稻田土壤有机质动态变化见图 3-23，不同肥力水平对土壤有机质影响较大。以施肥年限为 x 轴、以土壤有机质含量为 y 轴构建线性方程。低产稻田土壤有机质随时间演变的直线方程为 $y=-0.0281x+16.069$（$R^2=0.0987$，$P>0.05$），中产稻田的直线方程为 $y=0.1006x+16.35$（$R^2=0.6807$，$P<0.01$），高产稻田的直线方程为 $y=0.0783x+17.774$（$R^2=0.3677$，$P<0.05$）。由方程可知，低产稻田土壤中有机质含量随着施肥年限的延续呈逐渐下降趋势，但未达显著差异水平，下降速率约为 0.0281 g/(kg·a)；而中产和高产稻田土壤有机质与低产稻田不同，表现出随着施肥时间的延续呈显著或极显著增加趋势，增加速率分别为 0.1006 g/(kg·a) 和 0.0783 g/(kg·a)，说明中产和高产稻田与低产稻田相比较，能够有效增加土壤有机质或维持较高土壤有机质含量。

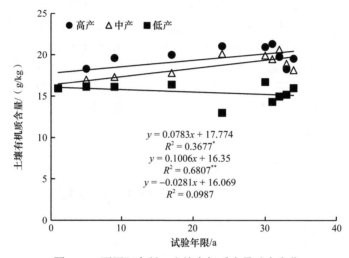

图 3-23　不同肥力稻田土壤有机质含量动态变化

3. 土壤氮素时间演变

由图 3-24 可知，不同肥力水平稻田土壤全氮含量对施肥时间的响应存在一定差异。低产稻田土壤全氮含量随施肥时间的延续呈增加趋势，但没有达到显著差异水平，说明不施肥（低产）没有显著改善土壤中全氮含量，所以低肥力稻田土壤全氮含量基本保持稳定，其变化范围为 $0.9\sim1.3$ g/kg；而中产和高产稻田土壤全氮含量随施肥时间的延长表现出极显著增加趋势，其变化范围分别为 $1.1\sim1.7$ g/kg 和 $1.1\sim1.8$ g/kg。低产、中产和高产稻田土壤全氮含量（y）随施肥时间（x）的线性拟合方程分别为 $y=0.0055x+1.0196$（$R^2=0.285$，$P>0.05$），$y=0.0142x+1.0329$（$R^2=0.862$，$P<0.01$）和 $y=0.017x+1.0304$（$R^2=0.680$，$P<0.01$），

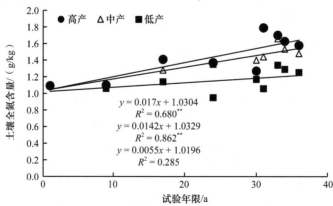

图 3-24　不同肥力稻田土壤全氮含量动态变化

三种肥力稻田土壤全氮含量年增加量分别为 0.0055 g/kg、0.0142 g/kg 和 0.0170 g/kg。当施肥持续 36 年时（2017 年），三种肥力稻田土壤全氮含量分别为 1.2 g/kg、1.5 g/kg 和 1.6 g/kg，中产和高产稻田土壤全氮含量比低产稻田增加了 18.4% 和 26.4%；低产、中产和高产稻田比试验开始时土壤全氮含量（1.1 g/kg）分别提高了 14.7%、35.8% 和 44.9%，说明中产和高产稻田比低产稻田具有更高的全氮含量。

不同肥力稻田土壤碱解氮含量对施肥时期的响应特征明显与全氮不同。由图 3-25 可知，无论低产、中产和高产稻田土壤，碱解氮含量均表现出随着施肥年限的延续呈极显著增加的变化趋势。在连续施肥 36 年时（2017 年），三种不同肥力水平稻田土壤碱解氮含量分别为 75 mg/kg、91 mg/kg 和 106 mg/kg，分别比试验开始时土壤碱解氮（66 mg/kg）增加了 12.6%、37.4% 和 60.1%，以高产的土壤碱解氮含量最高，分别比低产和中产提高了 42.2% 和 16.6%。本研究发现紫色水稻土连续施肥 36 年内，低产稻田土壤全氮含量相对稳定，碱解氮随施肥时间的延续呈显著增加，说明低产稻田土壤氮含量相对稳定。这与黄晶等（2016）和柳开楼等（2016）在红壤稻田及旱地上的研究结果一致。低产、中产和高产稻田土壤碱解氮含量（y）与施肥时间（x）的线性拟合方程分别为：$y=0.3983x+63.455$（$R^2=0.453$，$P<0.01$），$y=1.0456x+71.087$（$R^2=0.670$，$P<0.01$），$y=1.3182x+69.897$（$R^2=0.701$，$P<0.01$）。三种肥力稻田土壤碱解氮含量年增加速率分别为 0.3983 mg/kg、1.0456 mg/kg 和 1.3182 mg/kg，说明土壤氮素养分变化速率对不同肥力稻田的响应程度不同，表现为高产和中产稻田土壤养分年增加量高于低产稻田。当土壤中氮素含量足够高时，继续施用氮肥则土壤中碱解氮含量几乎不再增加，在年施用 240 N kg/hm^2 时，紫色水稻土连续施肥 13 年后，土壤中含有足够的氮素，此后中产和高产稻田土壤碱解氮含量平均为 103 mg/kg 和 110 mg/kg。通过阶段分析发现在施肥 1～13 年间，中肥力和高肥力稻田土壤碱解氮含量不同年份间差异较小，多年平均含量分别为 77 mg/kg 和 77 mg/kg，施肥 13 年以后各处理不同年份间碱解氮含量变化较小，且其碱解氮含量比 13 年前大幅增加，平均为 103 mg/kg 和 110 mg/kg，说明土壤养分足够高时，过量施肥对土壤肥力提升空间是有限的，这与国内外多数研究结果一致（Bhattacharyya et al.，2010；Naab et al.，2015；陈轩敬等，2016），也表明在本试验施肥水平下紫色水稻土氮素施肥转折点的时间是 13 年，即施用氮肥 13 年后土壤中含有足够的氮素养分。

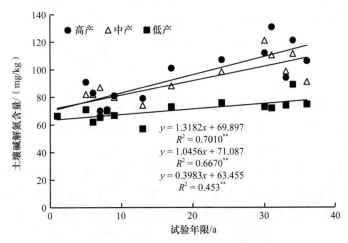

图 3-25　不同肥力稻田土壤碱解氮含量动态变化

土壤氮素活化度（NAC）是反映土壤氮养分供应能力的重要指标（Zhan et al.，2015；黄晶等，2016；柳开楼等，2016）。从图 3-26 可以看出，不同肥力下稻田土壤氮素活化度均随着试验时间的延长呈升高趋势，但都没有达到显著差异水平，氮素活化度年变化速率为 0.002% ～ 0.0139%，说明不同肥力下施肥年限没有显著影响土壤氮素活化度。低产、中产和高产稻田土壤氮素活化度变化范围分别为 5.5% ～ 8.0%、6.0% ～ 8.6% 和 5.5% ～ 8.8%，多年平均氮素活化度值分别为 6.5%、7.0% 和 7.1%，前者明显低于后两者，但后两者氮素活化度差异不大，比试验开始时的氮素活化度（6.1%）分别提高了 6.3%、15.3% 和 17.4%，可见中产和高产稻田土壤氮素活化度相对更高。已有研究表明土壤环境因子 pH 和有机碳不会显著影响氮素活化度（柳开楼等，2016），可能是因为氮素被认为土壤中较活跃的营养元素，土壤中的氮素容易被作物吸收利用或者通过淋溶和地表径流等方式损失（Yang et al.，2012；Zhao et al.，2015），所以氮素活化度与 pH 和有机质含量不存在显著关系。

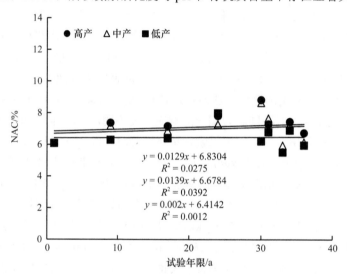

图 3-26　不同肥力稻田土壤氮素活化度动态变化

4. 土壤磷素时间演变

由图 3-27 可以看出，不同肥力水平下稻田土壤全磷含量在不同施肥时期呈现出不同的演变趋势。低产稻田土壤中全磷含量随施肥时间的变化基本稳定，而中产或高产稻田下土壤全磷含量随施肥年限的延续均呈极显著增加趋势。低产稻田土壤全磷（y）与施肥时间（x）的拟合关系式为 $y=0.0008x+0.5765$（$R^2=0.0189$，$P>0.05$），中产稻田为 $y=0.0171x+0.5182$（$R^2=0.8042$，$P<0.01$），高产稻田为 $y=0.018x+0.5395$（$R^2=0.6635$，$P<0.01$）；相应的三种肥力下土壤全磷含量年变化速率分别为 0.0008 g/kg、0.0171 g/kg 和 0.018 g/kg，中产和高产稻田土壤中全磷年变化速率比较接近，且两者约是低产稻田的 20 倍。在试验 36 年时（2017 年），低产、中产和高产稻田土壤全磷含量分别为 0.6 g/kg、1.3 g/kg 和 1.3 g/kg，高产稻田土壤全磷分别比低产和中产稻田土壤增加了 141.8% 和 6.4%；与试验开始土壤全磷含量（0.6 g/kg）相比，低产稻田土壤全磷含量降低了 6.8%，而中产和高产分别提高了 111.9% 和 125.4%，说明中产和高产稻田比低产稻田具有更高的全磷含量。

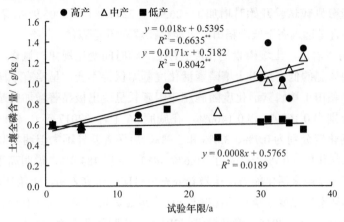

图 3-27　不同肥力稻田土壤全磷含量动态变化

不同肥力稻田土壤中有效磷的时间变化趋势呈现明显差异（图 3-28）。低产稻田土壤有效磷含量（y）随施肥时间（x）呈直线下降趋势，拟合方程为 $y=-0.0328x+5.441$（$R^2=0.0339$，$P > 0.05$），土壤有效磷含量年下降速率为 0.0328 mg/kg；中产和高产稻田土壤有效磷含量均随施肥时间呈极显著增加趋势，拟合方程分别为 $y=2.0491x-6.6182$（$R^2=0.8586$，$P < 0.01$）和 $y=1.8511x-1.4715$（$R^2=0.7094$，$P < 0.01$），有效磷年增加速率分别为 2.0491 mg/kg 和 1.8511 mg/kg，说明土壤磷素养分变化速率对不同肥力稻田的响应程度不一致，表现为中肥力和高肥力稻田土壤磷素养分年增加量高于低肥力稻田。这与黄晶等（2016）和柳开楼等（2016）在红壤稻田与旱地上的研究结果一致。中肥力和高肥力稻田土壤有效磷含量可分两个阶段：连续施肥 1～9 年间两个处理各自不同年份间有效磷含量差异较小，多年平均值分别为 7 mg/kg 和 8 mg/kg；施肥 9 年以后各处理不同年份间有效磷含量变化也不大，且明显高于 9 年前，平均值为 49 mg/kg 和 50 mg/kg，说明土壤养分足够高时，过量施肥对土壤肥力提升空间是有限的，这与国内外多数研究结果一致（Bhattacharyya et al.，2010；Naab et al.，2015；陈轩敬等，2016）；也表明在本试验施肥水平下，紫色水稻土磷施肥转折点的时间是 9 年，即施肥 9 年后土壤中含有足够高的磷素养分，继续施肥土壤中磷含量增加较小。经过 36 年（2017 年），低产、中产和高产稻田土壤有效磷含量分别为 3 mg/kg、93 mg/kg 和 82 mg/kg，中产和高产稻田比低产稻田分别增加了 32 倍和 28 倍，低产、中产和高产稻田

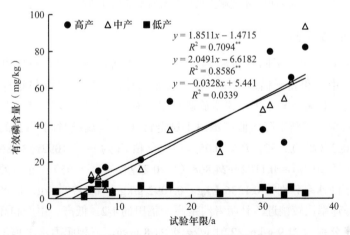

图 3-28　不同肥力稻田土壤有效磷含量动态变化

土壤有效磷含量分别较试验开始时增加了 −26.9%、2294.4% 和 2005.9%，表明中产和高产稻田土壤有效磷含量远远高于低产稻田，可能存在磷素环境风险。

从图 3-29 可以看出，土壤磷素活化度（PAC）随时间变化规律与氮素活化度的结果差异较大，不施用磷肥的低产稻田土壤磷素活化度基本保持不变，呈略有下降趋势。施用磷肥的中产和高产稻田土壤磷素活化度随施肥年限延长呈现出极显著增加的趋势，磷素活化度年增加速率分别为 0.1699% 和 0.1460%。在施肥 36 年时（2017 年），低产、中产和高产稻田土壤磷素活化度分别为 0.7%、3.8% 和 3.9%，后两者差异不大但明显高于前者，分别比试验开始时的活化度（0.7%）提高了 10.6%、483.3% 和 484.8%，说明高肥力和中肥力稻田能够明显提高土壤磷素活化能力，保障养分充足供应。研究表明，土壤环境因子 pH 和有机碳会显著影响磷素活化度，磷素活化度与 pH 呈极显著负相关，而与有机碳含量呈极显著正相关关系（Zhan et al.，2015；柳开楼等，2016），说明降低土壤 pH 或增加有机碳可显著提高土壤磷活化能力。主要原因可能是磷在土壤中移动性差、容易被固定，磷肥当季利用率较低，一般为 10% ~ 25%（段刚强等，2015），没有被作物吸收利用的大量磷素累积到土壤中，当施入有机肥或降低土壤 pH 时，增加了土壤生物群落多样性和微生物活性，从而活化被土壤吸附的磷素（Chepkwony et al.，2001；Yang et al.，2019），使得土壤磷素活化度提高。

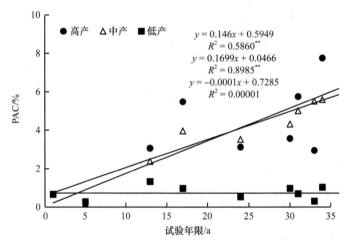

图 3-29　不同肥力稻田土壤磷素活化度动态变化

5. 土壤钾素时间演变

由图 3-30 可以看出，不同肥力水平下稻田土壤全钾随施肥时期呈现出相似的演变趋势。无论低产、中产和高产稻田土壤中全钾含量随施肥时间的延续呈逐渐降低的变化趋势，但均没有达到显著差异水平，说明施肥年限没有显著影响土壤全钾含量，而土壤由于外源钾素投入较少则逐渐下降。低产稻田土壤全钾（y）与施肥时间（x）的拟合关系式为 $y=-0.1236x+25.063$（$R^2=0.2532$，$P > 0.05$），中产稻田为 $y=-0.1092x+24.869$（$R^2=0.2007$，$P > 0.05$），高产稻田为 $y=-0.1182x+24.868$（$R^2=0.2179$，$P > 0.05$）；相应的三种肥力下土壤全钾含量年下降速率分别为 0.1236 g/kg、0.1092 g/kg 和 0.2179 g/kg，低产和中产稻田土壤中全钾年降低速率比较接近，且两者约是高产稻田的 1/2。低产、中产和高产稻田土壤多年全钾平均含量分别为 21.9 g/kg、22.1 g/kg 和 21.8 g/kg，三种肥力水平稻田土壤全钾含量

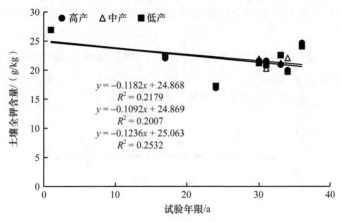

图 3-30 不同肥力稻田土壤全钾含量动态变化

差异不大，比试验开始土壤全钾含量（26.9 g/kg）下降了约 18.5%。

不同肥力稻田土壤中速效钾含量随时间的变化趋势与土壤全钾呈现明显的差异（图 3-31）。低产稻田土壤速效钾含量（y）随施肥时间（x）呈直线下降趋势，拟合方程为 $y=-0.0451x+121.31$（$R^2=0.0006$，$P>0.05$），土壤速效钾含量年下降速率为 0.0451 mg/(kg·a)；中产和高产稻田土壤速效钾含量均随施肥时间呈增加趋势，但都没有达到显著差异，拟合方程为 $y=0.625x+110.07$（$R^2=0.1144$，$P>0.05$）和 $y=0.1017x+114.9$（$R^2=0.0045$，$P>0.05$），速效钾含量年增加速率分别为 0.625 mg/(kg·a) 和 0.1017 mg/(kg·a)，说明土壤钾素养分变化速率对不同肥力稻田的响应程度不同，表现为中肥力和高肥力稻田土壤钾素养分年增加量高于低肥力稻田（速效钾下降）。结果同时表明低产稻田土壤钾素供应不足，这可能也是限制作物产量提升的重要原因之一；中产和高产稻田土壤中的速效钾含量虽然呈增加趋势，但没有达到显著差异，所以维持中产和高产稻田的土壤肥力还应重视钾肥的投入。

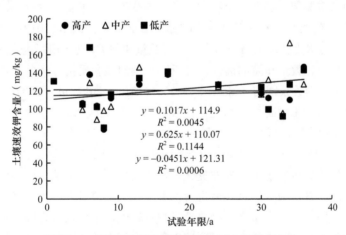

图 3-31 不同肥力稻田土壤速效钾含量动态变化

从图 3-32 可以看出，土壤钾素活化度（KAC）随时间变化规律与氮磷素活化度的结果差异较大，三种肥力水平稻田土壤钾素活化度随着施肥时间的延续基本保持不变，呈略有上升趋势，但均没有达到显著差异水平。低产和中产稻田土壤钾素活化度年增加速率分别为

0.0005% 和 0.0021%，而高产稻田土壤钾素活化度年增加速率小于低产和中产稻田。在施肥 36 年时（2017 年），低产、中产和高产稻田土壤钾素活化度分别为 0.6%、0.5% 和 0.6%，不同肥力间差异较小，分别比试验开始时的活化度（0.5%）提高了 20.4%、6.1% 和 20.4%。

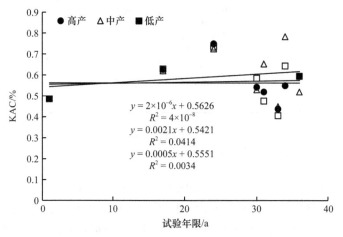

图 3-32　不同肥力稻田土壤钾活化度变化

（四）土壤生物肥力时间演变

1. 土壤微生物种群变化

土壤微生物作为土壤生态系统中的重要组成部分，积极参与土壤的发育和形成、有机质分解和腐殖质形成、养分转化和循环、土壤有毒物质降解及净化等代谢过程，是评价土壤质量的重要指标之一（刘艳梅等，2014；马晓俊和李云飞，2019；Huang et al.，2019）。土壤微生物的多样性和组成变化会直接或间接影响植物的生长及发育，土壤中菌根真菌、固氮菌、解磷菌等有益菌能够促进植物的生长、养分吸收和果实的发育，而镰刀菌、丝核菌和腐霉菌等有害菌能引起植物病虫害的发生（Berendsen et al.，2012；吴静等，2019）。因此，明确不同肥力水平稻田土壤中微生物种群数量和种类，对稻田土壤培肥意义重大。

土壤微生物种类、数量和酶的活性，是反映土壤健康和质量好坏的活性生物指标，与土壤质量和土壤生产力关系密切（Liu et al.，2007；Brussaard et al.，2007）。研究表明，不同培肥管理措施在影响土壤有机碳和全氮、有效氮等养分的同时，亦改变了土壤微生物生态特征，尤其是施用农家肥或秸秆均能显著增加土壤微生物多样性与数量（辜运富，2008；2009）。不同肥力水平稻田水稻和小麦收获后土壤微生物数量的测定结果见表 3-4。不同肥力稻田土壤微生物数量发生了明显的变化，钙质紫色水稻土土壤微生物组成总体以细菌为主，放线菌次之，真菌最少。总体来说，土壤中微生物数量表现为：高产稻田＞中产稻田＞低产稻田。不同季节对土壤微生物数量影响也较大，总体表现为细菌和真菌数量在种植水稻的土壤中低于种植小麦的土壤，种植水稻后土壤中放线菌数量高于种植小麦后的土壤，可能的原因是不同作物能够分泌不同的根系分泌物，而土壤中的各种微生物对这些分泌物具有不同的响应作用，从而使土壤中微生物表现出不同的数量变化特点。不同肥力稻田土壤中微生物数量分布特征与施肥和种植制度有关，中产和高产稻田土壤微生物数量高于低产稻田，从而促使其维持较高的土壤生物肥力状况。

表3-4　不同肥力稻田土壤细菌、真菌和放线菌的数量变化

稻田肥力	细菌 / (10^6 个 /g 土)				放线菌 / (10^4 个 /g 土)				真菌 / (10^3 个 /g 土)			
	2005 年秋季	2006 年夏季	2013 年秋季	2013 年夏季	2005 年秋季	2006 年夏季	2013 年秋季	2013 年夏季	2005 年秋季	2006 年夏季	2013 年秋季	2013 年夏季
低产	1.45 c	2.09 a	0.88 a	2.40 b	1.23 b	0.65 a	5.70 ab	3.68 a	0.92 b	1.75 b	3.10 a	4.50 a
中产	2.45 b	3.38 a	0.80 a	2.70 b	2.35 b	0.98 a	3.80 ab	1.45 b	1.29 a	3.22 a	1.20 b	4.10 a
高产	3.99 a	4.07 a	0.73 a	5.00 a	3.82 a	1.25 a	11.30 a	2.24 ab	1.51 a	3.24 a	1.00 b	2.00 b

注：2005 年秋季和 2006 年夏季数据来源于辜运富等（2008），同列不同小写字母表示处理之间差异显著（$P < 0.05$），本章下同。

　　不同肥力稻田土壤中其他主要微生物类群的数量测定结果见表 3-5，由表 3-5 可知，稻田肥力水平状况和季节变化都影响土壤中自生固氮菌、纤维素降解菌、硝化细菌和氨氧化菌数量。总体来说，无论是水稻收获后的秋季还是小麦收获后的夏季，土壤中高产稻田土壤其他主要生物种群数量显著高于中产或低产，而后两者之间差异也较大，除了夏季的自生固氮菌、秋季的纤维素降解菌、硝化细菌和自生固氮菌的数量差异不显著。在水稻种植季节，氨氧化菌居多，硝化细菌和纤维素降解菌次之，自生固氮菌最少；而在小麦种植季节，硝化细菌数量居多，氨氧化菌和纤维素降解菌数量次之，自生固氮菌数量最少。结果表明，不同肥力水平稻田土壤中各主要微生物类群的数量产生明显变化，无论秋季或夏季，高产稻田土壤中特殊生物类群的数量都高于中产和低产稻田。土壤中特殊生物类群的数量，在季节变化上表现的规律为自生固氮菌、纤维素降解菌和硝化细菌数量夏季高于秋季，而氨氧化菌数量则是秋季高于夏季。

表3-5　不同肥力稻田土壤其他主要微生物类群的数量（辜运富，2008）

稻田肥力	2005 年秋季				2006 年夏季			
	自生固氮菌 / (10^4 个 / g 土)	纤维素降解菌 / (10^5 个 / g 土)	硝化细菌 / (10^5 个 / g 土)	氨氧化菌 / (10^5 个 / g 土)	自生固氮菌 / (10^4 个 / g 土)	纤维素降解菌 / (10^5 个 / g 土)	硝化细菌 / (10^5 个 / g 土)	氨氧化菌 / (10^5 个 / g 土)
低产	0.48 c	0.58 b	0.86 b	1.16 c	0.67 c	0.57 c	1.35 c	0.78 c
中产	0.78 bc	0.85 b	0.94 b	4.01 b	0.84 bc	0.94 b	3.29 b	2.68 b
高产	1.13 a	1.23 a	1.70 a	6.27 a	1.25 a	1.67 a	5.79 a	3.92 a

2. 土壤酶活性变化

　　一般认为，土壤酶是一种生物催化剂，主要来源于土壤微生物和植物根系的分泌物，包括氧化还原酶类、水解酶类、裂解酶和转移酶类等；由于土壤的生物和生物化学过程均受控于酶的活性，因此，土壤酶活性决定了土壤生化反应的强度，酶的种类决定了生化反应的方向（李文革等，2006）。随着土壤酶学理论与体系的逐步完善，以及研究者对土壤酶活性与土壤质量关系的深入了解，目前土壤酶活性已成为一个重要的土壤质量生物指标（张志丹和赵兰坡，2006；Ros et al.，2006；吴金水等，2006）。土壤酶活性与土壤养分元素的转化和循环关系最为密切（周礼恺，1991；He and Zhu，1997）。

　　不同肥力水平稻田土壤中几种主要土壤酶活性表现出较大差异（表 3-6）。脲酶与土壤中氮素转化密切相关，尿素施入土壤后，在土壤脲酶的作用下，水解为 NH_4^+，脲酶能分解有机物，促进其水解成氨和二氧化碳（李传涵等，1993）。不同肥力稻田土壤中低产稻田土壤脲酶活性始终最低，1991 年土壤测试结果表明，低产、中产和高产稻田土壤脲酶活性分别为 7.6 mg/g、9.1 mg/g 和 8.9 mg/g；2013 年土壤测试结果表明，三种肥力稻田脲酶活性分别为 0.9 mg/g、1.3 mg/g 和 1.5 mg/g；无论哪年，不同肥力水平稻田土壤脲酶活性变化顺序为高产＞中产＞低产；低产稻田脲酶活性降低了 88.3%，中产稻田降低了 85.7%，而高产稻田降低了 82.8%，表明随着施肥年限的延续，紫色土稻田土壤脲酶活性降低，低产稻田土壤脲酶活性降幅最大，其次是中产稻田，高产稻田降幅最小。过氧化物酶作为土壤中的氧化还原酶类，其中过氧化氢酶存在于红细胞及某些组织内的过氧化体中，它的主要作用就是催化 H_2O_2 分解为 H_2O 与 O_2，使得 H_2O_2 不至于与 O_2 在铁螯合物作用下反应生成非常有害的 OH^-，从而解除了过氧化氢的毒害作用，过氧化物酶在有机质氧化和腐殖质形成过程中起着重要作用（李文革等，2006）。

表3-6　不同肥力稻田土壤酶活性变化

稻田肥力	1991 年			2013 年		
	脲酶 / (mg/g)	过氧化氢酶 / (ml/g)	磷酸酶 / (mg/g)	脲酶 / (mg/g)	过氧化氢酶 / (ml/g)	磷酸酶 / (mg/g)
低产	7.58	4.07	1.07	0.89	4.12	0.96
中产	9.06	4.53	0.98	1.30	4.18	1.12
高产	8.94	5.70	1.13	1.54	5.59	1.26

注：1991 年土壤酶活性数据来自袁玲等（1997）；脲酶单位为消耗 NH_3-N 量（mg/g 土），过氧化氢酶单位为消耗 0.1 mol/LKMnO$_4$ 量（ml/g 土），磷酸酶单位为消耗酚量（mg/g 土）。

通过 1991 年和 2013 年两季土壤过氧化氢酶活性测定，其大小顺序为：高产＞中产＞低产，且随着施肥年限的延续，低产稻田土壤中过氧化氢酶活性增加了 1.2%，而中产和高产稻田土壤中过氧化氢酶活性分别降低了 7.7% 和 1.9%。这些结果表明，中产和高产稻田能明显提高土壤中过氧化氢酶活性，而低产稻田则显著降低土壤中过氧化氢酶活性。磷酸酶能够酶促有机磷化合物分解，既能矿化有机磷，又能促进植物对无机磷的吸收，起到调节土壤磷素供应的作用（李文革等，2006）。1991 年和 2013 年土壤测试结果表明，同一测试年份土壤中磷酸酶活性变幅较小，1991 年变幅为 1.0～1.1 mg/g，2013 年变幅为 1.0～1.3 mg/g，而随着施肥年限的延续，低产稻田土壤中磷酸酶活性降低了 10.3%，中产和高产稻田土壤中磷酸酶活性分别增加了 14.3% 和 11.5%；中产和高产稻田土壤磷酸酶活性高于不施磷肥的低产稻田，其原因可能是土壤供磷能力远远不能满足作物生长的需要，致使刺激作物根系分泌较多的磷酸酶，以促进土壤有机磷的矿化，从而满足中产和高产稻田作物自身对磷素的需要。

（五）西南水旱轮作稻区稻田土壤肥力评价及其特征

1. 土壤肥力评价参评指标的选取

评价指标及其权重构成了土壤肥力综合评价指标体系。因物理性状相对较稳定和生物性状变化太快，这两个性状常不被选为土壤肥力评价指标，而土壤养分是土壤肥力的核心部分，所以生产中常用氮、磷、钾、有机质等养分来综合衡量土壤肥力高低（骆东奇等，2002；于寒青等，2010）。本研究选取了长期定位试验连续监测的土壤 pH、有机质、全氮、全磷、全钾、速效氮、有效磷、速效钾 8 个指标作为参评指标，综合反映土壤肥力状况。

2. 土壤综合肥力指数的计算

土壤肥力质量评价各因子的等级指标采用模糊线性隶属函数来确定。首先建立各评价指标的隶属函数，根据隶属函数计算各因子的隶属度值（姚荣江等，2013）。若根据隶属函数确定各评价因子隶属度值，须先确定各评价指标的转折点。参考全国第二次土壤普查和四川土壤志中的分级标准，土壤肥力各项指标转折点取值，pH 为 4.5、6.5、7.5 和 8.5，有机质为 10 g/kg 和 30 g/kg，全氮为 0.75 g/kg 和 2.00 g/kg，碱解氮为 60 mg/kg 和 180 mg/kg，全磷为 0.4 g/kg 和 1.0 g/kg，有效磷为 3 mg/kg 和 20 mg/kg，全钾为 5 g/kg 和 25 g/kg，速效钾为 40 mg/kg 和 150 mg/kg（包耀贤等，2012；谢军等，2018）。土壤综合肥力指数（integrated fertility index，IFI）的计算采用指数和法，即各指标的权重系数与其隶属度值乘积之和为土壤综合肥力指数，IFI 取值为 0 ～ 1，其值越大，表明土壤越肥沃（张汪寿等，2010）。

3. 土壤综合肥力指数的演变

由图 3-33 可知，不同肥力稻田 IFI（y）随着施肥年限（x）的延续，低产、中产和高产稻田整体表现为上升趋势，低产稻田的拟合方程为 $y=0.0008x+0.3769$（$R^2=0.0191$，$P>0.05$），中产稻田为 $y=0.0086x+0.4064$（$R^2=0.6248$，$P<0.05$），高产稻田为 $y=0.0113x+0.4024$（$R^2=0.6872$，$P<0.05$），方差分析表明低产稻田没有达到显著差异，而中产和高产稻田达到极显著差异水平，表明低产稻田土壤综合肥力保持稳定，但有可能降低，而中产和高产稻田土壤综合肥力在不断提高，尤其是高产稻田。不同肥力稻田土壤 IFI 差异显著。其中低产、中产和高产稻田 IFI 分别为 0.40、0.63 和 0.69，大小顺序为高产＞中产＞低产。相比低产稻田土壤，中产和高产稻田的 IFI 分别提高了 57.6% 和 72.5%。

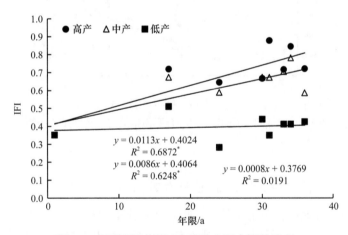

图 3-33　不同肥力稻田土壤综合肥力指数演变

4. 土壤综合肥力指数与产量的相关关系

不同肥力稻田上水稻和小麦多年的平均产量均表现为高产和中产稻田显著高于低产稻田，但前两者之间没有达到显著差异水平（表 3-7）。高产、中产和低产稻田的平均水稻产量为 7461 kg/hm²、7100 kg/hm² 和 3065 kg/hm²，高产和中产稻田显著提高了作物产量，相比低产稻田，水稻分别增产 243.4% 和 231.6%；高产、中产和低产稻田的平均小麦产量为 3349 kg/hm²、3224 kg/hm² 和 1222 kg/hm²，高产和中产稻田显著提高了作物产量，相比低产稻田，小麦分别增产 274.1% 和 263.8%。综上所述，中产和高产稻田能够显著提高水稻和小麦的产量。

表3-7　不同肥力稻田作物产量　　　　　　　　（单位：kg/hm²）

稻田肥力	水稻		小麦	
	产量	相对低产	产量	相对低产
低产	3 065 c	100.0	1 222 c	100.0
中产	7 100 ab	231.6	3 224 a	263.8
高产	7 461 a	243.4	3 349 a	274.1

产量在一定范围内能较好地反映土壤肥力高低，故一般采用产量与土壤肥力的相关性检验评价结果的正确性。本研究分别做了水稻、小麦与系统总产量（水稻＋小麦）的相关性分析，这在一定程度上首先消除了气候因子对产量的干扰。从图3-34可知，IFI（x）与水稻、小麦及系统总产量（y）均呈极显著正相关。IFI与水稻产量的拟合方程为$y=8133.3x+1161.2$（$R^2=0.5648$，$P<0.01$），IFI与小麦产量的关系为$y=5010.9x-516.89$（$R^2=0.7229$，$P<0.01$），IFI与系统产量的关系为$y=14\,307x-177.72$（$R^2=0.7627$，$P<0.01$）。当土壤IFI提高0.1时，水稻产量增加813 kg/hm²，小麦产量增加501 kg/hm²，水稻—小麦轮作体系系统产量增加1431 kg/hm²。

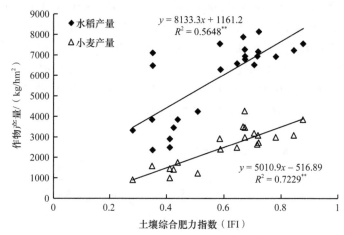

图3-34　不同肥力稻田土壤综合肥力指数与作物产量的关系

三、小结

（一）长期不同耕作条件下稻田土壤肥力时间演变与评价

通过对近30年北碚区稻田垄作免耕长期试验站稻田土壤性质数据的分析，发现高肥力稻田土壤容重最高，低肥力稻田土壤容重最低。高肥力稻田土壤不同大小团聚体间百分含量差异较大；中肥力稻田相对而言，各级团聚体含量相差明显减小，有趋向一致的趋势。3种不同肥力稻田土壤pH范围为6.5～7.5；高肥力稻田土壤的有机质、全氮、碱解氮、全磷、有效磷、全钾含量明显高于低肥力和中肥力稻田土壤，仅中肥力稻田土壤的速效钾平均含量显著高于低肥力和高肥力稻田。3种肥力水平下平均IFI也表现为高肥力（0.66）＞中肥力（0.57）＞低肥力（0.48）。从水稻产量看，在1990～2000年期间，随着耕作年限的推移水稻产量逐渐增加，这可能与水稻的品种和施肥状况有关，但是之后近15年随着耕作年限的增加，水稻产量逐渐趋于稳定。水稻产量总体变化趋势是高肥力稻田显著高于中肥力和低肥力稻田。

（二）长期定位施肥条件下稻田土壤肥力时间演变与评价

高产稻田可以明显改善土壤孔隙度，增加土壤通气性和透水性。中产和高产肥力稻田可以降低土壤容重，增加土壤孔隙度，有利于土壤通气、透水，促使作物具有更好的生长环境。3 种肥力稻田均是随着施肥时间的延长，土壤中的 pH 呈显著或极显著下降趋势，表现出不同肥力稻田土壤酸化的变化趋势；与低产稻田比，中产和高产稻田能够有效增加土壤有机质或维持较高土壤有机质含量和全氮、全磷含量，而全钾含量差异不大。不同肥力稻田土壤中微生物数量分布特征与施肥和种植制度有关，中产和高产稻田土壤微生物数量高于低产稻田，从而促使其维持较高的土壤生物肥力状况。

第二节　长江中游双季稻区土壤肥力时间演变与评价

本节基于该稻区湖南省宁乡市内持续 30 年以上的长期不同施肥模式定位试验，以及宁乡市双季稻典型县域的调查监测数据，由点及面，探明该稻区高产稻田肥力的时间变化特征。

一、研究区域与方法

（一）试验地点

本研究基于位于湖南省宁乡市农技中心内进行的不同施肥模式定位试验，始于 1986 年，试验实施以来年平均气温和年降水量如图 3-35 所示。

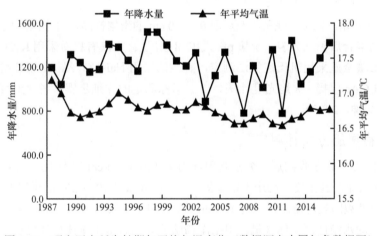

图 3-35　研究区水稻生长期年平均气温变化（数据源自中国气象数据网）

（二）试验设计

为系统评估水稻土不同肥力水平差异导致的土壤物理、化学和生物学性质变化，本研究进一步将各处理依据产量高低划分为低、中和高肥力水平，各肥力水平对应的处理和施肥量见表 3-8。

每个小区长 10.00 m，宽 6.67 m，面积 66.7 m^2，小区间用水泥埂隔开，埋深 100 cm，高出田面 35 cm。保证各小区不窜灌、窜排。早稻和晚稻各施肥处理秸秆及有机肥均于稻田耕地时作基肥一次性施入，N 和 K$_2$O 作基肥和追肥二次施入，基肥在耕地时施入，追肥在移栽后 7d 施用，基追肥比例均按 7：3 施用；P$_2$O$_5$ 均在耕地时作基肥一次性施入。早稻和晚稻田间管理为均在移栽后保持浅水条件，结合施用分蘖肥进行杂草防除，分蘖期进行晒田，晒田后复水，后期进行干湿交替灌溉，水稻完熟后落干晒田、收获。其他管理措施同常规大田生产一致。

表3-8　不同施肥模式长期定位试验各处理施肥量　　　　　（单位：kg/hm²）

肥力水平	处理	早稻			晚稻			总量		
		N	P₂O₅	K₂O	N	P₂O₅	K₂O	N	P₂O₅	K₂O
低	CK	0+0.0	0+0.0	0+0.0	0+0.0	0+0.0	0+0.0	0+0.0	0+0.0	0+0.0
中	F	143+0.0	54+0.0	63+0.0	158+0.0	43+0.0	81+0.0	300.0	97.2	144.0
	F+RS	124+18.1	50+3.6	38+24.7	133+24.5	38+5.4	48+32.8	300.0	97.2	144.0
高	F+M₁	96+46.5	33+21.0	34+29.4	110+47.3	22+21.4	51+29.9	300.0	97.2	144.0
	F+M₂	50+92.6	12+42.0	4+58.8	63+94.5	0.5+42.7	21+59.8	300.0	97.2	144.0

注：CK. 无肥对照；F. 单施化肥；F+RS. 化肥处理＋秸秆还田，早稻秸秆还田量（干基）为2780 kg/hm²，晚稻季秸秆还田量（干基）为3600 kg/hm²；F+M₁. 30%有机肥处理，有机肥的氮含量占总施氮量的30%，其余70%的氮为化肥氮，有机肥为鸡粪，早稻施用量为2625 kg/hm²，晚稻施用量为2670 kg/hm²；F+M₂. 60%有机肥处理，有机肥的氮含量占总施氮量的60%，其余40%的氮为化肥氮，有机肥为鸡粪，早稻施用量为5250 kg/hm²，晚稻施用量为5340 kg/hm²。

（三）水稻产量测定

在早稻和晚稻成熟期收获，各小区采取人工收割，脱粒后晾晒，称重，换算成每年每公顷籽粒产量。

（四）土壤样品采集和常规理化指标测定

从1986年开始，在每年晚稻收获后取0～20 cm的土壤样品，每小区随机采集5个点，同一小区样品混合后独立分装。土壤pH采用pH计法；土壤有机质采用K₂Cr₂O₇-H₂SO₄氧化法测定；土壤全氮采用凯氏定氮法测定，有效磷采用NaHCO₃浸提-钼锑抗比色法；速效钾采用NH₄OAc浸提-火焰光度计法。以上指标测定的详细步骤参考《土壤农业化学分析方法》（鲁如坤，2000）。

（五）土壤物理肥力指标测定

试验于2006年晚稻收割后，分别利用环刀采集0～10 cm以及10～20 cm土层原状土样测定土壤容重与孔隙度，利用土钻采集0～10 cm以及10～20 cm土层的混合样土样，用手沿土体自然裂隙轻轻掰碎样品过10 mm筛，风干，测定土壤团聚体含量。利用湿筛法测定不同粒级的水稳性团聚体含量。根据湿筛法分离的各级土壤团聚体比例，计算团聚体平均重量直径（mean weight diameter，MWD），作为土壤结构稳定性的评价指标（Kempe et al.，1986）。计算公式如下：

$$MWD = \sum_{i=1}^{n} d_i \times w_i$$

式中，d_i为i粒级范围内团聚体的平均直径（mm）；w_i为i粒级团聚体占总团聚体分布中的比例。

（六）土壤生物肥力指标测定

2016年在晚稻成熟期，进行土壤样品的采集，每个小区用土钻采集0～20 cm土层土壤样品，运至实验室，4℃冰箱保存备用，用于测定土壤微生物群落与多样性。本研究采用活体微生物细胞膜的磷酸脂肪酸（PLFA）作为微生物的生物标记，用于鉴定土壤微生物种类和识别微生物类群。磷酸脂肪酸的提取采用修正的 Bligh-Dyer 方法（Zelles et al.，1992）。

（七）土壤综合肥力指数计算

综合考虑评价指标的可获取性、系统性和连续性，参照以往研究方法并结合已有的历史数据，本研究选取了长期定位试验连续监测的土壤有机质、全氮、速效氮、有效磷、速效钾和 pH 等指标作为参评指标综合反映土壤肥力状况。

具体计算方法见第二章第二节。

（八）关键生育期样品采集和分析

2017 年双季稻生育期内，于早稻和晚稻的分蘖期、拔节期、齐穗期和成熟期采集土壤样品，每个处理采取多点取样，采集 0 ~ 20 cm 的耕层土壤，重复 3 次。土壤剔除石砾及植物残茬等杂物后，新鲜土壤过 2 mm 筛，放置于 4℃冰箱内储存，用于测定土壤微生物生物量碳、氮和土壤 NH_4^+-N、NO_3^--N、有效磷、速效钾。

土壤微生物量碳、氮含量的测定采用氯仿熏蒸 -K_2SO_4 浸提法，其含量计算如下：

$$BC=EC/KC$$
$$BN=EN/KN$$

式中，BC、BN 分别为土壤微生物量碳、氮含量；EC、EN 分别为熏蒸和未熏蒸样品中有机碳、全氮含量之差；KC=0.45，KN=0.54。

有效磷采用 $NaHCO_3$ 浸提 - 钼锑抗比色法；速效钾采用 NH_4OAc 浸提 - 火焰光度计法。

（九）数据分析

试验数据分析整理采用 Excel 2007 软件进行，方差分析和多重比较采用 SPSS 22.0 软件进行，多重比较采用 LSD 法（$P < 0.05$）。图形制作采用 Excel 2007 软件和 Origin 8.1 软件制作。

二、土壤物理肥力时间演变

（一）水稳性团聚体分布及稳定性

图 3-36 显示了不同肥力下土壤水稳性团聚体分布。0 ~ 10 cm 以及 10 ~ 20 cm 土层，不同肥力下稻田土壤均以大团聚体（> 0.25 mm）为主，占总土质量的 61.9% ~ 84.6%，且其中以 > 5 mm、0.25 ~ 1 mm 粒级团聚体含量为主，分别占总土质量的 23.0% ~ 44.0% 和 20.4% ~ 28.0%。0 ~ 10 cm 土层，高肥力与中、低肥力相比，大团聚体（> 0.25 mm）显著增加了 17.1% 和 22.7%。10 ~ 20 cm 土层，高肥力与中、低肥力相比，大团聚体（> 0.25 mm）显著增加 11.0% 和 15.1%。在 0 ~ 10 cm 土层，低肥力和中肥力不同粒径团聚体含量分布为：小于 0.25 mm 粒级 > 大于 5 mm 粒级 > 0.25 ~ 1 mm 粒级 > 2 ~ 5 mm 粒级 > 1 ~ 2 mm 粒级含量。高肥力不同粒径团聚体含量分布为：大于 5 mm 粒级 > 小于 0.25 mm 粒级 > 0.25 ~ 1 mm 粒级 > 2 ~ 5 mm 粒级 > 1 ~ 2 mm 粒级含量。在 10 ~ 20 cm 土层，高、中、低肥力不同粒径团聚体含量分布基本一致：大于 5 mm 粒级 > 小于 0.25 mm 粒级 > 0.25 ~ 1 mm 粒级 > 2 ~ 5 mm 粒级 > 1 ~ 2 mm 粒级含量。> 5 mm、2 ~ 5 mm、1 ~ 2 mm 粒级团聚体遵循高肥力 > 中肥力 > 低肥力的变化趋势，0.25 ~ 1 mm、< 0.25 mm 粒级团聚体遵循高肥力 < 中肥力 < 低肥力的变化趋势，表明高肥力水平可以显著增加稻田较大团聚体（> 1 mm）的比例，降低微团聚体的比例，增加土壤的稳定性。

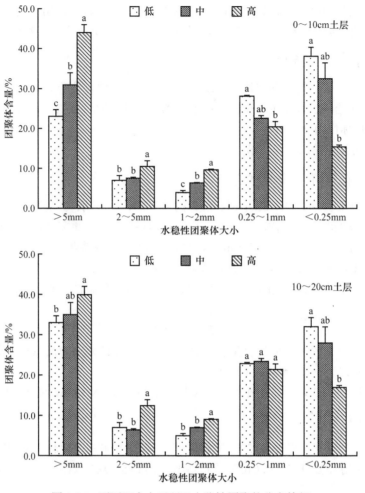

图 3-36　不同肥力水平稻田水稳性团聚体分布特征

土壤团聚体平均重量直径（MWD）可作为土壤结构稳定性的评价指标。对不同肥力团聚体稳定性进行比较分析（图 3-37），不同肥力显著影响土壤团聚体平均重量直径，呈

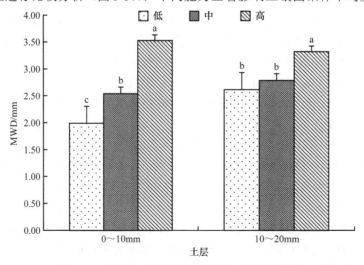

图 3-37　不同肥力水平稻田水稳性团聚体稳定性

高肥力＞中肥力＞低肥力的变化趋势。在 0～10 cm 土层，高肥力与中、低肥力相比显著增加了 39.0% 和 77.4%；在 10～20 cm 土层，高肥力与中、低肥力相比显著增加了 19.2% 和 26.9%。同一肥力水平下，中、低肥力上层（0～10 cm）土壤团聚体 MWD 低于下层（10～20 cm）土壤团聚体，而高肥力则上层高于下层，表明高肥力下可以增加土壤团聚体的稳定性，特别是增加上层（0～10 cm）土壤团聚体的稳定性。

（二）土壤容重与土壤孔隙度

由不同肥力水平土壤容重与土壤孔隙度比较分析得出，高、中、低肥力水平对土壤容重与孔隙度影响显著（表 3-9）。经过 20 年试验，在 0～10 cm 土层，持续的高肥力可以显著降低土壤容重和残余孔隙（micproe，Pm），与中、低肥力相比容重显著降低了 14.8% 和 24.0%，Pm 显著降低了 11.9% 和 14.0%；同时，显著增加土壤传输孔隙（transmission pore，Pt）和贮存孔隙（storage proe，Ps），与中、低肥力相比，土壤传输孔隙显著增加了 7.7% 和 16.7%，贮存孔隙显著增加了 14.1% 和 9.5%。在 10～20 cm 土层有同样的变化趋势。表明持续的高肥力可以改善土壤孔隙结构，促进土壤孔隙向大孔隙发育，提高土壤导气性，降低土壤容重。

表3-9　不同肥力水平稻田土壤容重与孔隙变化

土层 /cm	肥力水平	容重 /（g/cm³）	Pt/（m³/m³）	Ps/（m³/m³）	Pm/（m³/m³）
0～10	低	1.25 a	0.12 b	0.37 b	0.43 a
	中	1.12 b	0.13 ab	0.36 b	0.42 ab
	高	0.95 c	0.14 a	0.41 a	0.37 b
10～20	低	1.29 a	0.12 b	0.37 b	0.45 a
	中	1.17 b	0.13 ab	0.38 ab	0.42 ab
	高	0.99 c	0.15 a	0.40 a	0.36 b

注：Pt. 传输孔隙（30 μm ＜ ECD ＜ 150 μm）；Ps. 贮存孔隙（0.2 ＜ ECD ＜ 30 μm）；Pm. 残余孔隙（ECD ＜ 0.2 μm）。同列数据后不同小写字母表示处理间差异显著（LSD，P ＜ 0.05）。

（三）土壤导水性

土壤饱和导水率（saturated hydraulic conductivity，Ks）反映土壤导水性，是土壤水分和溶质运移的重要水力参数（Shi et al.，2016）。如表 3-10 所示，土壤饱和导水率（Ks）在各土层不同肥力水平变化规律一致，表现为高肥力＞中肥力＞低肥力。与中、低肥力相比，高肥力显著提高了 0～10 cm 土层饱和导水率，分别提高 2.04 cm/h 和 2.72 cm/h；同时也显著提高了 10～20 cm 土层饱和导水率，分别提高了 1.23 cm/h 和 2.07 cm/h，表明持续高肥力可增强土壤水分传导性能，具有较好的土壤储水效能。田间持水量（field water capacity，FWC）是指土壤中悬着的毛管水达到最大量时的土壤含水量，是土壤对作物有效水的上限（黄昌勇，2000）。由表 3-10 可知，不同肥力下 0～10 cm 和 10～20 cm 土层田间持水量基本一致，与中、低肥力相比，高肥力显著提高了 0～20 cm 土层田间持水量，分别提高了 0.06 kg/kg 和 0.09 kg/kg。进一步分析可知，植物有效水（plant available water content，AWC）表现出与田间持水量相同的趋势，表明高肥力下，土壤对作物的有效水增加，从而影响水稻对土壤养分的吸收，进而影响水稻产量。

表3-10　低中高肥力水平稻田不同土层土壤水分指标变化

土层 /cm	肥力水平	Ks/（cm/h）	FWC/（kg/kg）	AWC/（kg/kg）
0～10	低	0.84 c	0.32 b	0.12 b
	中	1.52 b	0.35 b	0.13 b
	高	3.56 a	0.41 a	0.18 a
10～20	低	0.51 c	0.32 b	0.12 b
	中	1.35 b	0.35 b	0.14 b
	高	2.58 a	0.40 a	0.17 a

注：Ks. 饱和导水率；FWC. 田间持水量；AWC. 植物有效水。

三、土壤化学肥力时间演变

（一）土壤有机质

在长期施肥条件下，土壤有机质含量均呈现出高肥力>中肥力>低肥力的趋势。与低肥力相比，中肥力和高肥力在32年内平均的耕层有机质分别提高了5.7%和36.2%。以有机质每5年的平均值为节点，在试验的前20年，随着年限的增加，不同肥力水平的稻田土壤有机质含量均有所提升，之后有机质趋于平缓。进一步通过线性方程拟合发现，高肥力水平下土壤有机质含量与试验年限呈显著的正相关关系。通过线性方程的斜率得出，中肥力和高肥力耕层有机质每5年平均增加速率分别为0.9 g/(kg·a) 和3.5 g/(kg·a)，且高肥力的有机质增加速率明显高于中肥力和低肥力（图3-38）。

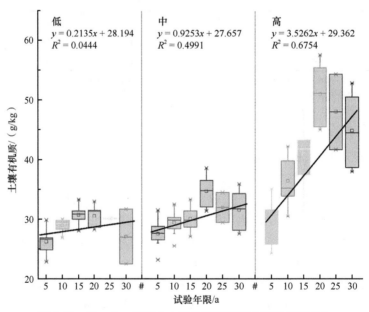

图3-38　低、中、高肥力水平的稻田耕层土壤有机质变化

（二）土壤全氮

在长期施肥条件下，土壤全氮含量均呈现出高肥力>中肥力>低肥力的趋势。与低肥力相比，中肥力和高肥力在32年内平均的耕层全氮含量分别提高了9.9%和37.3%。以全氮含量每5年平均值为节点，在试验的前20年，随着年限的增加，不同肥力水平的稻田土

壤全氮含量均有所提升，之后趋于平缓。进一步研究发现，中肥力和高肥力水平下土壤全氮含量与试验年限呈显著的正相关关系。通过线性方程的斜率得出，中肥力和高肥力耕层全氮含量每 5 年平均增加速率分别为 0.08 g/(kg·a) 和 0.2 g/(kg·a)，高肥力的全氮增加速率明显高于中肥力和低肥力（图 3-39）。

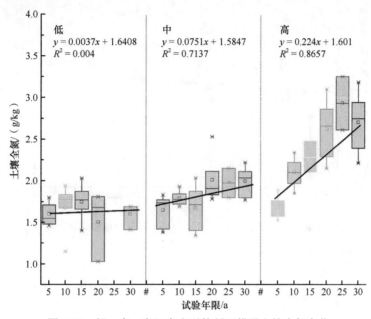

图 3-39　低、中、高肥力水平的稻田耕层土壤全氮变化

（三）土壤碱解氮

与土壤全氮变化趋势一致，土壤碱解氮含量均表现出高肥力＞中肥力＞低肥力。与低肥力含量相比，中肥力和高肥力在 32 年内平均的耕层碱解氮含量分别提高了 11.4% 和 46.2%。以碱解氮含量每 5 年平均值为节点，随着年限的增加，不同肥力水平的稻田土壤碱解氮含量均有所提升。进一步线性方程拟合发现，高肥力水平下土壤碱解氮含量与试验年限呈显著的正相关关系。通过线性方程的斜率得出，中肥力和高肥力耕层碱解氮含量每 5 年平均增加速率分别为 4 mg/(kg·a) 和 16 mg/(kg·a)，且高肥力的碱解氮含量增加速率明显高于中肥力和低肥力（图 3-40）。

（四）土壤有效磷

整体上，长期施肥条件下，土壤有效磷含量均表现出高肥力＞中肥力＞低肥力。与低肥力相比，中肥力和高肥力在 32 年内平均的耕层有效磷含量分别提高了 25.3% 和 432.8%。以有效磷含量每 5 年平均值为节点，发现随着年限的增加，不同肥力水平的稻田土壤有效磷含量变化趋势不同，低肥力和中肥力水平下逐渐降低，高肥力水平下则逐渐增加。线性方程拟合表明，低肥力和中肥力水平下土壤有效磷含量与试验年限均呈显著的负相关关系，高肥力水平下土壤有效磷含量则与试验年限呈显著的正相关关系。通过线性方程的斜率得出，低肥力和中肥力耕层有效磷每 5 年平均降低速率约为 3 mg/(kg·a)，高肥力的有效磷增加速率为 18 mg/(kg·a)，表明在中低肥力水平下，土壤有效磷逐渐亏缺，高肥力水平下土壤有效磷则有盈余（图 3-41）。

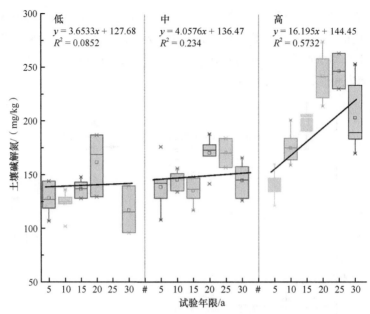

图 3-40　低、中、高肥力水平的稻田耕层土壤碱解氮变化

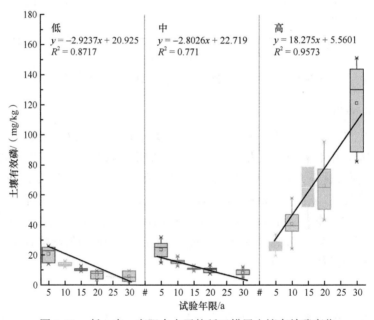

图 3-41　低、中、高肥力水平的稻田耕层土壤有效磷变化

（五）土壤速效钾

　　基本上，不同时期土壤速效钾含量均表现出高肥力>中肥力>低肥力。与低肥力相比，中肥力和高肥力在 32 年内平均的耕层速效钾含量分别提高了 25.3% 和 29.2%。以速效钾含量每 5 年的平均值为节点，试验前 20 年，随着年限的增加，中肥力和高肥力水平的稻田土壤速效钾含量呈增加趋势。线性方程拟合发现，低肥力水平下土壤速效钾含量与试验年限呈显著的负相关关系，中肥力水平和高肥力水平下土壤速效钾含量与试验年限相关关系则不显著。通过线性方程的斜率得出，中肥力和高肥力耕层速效钾含量每 5 年平均降低速率

约为 2 mg/(kg·a)，均低于低肥力水平。部分时间段的数据缺失，对试验结果产生了一定的影响（图 3-42）。

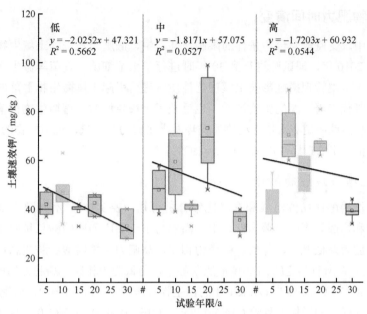

图 3-42 低、中、高肥力水平的稻田耕层土壤速效钾变化

（六）土壤 pH

与其他肥力指标不同，长期施肥条件下，不同肥力水平下土壤 pH 差异并不明显。低肥力、中肥力和高肥力稻田在 32 年内平均的耕层 pH 分别为 6.22、6.08 和 6.23。以 pH 每 5 年的平均值为节点，试验前 20 年，随着年限的增加，不同肥力水平的稻田土壤 pH 变化均呈逐渐降低趋势（图 3-43 虚线拟合）。线性方程拟合下，低肥力、中肥力和高肥力

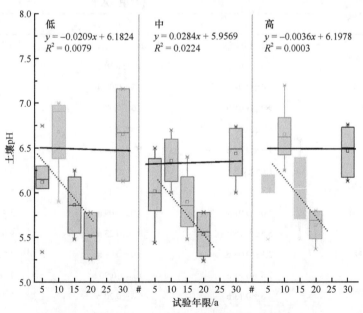

图 3-43 低、中、高肥力水平的稻田耕层土壤 pH 变化

耕层 pH 每 5 年平均变化速率分别为 −0.021/a、0.028/a 和 −0.0036/a，但相关性均不显著（图 3-43）。

四、土壤生物肥力时间演变

在本研究中，受监测平台和条件的限制，高、中、低肥力水平的土壤生物肥力指标数据较少，仅在 2016 年，即试验进行到 30 年时进行了土壤细菌、真菌等微生物群落结构和多样性的分析。土壤管理措施影响土壤理化性质，进而引起土壤微生物群落的变化。土壤生物多样性，既代表着土壤的生物活性，也反映了土壤生境对土壤微生物群落的影响。土壤微生物组成与活性决定着土壤有机物质循环及土壤肥力和质量，也与植物的生产力有关，是反映土壤质量变化的指标（Zelles et al.，1999）。

（一）稻田土壤磷酸脂肪酸组成变化

由稻田土壤磷酸脂肪酸组成和含量比较分析可知（表 3-11），不同肥力水平对土壤磷酸脂肪酸总量和构成均影响显著。低、中、高肥力下土壤磷酸脂肪酸总量差异显著，表现为高肥力＞中肥力＞低肥力，与低、中肥力相比，高肥力土壤磷酸脂肪酸总量显著增加了 74.3% 和 19.8%。在所有测定的 21 种磷酸脂肪酸中，与低肥力相比，高肥力稻田微生物群落中含 C12：0、iC15：0、C18：1ω9t & c11 的微生物显著减少（$P < 0.05$），而剩余 18 种磷酸脂肪酸均有不同程度的增加，且除 C14：0 2OH、C16：0 2OH、C20：0 三种磷酸脂肪酸增加未能达到显著水平外，其他 16 种脂肪酸均显著增加；中肥力与低肥力相比，除 C12：0、C18：1ω9t & c11 外，其余磷酸脂肪酸亦有不同程度增加，但其增加幅度低于高肥力，且种类上存在差异，表明随着土壤肥力的增加，土壤磷酸脂肪酸的总量显著增加，但在增加磷酸脂肪酸种类方面存在差异。

表3-11　不同肥力水平稻田土壤磷酸脂肪酸组成和含量

磷酸脂肪酸 / （μg/g）	不同肥力水平		
	低	中	高
C12：0	1.26±0.05 a	nd	0.7±0.07 b
C14：0	2.3±0.07 c	3.3±0.10 b	4.0±0.12 a
C14：0 2OH	1.4±0.04 a	1.7±0.05 a	1.9±0.05 a
C14：0 3OH	1.9±0.05 b	2.6±0.08 a	2.6±0.08 a
C15：0	1.9±0.05 b	2.6±0.08 a	2.5±0.07 a
iC15：0	9.3±0.14 a	10.6±0.16 a	1.1±0.04 b
aC15：0	13.6±0.39 c	22.1±0.64 b	32.5±0.94 a
C16：0	5.4±0.16 c	8.8±0.26 b	14.7±0.43 a
C16：0 2OH	2.6±0.07 a	3.0±0.09 a	3.8±0.11 a
iC16：0	5.5±0.16 b	8.1±0.23 ab	9.6±0.28 a
iC16：1 d9	2.1±0.06 b	3.0±0.09 ab	4.7±0.14 a
C17：0	7.4±0.21 c	10.4±0.30 b	13.6±0.39 a
iC17：0	4.5±0.13 b	6.8±0.20 b	9.3±0.27 a
iC17：0d9，10	1.2±0.03 b	2.0±0.06 ab	2.5±0.07 a

磷酸脂肪酸／（μg/g）	不同肥力水平		
	低	中	高
C18：0	2.1±0.06 b	5.8±0.17 a	5.6±0.16 a
C18：1ω9	10.4±0.30 b	18.3±0.53 a	22.9±0.67 a
C18：1ω9t&c11	15.4±0.44 a	3.0±0.09 c	11.8±0.24 b
C18：2ω9，12	2.9±0.08 c	19.4±0.56 a	15.8±0.46 b
cyc19：0	1.5±0.04 b	2.0±0.06 ab	2.8±0.08 a
C19：0c9，10	11.2±0.32 b	16.7±0.49 a	18.1±0.52 a
C20：0	1.4±0.04 a	1.5±0.04 a	1.8±0.06 a
共计	103.7±2.99 c	150.8±4.36 b	180.7±5.22 a

注：同行数据后不同小写字母表示处理间差异显著（LSD，$P < 0.05$）。

（二）土壤微生物结构变化

稻田土壤微生物结构及其变化可用土壤中革兰氏阳性菌（G^+）、革兰氏阴性菌（G^-）和真菌磷酸脂肪酸含量及其比值来表示（表3-12）。在不同肥力水平下，无论是 G^-、G^+，还是真菌的磷酸脂肪酸含量，高肥力和中肥力均显著高于低肥力（$P < 0.05$），高肥力与中肥力间差异不显著。从 G^+ 与 G^- 比值看，不同肥力稻田土壤间差异不显著，但从数值上看是高肥力＜中肥力＜低肥力。真菌与细菌的比值变化可以作为土壤生态系统缓冲能力的重要指标（Frostegard，1996）。本研究中高肥力与中肥力稻田土壤中真菌与细菌的比值分别为2.0 和 2.4，均显著高于低肥力，表明随着稻田肥力的增加可以提高土壤的缓冲能力。

表3-12　革兰氏阴性菌（G^-）、革兰氏阳性菌（G^+）和真菌磷酸脂肪酸含量及其比值

指标	不同肥力水平		
	低	中	高
革兰氏阳性菌（G^+）	35.0±1.00 b	50.0±1.45 a	57.0±1.65 a
革兰氏阴性菌（G^-）	20.4±0.59 b	31.0±0.89 a	36.9±1.07 a
G^+/G^-	1.70±0.05 a	1.65±0.05 a	1.50±0.05 a
真菌	2.50±0.07 b	19.50±0.56 a	17.10±0.50 a
真菌 /G^++G^-	0.05±0.01 b	0.24±0.01 a	0.20±0.01 a

注：同行数据后不同小写字母表示处理间差异显著（LSD，$P < 0.05$）。

（三）土壤微生物群落结构多样性

利用 Richness、Shannon 和 McIntosh 指数，可反映土壤微生物群落物种的丰富度和均匀度（Tang et al.，2014）。Richness、Shannon 和 McIntosh 指数分析结果表明（表 3-13），不同肥力水平对稻田土壤微生物群落多样性影响显著。高肥力水平下稻田土壤 Richness、Shannon 和 McIntosh 指数均高于中、低肥力水平稻田，且 Shannon 和 McIntosh 指数差异达显著水平（$P < 0.05$），表明高肥力有利于提高土壤微生物群落物种数量、各物种均匀度，这可能是由于高肥力下有利于土壤微生物的生长，能为微生物提供了较多的能源与养分，促进了土壤微生物大量繁殖，加快微生物的新陈代谢。中肥力与低肥力相比，Richness、Shannon 和 McIntosh 指数差异不显著，甚至从数值上看还略有降低，这可能是由于本研究

中的中肥力稻田是长期施用化肥和秸秆还田处理，促进了某些微生物种群（偏于利用植物残体的种群）生长代谢，而抑制了其他微生物种群的生长代谢，致使根际土壤群落均匀度下降（罗希茜等，2009）。

表3-13　低、中、高肥力水平稻田土壤微生物结构多样性指数变化

肥力水平	Richness 指数	Shannon 指数	McIntosh 指数
低	15.63±0.45 a	2.37±0.07 b	5.46±0.44 b
中	15.50±0.45 a	2.35±0.07 b	5.36±0.42 b
高	16.44±0.48 a	2.63±0.08 a	6.45±0.44 a

五、长江中游双季稻区稻田土壤肥力评价及其特征

土壤肥力评价指标体系包括土壤化学性质、物理性质和生物性质等指标。但因物理性质相对较稳定、生物性质变化太快等原因，常不被选为土壤肥力评价指标，而土壤养分是土壤肥力的核心部分，所以生产中常用氮、磷、钾、有机质等养分来综合衡量土壤肥力高低。

（一）土壤单因素肥力评价

将长期不同施肥土壤参评的肥力指标利用相应的隶属度函数计算得到各指标隶属度函数值，用各指标的隶属度值制成雷达图来反映各指标的状态及肥力质量的整体状况。雷达图的几何意义：每个坐标轴上的点越向原点靠近，代表其属性状态越差，相反，越远离坐标原点，代表其属性状态越好，由坐标轴上各个点围成的多边形的面积大小代表由参评因子所组成的评价对象的整体状态。从图 3-44 可见，试验初始时（1986 年），各处理间的参评因子隶属度函数值基本相当，所围成的多边形面积大小几乎一致，表明试验初始时各处理土壤肥力的整体状况基本一致。各参评因子隶属度函数值表现为：速效钾＜碱解氮＜全氮＜有机质＜ pH ＜有效磷，其中速效钾最小，碱解氮次之，远小于理想值，表明速效钾和碱解氮对土壤肥力的作用分值较小，速效钾是该试验土壤肥力质量的主要限制性因子之一。经过 30 年试验后（2016 年），土壤各处理间的参评因子隶属度函数值产生了不同变化，各处理的速效钾

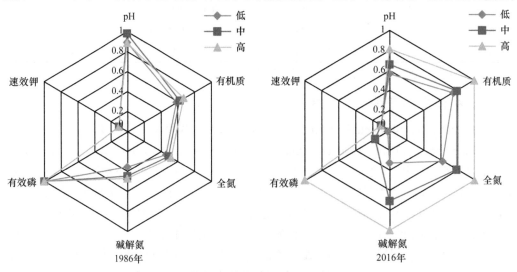

图 3-44　各指标隶属函数值雷达图

隶属度函数值均远小于理想值，依然是该试验土壤肥力质量的主要限制性因子之一。其中，高肥力处理除速效钾以外，全氮、有机质、有效磷、碱解氮、pH等因子的隶属度函数值均达到较为理想状态，参评因子所围成多边形面积大小表现为：低肥力<中肥力<高肥力。

（二）土壤综合肥力指数评价

利用长期定位点历史数据取其5年滑动平均值计算其土壤综合肥力指数，如图3-45所示，试验初始时土壤肥力指数范围在0.56～0.63。随着试验年限的增加，不同处理间土壤综合肥力指数变化表现为不同趋势。其中，低肥力与中肥力土壤综合肥力指数呈下降趋势，30年间低肥力处理土壤综合肥力指数从0.56下降到0.40，下降幅度为28.7%，通过线性方程的斜率得出年下降约0.0067；中肥力处理土壤综合肥力指数从0.60下降到0.53，下降幅度为11.6%，年下降约0.0028；而高肥力处理表现为增加趋势，30年间土壤综合肥力指数从0.62上升到0.85，增加幅度为38.2%，年增加约0.0063。

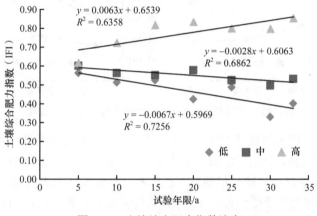

图3-45　土壤综合肥力指数演变

由土壤综合肥力指数与水稻产量的关系分析表明（图3-46），本研究中土壤综合肥力指数与水稻产量存在显著正相关关系（$R^2=0.5975$，$P<0.05$），线性拟合方程显示当土壤综合肥力指数增加0.1，水稻产量可以提高1207 kg/hm^2，表明土壤肥力质量可以在一定程度上反映水稻生产能力。

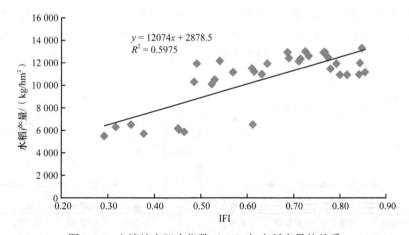

图3-46　土壤综合肥力指数（IFI）与水稻产量的关系

六、作物不同生育时期土壤肥力演变

(一)不同肥力水平双季稻田水稻生育期土壤速效氮变化特征

　　早稻生育期,不同肥力水平双季稻田土壤速效氮含量动态变化特征表现出一致性(图 3-47),呈现先升高后降低的趋势,在孕穗期达到最高。在不同生育期,稻田速效氮含量均体现为高肥力>中肥力>低肥力,且高、中肥力显著高于低肥力,高、中肥力间差异不显著。稻田土壤速效氮含量在整个生育期,与低肥力相比,高、中肥力显著增加了 117.9% ~ 174.6% 和 105.7% ~ 136.7%。

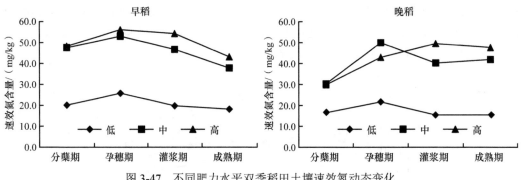

图 3-47　不同肥力水平双季稻田土壤速效氮动态变化

　　晚稻生育期,中肥力与低肥力变化趋势一致,在孕穗期达到最高,随后降低,而高肥力则在灌浆期达到最高,延迟了稻田土壤速效氮含量的高峰,有效地增加了晚稻前期速效氮的供应。在不同生育期,除孕穗期外,稻田速效氮含量体现为高肥力>中肥力>低肥力,且高、中肥力显著高于低肥力,高、中肥力间差异不显著。整个生育期与低肥力相比,高肥力土壤速效氮含量显著增加了 80.5% ~ 221.6%,中肥力土壤速效氮含量显著增加了 83.4% ~ 172.4%,表明随着稻田肥力的增加,可增加稻田速效氮的供给。

(二)不同肥力水平双季稻田水稻生育期土壤有效磷变化特征

　　不同肥力水平双季稻田水稻生育期土壤有效磷变化如图 3-48 所示,在整个双季稻生育期(早稻和晚稻),高肥力稻田土壤有效磷含量在 104 ~ 192 mg/kg 变化,中肥力稻田土壤有效磷含量在 7 ~ 20 mg/kg 变化,低肥力稻田土壤有效磷含量在 5 ~ 10 mg/kg 变化。无论是早稻生育期还是晚稻生育期,高肥力稻田土壤有效磷含量均显著高于中、低肥力稻田,与中、低肥力相比,高肥力稻田在不同生育期显著增加了 97 ~ 179 mg/kg 和 99 ~ 184 mg/kg,

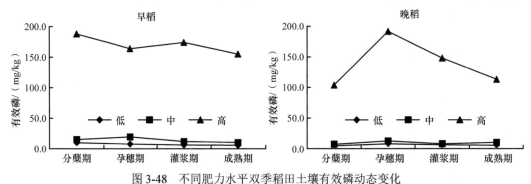

图 3-48　不同肥力水平双季稻田土壤有效磷动态变化

中、低肥力间稻田土壤有效磷含量差异不显著，从数值上看呈高肥力＞中肥力＞低肥力的趋势。

（三）不同肥力水平双季稻田水稻生育期土壤速效钾变化特征

如图 3-49 所示，不同肥力水平下稻田水稻生育期土壤速效钾变化规律基本一致，不同生育期土壤速效钾含量基本均呈现出高肥力＞中肥力＞低肥力的趋势。在整个双季稻生育期（早稻和晚稻），高肥力稻田土壤速效钾含量在 24 ～ 43 mg/kg 变化，中肥力稻田土壤速效钾含量在 18 ～ 34 mg/kg 变化，低肥力稻田土壤速效钾含量在 13 ～ 22 mg/kg 变化。无论是早稻生育期还是晚稻生育期，不同肥力稻田间除分蘖期外，孕穗期、灌浆期、成熟期土壤速效钾含量差异均达显著水平（$P < 0.05$），说明在本研究中随着肥力水平的提高，土壤速效钾的供应也随之提高，与前面的分析认为土壤速效钾是土壤肥力的限制因子结论一致。

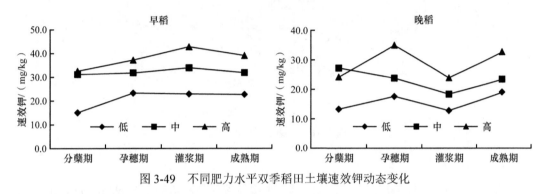

图 3-49　不同肥力水平双季稻田土壤速效钾动态变化

七、典型县域稻田土壤肥力时间演变

（一）土壤有机质

由图 3-50 可以看出，从 1979 年到 2018 年，研究区稻田土壤有机质含量最高增加了 14.87 g/kg，也有部分区域土壤有机质含量降低了 2.69 g/kg，大部分区域均有不同程度的增加，以青山桥乡、流沙河镇等西南乡镇和花明楼等东南乡镇部分地区最为明显。

图 3-50　土壤有机质时间演变

（二）土壤全氮

　　研究区稻田土壤全氮的增加较为明显，从 1979 年到 2018 年，最高增加了 1.67 g/kg，最低增加了 0.64 g/kg，以巷子口镇、龙田镇等西部乡镇，以及流沙河镇等西南乡镇、花明楼等东南乡镇部分地区最为明显（图 3-51）。

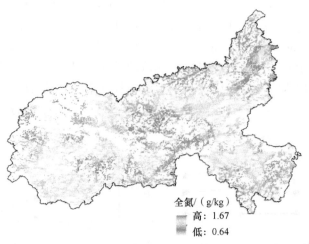

图 3-51　土壤全氮时间演变

（三）土壤碱解氮

　　图 3-52 可以看出，40 年后，研究区稻田土壤碱解氮最高增加了 86.92 mg/kg，也有区域土壤碱解氮含量降低了 6.32 mg/kg，沿西南和东北方向，碱解氮增幅相对较少或者略有降低，其他区域乡镇部分地区较为明显。

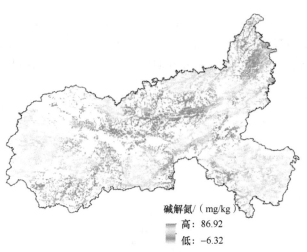

图 3-52　土壤碱解氮时间演变

（四）土壤有效磷

　　整体上，近 40 年，研究区稻田土壤有效磷含量呈增加趋势，横市镇和喻家坳乡等乡镇部分地区增加达 11.55 mg/kg，但朱良桥乡、双江口镇等东北部乡镇，花明楼等东南部乡镇及龙田镇、青山桥乡等西部乡镇增幅较小，部分甚至降低了 2.21 mg/kg（图 3-53）。

有效磷/（mg/kg）
高：11.55
低：−2.21

图 3-53　土壤有效磷时间演变

（五）土壤速效钾

从图 3-54 可以看出，研究区不同区域稻田土壤速效钾含量变化差异较大。从 1979 年到 2018 年，流沙河镇等西南乡镇和双凫铺镇等中部乡镇最多增加了 85.23 mg/kg，但相当一部分区域速效钾呈降低趋势，最多降低了 43.83 mg/kg。

速效钾/（mg/kg）
高：85.23
低：−43.83

图 3-54　土壤速效钾时间演变

（六）土壤 pH

研究区稻田土壤 pH 整体呈下降趋势，从 1979 年到 2018 年，仅金洲和夏铎铺等东部乡镇部分地区略有增加，增加了 0.26，南部乡镇降低明显，最大降幅达 1.48，可见稻田土壤酸化明显（图 3-55）。

（七）土壤综合肥力指数（IFI）

若土壤综合肥力指数以 0.2 为一个等级，从图 3-56 可以看出，研究区稻田 IFI 有不同程度的增加，流沙河镇等乡镇部分区域最高增加了 2 个等级。

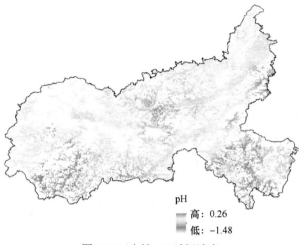

pH
高：0.26
低：−1.48

图 3-55　土壤 pH 时间演变

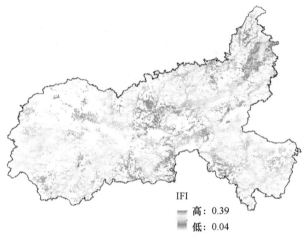

IFI
高：0.39
低：0.04

图 3-56　土壤综合肥力指数时间演变

八、小结

　　基于长期不同施肥模式、不同肥力水平下，稻田土壤各项肥力指标差异明显。土壤物理肥力方面，高肥力条件下，土壤较大团聚体（＞0.25 mm）比例提高，微团聚体比例降低，团聚体平均重量直径增加，土壤的稳定性增加；土壤容重和残余孔隙降低，土壤传输孔隙和储存孔隙增加，土壤孔隙结构改善，土壤孔隙向大孔隙发育，土壤导气性提高，土壤容重降低；土壤饱和导水率、田间持水量和植物有效水等导水性能大大改善。土壤化学肥力方面，不同肥力水平稻田土壤有机质、全氮和碱解氮均表现出增加趋势，但高肥力水平下增加更为明显，耕层有机质、全氮和碱解氮的增加速率分别达 3.5 g/(kg·5a)、0.2 g/(kg·5a) 和 16 mg/(kg·5a)；土壤有效磷在中低肥力水平下逐渐降低，高肥力下则逐渐增加，增幅达 18 mg/(kg·5a)；各肥力水平下土壤速效钾均有所下降，但高肥力水平下速效钾降低幅度减缓；各肥力水平下土壤 pH 变化不明显。在水稻生育期内，高肥力水平下土壤速效养分均处于较优状况。土壤生物肥力方面，总磷脂脂肪酸含量是定量分析土壤微生物量的一个重要指标（卜洪震等，2010），高肥力水平下，土壤磷酸脂肪酸总量明显增加，增幅达 74.3%；

真菌与细菌的比值达 2.4，显著高于低肥力，土壤缓冲能力显著提高；土壤微生物群落物种数量、各物种均匀度均有增加，Richness 指数、Shannon 指数和 McIntosh 指数均高于中低肥力水平稻田，且 Shannon 指数和 McIntosh 指数差异达显著水平。单因素肥力评价结果表明，高肥力水平下参评因子所围成多边形面积最大，表明其肥力状况较优。采用 Fuzzy 方法评价，中低肥力水平下土壤综合肥力指数呈下降趋势，高肥力水平下则逐渐上升，且土壤综合肥力指数与水稻产量呈显著正相关，土壤综合肥力指数每增加 0.1，水稻周年产量可以提高 1207 kg/hm^2。

　　基于典型县域土壤肥力时间演变，研究区 40 年间土壤有机质、全氮、碱解氮和有效磷等指标大体呈增加趋势，以全氮和有效磷增加最为明显，增幅分别达 98.5% 和 98.2%（表 2-4），这与前期研究一致（蒋端生等，2010）。产生这一变化趋势的原因，一方面是肥料的长期投入，增加了土壤养分含量（刘艳丽等，2007），据估算，从 1983 年到 2010 年，湖南省化肥年均施用量从 $1.02×10^6$ t 增加到 $2.36×10^6$ t，年均增长率为 3.12%，单位面积年均增长率为 4.2%（赵志坚等，2012）；另一方面，随着生产水平的不断提高，水稻单产不断增加（王小慧等，2018），作物残茬和根系生物量的增加，以及秸秆还田，对提高土壤养分库容具有更为重要的影响（Zhang et al.，2013；Zhang et al.，2016）。但在土壤养分提高的同时，研究区土壤 pH 下降，平均降低 0.52，有酸化趋势，这一变化趋势可能成为稻田土壤肥力和生产力合理演变的制约因素（周晓阳等，2015）。土壤酸化程度取决于作物产量、施氮量与降水的相互作用，以及土壤类型和母质的缓冲能力（Li et al.，2019），因此，要合理调控氮肥的施用方法和施用量，并注重平衡施肥。

第三节　长江中下游双季稻区土壤肥力时间演变与评价

　　土壤培肥是保障国家粮食丰产的基础，更是实现"藏粮于地"的重要途径，与土壤肥力和作物产量提升关系密切。红壤稻田是我国长江中下游双季稻区主要的稻作土壤（柳开楼等，2014；周卫，2015），其主要分布在江西、湖南、湖北、浙江等省份，这些地区均属于我国水稻主产区，对国家的粮食安全至关重要。有研究表明，由于秸秆还田等技术的推广，该地区的土壤肥力总体上得到了改善（李建军，2015），但是，随着高产品种的推广，如何进一步培肥红壤稻田仍是该地区水稻产量提升的关键问题。土壤肥力与作物产量密切相关。有研究表明，在化肥施用量相同的情况下，提高土壤肥力可以明显促进作物增产（曾祥明等，2012）。特别是在高产目标的驱动下，提升土壤肥力可以有效降低水稻产量对外源肥料的依存率，所以，面对化肥的"零增长"目标，通过提高土壤肥力来保证作物高产就显得十分重要。很多长期试验表明，配施有机肥可以同时实现土壤肥力和产量的双提高，而不合理的化肥施用则导致土壤肥力和作物产量的显著降低（颜雄等，2015；温延臣等，2015；张淑香等，2015；孙本华等，2015）。

　　土壤肥力是表征土壤肥沃性的一个重要指标，它可以衡量土壤能够提供作物生长所需的各种养分的能力，是土壤各种基本性质的综合表现。以往的研究主要通过 Fuzzy、全量数据集、最小数据集等方法对土壤肥力指标进行加权，通过土壤质量指数来量化土壤肥力水平（陈吉等，2010；颜雄等，2015；郝小雨等，2015；邓绍欢等，2016）。包耀贤等（2012）研究发现，对于长期施肥下土壤肥力的综合评价，虽然因子分析法、相关系数法和内梅罗指数法均适用，但应首选内梅罗指数法，最后选相关系数法。邓绍欢等（2016）的研究表明，冷浸田土壤质量评价的最小数据集为 pH、全氮、有效锰、Fe^{2+}、C/N、线虫数量 6 个指标。曹志洪和周健民（2008）研究表明，在水稻土上，选择土壤 pH、有机质、有效磷、速效钾和 CEC 等指标可以获得较为准确的土壤综合肥力质量指数。然而，受研究平台和经费的限制，在长期施肥试验的数据库中，往往缺失 CEC 等物理和生物学指标。因此，如何利用常规的土壤理化指标进行土壤肥力质量评价就显得十分迫切。柳开楼等（2018）的研究表明，利用 Fuzzy 方法，选择土壤 pH、有机质、有效磷和速效钾可以进行红壤稻田的土壤肥力评价，且不同施肥处理的土壤综合肥力指数呈现出有机 - 无机肥配施的处理最高，其次为氮磷钾化肥配施处理，而氮磷钾肥偏施或单施的处理最低。进一步分析表明，基于土壤综合肥力指数可以较好地预测水稻生产能力。

综上所述，土壤肥力质量评价对于水稻生产意义重大。水稻是该区域主要的粮食作物，且水稻种植模式基本为"早稻—晚稻—冬闲"，是鄱阳湖流域具有代表性的水稻种植区域。因此，基于区域内水稻长期施肥试验，研究土壤肥力时间演变特征，进而由点及面，可以进行县域尺度的水稻生产力评估。因此，本研究基于区域内红壤稻田长期肥料定位试验，在多年土壤肥力数据库的基础上，采用 Fuzzy 方法对高、中、低肥力水平的土壤肥力质量进行评价和计算，从而构建高、中、低肥力水平稻田的土壤肥力质量时间演变规律。同时，针对不同水稻关键生育期，探讨了高、中、低肥力水平下土壤酶活性、微生物碳氮和速效氮磷钾变化趋势，并结合水稻生物量进一步筛选了关键的酶活性因子。最后，在县域尺度上分析了近 35 年来的土壤肥力时空变化趋势，以期为县域尺度的水稻生产和土壤培肥提供理论与技术支撑。

一、研究区域与方法

（一）研究区域

本研究选用了位于江西省南昌市南昌县（黄泥田水稻土）和进贤县（红壤性水稻土）的 2 个长期定位试验及进贤县县域尺度 1982 年、2008 年和 2017 年稻田土壤物理、化学和生物学性质监测数据，系统评估红壤性水稻土肥力在时间尺度上的变化。

试验 I 位于江西省南昌县江西省农业科学院试验农场内，该区域地处中亚热带，海拔高度 25 m，年均气温 17.5℃，≥ 10℃年积温 5400℃，年均降水量 1600 mm，年均蒸发量 1800 mm，无霜期约 280 天。

试验 II 位于江西省中部偏北、鄱阳湖南岸的进贤县。该区域属中亚热带季风气候，无霜期约 289d，年均降水量 1537 mm，年均蒸发量 1150 mm，年均气温 18.0℃。

试验 III 为进贤县域尺度土壤肥力时间演变特征研究，区域概况详见第二章第三节。

（二）试验设计

试验 I：本试验位于江西省南昌市南昌县，试验始于 1983 年冬，每小区面积 33.3 m^2，随机区组排列，根据排灌系统以 0.45 m 深、0.5 m 宽的水泥田埂将小区隔开。1984 年开始种植早稻，采用"稻—稻—闲"的种植方式。试验土壤为第四纪亚红黏土母质发育的中潴黄泥田，试验初始 0 ~ 20 cm 耕层土壤基本性状为：pH 6.50，有机质 25.6 g/kg，全氮 1.36 g/kg；全磷 0.49 g/kg；缓效钾 240 mg/kg；碱解氮 82 mg/kg；有效磷 21 mg/kg；速效钾 35 mg/kg；CEC 7.5 cmol（＋）/kg。氮用尿素（含 N 46%），磷用过磷酸钙（含 P_2O_5 12%），钾用氯化钾（含 K_2O 60%）。有机肥早稻用紫云英，其鲜草养分含量按含 N 0.3%、P_2O_5 0.08%、K_2O

0.2%计算；晚稻用鲜猪粪，其养分含量按含 N 0.5%、P_2O_5 0.2%、K_2O 0.6% 计算。为系统评估肥力水平差异导致的土壤物理、化学和生物学性质变化，进一步将各处理划分为低、中和高肥力水平，不同肥力水平对应的处理和施肥量见表 3-14。

表3-14　双季稻田不同施肥处理肥料用量　　　　　　（单位：kg/hm^2）

肥力水平	处理	作物	基肥			分蘖肥		穗肥	
			过磷酸钙（P_2O_5）	早稻：紫云英晚稻：猪粪（N：P_2O_5：K_2O）	尿素（N）	尿素（N）	氯化钾（K_2O）	尿素（N）	氯化钾（K_2O）
低	CK	早稻	0.00	0.00	0.00	0.00	0.00	0.00	0.00
		晚稻	0.00	0.00	0.00	0.00	0.00	0.00	0.00
	PK	早稻	60.00	0.00	0.00	0.00	75.00	0.00	75.00
		晚稻	60.00	0.00	0.00	0.00	75.00	0.00	75.00
中	NP	早稻	60.00	0.00	74.87	37.43	0.00	37.43	0.00
		晚稻	60.00	0.00	89.84	44.92	0.00	44.92	0.00
	NK	早稻	0.00	0.00	74.87	37.43	75.00	37.43	75.00
		晚稻	0.00	0.00	89.84	44.92	75.00	44.92	75.00
	NPK	早稻	60.00	0.00	74.87	37.43	75.00	37.43	75.00
		晚稻	60.00	0.00	89.84	44.92	75.00	44.92	75.00
高	70F+30M	早稻	48.00	44.34：11.71：33.66	52.90	26.45	58.20	26.45	58.20
		晚稻	37.18	54.00：22.80：72.00	63.14	31.57	39.06	31.57	39.06
	50F+50M	早稻	40.20	74.92：19.78：56.87	37.44	18.70	46.80	18.70	46.80
		晚稻	21.96	90.11：38.05：120.15	44.92	22.46	15.03	22.46	15.03
	30F+70M	早稻	33.00	103.93：27.44：78.89	23.00	11.50	35.7	11.50	35.7
		晚稻	6.84	125.99：53.20：167.99	29.95	12.19	0.00	12.19	0.00

　　试验Ⅱ：本研究依托位于进贤县张公镇的红壤稻田长期定位试验（始于 1981 年），进一步将各处理划分为低、中和高肥力水平，不同肥力水平对应的处理和施肥量见表 3-15。

表3-15　红壤稻田长期试验各处理每年施肥量　　　　　　（单位：kg/hm^2）

肥力水平	处理	N	P_2O_5	K_2O	有机肥（鲜重）
低	CK				
	N	180			
	P		90		
	K			150	
中	NP	180	90		
	NK	180		150	
	NPK	180	90	150	
	2NPK	360	180	300	
高	NPKM	180	90	150	45 000

　　注：早稻、晚稻施肥量各占50%，氮、磷、钾化肥分别为尿素、钙镁磷肥、氯化钾。有机肥料为早稻季施紫云英（来源于冬季小区内种植的紫云英），其鲜重 22 500 kg/hm^2，含水量为70%，有机碳含量为 467 g/kg，氮、磷、钾含量分别为 4.0 g/kg、1.1 g/kg 和 3.5 g/kg；晚稻季施猪粪，其鲜重 22 500 kg/hm^2，含水量为75%，有机碳含量为 340 g/kg，氮、磷、钾含量分别为 6.0 g/kg、4.5 g/kg 和 5.0 g/kg；氮肥 60% 作基肥，其余 40% 与全部的钾肥作追肥于水稻返青后施用；磷肥和有机肥全部作基肥。

小区间用 50 cm 水泥田埂隔开，地表下埋深 30 cm，地表上 20 cm，灌水后和降雨前封堵小区缺口，以防串水串肥。双季稻种植制，密度为 20 cm×20 cm。所有小区的播种、移栽、施肥、打药和灌溉等日常管理措施保持一致并与当地习惯相同。水稻品种每 5 年更换一次。

试验Ⅲ为进贤县域尺度土壤肥力时间演变特征，区域概况详见第二章第三节。

（三）水稻产量测定

在早稻和晚稻成熟期收获，各小区采取人工收割，脱粒后晾晒，称重，换算成每年每公顷籽粒产量。

（四）土壤样品采集和常规理化指标测定

从 1981 年开始，在每年晚稻收获后取 0～20 cm 的土壤样品，每小区随机采集 5 个点，同一小区样品混合后独立分装。土壤 pH 用 pH 计法测定；土壤有机质采用 $K_2Cr_2O_7$-H_2SO_4 氧化法测定；有效磷采用 $NaHCO_3$ 浸提 - 钼锑抗比色法；速效钾采用 NH_4OAc 浸提 - 火焰光度计法。以上指标测定的详细步骤参考《土壤农业化学分析方法》（鲁如坤，2000）。

（五）土壤综合肥力指数计算

在前人研究的基础上（曹志洪和周健民，2008；徐建民等，2010），本研究选用土壤 pH、有机质、有效磷和速效钾共 4 项土壤肥力特性作为此次土壤肥力综合评价的参考指标。首先，对上述各项土壤肥力质量指标建立与之对应的隶属函数，计算其隶属度值，以此来表示各肥力指标的状态值。结合《土壤质量指标与评价》和酸性土壤的具体实际，确定土壤 pH 在隶属度函数曲线转折点 X_1、X_2、X_3 和 X_4 的相应取值分别为 4.5、5.5、6.0 和 7.0。土壤有机质、有效磷和速效钾在隶属度函数曲线转折点 X_1 的相应取值分别为 10 g/kg、5 mg/kg 和 50 mg/kg，X_2 的相应取值分别为 40 g/kg、20 mg/kg 和 150 mg/kg。根据评价指标得分函数类型，可以得出各项肥力质量指标的隶属度值。

权重的计算步骤为：①建立各肥力质量指标的相关系数；②以某一肥力质量指标与其他肥力质量指标之间相关系数的平均值与所有肥力质量指标相关系数平均值总和所得到的比值为单项肥力质量指标在表征土壤肥力质量中的贡献率，即权重系数。

由加乘法则，得到评价土壤综合肥力指数（integrated fertility index，IFI）。计算公式为

$$IFI= \sum W_i \times N_i \tag{3-1}$$

式中，IFI 为土壤综合肥力指数；W_i 和 N_i 表示第 i 种肥力质量指标的权重系数和隶属度值。

（六）土壤物理肥力指标测定

从 1981 年开始，在晚稻收获后，采用环刀法测定 0～20 cm 的土壤容重。

（七）土壤生物肥力指标测定

在试验第 34 年（2014 年）晚稻季收获后，选取 CK、N 作为低肥力处理，NPK 作为中肥力，NPKM 作为高肥力处理，分别采集耕层土壤样品，每个小区随机采集 5 个点混合成 1 个土壤样品。带回室内，去除石砾、根系等杂质后，置于 4℃冰箱待测。

土壤细菌、真菌和放线菌数量的测定分别采用牛肉膏蛋白胨、孟加拉红和高氏一号培养基进行培养，进而采用稀释平板计数法测定（沈萍，1999）。

（八）双季稻关键生育期样品采集和分析

于 2017 年选取试验 II 中 4 个施肥处理［不施肥（CK）；氮磷钾肥（NPK）；两倍氮磷钾肥（HNPK）；氮磷钾肥配施有机肥（NPKM）］研究早晚稻分蘖期、齐穗期和成熟期生产力及土壤肥力因子的生育期动态变化。

水稻样品采集和干物质测定：早、晚稻季分蘖期、齐穗期和成熟期，每个小区按照水稻平均分蘖数采集 3 穴植株样，带回室内，105℃ 杀青，75℃ 烘干至恒重并称重。

土壤样品采集和酶活性、微生物量碳氮、速效氮磷钾含量测定：早、晚稻季分蘖期、齐穗期和成熟期，每个小区按 5 点取样法采集耕层土壤混合样品，带回室内，挑出根系、石块等杂质，按四分法分出一半鲜样做土壤酶活性和微生物量碳氮，剩余一半样品摊匀风干，磨细过筛分析土壤碱解氮（AN）、有效磷（AP）、速效钾（AK）、硝态氮（NO_3^--N）和铵态氮（NH_4^+-N）含量。

土壤酶活性测定采用 96 微孔酶标板荧光分析法（Saiya-Cork et al.，2002）。多功能酶标仪在激发波长 365 nm、发射波长 450 nm 的条件下测定，主要测得指标为：α- 葡萄糖苷酶（AG）、乙酰氨基葡萄糖苷酶（NAG）、β-1,4 葡萄糖苷酶（BG）、β- 纤维二糖苷酶（CBH）、β- 木糖苷酶（BXYL）、酸性磷酸酶（ACP）和过氧化物酶（PER）。土壤微生物量碳氮（MBC、MBN）采用氯仿熏蒸法 - 碳氮自动分析法测定。土壤碱解氮（AN）用扩散法；有效磷（AP）用 $NaHCO_3$ 浸提 - 铜锑抗比色法；速效钾（AK）用 NH_4OAC 浸提 - 火焰光度法。具体分析方法按《土壤农化分析》（鲁如坤，2000）进行。

（九）数据分析

试验数据用 Excel 2016 整理，运用 SPSS 17.0 进行相关性分析及显著性检验（$P < 0.05$）。为避免个别年份点位差异对产量及土壤肥力指标造成影响，按如下方法进行分析。试验 I：按照监测点位的试验年限每隔 5 年划分成 7 个阶段，分别为 1984 ～ 1988 年（5 年）、1989 ～ 1993 年（10 年）、1994 ～ 1998 年（15 年）、1999 ～ 2003 年（20 年）、2004 ～ 2008 年（25 年）、2008 ～ 2013 年（30 年）和 2014 ～ 2018 年（35 年），所涉及的产量及土壤肥力指标的时间变化趋势、产量及土壤肥力指标与试验年限的量化关系均采用线性回归方程进行拟合。试验 II：按照监测点位的试验年限，每隔 5 年或 3 年划分成 8 个阶段，分别为 1981 ～ 1985 年（5 年）、1986 ～ 1990 年（10 年）、1991 ～ 1995 年（15 年）、1996 ～ 2000 年（20 年）、2001 ～ 2005 年（25 年）、2006 ～ 2010 年（30 年）、2011 ～ 2015 年（35 年）和 2016 ～ 2018 年（38 年），所涉及的产量及土壤肥力指标的时间变化趋势的数据采用箱式图进行表示，产量及土壤肥力指标与试验年限的量化关系均采用线性回归方程进行拟合。土壤酶活性与土壤微生物量碳氮、碱解氮磷钾和地上部干物质积累的相互关系采用冗余法（RDA）进行分析。所有图件均采用 Origin 8.1 进行制作。

二、长期定位施肥条件下黄泥田水稻土肥力演变与评价

（一）土壤物理肥力时间演变

在试验第 35 年，高肥力稻田的耕层土壤容重明显降低，容重小于低肥力和中肥力稻田（图 3-57），低肥力和中肥力稻田在耕作 35 年容重变化极小，与试验初相比仅下降了 2.1%；高肥力土壤容重与初始相比下降了 17.1%，与低肥力和中肥力相比下降了 15.3%。土壤容重

与试验年限的回归分析表明，高肥力土壤容重与年限间呈极显著负相关，表明随着耕作时间延长，土壤容重以每年 0.0056 g/cm³ 的速率下降，而低肥力和中肥力土壤容重与试验年限间相关性不显著。

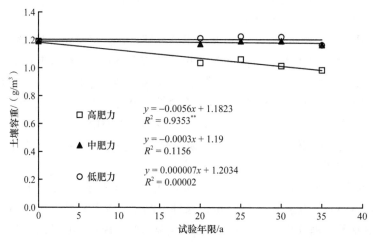

图 3-57　低、中、高肥力水平的稻田耕层土壤容重变化

（二）土壤化学肥力时间演变

1. pH

随着试验年限增加，稻田土壤均呈现出酸化的趋势（图 3-58）。与试验开始相比，高肥力、中肥力和低肥力在第 35 年土壤 pH 分别下降了 13.3%、17.9% 和 13.4%。其中，中肥力土壤酸化最为严重，可能与化学氮肥的施用有关。回归分析显示，高肥力、中肥力和低肥力土壤 pH 随试验年限变化速率为 −0.025/a、−0.0317/a 和 −0.0338/a，低肥力和中肥力稻田 pH 下降速率大于高肥力稻田。

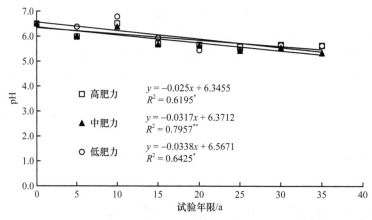

图 3-58　低、中、高肥力水平的稻田耕层土壤 pH 变化

2. 有机质

在长期施肥条件下，土壤有机质均呈现出高肥力大于低肥力和中肥力的趋势（图 3-59）。与试验初相比，试验第 35 年，高肥力、中肥力和低肥力有机质含量分别增加 108.4%、

66.2% 和 47.0%。随着试验年限的增加，低、中、高肥力水平的稻田土壤有机质均有所提升。回归分析显示，高肥力土壤有机质与试验年限呈显著的线性关系（$P < 0.05$），有机质增加速率为 0.4954 g/(kg·a)，而低肥力和中肥力土壤有机质与年限间的线性关系不显著。

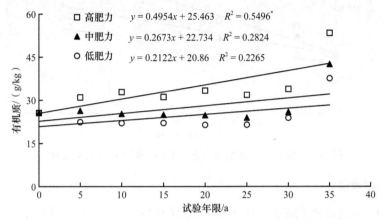

图 3-59　低、中、高肥力水平的稻田耕层土壤有机质变化

3. 全氮和碱解氮

不同肥力水平的稻田中均表现出高肥力的耕层土壤全氮含量高于低肥力和中肥力（图 3-60），尤其是在试验 35 年之后。与低肥力和中肥力相比，高肥力的耕层土壤全氮分别提高了 20.7% 和 15.7%。随着试验年限的增加，高肥力水平的稻田土壤全氮逐渐提升，且可以用线性方程进行拟合（$P < 0.05$）。高肥力土壤全氮的年增加速率为 0.0298 g/(kg·a)，低肥力和中肥力稻田土壤全氮与年限直接的线性关系不显著。

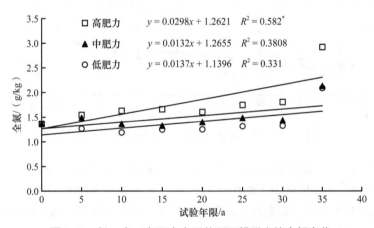

图 3-60　低、中、高肥力水平的稻田耕层土壤全氮变化

土壤碱解氮含量随试验年限延长而显著增加，与试验初相比，试验第 35 年，高肥力、中肥力和低肥力土壤碱解氮含量分别增加 194.1%、92.3% 和 68.2%（图 3-61）。回归分析显示，高肥力、中肥力和低肥力土壤碱解氮随试验年限变化速率为 3.59 mg/(kg·a)、2.00 mg/(kg·a) 和 1.4 mg/(kg·a)。高肥力土壤碱解氮累积速率远高于中肥力和低肥力稻田。

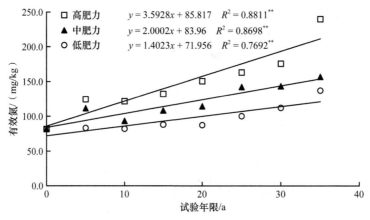

图 3-61　低、中、高肥力水平的稻田耕层土壤碱解氮变化

4. 全磷和有效磷

土壤全磷含量随试验年限延长而增加，与试验初相比，试验第 35 年，高肥力、中肥力和低肥力土壤全磷含量分别增加了 424.5%、141.9% 和 138.7%（图 3-62）。回归分析显示，高肥力土壤全磷随试验年限变化速率为 0.05 g/(kg·a)。低肥力和中肥力土壤全磷与试验年限间的线性关系不显著。

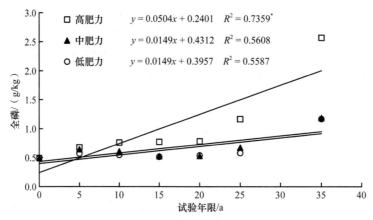

图 3-62　低、中、高肥力水平的稻田耕层土壤全磷变化

土壤有效磷含量随试验年限延长而增加，与试验初相比，试验第 35 年，高肥力和中肥力土壤有效磷含量分别增加 220.4% 和 41.6%，而低肥力土壤有效磷含量下降了 0.3%（图 3-63）。回归分析显示，高肥力土壤有效磷随试验年限变化速率为 1.72 mg/(kg·a)。低肥力和中肥力土壤有效磷与试验年限间的线性关系不显著。

5. 缓效钾和速效钾

土壤缓效钾含量随试验年限延长有降低的趋势，与试验初相比，试验第 20 年，高肥力、中肥力和低肥力土壤缓效钾含量分别下降了 13.3%、4.3% 和 1.0%（图 3-64）。回归分析显示，不同肥力土壤缓效钾与试验年限间的线性关系不显著。

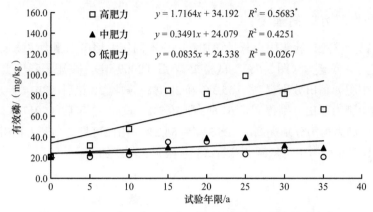

图 3-63 低、中、高肥力水平的稻田耕层土壤有效磷变化

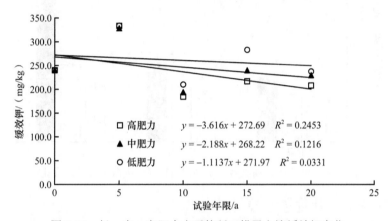

图 3-64 低、中、高肥力水平的稻田耕层土壤缓效钾变化

土壤速效钾含量随试验年限延长而显著增加，与试验初相比，试验第 35 年，高肥力、中肥力和低肥力土壤速效钾含量分别增加了 101.5%、113.8% 和 104.0%（图 3-65）。回归分析显示，高肥力、中肥力和低肥力土壤速效钾随试验年限变化速率为 1.21 mg/(kg·a)、1.51 mg/(kg·a) 和 1.35 mg/(kg·a)。不同肥力土壤速效钾累积速率相近。

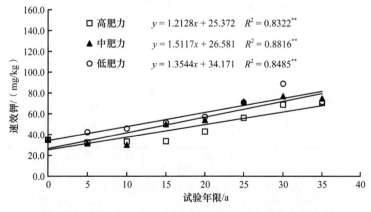

图 3-65 低、中、高肥力水平的稻田耕层土壤速效钾变化

（三）土壤生物肥力时间演变

土壤微生物量碳随试验年限延长呈增加趋势，不同年限稻田土壤微生物量碳均表现出高肥力＞中肥力＞低肥力（图3-66）。试验25年后（2009年），高肥力稻田土壤微生物量碳较低肥力、中肥力稻田分别提高了55.3%和28.1%；试验30年后（2014年），高肥力稻田比低肥力和中肥力稻田分别提高了61.6%和39.7%；试验33年后（2017年），高肥力稻田比低肥力、中肥力稻田分别提高了125.3%和84.2%。由此可见，高肥力稻田与中肥力和低肥力稻田相比，土壤微生物量碳差异随试验年限延长不断加大。

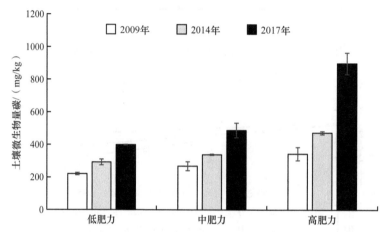

图3-66　低、中、高肥力水平的稻田耕层土壤微生物量碳变化

（四）稻田土壤肥力评价及其特征

不同肥力稻田水稻周年产量随试验年限变化规律不一致，其中高肥力和低肥力呈增加趋势，而中肥力呈下降趋势。与试验初相比，试验第35年，高肥力和低肥力水稻产量分别增加了1.9%和9.3%，中肥力产量下降6.0%（图3-67）。回归分析显示，高肥力、中肥力和低肥力稻田产量与试验年限之间相关性不显著。

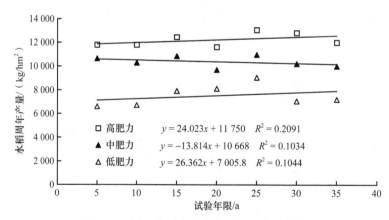

图3-67　低、中、高肥力水平稻田产量变化

综合考虑土壤pH、有机质、土壤氮磷钾等指标，计算出土壤肥力指数用于评价土壤肥力状况，总体上土壤综合肥力指数随实验年限呈增加趋势（图3-68），试验第35年与前5

年相比，高肥力、中肥力和低肥力稻田土壤肥力指数分别提高了 95.0%、88.6% 和 90.0%。回归分析显示，高肥力稻田土壤综合肥力指数随试验年限变化速率为 0.0136/a。低肥力和中肥力稻田土壤肥力指数与试验年限间的线性关系不显著。

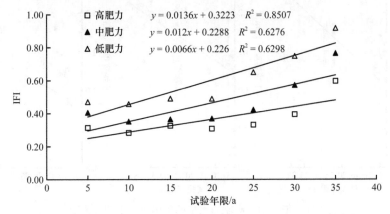

图 3-68 低、中、高肥力水平的稻田耕层土壤综合肥力指数变化

水稻产量与土壤肥力的相关分析显示两者间存在显著的线性相关（图 3-69），表明土壤综合肥力指数 IFI 可以在一定程度上反映稻田生产能力。拟合方程显示，当土壤综合肥力指数增加 0.1，水稻产量可以提高 1223 kg/hm²。

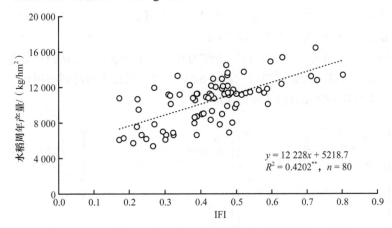

图 3-69 稻田耕层土壤综合肥力指数与水稻产量的相互关系

三、长期定位施肥条件下红壤性水稻土肥力演变与评价

（一）土壤物理肥力时间演变

在试验 38 年内，不同肥力水平的稻田中均表现出高肥力的耕层土壤容重小于低肥力和中肥力稻田（图 3-70），其中，与低肥力和中肥力相比，高肥力稻田在 38 年内平均的耕层容重分别降低了 9.1% 和 8.2%。随着施肥时间的延长，低、中、高肥力水平的稻田土壤容重均有所提升，这主要与长期旋耕过程中扰动较小及耕翻深度较浅有关。进一步研究表明，低、中、高肥力水平下土壤容重均与试验年限呈显著的正相关关系，且可以与线性方程进行拟合（$P < 0.05$）。通过线性方程的斜率得出，容重的年增加速率大体呈现出低肥力 [0.005 g/(cm³·a)] >中肥力 [0.004 g/(cm³·a)] 和高肥力 [0.004 g/(cm³·a)] 的趋势。

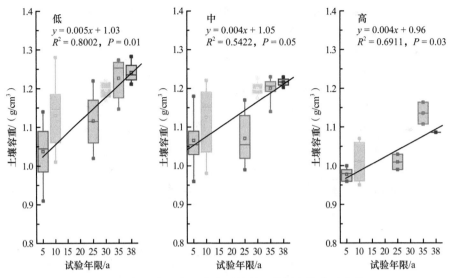

图 3-70　低、中、高肥力水平的稻田耕层土壤容重变化

（二）土壤化学肥力时间演变

1. pH

在红壤稻田中，不同肥力水平的稻田均呈现出土壤酸化的趋势，且低肥力和中肥力酸化程度高于高肥力（图 3-71）。与低肥力和中肥力相比，高肥力在 38 年内平均的土壤 pH 分别增加了 0.05 和 0.11。随着试验年限的增加，除了高肥力，低、中肥力水平的稻田土壤 pH 均有所降低。进一步研究表明，低、中肥力水平下土壤 pH 均与试验年限呈显著的正相关关系，且可以与线性方程进行拟合（$P < 0.05$）。通过线性方程的斜率得出，低肥力和高肥力的酸化速率分别为每年 0.020 和 0.016。

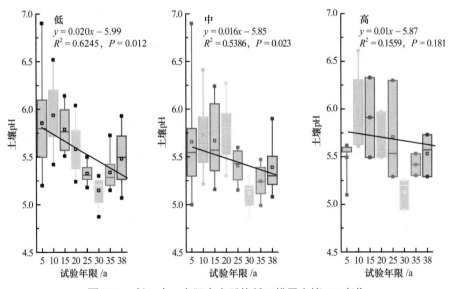

图 3-71　低、中、高肥力水平的稻田耕层土壤 pH 变化

2. 有机碳

在长期施肥条件下（38 年），土壤有机碳均呈现出高肥力大于低肥力和中肥力的趋势（图 3-72），其中，与低肥力和中肥力相比，高肥力在 38 年内平均的耕层有机碳分别提高了 21.0% 和 18.4%。随着试验年限的增加，低、中、高肥力水平的稻田土壤有机碳均有所提升。进一步研究表明，除了低肥力之外，中、高肥力水平下土壤有机碳均与试验年限呈显著的正相关关系，且可以与线性方程进行拟合（$P < 0.05$）。通过线性方程的斜率得出，中肥力和高肥力耕层有机碳年增加速率分别为 0.07 g/(kg·a) 和 0.09 g/(kg·a)，且高肥力的有机碳增加速率明显高于中肥力（增幅为 28.6%）。

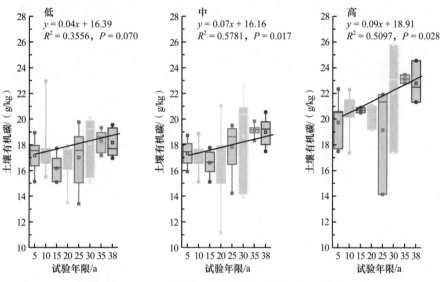

图 3-72 低、中、高肥力水平的稻田耕层土壤有机碳变化

3. 全氮和碱解氮

如图 3-73 显示，不同肥力水平的稻田中均表现出高肥力的耕层土壤全氮含量高于低肥

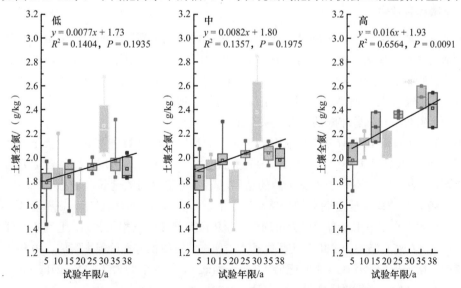

图 3-73 低、中、高肥力水平的稻田耕层土壤全氮变化

力和中肥力，尤其是在试验 30 年之后。与低肥力和中肥力相比，高肥力在 38 年内平均的耕层土壤全氮分别提高了 20.7% 和 15.7%。随着试验年限的增加，高肥力水平的稻田土壤全氮逐渐提升，且可以用线性方程进行拟合（$P < 0.05$）。而低、中肥力水平则无显著增加。通过线性方程的斜率得出，高肥力土壤全氮的年增加速率为 0.016 g/(kg·a)。

与土壤全氮的结果相似，不同肥力水平的稻田土壤碱解氮也表现出高肥力明显高于低肥力和中肥力（图 3-74），其中，与低肥力和中肥力相比，高肥力在 38 年内平均的耕层碱解氮含量分别提高了 19.9% 和 14.8%。随着施肥时间的延长，低、中、高肥力水平的稻田土壤碱解氮含量均有所提升。进一步研究表明，低、中、高肥力水平下土壤碱解氮均与试验年限呈显著的正相关关系，且可以与线性方程进行拟合（$P < 0.05$）。通过线性方程的斜率得出，碱解氮的年增加速率大体呈现出高肥力 [2.36 mg/(kg·a)] 大于低肥力 [1.81 mg/(kg·a)] 和中肥力 [1.90 mg/(kg·a)] 的趋势。

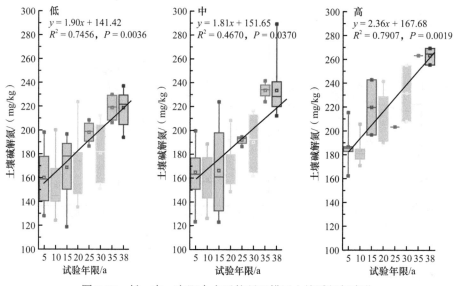

图 3-74　低、中、高肥力水平的稻田耕层土壤碱解氮变化

4. 全磷和有效磷

与土壤全氮结果相似，不同肥力水平的稻田中均表现出高肥力的耕层土壤全磷含量明显高于低肥力和中肥力（图 3-75），与低肥力和中肥力相比，高肥力在 38 年内平均的土壤全磷含量分别增加了 108.8% 和 67.2%。随着施肥时间的延长，低、中肥力水平的稻田土壤全磷含量呈降低趋势，而高肥力则呈逐渐增加趋势，但拟合方程显示，低、中、高肥力水平下土壤全磷含量与试验年限的相关关系不显著。

不同肥力水平稻田的有效磷均表现出高肥力的耕层土壤有效磷含量高于低肥力和中肥力（图 3-76），与低肥力和中肥力相比，高肥力在 38 年内平均的耕层有效磷含量分别提高了 653.4% 和 265.1%。不同于土壤全磷的结果，随着施肥时间的延长，低、中、高肥力水平稻田土壤有效磷均呈现出逐渐增加然后稳定的趋势。双直线模型显示，在试验 30 年内，低、中、高肥力水平下土壤有效磷含量均与试验年限呈显著的正相关关系，且可以与线性方程进行拟合（$P < 0.05$）；而 30 年之后则基本稳定。通过线性方程的斜率得出，30 年内土壤有效磷的年增加速率大体呈现出高肥力 [7.44 mg/(kg·a)] ＞低肥力 [1.71 mg/(kg·a)] ＞中肥力 [0.68 mg/(kg·a)] 的趋势。

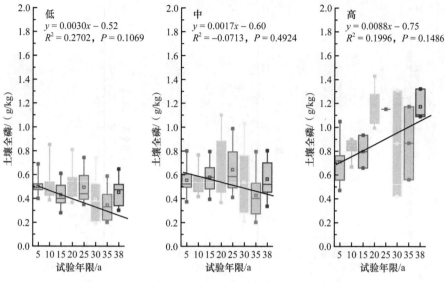

图 3-75　低、中、高肥力水平的稻田耕层土壤全磷变化

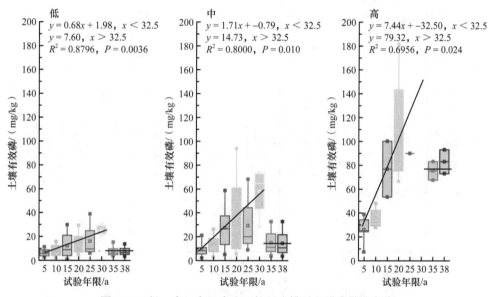

图 3-76　低、中、高肥力水平的稻田耕层土壤有效磷变化

5. 全钾和速效钾

在试验 38 年内，不同肥力水平的稻田中土壤全钾含量差异较小（图 3-77），其中，低、中和高肥力在 38 年内平均的耕层土壤全钾含量分别为 10.2 g/kg、10.6 g/kg 和 11.8 g/kg。随着施肥时间的延长，低、中、高肥力水平的稻田土壤全钾含量均呈现出先降低后增加的趋势，但全钾含量与施肥时间无显著的相互关系。

与土壤碱解氮、有效磷含量相似，在试验 38 年内，不同肥力水平的稻田中均表现出高肥力的耕层土壤速效钾含量明显高于低肥力和中肥力（图 3-78），其中，与低肥力和中肥力相比，高肥力在 38 年内平均的耕层土壤速效钾含量分别提高了 50.5% 和 34.9%。随着施肥时间的延长，低、中肥力水平的稻田土壤速效钾变化均逐渐降低，而高肥力则呈现出先增加后降低的趋势，但速效钾含量与施肥时间的相互关系不显著。

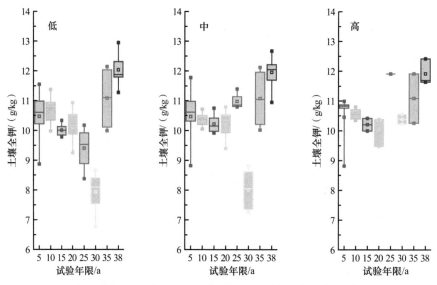

图 3-77　低、中、高肥力水平的稻田耕层土壤全钾变化

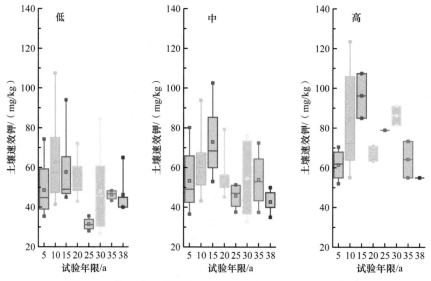

图 3-78　低、中、高肥力水平的稻田耕层土壤速效钾变化

（三）土壤生物肥力时间演变

在本研究中，受监测平台和条件的限制，高、中、低肥力水平的土壤生物肥力指标数据较少，仅在 2014 年，即试验进行到 34 年时进行了土壤细菌、真菌和放线菌的分析（表 3-16）。结果表明，不同肥力水平的细菌和放线菌数量差异较大，但真菌则无显著差异。与低肥力相比，高肥力的细菌和放线菌数量分别增加了 292.8% 和 196.3%；中肥力的细菌数量也比低肥力增加了 183.5%。同时，高肥力的细菌和放线菌数量也显著高于中肥力。

表3-16　低、中、高肥力水平的稻田耕层土壤土壤微生物数量变化

肥力水平	细菌/(10^7 个/g)	真菌/(10^3 个/g)	放线菌/(10^3 个/g)
低	10.728±3.360c	10.806±3.700a	15.188±1.738b
中	30.416±4.829b	18.461±6.049a	11.272±2.383b
高	42.141±2.399a	21.419±4.123a	45.007±8.625a

（四）稻田土壤肥力评价及其特征

在综合考虑土壤 pH、有机质和速效磷钾指标基础上，获得的稻田土壤综合肥力指数大体呈现出高肥力大于低肥力和中肥力（图3-79），其中，与低肥力和中肥力相比，高肥力在38年内平均的土壤综合肥力指数分别提高了10.0%和9.5%。随着施肥时间的延长，低、中、高肥力水平的稻田土壤综合肥力指数在试验23年内均保持稳定，23年之后，低肥力和高肥力无显著变化，但是中肥力的土壤综合肥力指数则显著降低，且通过线性方程的斜率得出，23年之后，中肥力稻田土壤综合肥力指数每年约下降0.009。

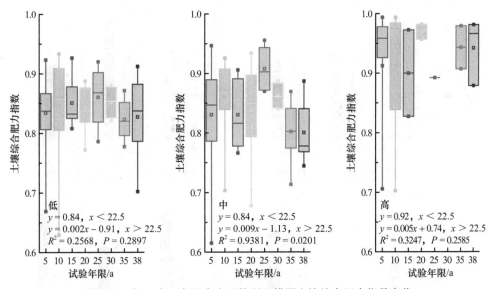

图3-79　低、中、高肥力水平的稻田耕层土壤综合肥力指数变化

进一步研究表明，本研究中土壤综合肥力指数与水稻产量存在密切关系（图3-80），表明本研究采用的土壤肥力质量可以在一定程度上反映水稻生产能力。而且拟合方程显示，当土壤综合肥力指数增加0.1，水稻周年产量可以提高3356 kg/hm²。

四、作物不同生育时期土壤肥力演变

（一）长期施肥下早晚稻不同生育期土壤速效养分的变化

早稻季土壤碱解氮、有效磷、速效钾、硝态氮和铵态氮等速效养分存在显著的生育期变化，同时不同施肥之间存在一定差异（图3-81）。

NPK 处理与对照相比，土壤碱解氮、铵态氮和有效磷在各生育期差异均不显著；除了在齐穗期土壤速效钾比对照增加了17.8%和成熟期土壤硝态氮比对照增加了98.1%，差异达显著水平（$P < 0.05$），其他生育期土壤速效钾和硝态氮与对照无显著差异，表明长期NPK 处理对早稻季土壤速效养分提升作用有限。

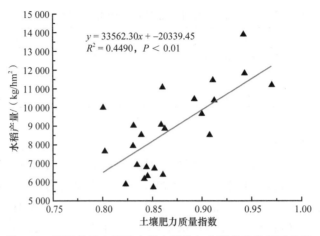

图 3-80　稻田耕层土壤综合肥力指数与水稻产量的相互关系

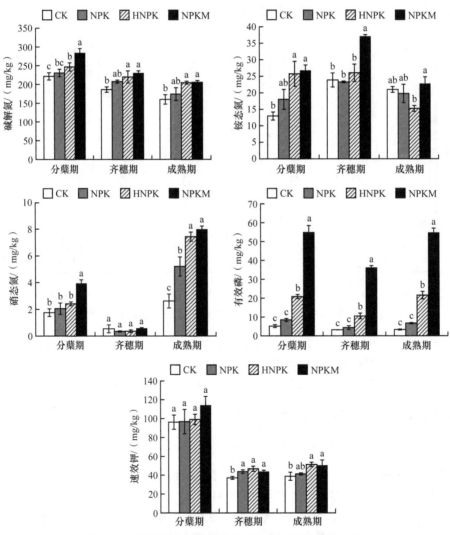

图 3-81　长期施肥下早稻不同生育期土壤速效养分变化

不同的小写字母表示同时期不同处理存在显著差异（$P < 0.05$），下同

　　与对照相比，HNPK 处理各生育期土壤碱解氮和有效磷均显著提高，其中碱解氮在分蘖期、齐穗期和成熟期分别提高了 11.3%、18.0% 和 27.3%，有效磷分别提高了 305.5%、231.1% 和 552.3%。NPKM 处理各生育期土壤碱解氮和有效磷较对照显著提高（$P < 0.05$），其中碱解氮在分蘖期、齐穗期和成熟期分别提高了 28.1%、23.6% 和 29.0%，有效磷分别提高了 971.0%、1038.4% 和 1554.7%，同时土壤铵态氮、硝态氮和速效钾也有所提高，表明 HNPK 处理主要提高了土壤碱解氮和有效磷，而 NPKM 处理可全面提升土壤氮磷钾养分。

　　与对照相比较，NPK 处理晚稻季土壤氮素和速效钾含量变化不明显，而土壤有效磷在齐穗期和成熟期分别增加了 43.9% 和 111.0%（图 3-82）。

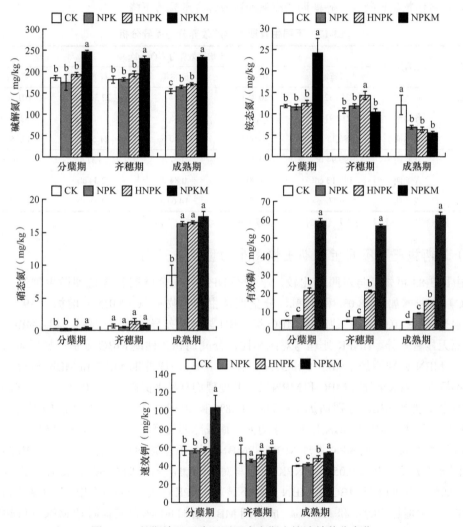

图 3-82　长期施肥下晚稻不同生育期土壤速效养分变化

　　HNPK 处理与对照相比，分蘖期、齐穗期和成熟期土壤有效磷分别显著提高 313.2%、344.7% 和 263.9%（$P < 0.05$），硝态氮和碱解氮略有提升。

　　NPKM 处理与对照相比，显著提高了各生育期土壤碱解氮和有效磷（$P < 0.05$），分蘖期、齐穗期和成熟期碱解氮分别提高了 33.2%、27.7% 和 51.7%，有效磷分别提高 1050.8%、

1096.8% 和 1361.8%，同时硝态氮和速效钾也有所提高。除有效磷外，晚稻季不同施肥处理对土壤速效养分的影响不如早稻季明显。

表 3-17 显示，早稻季和晚稻季土壤碱解氮随生育进程推进呈下降趋势，早稻和晚稻成熟期比分蘖期分别下降了 24.1% 和 9.6%。早稻季铵态氮先升后降，而硝态氮则呈先下降后上升趋势；晚稻季铵态氮呈下降趋势，成熟期比分蘖期下降了 51.1%。土壤硝态氮在早、晚稻季均以成熟期最高，这主要是由于水稻成熟期土壤由淹水的嫌气条件转变为好气条件，土壤铵态氮在微生物硝化作用下大量转化成硝态氮。早稻齐穗期有效磷比分蘖期下降了 39.0%，可能与分蘖 - 齐穗期水稻吸磷量较大有关，而该时期气温较低土壤有效磷补充不够及时；晚稻齐穗期有效磷下降不明显。早、晚稻季速效钾均以分蘖期最高，这主要由施肥引起，随着作物生长吸收，齐穗期和成熟期速效钾含量显著下降。

表3-17　不同生育期土壤速效养分的差异分析

作物	生育期	土壤速效养分 / (mg/kg)				
		碱解氮	铵态氮	硝态氮	有效磷	速效钾
早稻	分蘖期	245.52 a	20.86 b	2.54 c	22.36 ab	101.56 a
	齐穗期	210.91 b	27.57 a	0.45 d	13.56 c	42.76 d
	成熟期	186.18 de	19.69 b	5.80 b	21.58 b	45.35 cd
晚稻	分蘖期	199.94 bc	15.01 c	0.27 d	23.37 a	68.44 b
	齐穗期	197.13 cd	11.80 b	0.84 d	22.34 ab	51.44 c
	成熟期	180.72 e	7.67 e	14.63 a	22.81 ab	45.47 cd

注：同一列不同的小写字母表示不同时期存在显著差异（$P < 0.05$），下同。

（二）长期施肥下不同生育期土壤微生物量碳氮变化

由图 3-83 可知，与对照相比较，早稻季 NPK 处理分蘖期和齐穗期微生物生物量碳（MBC）分别增加了 28.0% 和 8.1%，分蘖期微生物生物量氮（MBN）增加了 39.0%，达显著水平（$P < 0.05$），其他时期 MBC 和 MBN 与对照差异不显著；各生育期 MBC/MBN 与对照无显著差异。HNPK 处理与对照相比，分蘖期和齐穗期 MBC 分别增加了 46.2% 和 15.2%，MBN 分别增加了 46.9% 和 39.4%（$P < 0.05$），成熟期 MBC 和 MBN 与对照相比差异不显著。NPKM 处理 MBC 和 MBN 较对照处理均有显著提高（$P < 0.05$），其中分蘖期、齐穗期和成熟期 MBC 分别增加 106.3%、31.8% 和 40.0%，MBN 分别增加 59.3%、56.4% 和 79.8%；分蘖期 MBC/MBN 显著高于对照，而成熟期显著低于对照（$P < 0.05$）。

晚稻季不同生育期 NPK 处理 MBC 和 MBN 与对照差异均不显著；齐穗期 MBC/MBN 比对照显著升高（$P < 0.05$）。HNPK 处理与对照相比，齐穗期 MBC 显著增加了 31.3%，（$P < 0.05$），其他时期 MBC 和 MBN 差异不显著。NPKM 处理与对照相比，分蘖期和齐穗期 MBC 分别增加 78.9% 和 103.7%，成熟期 MBN 增加 60.4%。其他时期 MBC 和 MBN 与对照差异不显著，各生育期 MBC/MBN 与对照无显著差异。

早稻和晚稻之间 MBN 差异不显著，但 MBC 及 MBC/MBN 差异达显著水平（$P < 0.05$），表明早稻和晚稻微生物数量和结构存在一定差异（表 3-18）。不同生育期 MBC 和 MBN 差异显著，早稻季 MBN 无明显的变化规律；而晚稻季 MBN 呈增加的趋势，成熟期比分蘖期增加了 107.8%；早稻和晚稻季 MBC 随生育期呈逐步增加的趋势，早成熟期分别增加了

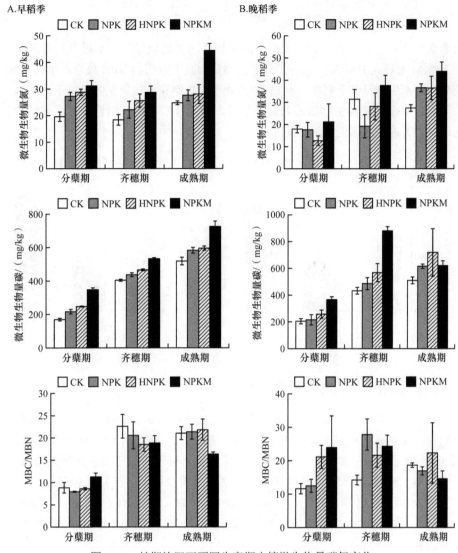

图 3-83　长期施肥下不同生育期土壤微生物量碳氮变化

147.3% 和 136.1%。早稻分蘖期 MBC/MBN 比值为 9.2，显著低于其他时期的 17.3 ～ 22.0（$P < 0.05$）。土壤微生物量碳氮比的变化反映了土壤微生物群落组成的变化，因此早稻分蘖期土壤微生物结构可能与其他时期有较大差异，具体原因还有待进一步研究。

表3-18　不同生育期土壤微生物生物量碳氮的差异分析

作物	生育期	MBN/（mg/kg）	MBC/（mg/kg）	MBC/MBN
早稻	分蘖期	27 bc	245 c	9.2 b
	齐穗期	24 c	460 b	20.1 a
	成熟期	31 ab	606 a	20.2 a
晚稻	分蘖期	17 d	261 c	17.3 a
	齐穗期	29 b	592 a	22.0 a
	成熟期	36 a	616 a	18.1 a

注：不同的小写字母表示不同时期存在显著差异（$P < 0.05$）。MBN 和 MBC 分别为微生物量氮和微生物量氮。

（三）长期施肥对不同生育期地上部干物质积累的影响

随着水稻生育进程，各处理生物量不断增加。施肥处理有利于水稻生物量累积。早稻和晚稻 NPKM 处理及 HNPK 处理各生育期生物量均高于对照和 NPK 处理，早稻 NPK 处理成熟期和分蘖期生物量高于对照，晚稻 NPK 处理成熟期和齐穗期生物量高于对照。多因素方差分析结果显示，晚稻生物量显著高于早稻，各生育期水稻生物量存在显著差异，同时施肥处理能显著提高水稻生物量（图 3-84）。

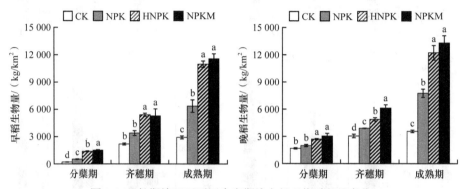

图 3-84　长期施肥下不同生育期地上部干物质积累变化

不同小写字母表示各生育期不同施肥处理之间存在显著差异（$P < 0.05$）

五、典型县域稻田土壤肥力时间演变

从 1982 年至 2017 年，除了土壤 pH 显著降低之外，土壤有机质、全氮、碱解氮、有效磷和速效钾含量均显著增加（表 3-19）。与 1982 年相比，2008 年土壤 pH 下降了 0.8，2017 年土壤 pH 下降了 1.1；2008 年土壤有机质、碱解氮、有效磷和速效钾含量分别比 1982 年提高了 20.8%、20.2%、255.7% 和 37.0%，2017 年土壤有机质、全氮、碱解氮、有效磷和速效钾含量分别比 1982 年提高了 29.2%、43.8%、24.7%、368.6% 和 42.2%。Fuzzy 方法显示，土壤综合肥力指数也呈显著增加趋势，2017 年的 IFI 分别比 1982 年和 2008 年增加了 29.1% 和 22.4%。

表3-19　长江中下游稻区典型县域近35年不同肥力稻田土壤肥力特征及其演变（江西进贤）

年份	肥力水平	pH	有机质/（g/kg）	全氮/（g/kg）	碱解氮/（mg/kg）	有效磷/（mg/kg）	速效钾/（mg/kg）	IFI
1982	低肥力（n=12）	5.6+0.20 b	19.4+1.72 c	1.1+0.07 c	103.2+7.60 c	5.1+1.14 a	48.9+6.19 a	0.32+0.03 c
	中肥力（n=20）	5.8+0.12 ab	27.6+0.73 b	1.5+0.05 b	132.9+4.29 b	7.1+0.91 a	49.3+4.76 a	0.52+0.01 b
	高肥力（n=21）	6.1+0.09 a	34.2+1.69 a	1.9+0.05 a	178.4+11.16 a	8.0+1.17 a	56.0+4.23 a	0.71+0.02 a
	平均（n=53）	5.9+0.08 a	28.4+1.12 b	1.6+0.05 b	144.2+6.44 b	7.0+0.64 c	51.9+2.81 b	0.55+0.02 b
2008	低肥力（n=21）	4.9+0.09 b	27.2+2.44 b	—	149.6+7.32 c	10.9+1.29 c	46.5+4.22 b	0.37+0.02 c
	中肥力（n=52）	5.1+0.06 a	36.2+1.15 a	—	173.3+2.95 b	22.0+1.07 b	73.2+5.64 a	0.59+0.01 b
	高肥力（n=21）	5.1+0.11 a	36.6+2.76 a	—	197.5+12.20 a	47.0+2.62 a	90.7+15.75 a	0.79+0.02 a
	平均（n=94）	5.1+0.04 b	34.3+1.09 a	—	173.3+3.79 a	24.9+1.54 b	71.1+4.87 a	0.58+0.02 b

续表

年份	肥力水平	pH	有机质/（g/kg）	全氮/（g/kg）	碱解氮/（mg/kg）	有效磷/（mg/kg）	速效钾/（mg/kg）	IFI
2017	低肥力（n=16）	4.6+0.04 c	36.7+2.27 b	2.0+0.12 c	110.3+6.89 c	31.0+4.43 a	62.4+6.49 b	0.53+0.01 c
	中肥力（n=79）	4.8+0.03 b	36.2+0.90 b	2.3+0.04 b	189.8+4.92 b	33.1+1.85 a	73.8+4.92 b	0.73+0.01 b
	高肥力（n=8）	5.2+0.08 a	42.2+1.25 a	2.7+0.06 a	219.7+6.39 a	33.6+3.32 a	97.2+7.8 a	0.91+0.01 a
	平均（n=103）	4.8+0.03 c	36.7+0.72 a	2.3+0.04 a	179.8+4.84 a	32.8+1.56 a	73.8+3.67 a	0.71+0.01 a

运用主成分分析法探究进贤县 1982 年、2008 年和 2017 年三个时期土壤 pH、有机质、碱解氮、有效磷和速效钾 5 个肥力指标对土壤综合肥力的影响，结果见表 3-20。进贤县三个时期稻田土壤肥力指标综合得分由大到小依次分别为：碱解氮＞有效磷＞ pH ＞速效钾＞有机质（1982 年）；pH ＞有效磷＞速效钾＞有机质＞碱解氮（2008 年）；速效钾＞有效磷＞ pH ＞碱解氮＞有机质（2017 年），说明碱解氮、pH 和速效钾分别为三个时期影响进贤县稻田土壤肥力空间分布特征的关键因素。

表3-20　长江中下游稻区典型县域近35年不同肥力稻田土壤肥力指标关键因素（江西进贤）

肥力指标	指标权重		
	1982 年	2008 年	2017 年
pH	0.187	0.294	0.21
有机质	0.165	0.184	0.16
碱解氮	0.271	0.051	0.193
有效磷	0.206	0.247	0.218
速效钾	0.17	0.224	0.219

六、小结

近 40 年来，长江中下游稻作区不同肥力水平的稻田均呈现出土壤酸化的趋势，且低肥力和中肥力酸化程度高于高肥力，这与中、低肥力稻田只施用化学氮肥有关；高肥力稻田的耕层土壤容重显著降低且低于低肥力和中肥力稻田，低肥力和中肥力稻田在近 40 年内变化极小；高肥力稻田的土壤微生物量、有机碳、氮磷钾含量均显著高于中低肥力稻田。通过回归分析表明，高肥力稻田大多数肥力指标和综合肥力指数的提升速率高于中低肥力稻田。

从双季稻关键生育期土壤肥力变化来看，不同施肥处理早稻和晚稻在不同生育期土壤速效养分之间变化规律不尽相同，这可能与早、晚稻季有机肥投入差异和水稻不同生育阶段对不同养分吸收差异有关。早稻和晚稻土壤微生物生物量随生育期的推进和土壤肥力水平的提高而增加，且增施有机肥显著提高了土壤微生物量。

县域尺度的时间演变表明，从 1982 年至 2008 年，土壤 pH 下降了 0.87，其他土壤肥力指标均显著增加；而从 2008 年至 2017 年，土壤 pH、有机质、碱解氮略有降低，有效磷和速效钾均有所增加；与 1982 年相比，2017 年除了土壤 pH 减低之外，土壤有机质、全氮、碱解氮、有效磷和速效钾均显著增加。利用 Fuzzy 计算的土壤综合肥力指数（IFI）显示，2008 年和 2017 年的 IFI 显著高于 1982 年。

第四节　长江中下游水旱轮作稻区土壤肥力时间演变与评价

一、研究区域与方法

（一）试验地概况

试验在位于安徽省合肥市大杨镇的合肥高新技术农业园（31°92′N，117°20′E）内进行，该地区为亚热带湿润季风气候，气候温和，雨量适中，光照充足，无霜期长，多年平均气温 15.3℃，年平均日照时数 2100 h，年平均无霜期 227 d，年平均降水量 1000 mm 左右。种植制度为"水稻—小麦"轮作，供试土壤为 2 年水稻—小麦秸秆连续还田的黄褐土。试验开始时其 0 ～ 20 cm 耕层土壤基本理化性质为：pH 6.15，有机质 11.4 g/kg，全氮 0.48 g/kg，碱解氮 45.8 mg/kg，有效磷 6.3 mg/kg，速效钾 163 mg/kg。

（二）试验设计

试验设置 4 个处理（表3-21）。①CK：不施肥；②F：测土配方施肥；③FS：测土配方施肥＋秸秆还田（秸秆替代 20% 化肥 P）；④FM：测土配方施肥＋猪粪（猪粪替代 20% 化肥 N）。每个处理设 3 个重复，试验小区面积为 12 m²，随机排列，小区用塑料板围起，高出田面 20 cm 以减少侧渗和串流，各小区独立灌排。化肥为尿素（含 N 46%）、过磷酸钙（含 P_2O_5 12%）和氯化钾（含 K_2O 60%）。小麦秸秆养分含量为 N 5.9 g/kg、P_2O_5 2.7 g/kg、K_2O 5.7 g/kg。水稻秸秆养分含量为 N 8.3 g/kg、P_2O_5 1.1 g/kg、K_2O 18.5 g/kg。猪粪养分含量为 N 29.6 g/kg、P_2O_5 24.7 g/kg、K_2O 11.5 g/kg。水稻氮肥基肥、分蘖期追肥和抽穗期追肥的施用比例为 6：3：1，小麦氮肥基肥和返青期追肥的施用比例为 6：4，磷钾肥、秸秆和猪粪做基肥施用，在整地之前一次性施入，追肥采用撒施方式施入。秸秆还田方式为人工切碎，长度为 10 cm 左右，撒施于田间后，翻耕混匀。猪粪自然风干后施用。各处理田间病虫草害管理措施与当地大田生产相同。

表3-21　各试验处理施肥量　　　　　　　　　　（单位：kg/hm²）

	处理	施肥量					养分总量		
		化肥			秸秆	猪粪	N	P_2O_5	K_2O
		N	P_2O_5	K_2O					
水稻季	CK	0	0	0	0	0	0	0	0
	F	180	75	90	0	0	180	75	90
	FS	180	60	60	5 500	0	212	75	90
	FM	144	45	75	0	1 250	180	75	90
小麦季	CK	0	0	0	0	0	0	0	0
	F	180	90	90	0	0	180	90	90
	FS	180	72	0	16 500	0	180	90	305
	FM	144	60	75	0	1 250	180	90	90

（三）测定项目与方法

在水稻季成熟期取样考种，考察水稻产量构成因素：有效穗数、每穗粒数、结实率和千粒重。水稻收获时，测定各小区稻谷实际产量。水稻收获后采集土壤样品，每小区用不锈钢土钻，采用对角线法取 0 ~ 20 cm 耕层土壤 5 个点，充分混匀后制成混合样品。土样运回实验室后，除去植物残根等杂物，在室温条件下风干磨细过筛，用于土壤肥力指标测定。土壤肥力指标测定方法参照《土壤农业化学分析方法》（鲁如坤，2000）：土壤有机质采用 $K_2Cr_2O_7$-H_2SO_4 氧化法测定；土壤全氮采用凯氏定氮法测定；土壤碱解氮采用碱解扩散法测定；土壤有效磷采用 $NaHCO_3$ 浸提 - 钼锑抗比色法测定；土壤速效钾采用 NH_4OAc 浸提 - 火焰光度计法测定。

二、土壤化学肥力时间演变

与不施肥处理（CK）相比，测土配方施肥（F）、测土配方施肥＋秸秆还田（FS）及测土配方施肥＋猪粪处理（FM）均提高了土壤有机质含量，其中测土配方施肥＋秸秆还田处理（FS）显著增加了土壤有机质含量（表 3-22）（$P < 0.05$）。对于土壤全氮含量来说，不施肥处理（CK）、测土配方施肥（F）及测土配方施肥＋猪粪处理（FM）间无显著性差异；与测土配方施肥（F）及测土配方施肥＋猪粪处理（FM）相比，测土配方施肥＋秸秆还田处理（FS）显著提高了土壤全氮含量（$P < 0.05$）。与测土配方施肥处理（F）相比，测土配方施肥＋秸秆还田（FS）及测土配方施肥＋猪粪处理（FM）下的土壤碱解氮含量有增加的趋势，但处理间的差异没有达到显著水平。与不施肥处理（CK）相比，测土配方施肥（F）、测土配方施肥＋秸秆还田（FS）及测土配方施肥＋猪粪处理（FM）均显著提高了土壤有效磷含量（$P < 0.05$），其中测土配方施肥＋猪粪处理（FM）的效果最为显著，其次为测土配方施肥＋秸秆还田处理（FS）。对于土壤速效钾含量的提升来说，测土配方施肥＋秸秆还田处理（FS）的效果最为显著。

表3-22　不同施肥处理对土壤养分含量的影响

处理	有机质 / (g/kg)	全氮 / (g/kg)	碱解氮 / (mg/kg)	有效磷 / (mg/kg)	速效钾 / (mg/kg)
CK	11.3±0.9 b	0.55±0.02 b	42.2±3.5 b	4.6±1.4 c	171±4 c
F	11.7±0.6 ab	0.58±0.05 b	48.0±2.9 ab	8.1±0.2 c	202±14 b
FS	13.2±1.3 a	0.69±0.06 a	56.3±5.7 a	13.7±3.1 a	234±9 a
FM	12.0±0.3 ab	0.58±0.08 b	54.7±5.0 a	21.2±3.9 a	208±24 ab

注：表中数据为"平均值 ± 标准差"。同一列不同字母表示处理间差异达到 5% 显著水平。

与不施肥处理（CK）相比，各施肥处理均显著提高了水稻产量（$P < 0.05$），但对水稻的千粒重没有明显影响，测土配方施肥＋秸秆还田（FS）及测土配方施肥＋猪粪处理（FM）的增产效果最为显著，这两个处理下的水稻产量分别比测土配方施肥处理（F）高出 26.0% 和 25.1%，其中起主要作用的产量构成因素是水稻的有效穗数和每穗粒数（表 3-23）。该研究表明，化肥配合秸秆还田或猪粪施用有利于提高水稻产量和培肥土壤。

表3-23　不同施肥处理对水稻产量及其构成的影响

处理	有效穗数 / （×10⁴/hm²）	每穗粒数	结实率 /%	千粒重 /g	产量 / （kg/hm²）
CK	250.0±25.0 b	104.3±4.1 c	84.3±4.5 a	25.6±0.9 a	3303.0±200.1 c
F	325.0±25.0 a	131.6±6.4 ab	77.5±3.2 b	25.5±0.2 a	5519.4±401.2 b
FS	339.6±29.0 a	142.0±5.5 a	81.4±3.9 ab	25.0±0.1 a	6953.5±705.7 a
FM	311.5±67.9 ab	128.7±1.4 b	81.6±2.1 ab	25.8±0.5 a	6903.5±218.1 a

注：表中数据为"平均值 ± 标准差"。同一列不同字母表示处理间差异达到 5% 显著水平。

三、典型县域稻田土壤肥力时间演变

2009 年庐江县稻田肥力监测区域土壤 pH 平均值为 5.58，呈弱酸性，2018 年监测区域稻田土壤 pH 平均值为 5.54，呈弱酸性（表 3-24）；总体上来看，与 2009 年相比，庐江县稻田肥力监测区域 2018 年土壤 pH 降低幅度很小。2009 年庐江县稻田肥力监测区域土壤有机质含量平均值为 24.0 g/kg，2018 年土壤有机质含量平均值为 27.4 g/kg；与 2009 年相比，庐江县稻田肥力监测区域 2018 年土壤有机质含量增加了 14.3%，年增加量为 0.4 g/kg。2009 年土壤全氮含量平均值为 1.34 g/kg，2018 年土壤全氮含量平均值为 1.51 g/kg；与 2009 年相比，庐江县稻田肥力监测区域 2018 年土壤全氮含量增加了 12.2%，年增加量为 0.02 g/kg，土壤全氮含量的增幅与土壤有机质含量的增幅基本接近。2009 年土壤有效磷含量平均值为 7.8 mg/kg，2018 年土壤有效磷含量平均值为 10.6 mg/kg；与 2009 年相比，庐江县稻田肥力监测区域 2018 年土壤有效磷含量增加了 36.4%，年增加量为 0.3 mg/kg。2009 年土壤速效钾含量平均值为 88 mg/kg，2018 年土壤速效钾含量平均值为 120 mg/kg；与 2009 年相比，庐江县稻田肥力监测区域 2018 年土壤速效钾含量增加了 36.6%，年增加量为 4 mg/kg。2009 年庐江县稻田肥力监测区域土壤综合肥力指数平均值为 0.65，2018 年土壤综合肥力指数平均值为 0.77；与 2009 年相比，庐江县稻田肥力监测区域 2018 年土壤综合肥力指数增加了 18.5%，年增加量为 0.01。

表3-24　庐江县稻田土壤肥力指标变化

年份	pH	有机质 / （g/kg）	全氮 / （g/kg）	有效磷 / （mg/kg）	速效钾 / （mg/kg）	土壤综合肥力指数
2009	5.58	24.0	1.34	7.8	88	0.65
2018	5.54	27.4	1.51	10.6	120	0.77

第五节　长江中下游单季稻区土壤肥力时间演变与评价

潴育型水稻土是我国水稻土主要分布区——太湖地区的主要类型，广泛分布于该区的太湖平原、杭嘉湖平原与上海平原。该区 90% 左右的耕地为稻田，水稻土类型主要为潴育型，潴育型水稻土占太湖平原稻田的 70% 左右（袁平等，2019）。太湖地区系我国现代农业最发达区域之一，自古至今就是著名的"鱼米之乡"，其独特的经济、地理区位优势，使得该区农业生产与技术在我国占有关键性现实地位和前瞻性导向作用。

太湖地区是我国水稻种植最为集中、历史最为悠久的地区之一，2004 年在昆山市的考古工作中发现，该区水稻栽培历史距今已有 6200 年，是我国水稻栽培的两个发源地之一（李春海等，2006；杨用钊，2006；李夏，2008）。同时水稻土分布面积大，仅太湖地区水田面积就约有 53.7 万 hm^2。太湖地区水稻土成土母质主要有黄土状沉积物、冲积物、湖积物、下蜀黄土与红土等，稻田多分布于平原与圩区，稻麦复种连作是该区最主要的土地利用方式。研究太湖地区稻麦轮作下水稻土土壤肥力演变，对实现国家"藏粮于地"、"肥料减量"和"环境保护"的战略构想具有重要意义。

目前农田土壤肥力的演化研究主要依托于各类肥料长期定位试验（钦绳武等，1998；范钦桢和谢建昌，2005；王伯仁等，2008），通过长期监测和收集，系统评估不同肥力条件下土壤养分指标的时序演变（张淑香，2015；孙本华，2015）。同时，土壤综合肥力指数也常用来表征土壤肥力（陈吉等，2010；郝小雨等，2015；颜雄等，2015；邓绍欢等，2016；柳开楼，2018），其常通过最小数据集，如选用土壤 pH、有机质、有效磷、速效钾和 CEC（曹志洪和周健民，2008；徐建明等，2010），采用因子分析法等计算土壤综合肥力指数。但土壤综合肥力指数能否反映不同肥力等级土壤条件下（如高肥、中肥和低肥）作物产量变化趋势，仍值得细致研讨。本研究主要基于太湖地区长期肥料定位试验（始于 1980 年），研究不同肥力等级土壤（高、中、低三个等级）土壤养分因子的时间演替、土壤综合肥力指数与水稻产量之间的关系。

一、研究区域与方法

（一）研究区域

国家农业科学土壤质量相城观测实验站处于长三角地区（太湖流域）核心区域，属北亚热带湿润季风气候，四季分明，热量充裕，无霜期长，雨水丰沛，光照充足；$\geqslant 10℃$ 的年有效积温为 4650 ～ 5227℃，无霜期 212 ～ 268 d，年平均太阳总辐射能为 $4.15×10^5$ ～ $5.02×10^5 J/cm^2$，热量两熟有余、三熟不够，年降水量为 1000 ～ 1465mm，雨热同季，总的来说对农业生产十分有利。实验站所处区域土壤为典型中性水稻土（重壤质黄泥土，潜育型，成土母质为黄土状沉积物），保水保肥性能好。

（二）试验设计

试验从 1980 年开始，原始耕层土壤（0 ～ 15 cm）基本性质为：有机质 24.2 g/kg，全氮 1.4 g/kg，全磷 0.98 g/kg，有效磷 8 mg/kg，速效钾 127 mg/kg，pH6.8。种植制度为小麦、水稻复种连作。试验共设 14 个处理：① 不施肥（C0）；② 化学氮（CN）；③ 化学氮磷（CNP）；④ 化学氮钾（CNK）；⑤ 化学磷钾（CPK）；⑥ 化学氮磷钾（CNPK）；⑦ 秸秆还田 + 化学氮（CRN）；⑧ 有机肥 + 化学氮（MN）；⑨ 有机肥 + 化学氮磷（MNP）；⑩ 有机肥 + 化学氮钾（MNK）；⑪ 有机肥 + 化学磷钾（MPK）；⑫ 有机肥 + 化学氮磷钾（MNPK）；⑬ 有机肥 + 秸秆还田 + 化学氮（MRN）；⑭ 有机肥（M0）。每个处理重复 3 次，小区面积 20 m^2，裂区排列。用花岗岩作固定田埂，入土深 25 cm，中间设水渠，每小区中间留有缺口，从南至北 80 m 之间有两条地下暗沟贯穿每一小区，在每个小区的缺口对面均有 30 cm 深的暗管。试验田的南、北两头均有较大面积的保护行。东、西两边保护行约 1 m 左右，在保护行之外两边都有深沟排水。肥料用量为年施用 N 300 kg/hm^2、P_2O_5 119.4 kg/hm^2、K_2O 179.9 kg/hm^2。所有施氮小区施氮量相同，施磷小区施磷量相同，施钾小区施钾量相同，施有机肥小区的有机肥用量也相同。有机肥为猪粪和菜籽饼，相当于每年投入 103.1 kg N、82.7 kg P_2O_5 和 70.1 kg K_2O，有机肥作为基肥使用。秸秆还田量为每年大约 4500 kg/hm^2。

为系统评估本地区中性水稻土肥力水平差异导致的土壤物理、化学和生物学性质变化，本研究通过 Fuzzy 法（曹志洪和周健民，2008；徐建明等，2010）进一步将各处理划分为低、中、高肥力水平，具体低、中、高肥力对应的处理和施肥量见表 3-25。

表3-25　中性稻田长期试验各处理Fuzzy法分类

肥力水平	处理
低	C0、CN、CNK
中	CNP、CPK、CRN、CNPK、M0、MRN、MNK、MN
高	MNPK、MPK、MNP

（三）水稻产量测定

在成熟期收获，各小区采取人工收割，脱粒后晾晒，称重，换算成每年每公顷籽粒产量。

（四）土壤样品采集和常规理化指标测定

从 1980 年开始，在每年晚稻收获后取 0 ~ 20 cm 的土壤样品，每小区随机采集 5 个点，同一小区样品混合后独立分装，混合均匀，带回实验室风干，手工拣去根茬、动物残体和石块等杂物，研磨并过 2 mm 和 0.15 mm 筛，备土壤养分分析。土壤有机质采用 $K_2Cr_2O_7$-H_2SO_4 氧化法测定；全氮用半微量凯氏法测定；全磷用硫酸 - 高氯酸消煮，钼锑抗比色法；有机质为重铬酸钾氧化法（180℃油浴）；有效磷采用 $NaHCO_3$ 浸提 - 钼锑抗比色法；速效钾采用 NH_4OAc 浸提 - 火焰光度计法；碱解氮测定采用碱解扩散法。以上指标测定的详细步骤参考《土壤农业化学分析方法》（鲁如坤，2000）。

（五）土壤综合肥力质量指数计算

在前人研究的基础上（曹志洪和周健民，2008；徐建民等，2010），本研究选用土壤有机质、全氮、全磷、有效磷、碱解氮和速效钾共 6 项土壤肥力特性作为此次土壤肥力综合评价的参考指标。首先，对上述各项土壤肥力质量指标建立与之对应的隶属函数，计算其隶属度值，以此来表示各肥力指标的状态值。结合《土壤质量指标与评价》（曹志洪和周健民，2008）和中性土壤的具体实际，土壤有机质、总氮、总磷、碱解氮、有效磷和速效钾在隶属度函数曲线转折点 X_1 的相应取值分别为 10 g/kg、1 g/kg、0.45 g/kg、100 mg/kg、3 mg/kg 和 50 mg/kg，X_2 的相应取值分别为 30 g/kg、2.5 g/kg、1.5 g/kg、200 mg/kg、15 mg/kg 和 150 mg/kg。根据评价指标得分函数类型（曹志洪和周健民，2008），可以得出各项肥力质量指标的隶属度值。

权重的计算步骤为：①建立各肥力质量指标的相关系数；②以某一肥力质量指标与其他肥力质量指标之间相关系数的平均值和所有肥力质量指标相关系数平均值总和所得到的比值为单项肥力质量指标在表征土壤肥力质量中的贡献率，即权重系数。

由加乘法则，得到评价土壤综合肥力指数（integrated fertility index，IFI）。计算公式为：

$$IFI = \sum W_i \times N_i \tag{3-2}$$

式中，IFI 为土壤综合肥力指数；W_i 和 N_i 表示第 i 种肥力质量指标的权重系数和隶属度值。

（六）数据分析

试验数据用 Excel 2010 整理，运用 SPSS 17.0 进行相关性分析及显著性检验

（$P < 0.05$）。为避免个别年份点位差异对产量及土壤肥力指标造成影响，本研究按照监测点位的试验年限每隔 5 年划分成 8 个阶段，分别为 1980～1984 年（5 年）、1985～1989 年（10 年）、1990～1994 年（15 年）、1995～1999 年（20 年）、2000～2004 年（25 年）、2005～2009 年（30 年）、2010～2014 年（35 年）和 2015～2019 年（40 年）。本研究中所涉及的产量及土壤肥力指标的时间变化趋势数据采用箱式图进行表示，产量及土壤肥力指标与试验年限的量化关系均采用线性拟合方程进行拟合。

二、土壤化学肥力时间演变

（一）土壤有机质

经过持续 40 年的土壤差异化施肥，按照 Fuzzy 方法和肥力指数，可将太湖地区典型稻麦轮作土壤分成高、中、低三个土壤肥力等级。整体而言，高、中、低三个肥力等级下土壤有机质平均含量分别为 30.2 g/kg、29.1 g/kg 和 26.2 g/kg，高肥力等级土壤有机质平均含量显著高于低肥力水平，增幅为 15.2%。同时在高、中、低三个不同土壤肥力等级下，土壤有机质含量在时间序列上均呈线性增长趋势（图 3-85）。由线性回归模型分析可知，在中肥力和高肥力等级下，土壤有机质含量显著增长，年均有机质含量增长速率均达 0.09 g/(kg·a)；而在低肥力等级下，土壤有机质含量时间序列增长不显著。

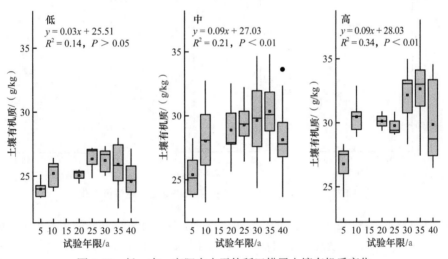

图 3-85　低、中、高肥力水平的稻田耕层土壤有机质变化

（二）土壤全氮和碱解氮

如图 3-86 所示，高、中、低三种肥力等级下，土壤全氮含量具有极显著差异（$P < 0.01$），高、中、低三种肥力等级土壤 40 年平均土壤全氮含量分别为 1.8 g/kg、1.7 g/kg 和 1.5 g/kg。值得注意的是，不同肥力等级下，时间序列上土壤全氮均呈极显著线性增长趋势（线性回归模型，$P < 0.01$），土壤年均全氮增长速率在高、中、低三种肥力等级下均为 0.01 g/(kg·a)，表明在本区域和研究时间范围内，土壤全氮含量的年均增长速率并不依赖土壤现有肥力状况。

土壤碱解氮含量的时间演替趋势与土壤全氮显著不同，高、中、低三种肥力等级 40 年土壤碱解氮平均含量并无显著差异（图 3-87），高、中、低三种肥力等级 40 年土壤碱解氮

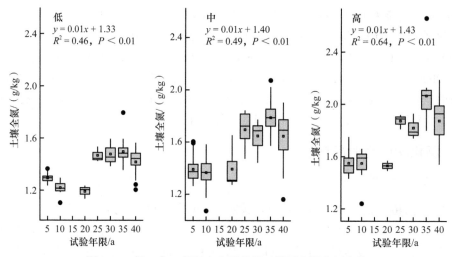

图 3-86　低、中、高肥力水平的稻田耕层土壤全氮变化

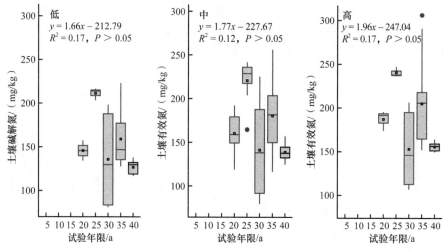

图 3-87　低、中、高肥力水平的稻田耕层土壤碱解氮变化

含量范围为 178 ～ 188 mg/kg。线性回归分析也表明,高、中、低三种肥力等级下土壤碱解氮在时间序列上并无显著变化。太湖稻区为古水稻土,耕作时间较长,土壤有效氮养分含量总体上已趋于稳定。

(三)土壤全磷和有效磷

在本地区水稻土中,土壤全磷含量在高、中、低三个肥力等级中差异极显著($P < 0.01$),高、中、低三种肥力等级 40 年全磷平均含量分别为 1.0 g/kg、0.6 g/kg 和 0.4 g/kg。在 40 年的时间演替过程中,高、中两种肥力等级土壤全磷呈极显著线性增长($P < 0.01$),高、中肥力水平下年均全磷增长速率分别为 0.02 g/(kg·a) 和 0.004 g/(kg·a);而低等级肥力水平下,土壤全磷含量有降低趋势(图 3-88)。

土壤有效磷(Olsen-P)在高、中、低三种肥力等级下的平均含量差异极显著,这一结果与全磷含量类似(图 3-89)。高、中、低三种肥力等级 40 年土壤有效磷平均含量分别为 56 mg/kg、19 mg/kg 和 3 mg/kg。高、中、低三种肥力等级土壤有效磷平均含量的时间演替

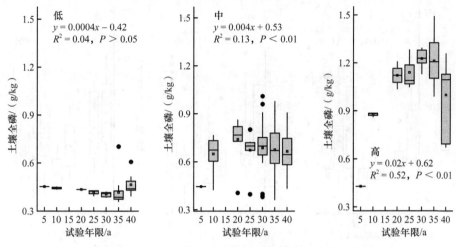

图 3-88　低、中、高肥力水平的稻田耕层土壤全磷变化

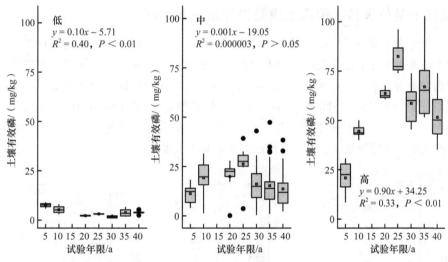

图 3-89　低、中、高肥力水平的稻田耕层土壤有效磷变化

规律与全磷略有不同，其中高肥力等级土壤呈现极显著线性增长（$P < 0.01$），有效磷含量年均增长速率为 0.9 mg/(kg·a)；中肥力等级土壤有效磷基本保持稳定（$P > 0.05$）；而低肥力等级土壤有效磷含量呈极显著降低（$P < 0.01$），年均降低速率为 0.1 mg/(kg·a)。本地区稻田土壤在不同肥力等级下应采用不同的施肥策略，在低肥力等级下应增加磷肥投入，在中等肥力等级下应维持磷肥投入，而在高肥力水平下可降低磷肥施用量或者不施磷（Shen et al.，2007；Shi et al.，2015）。

（四）土壤速效钾

　　土壤速效钾是水稻钾元素的重要来源，经过 40 年的差异化施肥，高、中、低三个等级土壤速效钾含量差异不显著（$P > 0.05$）（图 3-90），高、中、低三个肥力等级土壤的速效钾含量变化范围为 77 ～ 80 mg/kg。且经线性模型评估，高、中、低三个肥力等级土壤速效钾含量在时间序列下并无显著的变化趋势（$P > 0.05$）。整体而言，本地区土壤钾素略微亏缺（Shen et al.，2007），在不同肥力等级条件下均应该施入钾肥，以满足作物需求（Shen et al.，2007）。

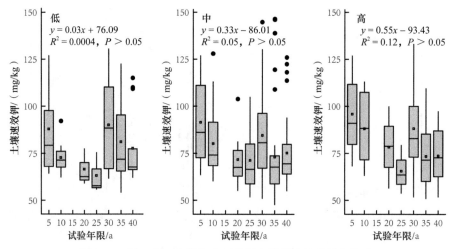

图 3-90　低、中、高肥力水平的稻田耕层土壤速效钾变化

三、长江下游单季稻区稻田土壤肥力评价及其特征

在综合考虑土壤有机质、土壤全氮、土壤全磷、土壤碱解氮、土壤速效钾和有效磷指标基础上，通过 Fuzzy 方法及推荐的养分指标隶属值，高、中、低不同肥力等级的土壤综合肥力指数差异显著（$P < 0.01$）（图 3-91）。其中，高、中和低三个肥力等级的土壤综合肥力指数分别为 0.728、0.580 和 0.374。采用线性模型拟合 40 年间不同肥力等级土壤综合肥力指数，结果表明，不同肥力等级土壤综合肥力指数均无显著变化趋势（$P > 0.05$），表明在不改变现有施肥策略条件下，土壤肥力状态基本能维持稳定。

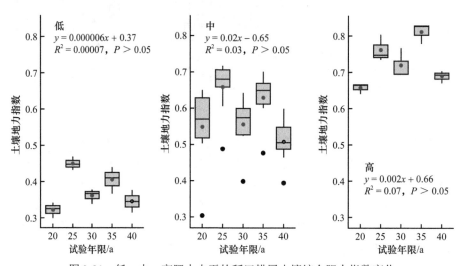

图 3-91　低、中、高肥力水平的稻田耕层土壤综合肥力指数变化

进一步研究表明，本研究中土壤综合肥力指数与水稻产量存在密切关系（图 3-92），通过线性方程对土壤综合肥力指数与水稻产量拟合，土壤综合肥力指数可以在一定程度上反映水稻生产能力（$R^2=0.23$，$P < 0.01$），当土壤综合肥力指数增加 0.1，水稻产量可以提高 382 kg/hm^2。若将高、中、低三个肥力等级土壤综合肥力指数与水稻产量分开分析，其中高、中肥力等级土壤综合肥力指数与水稻产量无显著相关关系（$P > 0.05$），而在低肥力等

级下，土壤综合肥力指数与水稻产量差异显著（$P < 0.01$），表明在低肥力条件下，水稻产量对土壤肥力的依赖更为显著。

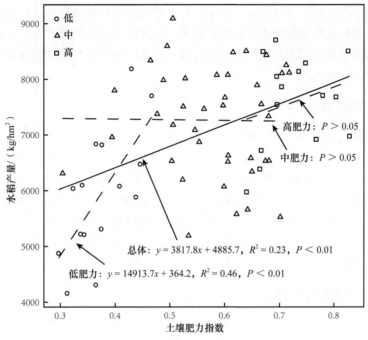

图 3-92　稻田耕层土壤综合肥力指数与水稻产量的相互关系

四、长江中下游单季稻区水稻产量变化

40 年的试验结果表明，高、中、低三种肥力等级的稻田水稻产量差异显著（$P < 0.05$），高、中和低三个土壤肥力等级下，水稻产量分别为 7076 kg/hm^2、6808 kg/hm^2 和 5862 kg/hm^2（图 3-93）。随着试验年限的增加，低肥力等级土壤的水稻产量略有降低或稳定不变；线性拟合方程显示高中肥力等级下水稻产量显著持续增加（$P < 0.05$），且高肥力等级土壤水稻产量年均增长 74 kg/hm^2，较中等肥力等级土壤水稻增产速率提高 59%。结果表明，高肥力条件下水稻产量仍有提升空间，另外，增加低肥力条件下土壤养分投入，可有效提高水稻产量。

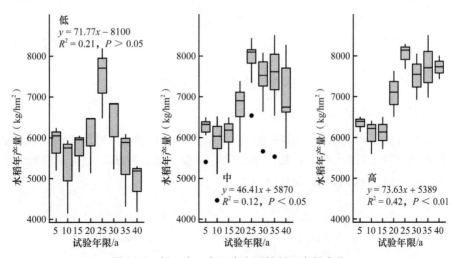

图 3-93　低、中、高肥力水平的稻田产量变化

第六节　北方（东北）一熟稻区土壤肥力时间演变与评价

研究水稻土水耕熟化过程的关键在于理解土壤理化性质随种稻年限增加的变化模式及程度，若没有长期定位试验的连续监测，则采样有难度。目前绝大部分研究借助时空替换法，同一时间采集特定范围内不同开垦年限或种稻时间的土样，强化时间范畴的变化，弱化其他干扰因素的影响。

一、研究区域与方法

本研究的研究区域为黑龙江省方正县德善乡、松南乡和方正镇，选择种稻年限分别为0、10年、20年、30年和40年的稻田，土壤类型均为白浆型水稻土。在同一种稻年限区域内，随机选择3块田，作为3次重复，每块田在半径500 m范围内采集3～5个采样点，按剖面不同深度（0～20 cm、20～40 cm、40～60 cm、60～80 cm、80～100 cm）取土，充分混合后以四分法取混合土样，并记录稻田肥料投入情况。样品自然风干，剔除动植物残渣等杂质并过筛，用于测定土壤pH、全氮、有效磷、速效钾、有机质和阳离子交换量（CEC）等指标。

二、土壤化学肥力时间演变

（一）pH 变化

方正县不同种稻年限（0、10年、20年、30年、40年）0～20 cm土层土壤pH随着种稻年限呈降低趋势（图3-94），连续种稻40年与种稻10年相比较，其土壤pH下降了0.23。20～40 cm土层土壤pH较0～20 cm土层增加0.04～0.52，且随着种稻年限的增加，变化幅度减小。

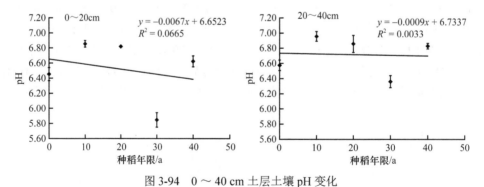

图3-94　0～40 cm土层土壤pH变化

（二）有机质和全氮含量

表层土壤有机质和全氮含量随种稻年限呈现前期快速增加、后期增速变缓、总体呈现增加的趋势（图3-95）。与未种稻土壤比较，随着水稻的种植，土壤有机质含量增加17%～60%；土壤全氮含量增加8%～43%。

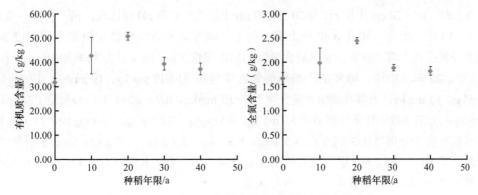

图 3-95　0～20 cm 土层土壤有机质和全氮含量变化

（三）碱解氮含量

0～20 cm 土层土壤碱解氮含量随着种稻年限增加（图 3-96），呈略微降低趋势，每 10 年降低约 3.9 mg/kg。20～40 cm 土层土壤碱解氮含量低于 0～20 cm 土层 11～66 mg/kg，该层次土壤碱解氮含量波动幅度较大，随着种稻年限的增加未呈现明显变化规律。

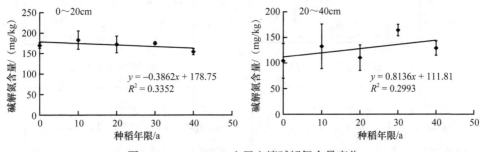

图 3-96　0～40 cm 土层土壤碱解氮含量变化

（四）有效磷含量

0～20 cm、20～40 cm 土层土壤有效磷含量随着种稻年限增加而显著增加（$P < 0.05$）（图 3-97），两个不同土层土壤有效磷含量每 10 年大约分别增加 6.2 mg/kg 和 4.8 mg/kg。

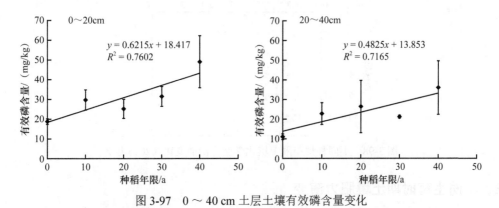

图 3-97　0～40 cm 土层土壤有效磷含量变化

（五）不同种稻年限稻田剖面土壤肥力特征

由图 3-98 可见，北方（东北）一熟稻区，不同种稻年限稻田土壤 pH 均随着土层深度的增加而上升，0～20 cm 土层 pH 与 20～100 cm 土层土壤最高 pH 相比较，相差 0.04～0.52。种稻 0、10 年、20 年、30 年、40 年土壤，其土壤碱解氮和有效磷含量随着土层深度增加而显著降低；其土壤速效钾和有机质含量随土层深度增加而增加。土层每增加 10 cm，种稻 0、10 年、20 年、30 年、40 年的土壤碱解氮含量分别下降 17 mg/kg、19 mg/kg、17 mg/kg、15 mg/kg、13 mg/kg；土壤有效磷含量分别下降 0.7 mg/kg、0.9 mg/kg、1.3 mg/kg、1.3 mg/kg、3.0 mg/kg；土壤速效钾含量分别增加 5.9 mg/kg、9.5 mg/kg、7.8 mg/kg、12.4 mg/kg、15.9 mg/kg；土壤有机质含量分别增加 3.2 g/kg、4.5 g/kg、5.5 g/kg、3.7 g/kg、3.7 g/kg。随着水稻种植年限增加，其 80～100 cm 土层土壤有效磷含量较同一层次未种水稻的高出 47.0%～133.5%，含量最高达到 28 mg/kg，存在潜在的环境风险。

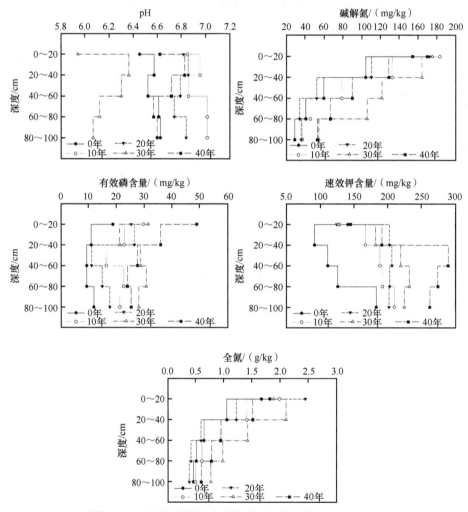

图 3-98　不同种稻年限土壤化学肥力剖面变化（2016 年）

三、不同生育时期土壤肥力演变

基于黑龙江省哈尔滨市民主试验基地不同施肥模式（5 个处理）和不同栽培模式（6 个处理）定位试验，对水稻分蘖期、齐穗期和成熟期土壤样品进行采集，并测定各生育期水稻干物重，以及土壤 pH、碱解氮、有效磷、速效钾、有机质和全氮含量，从而分析不同施肥和耕作措施下水稻生长季内土壤肥力演变特征。

不同施肥定位试验始于 2015 年，处理详情如下。处理 1：不施氮肥，全部 P_2O_5（70 kg/hm²）和 K_2O（60 kg/hm²）做基肥一次性施用。处理 2：常规 NPK，施纯氮 180 kg/hm²，基肥：分蘖肥：穗肥 =4∶3∶3，全部 P_2O_5（70 kg/hm²）和 K_2O（60 kg/hm²）做基肥一次性施用。处理 3：30% 有机肥 N+70% 化肥 N，有机肥全部做基肥，并补充 10% 化肥 N。分蘖肥和穗肥 N 以化肥 N 施用，同处理 2。P、K 肥扣除有机肥中的含量，不足部分用化肥补充。P、K 肥的施用量和时期同处理 2。处理 4：50% 有机肥 N+50% 化肥 N，有机肥全部做基肥。分蘖肥和穗肥 N 以化肥 N 施用，同处理 2（N 肥运筹为 4∶3∶3，穗肥减 10%）。P、K 肥扣除有机肥中的含量，不足部分用化肥补充。P、K 肥的施用量和时期同处理 2。处理 5：100% 有机肥 N，全部以有机肥 N 做基肥施用。P、K 肥扣除有机肥中的含量，不足部分用化肥补充。P、K 肥的施用量和时期同处理 2。水稻栽插规格：30 cm×13.3 cm，小区面积 48 m²（6 m×8 m），每个处理 3 次重复，随机区组排列。杂草、病虫害防控等田间管理措施与当地保持一致。根据历年产量水平，将不同施肥处理划分为高产稻田（处理 3，30% 有机肥 N+70% 化肥 N）、中产稻田（处理 2，常规 NPK；处理 4，50% 有机肥 N+50% 化肥 N）和低产稻田（处理 1，不施氮肥；处理 5，100% 有机肥 N）。于 2017 年采集水稻分蘖期、齐穗期和成熟期土壤样品，对各处理监测指标的平均值进行比较分析。

不同生育时期高产、中产和低产田土壤 pH 分别为 8.18～8.56、8.20～8.54 和 8.23～8.57（图 3-99），各生育期之间的土壤 pH 差异显著（$P < 0.05$），均表现为齐穗期最高，成熟期最低。高产、中产和低产田齐穗期土壤 pH 较成熟期分别增加 0.38、0.35 和 0.34。同一生育时期，不同产量水平的稻田土壤 pH 未见显著差异。

不同生育时期高产、中产和低产田土壤有机质含量分别为 16.1～28.1 g/kg、15.9～29.4 g/kg 和 15.7～28.2 g/kg（图 3-99），齐穗期和成熟期土壤有机质含量显著高于分蘖期（$P < 0.05$），可能是由于分蘖期气温较低所致。齐穗期和成熟期土壤有机质含量均表现为中产田＞低产田＞高产田，但是同一生育时期，不同产量水平的稻田土壤有机质含量未见显著差异。

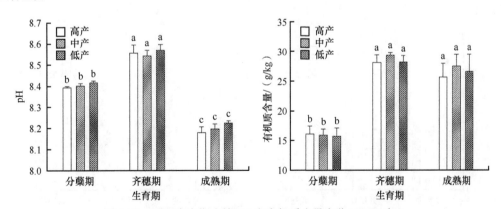

图 3-99　不同生育期土壤 pH 和有机质含量变化（2017 年）
不同小写字母表示同一处理不同生育期之间差异显著（$P < 0.05$）

不同生育时期高产、中产和低产田土壤全氮含量分别为 0.6～1.7 g/kg、0.7～2.2 g/kg 和 0.6～2.2 g/kg（图 3-100），土壤全氮含量均随着生育期延长而显著降低（$P < 0.05$），高产、中产和低产田成熟期全氮含量较分蘖期分别降低了 63.7%、69.6% 和 71.3%。在齐穗期，

高产田土壤全氮含量显著高于中产和低产田，增幅为 11.7% ～ 14.1%；分蘖期和成熟期不同产量水平的稻田土壤全氮含量差异不显著。

不同生育时期高产、中产和低产田土壤碱解氮含量分别为 73 ～ 88 mg/kg、76 ～ 92 mg/kg 和 75 ～ 86 mg/kg（图 3-100）。生育期的变化趋势与全氮含量略有不同，高产田土壤碱解氮含量随着生育期延长而显著降低（$P < 0.05$），齐穗期和成熟期碱解氮含量较分蘖期降低了 14.8% ～ 16.9%。中产和低产田土壤碱解氮含量在齐穗期最低，可见水稻齐穗期对速效氮的吸收量较大，但中产和低产田在不同生育期的土壤碱解氮含量差异不显著。同一生育时期，不同产量水平的稻田土壤碱解氮含量未见显著差异。

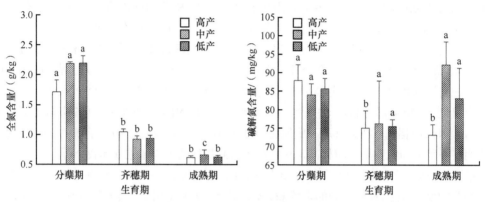

图 3-100　不同生育期土壤全氮和碱解氮含量变化（2017 年）
不同小写字母表示同一处理不同生育期之间差异显著（$P < 0.05$）

不同生育时期高产、中产和低产田土壤有效磷含量分别为 22 ～ 32 mg/kg、23 ～ 30 mg/kg 和 25 ～ 36 mg/kg（图 3-101），均以成熟期的含量最低。高产和中产田土壤有效磷含量随着生育期延长而降低，成熟期有效磷含量较分蘖期和齐穗期降低了 26.7% ～ 31.3% 和 19.9% ～ 23.9%，不同生育期之间未达到显著差异水平。在成熟期，低产田土壤有效磷含量显著高于高产和低产（$P < 0.05$）；在分蘖期和齐穗期，不同产量水平土壤有效磷含量差异不显著。

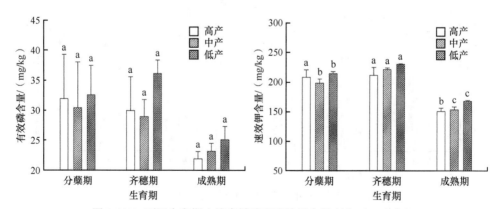

图 3-101　不同生育期土壤有效磷和速效钾含量变化（2017 年）
不同小写字母表示同一处理不同生育期之间差异显著（$P < 0.05$）

不同生育时期高产、中产和低产田土壤速效钾含量分别为 151 ～ 212 mg/kg、153 ～ 222 mg/kg 和 168 ～ 230 mg/kg（图 3-101），均以成熟期的含量最低。高产、中产和低产

田土壤速效钾含量随着生育期延长而降低，成熟期速效钾含量较分蘖期和齐穗期降低了
27.7% ～ 28.8%、22.2% ～ 30.9% 和 21.4% ～ 26.9%。在成熟期，低产田土壤速效钾含量显
著高于高产和低产（$P < 0.05$），可能是由于产量较低对速效钾的需求量相对较少。在分蘖
期和齐穗期，不同产量水平土壤速效钾含量差异不显著。

不同栽培定位试验始于 2016 年秋季，处理详情如下。处理 1：常规密度，不施氮肥，常
规水肥（PK）。水稻收获后秸秆粉碎还田（10 cm），秋翻耕（深度 18 ～ 20 cm）之后秋旋
耕（深度 10 ～ 15 cm），春季泡浅水，不打浆，耙平地，再灌深水。水稻季栽插规格 30 cm×
13.3 cm。不施氮肥，P_2O_5 70 kg/hm² 和 K_2O 60 kg/hm² 做基肥一次性施用。常规水分：前期
保持浅水（1 ～ 3 cm）、中期排水烤田、后期干湿交替（每次灌水后自然落干）。处理 2：常
规密度，常规水肥。水稻收获后秸秆粉碎还田（10 cm），耕作同处理 1。水稻季栽插规格
30 cm×13.3 cm。施纯氮 180 kg/hm²，基肥：分蘖肥：穗肥 =4 ： 3 ： 3，P_2O_5 70 kg/hm² 和
K_2O 60 kg/hm² 做基肥一次性施用。水分同处理 1。处理 3：增密，常规水肥。水稻收获后
秸秆粉碎还田（10 cm），耕作同处理 1。增加密度 20%，栽插规格变为 30 cm×10 cm。施
纯氮 180 kg/hm²，基肥：分蘖肥：穗肥 =4 ： 3 ： 3，P_2O_5 70 kg/hm² 和 K_2O 60 kg/hm² 做基
肥一次性施用。水分同处理 1。处理 4：常规密度，减 N（减基肥）。水稻收获后秸秆粉碎
还田（10 cm），耕作同处理 1。水稻季栽插规格 30 cm×13.3 cm。基肥的氮肥用量减少 20%
（总施氮量的 20%），蘖肥穗肥不变。P、K 肥不变。水分同处理 1。处理 5：增密，减 N（减
基肥）。水稻收获后秸秆粉碎还田（10 cm），耕作同处理 1。增加密度 20%，栽插规格变为
30 cm×10 cm。基肥的氮肥用量减少 20%（总施氮量的 20%），蘖肥穗肥不变。P、K 肥不
变。水分同处理 1。处理 6：前期控水。前期控水，即返青浅水，之后无水层，每次灌水后
自然落干、中期排水烤田、后期干湿交替（每次灌水后自然落干）。其他同处理 2。

根据产量水平，将不同处理划分为高产稻田［处理 3，增密，常规水肥；处理 5，增
密，减 N（减基肥）］、中产稻田（处理 2，常规密度，常规水肥；处理 6，前期控水）和低
产稻田［处理 1，常规密度，不施氮肥，常规水肥（PK）；处理 4，常规密度，减 N（减基
肥）］。于 2019 年采集水稻分蘖期、齐穗期和成熟期土壤样品，对各处理监测指标的平均值
进行比较分析。

不同栽培措施下，关键生育时期高产、中产和低产田土壤 pH 分别为 7.94 ～ 8.10、
7.96 ～ 8.16 和 7.96 ～ 8.08（图 3-102），均表现为齐穗期最高。高产田分蘖期和齐穗期之间的
土壤 pH 差异显著（$P < 0.05$）。同一生育时期，不同栽培措施下的稻田土壤 pH 未见显著差异。

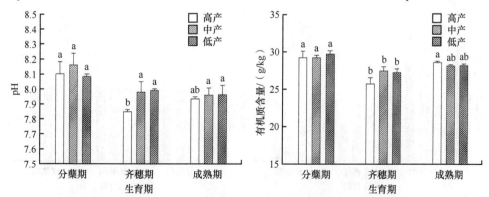

图 3-102 不同生育期土壤 pH 和有机质含量变化（2019 年）
不同小写字母表示同一处理不同生育期之间差异显著（$P < 0.05$）

不同生育时期高产、中产和低产田土壤有机质含量分别为 25.7 ～ 29.2 g/kg、27.5 ～ 29.2 g/kg 和 27.3 ～ 29.7 g/kg（图 3-102），均表现为齐穗期最高，随生育期延长呈下降趋势，分蘖期土壤有机质含量显著高于齐穗期（$P < 0.05$）。同一生育时期，不同栽培措施下的稻田土壤有机质含量未见显著差异。

各栽培措施下，不同生育时期高产、中产和低产田土壤全氮含量均为 1.3 ～ 1.4 g/kg（图 3-103），土壤全氮含量均随着生育期延长呈下降趋势，高产、中产和低产田成熟期全氮含量较分蘖期降低了约 5.6%。在分蘖期和成熟期，高产田土壤全氮含量显著高于中产和低产田（$P < 0.05$），增幅为 6.1% ～ 10.3%，齐穗期，不同产量水平的稻田土壤全氮含量差异不显著。

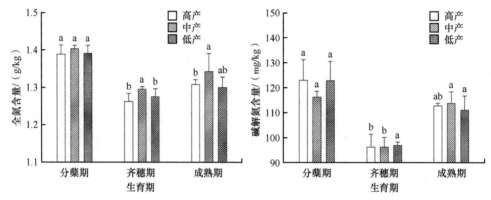

图 3-103　不同生育期土壤全氮和碱解氮含量变化（2019 年）
不同小写字母表示同一处理不同生育期之间差异显著（$P < 0.05$）

各栽培措施下，不同生育时期高产、中产和低产田土壤碱解氮含量分别为 96 ～ 123 mg/kg、96 ～ 116 mg/kg 和 97 ～ 123 mg/kg（图 3-103）。生育期的变化趋势与全氮含量略有不同，高产田土壤碱解氮含量随着生育期延长而显著降低（$P < 0.05$），齐穗期和成熟期碱解氮含量较分蘖期降低了 8.3% ～ 21.7%。不同栽培措施下土壤碱解氮含量在齐穗期最低，可见水稻齐穗期对速效氮的吸收量较大，但低产田在不同生育期的土壤碱解氮含量差异不显著。同一生育时期，不同产量水平的稻田土壤碱解氮含量未见显著差异。

各栽培措施下，不同生育时期高产、中产和低产田土壤有效磷含量分别为 12 ～ 20 mg/kg、11 ～ 19 mg/kg 和 12 ～ 20 mg/kg（图 3-104），随着生育期延长而降低，成熟期有效磷含量

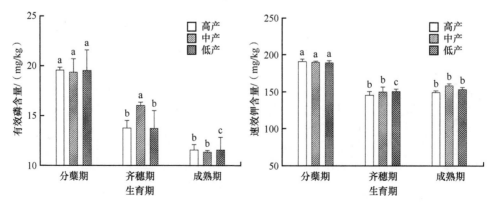

图 3-104　不同生育期土壤有效磷和速效钾含量变化（2019 年）
不同小写字母表示同一处理不同生育期之间差异显著（$P < 0.05$）

显著低于其他生育期（$P < 0.05$）。高产、中产和低产田在成熟期有效磷含量较分蘖期和齐穗期降低了 15.9% ～ 40.9%、29.2% ～ 41.5% 和 15.7% ～ 40.8%，不同生育期之间未达到显著差异水平。同一生育时期，不同产量水平土壤有效磷含量差异不显著。

不同生育时期高产、中产和低产田土壤速效钾含量分别为 146 ～ 191 mg/kg、150～190 mg/kg 和 151 ～ 189 mg/kg（图3-104），均以齐穗期的含量最低。高产、中产和低产田土壤速效钾含量随着生育期延长而显著降低（$P < 0.05$），齐穗期速效钾含量较分蘖期和齐穗期降低了 2.3% ～ 23.6%、5.3% ～ 21.1% 和 1.7% ～ 20.3%。同一生育时期，不同产量水平土壤速效钾含量差异不显著。

四、典型县域稻田土壤肥力时间演变

基于黑龙江省方正县 2007 年测土配方施肥数据（耕层厚度、pH、有机质、碱解氮、有效磷、速效钾），同时于 2017 年对应 2007 年采样点有代表性地选择了 114 个样点，对其土壤理化性状进行测定，通过两个年份的数据比较，分析近 10 年东北一熟稻区（以方正县为例）土壤肥力及肥力质量时间演变特征。

（一）耕层厚度变化

如图3-105所示，2007～2017年稻田土壤耕层厚度均有不同程度的下降，降幅在4.9 cm以内。

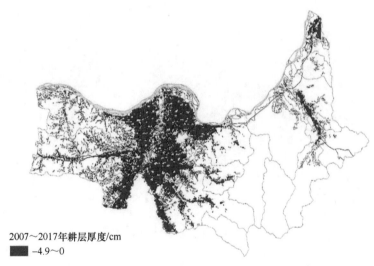

2007～2017年耕层厚度/cm
■ −4.9～0

图 3-105　2007 ～ 2017 年方正县稻田耕层厚度变化

（二）pH 变化

从图3-106可见，2007 ～ 2017 年稻田土壤 pH 均有不同程度的下降，降幅在 0.23 ～ 1.59，稻田土壤普遍呈酸化趋势。以蚂蚁河流域北部和南部区域的降幅最大，pH 降低了 1.00 ～ 1.59，面积大约占全县稻田面积的 54.4%。全县东部 2 个乡镇区域的稻田酸化程度较小，pH 降低了 0.23 ～ 0.5。

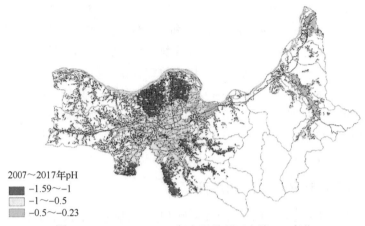

2007～2017年pH
■ -1.59～-1
□ -1～-0.5
■ -0.5～-0.23

图 3-106　2007 ～ 2017 年方正县稻田土壤 pH 变化

（三）有机质含量变化

从图 3-107 可见，2007 年至 2017 年的 10 年时间，全县稻田土壤有机质含量普遍提高，增幅在 0.1 ～ 26.0 g/kg。全县 82.9% 的稻田土壤有机质增加幅度在 15 g/kg 以内，全县 16% 的稻田土壤有机质增加幅度在 15.1 ～ 26.0 g/kg。

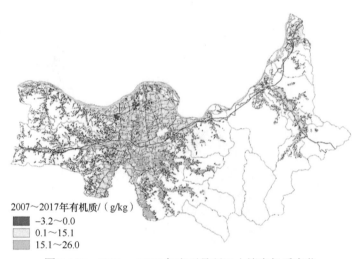

2007～2017年有机质/（g/kg）
■ -3.2～0.0
□ 0.1～15.1
■ 15.1～26.0

图 3-107　2007 ～ 2017 年方正县稻田土壤有机质变化

（四）碱解氮含量变化

从图 3-108 可见，2007 年至 2017 年的 10 年时间，全县大面积的稻田土壤碱解氮含量下降，降幅在 102 mg/kg 以内，占全县稻田面积的 64.8%。土壤碱解氮含量增加的区域零散分布在各乡镇，增幅在 100 mg/kg 以内的区域面积较大，占全县稻田面积的 32.9%。仅 2.2% 的稻田土壤碱解氮含量增加幅度在 100 ～ 228 mg/kg。

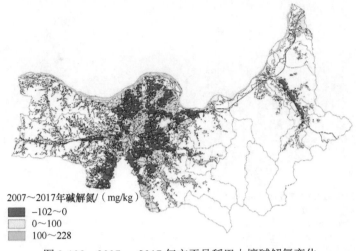

图 3-108　2007～2017 年方正县稻田土壤碱解氮变化

（五）有效磷含量变化

从图 3-109 可见，2007 年至 2017 年的 10 年时间，全县大面积的稻田土壤有效磷含量增加，增幅在 28 mg/kg 以内，占全县稻田面积的 87.4%。蚂蚁河流域西南区域的土壤有效磷含量增幅较大，在 15～28 mg/kg，占全县稻田面积的 27.9%；蚂蚁河流域西北、东北和东南区域的土壤有效磷含量增幅在 15 mg/kg 之内，面积占全县稻田面积的 59.5%。全县稻田土壤有效磷降低的区域零星分布在蚂蚁河流域东部的几个乡镇，占全县稻田面积的 12.6%。

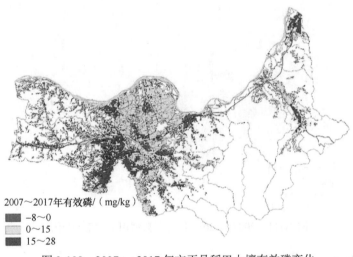

图 3-109　2007～2017 年方正县稻田土壤有效磷变化

（六）速效钾含量变化

从图 3-110 可见，2007 年至 2017 年的 10 年时间，全县大面积的稻田土壤速效钾含量增加，增幅在 101 mg/kg 以内，占全县稻田面积的 99.1%，仅零星区域的稻田土壤速效钾含量降低，降低幅度在 12 mg/kg 以内。蚂蚁河流域中间偏北区域的土壤速效钾含量增幅较小，增幅在 40 mg/kg 以内的稻田占全县稻田面积的 32.9%；其他区域的土壤速效钾含量增幅为 40～101 mg/kg，面积占全县稻田面积的 66.2%。

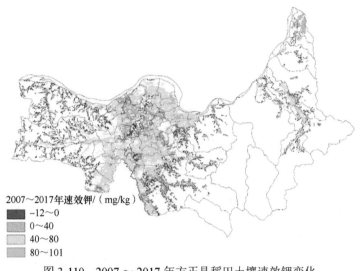

图 3-110　2007～2017 年方正县稻田土壤速效钾变化

（七）土壤综合肥力指数（IFI）变化

从图 3-111 可见，2007 年至 2017 年的 10 年时间，全县大面积的稻田土壤 IFI 增加，肥力水平整体呈上升趋势，但也有 11.2% 的稻田 IFI 值降低，主要集中分布在蚂蚁河流域偏西北区域，降幅在 0.09 以内。蚂蚁河流域东北和西南区域的土壤 IFI 增幅较大，增幅在 0.15～0.31 以内，占全县稻田面积的 15.1%；其他区域的土壤 IFI 增幅在 0.15 以内。

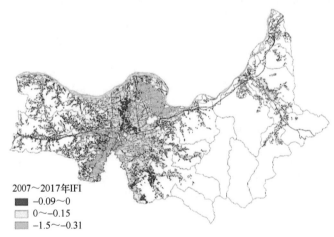

图 3-111　2007～2017 年方正县稻田土壤 IFI 变化

五、北方（东北）一熟稻区稻田土壤肥力评价及其特征

如图 3-112 所示，东北一熟稻田（方正县）土壤综合肥力分布有明显的方向均匀性，以县域北部和东北部较低，高产稻田集中分布在中部和西部，东北部产量较低。

利用主成分分析影响方正县稻田土壤肥力差异的主要肥力指标，由于部分土壤肥力指标在主成分中存在交叉效应，为增强主成分对肥力指标的解释度，将初始主成分进行最大方差旋转，结果见表 3-26。根据累积贡献率≥80% 提取主成分的原则，共提取 5 个主成分，

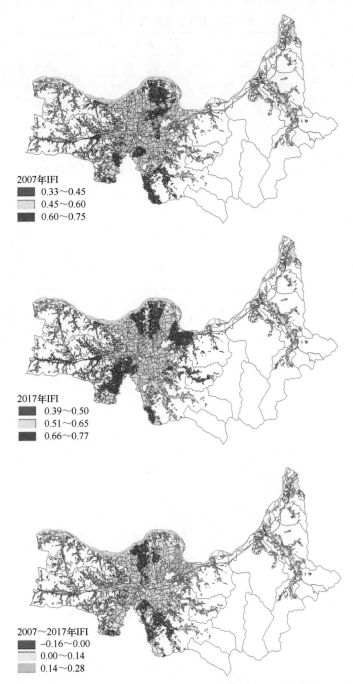

图 3-112　2007～2017 年方正县稻田土壤综合肥力指数变化

累积贡献率为 90.3%。前 5 个主成分能反映出土壤肥力指标包含的总信息的 90.3%，因此利用主成分研究方正县稻田土壤肥力差异的主控因子是可行的。第一主成分载荷值大的土壤肥力指标为全氮和有机质，反映的是土壤养分的蓄积能力；第二主成分以有效磷和速效钾为主要的影响因子，反映的是土壤对水稻的速效养分的供给能力；第三、四、五主成分分别以阳离子交换量、容重和 pH 为主要的影响因子。

表3-26　土壤肥力主成分分析

肥力指标	旋转后主成分				
	PC1	PC2	PC3	PC4	PC5
容重	−0.33	−0.03	−0.16	0.92	0.04
pH	−0.07	0.14	0.08	0.03	0.98
全氮	0.91	0.12	0.12	−0.18	−0.06
有效磷	0.27	0.84	−0.06	0.11	0.10
速效钾	0.07	0.84	0.26	−0.16	0.09
有机质	0.80	0.30	0.25	−0.27	−0.05
CEC	0.24	0.13	0.93	−0.15	0.10
特征值	1.70	1.55	1.05	1.02	1.00
贡献率 /%	24.34	22.18	14.96	14.50	14.30
累计贡献率 /%	24.34	46.52	61.48	75.98	90.28

　　由于第一和第二主成分中存在共性因子，选择这两个主成分绘制主成分的分布图（图3-113）。第一主成分的空间分布特征与土壤有机质和全氮含量的分布特征一致，稻田土

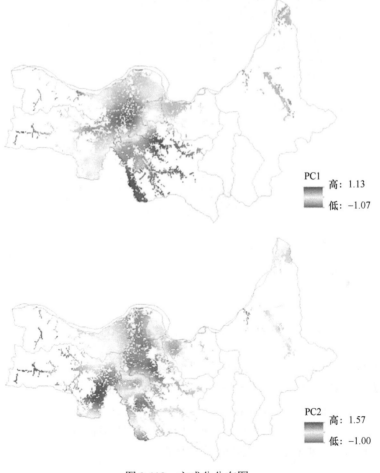

图 3-113　主成分分布图

壤养分蓄积能力由西北向东南逐渐增加；第二主成分的空间分布特征与有效磷和速效钾的分布特征相似，土壤速效养分的供给能力由北部蚂蚁河沿岸向四周逐渐增加。根据综合得分（图 3-114），可知造成稻田土壤肥力差异的影响指标依次为土壤有效磷、速效钾、有机质、阳离子交换量、全氮、pH 和容重。

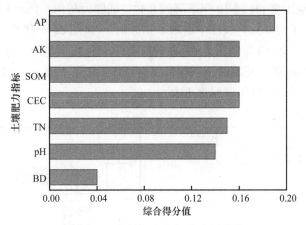

图 3-114　土壤肥力指标综合得分值

六、小结

方正县不同种稻年限（0、10 年、20 年、30 年、40 年）不同层次（0 ～ 20 cm、20 ～ 40 cm、40 ～ 60 cm、60 ～ 80 cm、80 ～ 100 cm）土壤随着种稻年限增加，水稻土 pH 呈下降趋势。随着水稻的种植，耕作主要对土壤有效磷、速效钾、有机质和全氮含量产生了明显影响。0 ～ 20 cm 和 20 ～ 40 cm 两个不同土层土壤有效磷含量每 10 年大约分别增加 6.2 mg/kg 和 4.8 mg/kg。随着水稻种植年限增加，其 80 ～ 100 cm 土层土壤有效磷含量较同一层次未种水稻的高出 47.0% ～ 133.5%，含量最高达到 28 mg/kg，存在潜在的环境风险。

典型县域的监测结果表明，近 10 年，东北一熟稻区土壤综合肥力水平整体上升，造成稻田土壤肥力差异的影响指标依次为土壤有效磷、速效钾、有机质、阳离子交换量、全氮、pH 和容重。同时，不同施肥和栽培定位试验的生育期土壤养分变化也表明，高产和中产稻田较低产稻田对土壤速效钾含量的消耗更大。

第七节　中国典型稻区土壤肥力时间演变

土壤肥力的变化是一个相对缓慢的过程，需要长时间的连续监测，才能明确土壤肥力时间变化特征。本章基于主要稻区长期施肥和耕作长期定位监测试验不同年份的监测数据，以试验开始后每 10 年为一个时间段，进一步分析和比较我国主要稻区不同肥力水平稻田土壤肥力时间演变特征。

我国典型稻作区高、中、低肥力稻田土壤 pH 年际变化趋势相近（图 3-115），整体表现为西南稻区土壤 pH 呈上升趋势，长江中游、中下游双季稻区土壤 pH 呈下降趋势，但各稻区不同肥力水平稻田土壤 pH 的变化幅度和速率各不相同。高肥力稻田，西南稻区土壤 pH 近 30 年上升了约 0.47；长江中游双季稻区从 20 世纪 80 年代开始的 20 年内，稻田土壤 pH 下降了 0.45，近 10 年稻田土壤 pH 有所上升，略高于 30 年前的水平（6.36 ～ 6.40）；长江中下游双季稻区从 20 世纪 80 年代开始的 30 年内，土壤 pH 下降了 0.36 ～ 0.66。中、低肥力稻田土壤 pH 整体低于高肥力稻田（西南稻区低肥力稻田除外），中肥力稻田，西南稻区土壤 pH 呈先下降后上升趋势，近 30 年上升了约 0.22；长江中游双季稻区从 20 世纪 80 年代开始的 20 年内，稻田土壤 pH 下降了 0.43，近 10 年稻田土壤 pH 有所上升，较 30 年前上升了 0.26，长江中下游双季稻区从 20 世纪 80 年代开始的 30 年内，土壤 pH 下降了 0.20 ～ 0.95，南昌点土壤 pH 每 10 年下降约 0.47。低肥力稻田，西南稻区土壤 pH 呈上升趋势，近 30 年上升了约 0.32；长江中游双季稻区从 20 世纪 80 年代开始的 20 年内，稻田土壤 pH 下降了 0.62，近 10 年稻田土壤 pH 有所上升，较 30 年前上升了 0.12；长江中下游双季稻区从 20 世纪 80 年代开始的 30 年内，土壤 pH 下降了 0.61 ～ 1.05，与高、中肥力稻田相比，低肥力稻田土壤 pH 下降幅度更大。

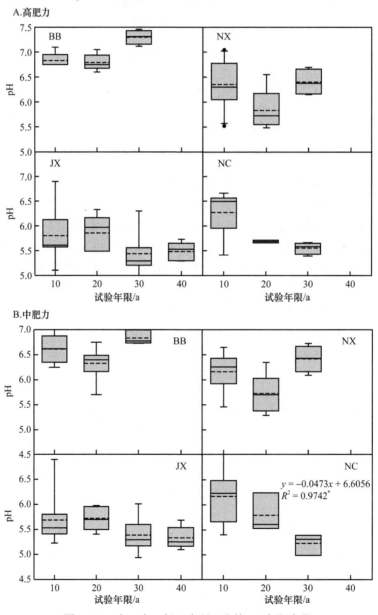

图 3-115　高、中、低肥力稻田土壤 pH 年际变化

BB，北碚，代表西南稻区；NX，宁乡，代表长江中游双季稻区；JX 和 NC 分别为进贤和南昌，
代表长江中下游双季稻区，后同

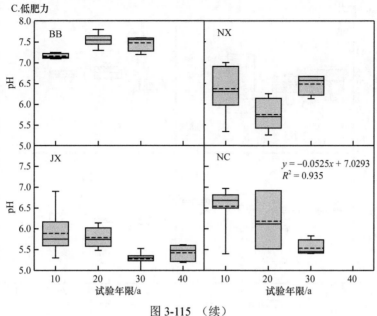

图 3-115　（续）

　　我国典型稻作区高、中、低肥力稻田土壤有机质年际变化趋势相近（图 3-116），整体表现为西南稻区土壤有机质呈下降趋势，长江中游、中下游双季稻区和长江中下游水旱轮作区土壤有机质呈上升趋势，但各稻区土壤有机质的变化幅度和速率各不相同。高肥力稻田，西南稻区土壤有机质近 30 年降低了 9.6 g/kg，降幅 24.9%；长江中游双季稻区土壤有机质近 30 年提高了 12.9 g/kg，增幅 39.3%；长江中下游双季稻区土壤有机质近 30 年提高了 3.7～4.4 g/kg，增幅 12.5%～12.6%。中、低肥力稻田土壤有机质含量整体低于高肥力稻田，中肥力稻田，西南稻区土壤有机质近 30 年下降了 2.5 g/kg，降幅 8.4%；长江中游双季稻区土壤有机质近 30 年增加了 3.5 g/kg，增幅 12.3%；长江中下游双季稻区土壤有机质

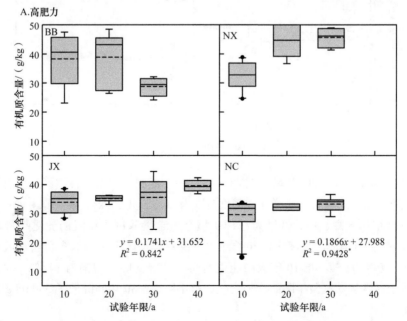

图 3-116　高、中、低肥力稻田土壤有机质含量年际变化

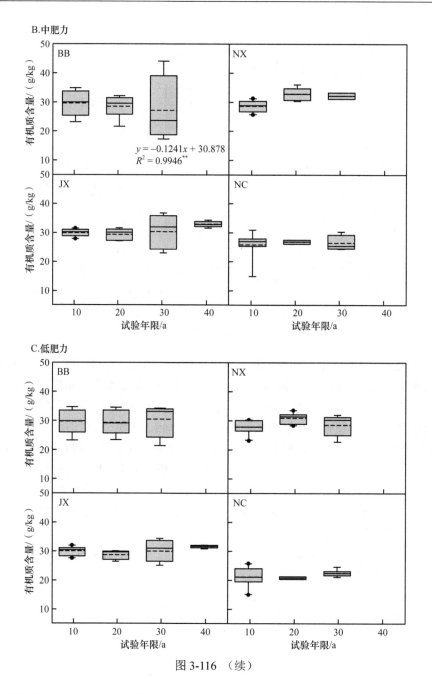

图 3-116 （续）

近 30 年提高了 0.6～3.6 g/kg，增幅 2.3%～12.2%。低肥力稻田，各稻区土壤有机质时间序列的变化不显著，土壤有机质增加或降低范围为 -0.1～1.3 g/kg，变幅在 0.2%～6.2%。

我国典型稻作区高、中、低肥力稻田土壤全氮含量随试验年限的变化趋势略有差异（图 3-117）。高肥力稻田，长江中游和长江中下游双季稻区土壤全氮含量随试验年限的增加显著增加（$P < 0.05$），每 10 年大约能提高 0.1～0.5 g/kg，增幅为 14.5%～48.5%，西南稻区土壤全氮含量随试验年限的增加变化趋势不明显，30 年间降低了约 0.08 g/kg，降幅

约 4.0%。各稻区不同时期的中肥力稻田土壤全氮含量较高肥力稻田降低了 5.0% ~ 27.1%，各稻区中肥力稻田土壤全氮含量随试验年限的增加略有增加，近 30 ~ 40 年的增幅为 1.1% ~ 18.2%，西南稻区增幅最小，长江中游稻区增幅最大。各稻区不同时期的低肥力稻田土壤全氮含量较高肥力稻田降低 1.4% ~ 40.1%，各稻区低肥力稻田土壤全氮含量随试验年限的增加略有增加，近 30 ~ 40 年的增幅为 3.4% ~ 9.8%，西南稻区增幅最大，长江中游稻区增幅最小。

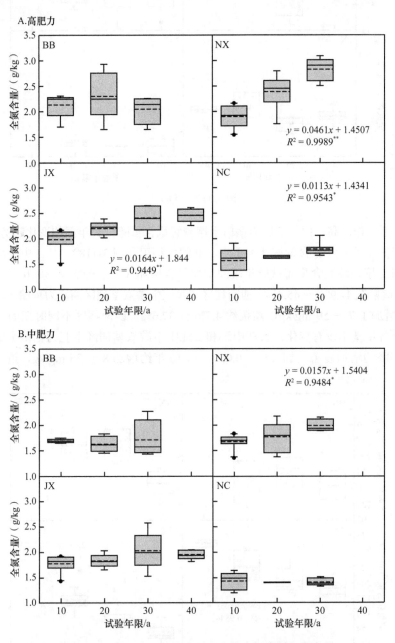

图 3-117　高、中、低肥力稻田土壤全氮含量年际变化

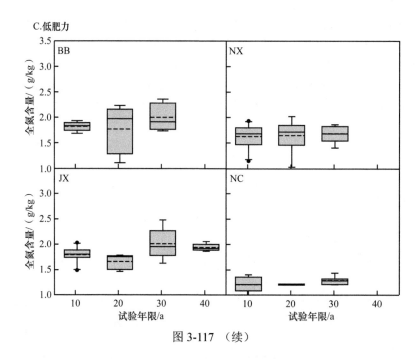

图 3-117　（续）

　　我国典型稻作区高、中、低肥力稻田土壤碱解氮含量随试验年限的变化趋势略有差异，高肥力稻田的土壤碱解氮含量增速大于中、低肥力稻田（图 3-118）。长江中下游双季稻区高肥力稻田土壤碱解氮含量随试验年限的增加显著增加（$P < 0.05$），每 10 年大约能提高 27 mg/kg，增幅在 44.9% ～ 45.4%；西南稻区和长江中游双季稻区高肥力稻田土壤碱解氮含量 30 年间增加了 7 ～ 59 mg/kg，增幅约 4.7% ～ 37.6%。西南稻区不同时期的中肥力稻田土壤碱解氮含量基本没有变化；长江中游和长江中下游双季稻区中肥力稻田土壤碱解氮含量随试验年限的增加显著增加（$P < 0.05$），每 10 年约增加 8 ～ 25 mg/kg，近 30 ～ 40 年

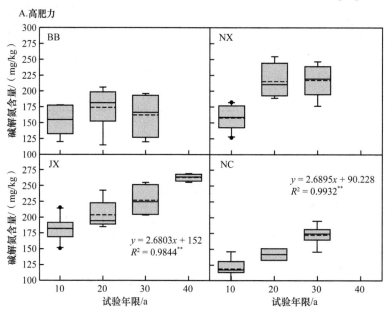

图 3-118　高、中、低肥力稻田土壤碱解氮含量年际变化

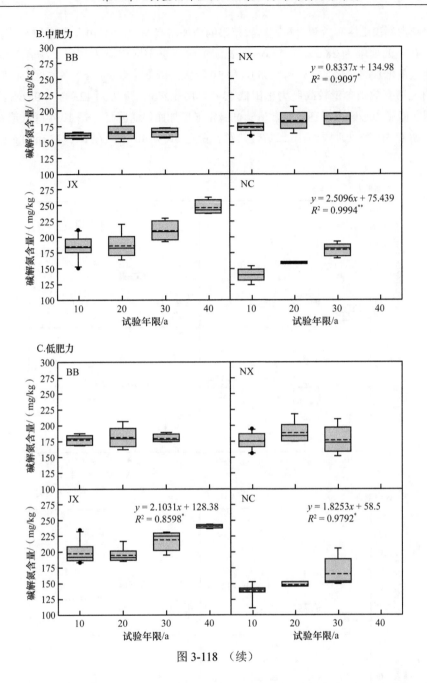

图 3-118 （续）

的增幅为 11.8% ~ 31.7%。各稻区不同时期的低肥力稻田土壤碱解氮含量较高肥力稻田降低 22 ~ 57 mg/kg，降幅为 12.1% ~ 44.0%。西南稻区和长江中游双季稻区低肥力稻田土壤碱解氮含量随试验年限的增加略有增加，近 30 年的增幅为 1.4% ~ 2.3%。

我国典型稻作区高、中、低肥力稻田土壤有效磷含量随试验年限的变化趋势略有差异，高肥力稻田的土壤有效磷含量随着试验年限的增加而增加（图 3-119）。长江中游双季稻区高肥力稻田土壤有效磷含量随试验年限的增加显著增加（$P < 0.05$），每 10 年大约提高 44 mg/kg，增幅达 258%；西南稻区和长江中下游双季稻区高肥力稻田土壤有效磷含量 30 ~ 40 年间增加了 10 ~ 52 mg/kg，增幅约 45.5% ~ 188.6%。各稻区（长江中游双季稻区

除外）中肥力稻田土壤有效磷含量随试验年限的增加略有增加，每 10 年约增加 5 ～ 9 mg/kg，近 30 ～ 40 年的增幅为 28.6% ～ 54.6%；长江中游双季稻区中肥力稻田土壤有效磷含量随着试验年限的增加显著降低（$P < 0.05$），每 10 年大约降低了 6 mg/kg。各稻区不同时期的低肥力稻田土壤有效磷含量较高肥力稻田低 13 ～ 116 mg/kg，降幅为 12.9% ～ 95.6%。长江中游双季稻区低肥力稻田土壤有效磷含量随试验年限增加而显著降低，每 10 年降低约 6 mg/kg；长江中下游双季稻区低肥力稻田土壤有效磷含量近 30 ～ 40 年间在 8 ～ 13 mg/kg 波动，变幅较小。

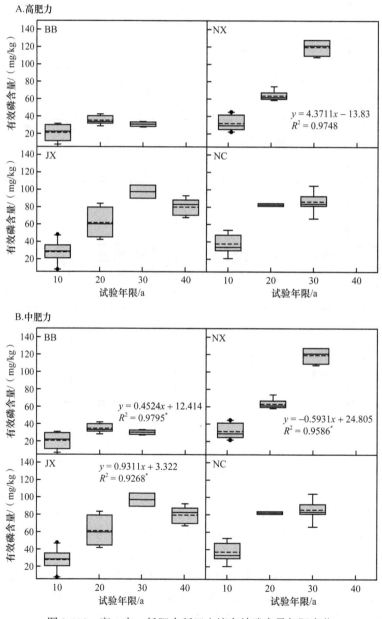

图 3-119　高、中、低肥力稻田土壤有效磷含量年际变化

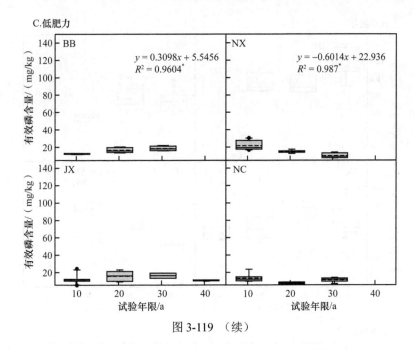

图 3-119　（续）

　　我国典型稻作区高、中、低肥力稻田土壤速效钾含量随试验年限的变化趋势相似（图 3-120）。各稻区（南昌点除外）高、中、低肥力稻田土壤速效钾含量均随着试验年限的增加呈降低趋势，高、中、肥力稻田土壤速效钾含量分别降低了 13 ～ 37 mg/kg、13 ～ 28 mg/kg、8 ～ 19 mg/kg，降幅分别为 18.4% ～ 35.2%、22.1% ～ 34.8%、13.5% ～ 28.5%，西南稻区和长江中游双季稻区的降低幅度大于长江中下游双季稻区（进贤）。

　　长江中游双季稻区高肥力稻田土壤速效钾含量随试验年限的增加显著增加（$P < 0.05$），每 10 年大约提高 44 mg/kg，增幅达 258%；西南稻区和长江中下游双季稻区高肥力稻田土壤速效钾含量 30 ～ 40 年间增加了 10 ～ 52 mg/kg，增幅约 45.5% ～ 188.6%。各稻区（长

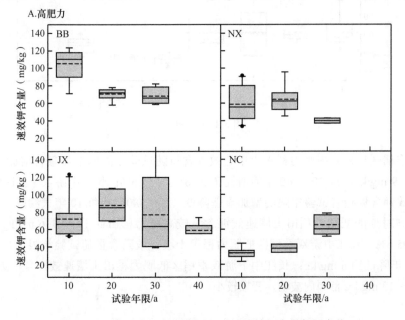

图 3-120　高、中、低肥力稻田土壤速效钾含量年际变化

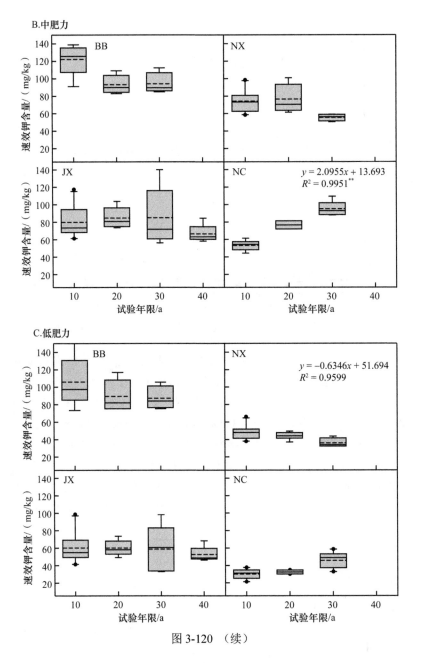

图 3-120 （续）

江中游双季稻区除外）中肥力稻田土壤速效钾含量随试验年限的增加略有增加，每 10 年约增加 5～9 mg/kg，近 30～40 年的增幅在 28.6%～54.6%；长江中游双季稻区中肥力稻田土壤速效钾含量随着试验年限的增加显著降低（$P < 0.05$），每 10 年大约降低 6 mg/kg。各稻区不同时期的低肥力稻田土壤速效钾含量较高肥力稻田低 13～116 mg/kg，降幅为 12.9%～95.6%。长江中游双季稻区低肥力稻田土壤有效磷含量随试验年限增加而显著降低，每 10 年降低约 6 mg/kg；长江中下游双季稻区低肥力稻田土壤速效钾含量近 30～40 年间在 8～13 mg/kg 范围内波动，变幅较小。

参 考 文 献

包耀贤, 徐明岗, 吕粉桃, 等. 2012. 长期施肥下土壤肥力变化的评价方法. 中国农业科学, 45(20): 4197-4204.

鲍士旦. 1981. 土壤农化分析. 北京: 中国农业出版社: 30-34, 44-48, 56-57, 76-78, 81-82, 101-108.

卜洪震, 王丽宏, 尤金成, 等. 2010. 长期施肥管理对红壤稻田土壤微生物量碳和微生物多样性的影响. 中国农业科学, (16): 75-82.

蔡泽江, 孙楠, 王伯仁, 等. 2011. 长期施肥对红壤 pH、作物产量及氮、磷、钾养分吸收的影响. 植物营养与肥料学报, 17(1): 71-78.

曹升赓. 1980. 土壤微形态. 土壤, 12(4): 25-50.

曹志洪, 周健民, 等. 2008. 中国土壤质量. 北京: 科学出版社.

陈吉, 赵炳梓, 张佳宝, 等. 2010. 主成分分析方法在长期施肥土壤质量评价中的应用. 土壤, 42(3): 415-420.

陈轩敬, 赵亚南, 柴冠群, 等. 2016. 长期不同施肥下紫色土综合肥力演变及作物产量响应. 农业工程学报, 32(Supp.1): 139-144.

邓绍欢, 曾令涛, 关强, 等. 2016. 基于最小数据集的南方地区冷浸田土壤质量评价. 土壤学报, 53(5): 1326-1333.

董炳友, 高淑英, 吕正文. 2002. 不同施肥措施对连作大豆的产量及土壤 pH 值的影响. 黑龙江八一农垦大学学报, 14(4): 19-21.

段刚强, 杨恒山, 张玉芹, 等. 2015. 提高玉米磷肥利用率的研究进展. 中国农学通报, 31(21): 24-29.

范钦桢, 谢建昌. 2005. 长期肥料定位试验中土壤钾素肥力的演变. 土壤学报, (4): 591-599.

辜运富, 云翔, 张小平, 等. 2008. 不同施肥处理对石灰性紫色土微生物数量及氨氧化细菌群落结构的影响. 中国农业科学, 41(12): 4119-4126.

辜运富. 2009. 长期定位施肥对石灰性紫色土微生物学特性的影响. 成都: 四川农业大学博士学位论文.

郝小雨, 周宝库, 马星竹, 等. 2015. 长期施肥下黑土肥力特征及综合评价. 黑龙江农业科学, 48(11): 23-30.

何毓蓉, 贺秀斌. 2007. 土壤微形态学的发展及我国研究现状. 中国土壤学会编. 中国土壤科学的现状与展望. 武汉: 河海大学出版社: 47-63.

何毓蓉. 1984. 四川盆地紫色土分区培肥的土壤微形态研究. 土壤通报, 15(6): 263-266.

黄晶, 张杨珠, 徐明岗, 等. 2016. 长期施肥下红壤性水稻土有效磷的演变特征及对磷平衡的响应. 中国农业科学, 49(6): 1132-1141.

纪钦阳, 张璟钰, 王维奇. 2015. 施肥量对福州平原稻田 CH_4 和 N_2O 通量的影响. 亚热带农业研究, 11(4): 246-253.

江培福, 雷廷武, 刘晓辉, 等. 2006. 用毛细吸渗原理快速测量土壤田间持水量的研. 农业工程学报, 22(7): 1-5.

蒋端生, 曾希柏, 张杨珠, 等. 2010. 湖南宁乡耕地肥力质量演变趋势及原因分析. 土壤通报, (3): 627-632.

李传涵, 王长荣, 李明鹤, 等. 1993. 杉木不同基因型叶营养元素变异的研究. (2): 140-146.

李春海, 章钢娅, 杨林章, 等. 2006. 绰墩遗址古水稻土孢粉学特征初步研究. 土壤学报, (3): 452-460.

李建军. 2015. 我国粮食主产区稻田土壤肥力及基础地力的时空演变特征. 贵阳: 贵州大学硕士学位论文.

李文革, 刘志坚, 谭周进, 等. 2006. 土壤酶功能的研究进展. 湖南农业科学, (6): 34-36.

李夏. 2008. 绰墩遗址水稻土中脂类化合物分布特征及其古环境意义的研究. 南京: 南京农业大学硕士学位论文.

刘艳丽. 2007. 长期施肥下水稻土土壤性质变化及其与生产力的关系研究. 南京: 南京农业大学博士学位论文.

刘艳梅, 杨航宇, 李新荣. 2014. 生物土壤结皮对荒漠区土壤微生物生物量的影响. 土壤学报, 51(2): 394-401.

柳开楼, 胡志华, 叶会财, 等. 2016. 双季玉米种植下长期施肥改变红壤氮磷活化能力. 水土保持学报, 30(2): 187-192, 207.

柳开楼, 黄晶, 张会民, 等. 2018. 基于红壤稻田肥力与相对产量关系的水稻生产力评估. 植物营养与肥料学报, 24(6): 1425-1434.

柳开楼, 李大明, 黄庆海, 等. 2014. 红壤稻田长期施用猪粪的生态效益及承载力评估. 中国农业科学, 47(2): 303-313.

鲁如坤. 2000. 土壤农业化学分析方法. 北京: 中国农业科技出版社.

罗希茜, 郝晓晖, 陈涛, 等. 2009. 长期不同施肥对稻田土壤微生物群落功能多样性的影响. 生态学报, 29(2): 740-748.

骆东奇, 白洁, 谢德体. 2002. 论土壤肥力评价指标和方法. 土壤与环境, (2): 202-205.

马晓俊, 李云飞. 2019. 腾格里沙漠东南缘植被恢复过程中土壤微生物量及酶活性. 中国沙漠, 39(6): 159-166.

钦绳武, 顾益初, 朱兆良. 1998. 潮土肥力演变与施肥作用的长期定位试验初报. 土壤学报, (3): 367-375.

秦鱼生, 涂仕华, 王正银, 等. 2009. 长期定位施肥下紫色土土壤微形态特征. 生态环境学报, 18(1): 352-356.

沈善敏, 殷秀岩, 宇万太, 等. 1998. 农业生态系统养分循环再利用作物产量增益的地理分异. 应用生态学报, 9(4): 379-385.

史康婕, 周怀平, 解文艳, 等. 2017. 秸秆还田下褐土易氧化有机碳及有机碳库的变化特征. 山西农业科学, 45(1): 83-88.

孙本华, 孙瑞, 郭芸, 等. 2015. 塿土区长期施肥农田土壤的可持续性评价. 植物营养与肥料学报, 21(6): 1403-1412.

王伯仁, 李冬初, 黄晶. 2008. 红壤长期肥料定位试验中土壤磷素肥力的演变. 水土保持学报, (5): 96-101, 141.

王小慧, 姜雨林, 刘洋, 等. 2018. 基于县域单元的我国水稻生产时空动态变化. 作物学报, 44(11): 130-138.

魏猛, 张爱君, 李洪民, 等. 2018. 长期不同施肥对潮土有机碳储量的影响. 华北农学报, 33(1): 233-238.

吴金水, 林启美, 黄巧云, 等. 2006. 土壤微生物生物量测定方法及其应用. 北京: 气象出版社.

吴静, 陈岩岩, 叶项宇, 等. 2019. 除草剂草甘膦对板栗根际土壤微生物多样性的影响. 经济林研究, 37(3): 161-167.

肖辉林. 2001. 大气氮沉降对森林土壤酸化的影响. 林业科学, 37(4): 111-116.

谢军, 方林发, 徐春丽, 等. 2018. 西南紫色土不同施肥措施下土壤综合肥力评价与比较. 植物营养与肥料学报, 24(06): 1500-1507.

徐建明, 张甘霖, 谢正苗, 等. 2010. 土壤质量指标与评价. 北京: 科学出版社.

徐明岗, 于荣, 王伯仁. 2006. 长期不同施肥下红壤活性有机质与碳库管理指数变化. 土壤学报, 43(5): 721-726.

颜雄, 彭新华, 张杨珠, 等. 2015. 长期施肥对红壤性水稻土理化性质的影响及土壤肥力质量评价. 湖南农业科学, (3): 49-52.

杨秀华, 黄玉俊. 1990. 不同培肥措施下黄潮土肥力变化定位研究. 土壤学报, 27(2): 186-193.

杨学云, 孙本华, 古巧珍, 等. 2007. 长期施肥磷素盈亏及其对土壤磷素状况的影响. 西北农业学报, 16(5): 118-123.

杨延蕃, 姚源喜, 崔德杰, 等. 1990. 施肥对土壤微形态影响的观察. 莱阳农学院学报, 7(3): 186-191.

杨用钊. 2006. 江苏昆山绰墩遗址古土壤特征及其形成环境. 南京: 南京农业大学硕士学位论文.

姚荣江, 杨劲松, 曲长凤, 等. 2013. 海涂围垦区土壤质量综合评价的指标体系研究. 土壤, 45(1): 159-165.

于寒青, 徐明岗, 吕家珑, 等. 2010. 长期施肥下红壤地区土壤熟化肥力评价. 应用生态学报, 21(7): 1772-1778.

袁平, 张黎明, 乔婷, 等. 2019. 基于1∶5万土壤数据库的太湖地区水稻土全氮含量动态变化研究. 土壤学报, (8): 1-13.

袁宇志, 郭颖, 张育灿, 等. 2019. 亚热带典型小流域景观格局对耕地土壤酸化的影响. 土壤, 51(1): 90-99.

张丹丹, 李婧, 郭琪, 等. 2019. 氮添加对杉木人工林土壤氮有效性＃溶解性有机氮和酸化的影响. 西北农林科技大学学报(自然科学版), 47(2): 1-10.

张淑香, 张文菊, 沈仁芳, 等. 2015. 我国典型农田长期施肥土壤肥力变化与研究展望. 植物营养与肥料学报, 21(6): 1389-1393.

张汪寿, 李晓秀, 黄文江, 等. 2010. 不同土地利用条件下土壤质量综合评价方法. 农业工程学报, 26(12): 311-318.

张喜林, 周宝库, 孙磊, 等. 2008. 长期施用化肥和有机肥料对黑土酸度的影响. 土壤通报, 39(5): 1221-1223.

张雅蓉, 李渝, 刘彦伶, 等. 2016. 长期施肥对黄壤有机碳平衡及玉米产量的影响. 土壤学报, 53(5): 1275-1285.

张志丹, 赵兰坡. 2006. 土壤酶在土壤有机培肥研究中的意义. 土壤通报, 37(2): 363-368.

赵志坚, 胡小娟, 彭翠婷, 等. 2012. 湖南省化肥投入与粮食产出变化对环境成本的影响分析. 生态环境学报, 21(12): 2007-2012.

郑慧芬, 曾玉荣, 叶菁, 等. 2018. 农田土壤碳转化微生物及其功能的研究进展. 亚热带农业研究, 14(3): 209-216.

钟羡云. 1982. 深施有机肥对土壤微结构及作物的影响. 土壤, 14(2): 61-66.

周礼恺. 1991. 土壤生态研究的展望. 应用生态学报, (2): 178-180.

周卫. 2015. 低产水稻土改良与管理——理论·方法·技术. 北京: 科学出版社.

周晓阳, 徐明岗, 周世伟, 等. 2015. 长期施肥下我国南方典型农田土壤的酸化特征. 植物营养与肥料学报, 21(6): 1615-1621.

Batjes N H. 1996. Total carbon and nitrogen in the soils of the world. European Journal of Soil Science, 47(2): 151-163.

Berendsen R L, Pieterse C M J, Bakker P A H M. 2012. The rhizosphere microbiome and plant health. Trends in Plant Science, 17(8): 478-486.

Bhattacharyya R, Prakash V, Kundu S, et al. 2010. Long term effects of fertilization on carbon and nitrogen sequestration and aggregate associated carbon and nitrogen in the Indian sub-Himalayas. Nutrient Cycling in Agroecosystems, 86: 1-16.

Bossio D A, Scow K M, Gunapala N, et al. 1998. Determinants of soil microbial communities: Effects of agricultural management, season, and soil type on phospholipid fatty acid profiles. Microbial Ecology, 36(1): 1-12.

Brussaard L, de Ruiter P C, Brown G G. 2007. Soil biodiversity for agricultural sustainability. Agriculture Ecosystems & Environment, 121(3): 233-244.

Callewaert P, Lenders S, Gryze S D, et al. 2002. Measuring and understanding carbon storage in afforested soils by physical fractionation. Soil Science Society of America Journal, 66(6): 1981-1987.

Chepkwony C K, Haynes R J, Swift R S, et al. 2001. Mineralization of soil organic P induced by drying and rewetting as a source of plant-available P in limed and unlimed samples of an acid soil. Plant and Soil, 234(1): 81-90.

Frostegard A, Baath E. 1996. The use of phospholipid fatty acid analysis to estimate bacterial and fungal biomass in soil. Biology and Fertility of Soils, 22, 59-65.

Gregan F, Oremusova J, Remko M, et al. 1998. Stereoisomeric effect on antimicrobial activity of a series of quaternary ammonium salts. Farmaco, 53(1): 41-48.

Guo J H, Liu X J, Zhang Y, et al. 2010. Significant acidification in Major Chinese Croplands. Science, 327: 1008.

He Z L, Zhu J. 1997. Transformation and bioavailability of specifically sorbed phosphate on variable-charge minerals in soils. Biology and Fertility Soils, 25(2): 175-181.

Huang J, Zhou K J, Zhang W, et al. 2019. Sulfur deposition still contributes to forest soil acidification in the Pearl River Delta, South China, despite the control of sulfur dioxide emission since 2001. Environmental Science and Pollution Research, 26: 12928-12939.

Kemper W D, Rosenau R C. 1986. Aggregate stability and size distribution. //Klute A. Methods of Soil Analysis. Part 1. 2nd ed. SSSA Book Series 5. Madison: SSSA, 425-442.

Li Q, Li Shan, Yi X, 2019. Soil acidification and its influencing factors in the purple hilly area of southwest China from 1981 to 2012. Catena, 175: 278-285.

Lin E D, Liu Y F, Li Y. 1997. Agricultural C cycle and greenhouse gas emission in China. Nutrient Cycling in Agroecosystems, 49(1): 295-299.

Liu B, Gumpertz M L, Hu S, et al. 2007. Long-term effects of organic and synthetic soil fertility amendments on soil microbial communities and the development of southern blight. Soil Biology & Biochemistry, 39(9): 2302-2316.

Liu X Z, Wan S Q, Su B, et al. 2002. Response of soil CO_2 efflux to water manipulation in a tallgrass prairie ecosystem. Plant and Soil, 240: 213-223.

Lovell R D, Jarvis S C, Bardgett R D. 1995. Soil microbial biomass andactivity in long-term grassland: effects of management changes. Soil Biology and Biochemistry, 27(7): 969-975.

Meng C, Tian D S, Zeng H, et al. 2019. Global soil acidification impacts on belowground processes. Environmental Research Letters, 14: 074003.

Naab J B, Mahama G Y, Koo J, et al. 2015. Nitrogen and phosphorus fertilization with crop residue retention enhances crop productivity, soil organic carbon, and total soil nitrogen concentrations in sandy-loam soils in Ghana. Nutrient Cycling in Agroecosystems, 102: 33-43.

Pan G, Smith P, Pan W. 2009. The role of soil organic matter in maintaining the productivity and yield stability of cereals in China. Agriculture, Ecosystems & Environment, 42: 183-190.

Qin Y S, Tu S H, Feng W Q, et al. 2012. Effects of long-term fertilization on micromorphological features in purple soil. Agricultural Science & Technology, 13(5): 1050-1054.

Reicosky D C, Dugas W A, Torbert H A. 1997. Tillage-induced soil carbon dioxide loss from different cropping systems. Soil and Tillage Research, 41: 105-118.

Ros M, Pascual J A, Garcia C, et al. 2006. Hydrolase activities, microbial biomass and bacterial community in a soil after long-term amendment with different composts. Soil Biology & Biochemistry, 38(12): 3443-3452.

Shen M, Yang L, Yao Y, et al. 2007. Long-term effects of fertilizer managements on crop yields and organic carbon storage of a typical rice–wheat agroecosystem of China. Biology and Fertility of Soils, 44(1): 187-200.

Shi L L, Shen M X, Lu C Y, et al. 2015. Soil phosphorus dynamic, balance and critical P values in long-term fertilization experiment in Taihu Lake region, China. Journal of Integrative Agriculture, 14(12): 2446-2455.

Shi R Y, Ni N, Nkoh J N, et al. 2019. Beneficial dual role of biochars in inhibiting soil acidification resulting from nitrification. Chemosphere, 234: 43-51.

Shi Y G, Zhao X N, Gao X D, et al. 2016. The effects of long-term fertiliser applications on soil organic carbon and hydraulic properties of a Loess soil in China. Land Degradation & Development, 27(1): 60-67.

Tang H M, Xu Y L, Sun J M, et al. 2014. Soil enzyme activities and soil microbe population as influenced by long-term fertilizer management under an intensive cropping system. Journal of Pure & Applied Microbiology, 8(2): 15-23.

Yang W H, Weber K A, Silver W L. 2012. Nitrogen loss from soil through anaerobic ammonium oxidation coupled to iron reduction. Nature Geoscience, 5: 538-541.

Yang X Y, Chen X W, Yang X T, et al. 2019. Effect of organic matter on phosphorus adsorption and desorption in a black soil from Northeast China. Soil and Tillage Research, 187: 85-91.

Zelles L, Bai Q Y, Beck T, et al. 1992. Signature fatty acids in phospholipids and lipopolysaccharides as indicators of microbial biomass and community structure in agricultural soils. Soil Biology & Biochemistry, 24(4): 317-323.

Zelles L. 1999. Fatty acid patterns of phospholipids and lipopolysaccharides in the characterisation of microbial communities in soil: a review. Biol Fertil Soils, 29(2): 111-129.

Zhan X Y, Zhang L, Zhou B K, et al. 2015. Changes in Olsen phosphorus concentration and its response to phosphorus balance in black soils under different long-term fertilization patterns. PLoS One, 10(7): e0131713.

Zhang B, Pang C, Qin J, et al. 2013. Rice straw incorporation in winter with fertilizer-N application improves soil fertility and reduces global warming potential from a double rice paddy field. Biology and Fertility of Soils, 49(8): 1039-1052.

Zhang P, Chen X, Wei T, et al. 2016. Effects of straw incorporation on the soil nutrient contents, enzyme activities, and crop yield in a semiarid region of China. Soil and Tillage Research, 160: 65-72.

Zhao P, Tang X Y, Tang J L, et al. 2015. The nitrogen loss flushing mechanism in sloping farmlands of shallow Entisol in Southwestern China: a study of the water source effect. Arabian Journal of Geosciences, 8(12): 10325-10337.

第四章　高产稻田土壤肥力提升原理

稻田土壤肥力提升是决定水稻生产可持续发展的重要因素，而耕作和施肥是影响土壤肥力变化的重要人为措施。土壤耕作培肥是一个缓慢的过程，土壤肥力演变研究往往需要借助耕作培肥的长期连续定位监测。本书的第二章和第三章已基于我国主要稻区不同施肥和耕作长期定位监测试验，在不同区域肥力时空演变方面做了有意义的研究和探索。然而，我国幅员辽阔，稻区之间施肥、耕作模式各不相同，土壤肥力提升所面临的土壤质量下降、土壤酸化、土壤养分不均衡、秸秆全量还田难等突出问题各异。本章主要针对各稻区土壤肥力提升面临的具体问题，依托不同施肥和耕作定位试验，有侧重的加强土壤物理、化学和生物指标监测，结合统计分析方法，研究关键指标对土壤肥力的作用机制，从理论上揭示高产稻田土壤肥力提升相关原理，从实践上为各稻区土壤培肥技术提供科学依据。

第一节　西南水旱轮作区土壤磷素组分与平衡

一、高、中、低产稻田土壤全磷与有效磷的变化

高、中、低产处理下土壤全磷含量随施肥年限的演变规律如图 4-1 所示，土壤全磷平均含量呈现出高产＞中产＞低产。除施肥 13 年时低产土壤全磷含量下降、中产和高产土壤全磷含量增加外，高、中、低产的土壤全磷含量基本呈现出随施肥年限增加而逐渐增加的规律。施肥 1 年时，高、中、低产处理的土壤全磷含量相同，均为 0.6 g/kg。施肥 5 年时，高、中、低产处理的土壤全磷含量均略有减少。施肥 13 年时，高产和中产处理土壤全磷含量增加，比施肥 1 年时分别增加了 13.3% 和 11.7%，比施肥 5 年时分别增加了 17.2% 和 13.6%；低产土壤全磷含量持续降低，比施肥 1 年时降低了 13.3%，比施肥 5 年时降低了 5.5%。施肥 17 年时，高、中、低产处理的土壤全磷含量较施肥 1 年时分别增加 61.7%、58.3%、25%，较施肥 13 年时分别增加 42.6%、41.8%、44.2%。施肥 24 年时，高、中产处

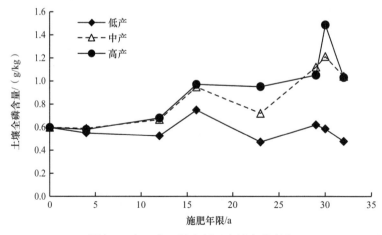

图 4-1　高、中、低产稻田土壤全磷变化

理的土壤全磷含量较施肥 1 年时分别增加 41.7% 和 20.0%，较施肥 17 年时分别降低 12.4% 和 24.2%；低产处理土壤全磷含量较施肥 1 年时降低 21.7%，较施肥 17 年时降低 37.3%。当施肥年限达 30 年及以上时，可以看出高产和中产处理的土壤均在施肥 31 年时达到最高全磷含量，分别为 1.5 g/kg 和 1.2 g/kg，较施肥 1 年时分别增加了 148.3% 和 101.7%，低产土壤全磷含量逐渐降低，施肥年限达 33 年时，较施肥 1 年时降低了 20.0%。

　　高、中、低产处理下土壤有效磷含量随施肥年限的演变规律如图 4-2 所示，高产和中产处理土壤有效磷含量均呈现随施肥年限增加而增加的趋势，而低产处理土壤有效磷含量随施肥年限增加而略微降低，基本维持在稳定状态。施肥 5 年时，高、中、低产处理的土壤有效磷含量分别比施肥 1 年时降低了 74.4%、79.9%、61.5%。施肥 5～9 年间，高产和中产处理土壤有效磷含量迅速增加，较施肥 1 年时最高增加了 256.4% 和 233.3%，低产土壤有效磷含量较施肥 1 年时略有下降。施肥 10 年以上，高产和中产处理土壤有效磷含量总体上随施肥年限增加而增加，低产土壤有效磷含量随施肥年限的增加而略有减少。高产处理土壤有效磷含量在施肥 31 年时达到最大，为 40 mg/kg，较施肥 1 年时增加了 923.1%；中产土壤有效磷含量在施肥 30 年时达最大，为 48 mg/kg，较施肥 1 年时增加了 1138.5%；而低产土壤有效磷含量在施肥 31 年时降至最低，仅有 2 mg/kg，较施肥 1 年时减少了 48.7%。除此之外，施肥 30 年时，中产处理土壤有效磷含量明显高于高产处理，土壤有效磷含量提高了 29.1%。

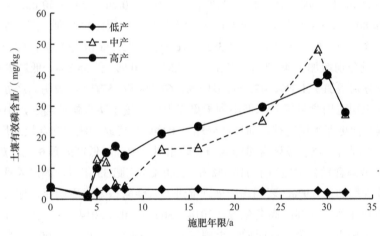

图 4-2　高、中、低产稻田土壤有效磷变化

二、高、中、低产稻田土壤全磷与有效磷的剖面分布

　　由图 4-3 可知，2005 年时，高、中、低产处理下土壤全磷含量均在 0～20 cm 土层分布最高，分别为 1.0 g/kg、0.7 g/kg、0.5 g/kg。与 0～20 cm 土层土壤全磷含量相比，高、中、低产处理下土壤 20～40 cm、40～60 cm、60～80 cm 和 80～100 cm 土层全磷含量均降低，其中高产处理土壤分别降低了 45.3%、56.8%、38.9% 和 38.9%，中产处理土壤分别降低了 19.4%、59.7%、68.1% 和 58.3%，低产处理土壤分别降低了 29.8%、53.2%、55.3% 和 68.1%。10 年后（2014 年），高、中产处理土壤全磷含量在 0～20 cm 土层分布最高，为 1.03 g/kg 和 1.01 g/kg；低产土壤全磷含量在 20～40 cm 土层分布最高，为 0.5 g/kg。与 0～20 cm 土层土壤全磷含量相比，高、中、低产处理下土壤 20～40 cm、40～60 cm、60～80 cm 和

80～100 cm 土层全磷含量也降低,其中高产处理土壤分别降低了 50.2%、66.9%、62.3% 和 60.7%,中产处理土壤分别降低了 55.4%、58.8%、65.7% 和 59.9%,低产处理土壤分别 降低了 24.2%、26.2% 和 18.8%。

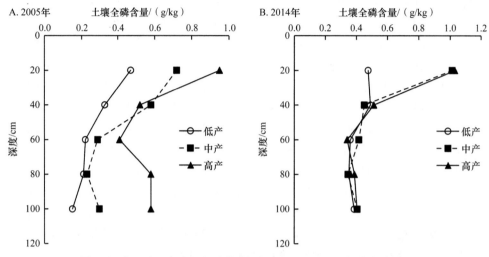

图 4-3　高、中、低产稻田土壤剖面(0～100 cm)全磷含量变化

10 年后(2014 年)高、中、低产处理下土壤 0～20 cm、20～40 cm、40～60 cm、 60～80 cm 和 80～100 cm 土层全磷含量与 2005 年相同土层比较发现:高产处理土壤各层 土壤全磷平均含量分别增加了 8.4%、-1.3%、-16.8%、-33.1% 和 -30.3%,中产处理各层土 壤全磷平均含量分别增加了 40.7%、-22.1%、43.8%、50.9% 和 35.3%,低产处理各层土壤 全磷平均含量分别增加了 1.3%、48.8%、64.1%、67.4% 和 157.7%,表明高产处理有助于土 壤 0～20 cm 土层全磷含量提升,但不利于更深土层土壤全磷含量的增加,中产处理使得 中间层的土壤磷向更深土层迁移,而低产处理下土壤磷更容易由浅层向深层土层迁移。

高中低产处理对土壤有效磷含量影响与全磷相似,中产与低产处理相比,施肥 24 年和 33 年时土壤有效磷含量分别提高了 110.1% 和 165.0%。施肥 33 年时,高产处理剖面有效磷 含量比中产处理增加了 6.9%,表明高产处理促进有效磷累积效果更明显,这与国内外研究 结果一致(秦鱼生等,2008;高菊生等,2014;Shen et al.,2014),由于施磷量超过作物 吸收量,导致土壤磷素盈余,进而增加土壤磷含量。由图 4-4 可知,2005 年高、中、低产 处理下土壤 0～100 cm 土壤剖面均呈现出 20～40 cm 和 40～60 cm 土层土壤有效磷含量 低、60～80 cm 和 80～100 cm 土层土壤有效磷含量高的分布特征,这与黄绍敏等(2011) 在潮土上的磷素剖面分布结果一致。但 Han 等(2005)在中国北方 12 年的长期肥料试验表 明,黑土有效磷含量随土层深度增加而逐渐降低,与本研究结果不一致。土壤剖面磷含量 表层和低层高、中间层低的变化趋势,除了与土壤类型、磷肥用量、灌溉方式和作物对磷 素吸收等因素有关外(Takahashi and Anwar,2007;Shafqat and Pierzynski,2013),还与磷 在土壤中向下淋溶有关(Han et al.,2005;秦鱼生等,2008;黄绍敏等,2011)。高产处理土 壤各土层有效磷含量几乎都高于中产和低产土壤相应土层的有效磷含量,尤其是 0～20 cm 土层,是低产处理的 11.9 倍。10 年长期施肥处理后(2014 年),与低产处理不同土层土壤有 效磷比较发现,高产和中产土壤各土层有效磷含量均比低产土壤高。高产土壤 0～20 cm、

20 ～ 40 cm、80 ～ 100 cm 土层土壤有效磷含量均高于中产土壤，而 40 ～ 60 cm 和 60 ～ 80 cm 土层土壤有效磷含量均低于中产土壤，说明高产处理土壤磷素可向 100 cm 以下土层迁移，且土壤磷素迁移深度随施肥年限延续而增加，高产处理相对中产处理而言更易于磷素向下层迁移。Eghball 等（1996）在美国 40 年的长期施肥试验表明，施用有机肥的农田磷素向下迁移达 1.5 ～ 1.8 m，而化肥仅为 1.1 m。Sharpley（2004）等对这一现象的解释是有机肥中含有的有机酸利于活化土壤中的磷素，降低土壤对磷的吸附，使磷素更易于向土壤深层移动。因而在农业生产中连续数年施用足量磷肥后，施磷量可根据具体情况酌减，以节约磷资源并提高磷肥利用率，减少由于有机肥过量施用带来的磷素大量快速累积和淋失，实现高产和保护环境的双赢目标。

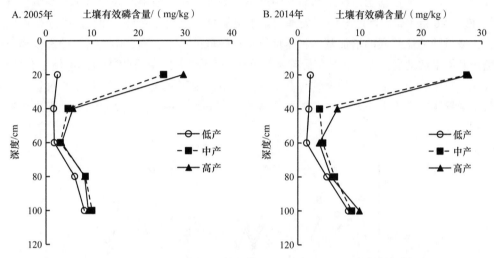

图 4-4　高、中、低产稻田土壤剖面（0 ～ 100 cm）有效磷含量变化

　　许多研究表明，土壤磷库的变化是一个缓慢的过程，长期不施磷土壤的磷含量降低，过量施磷会导致磷含量升高（朱波等，1999；秦鱼生等，2008；杨学云，2007）。本研究发现低产处理中土壤全磷保持在 0.46 ～ 0.64 g/kg，有效磷在 2 ～ 6 mg/kg，低产处理土壤全磷、有效磷含量随施肥年限的延续都表现出下降趋势，土壤有效磷年均减少量为 0.028 mg/kg，这与以往多数研究结果一致（朱波等，1999；秦鱼生等，2008；杨学云，2007）。连续低产处理 33 年后（肥料、种苗、灌溉与降雨及作物根茬残留物）输入土壤磷素总量为 107 kg/hm²，作物吸收携出磷量为 613 kg/hm²；虽然紫色母岩风化释放养分可补给土壤磷素（Sharpley et al.，2004），但土壤磷仍表现出亏缺状况，年亏缺量为 15 kg/hm²，导致低产处理土壤磷素含量降低。施用磷肥的中产和高产处理土壤全磷、有效磷含量随施肥年限增加呈增加趋势，有效磷年增加量分别为 1.2 mg/kg 和 1.0 mg/kg，说明施磷可提高土壤磷含量。

　　磷肥用量超过作物需求，磷将会在土壤中累积，导致土壤磷库储量增加，长此以往会造成磷素向下迁移，污染地下水（Takahashi et al.，2007；Shafqat et al.，2013）。本研究发现，经过 33 年施肥后，低产处理土壤剖面全磷含量为 0.42 g/kg，比种植 24 年中产处理（0.35 g/kg）提高了 20%；中产和高产处理土壤剖面全磷含量（0.52 g/kg）比低产处理增加了 23.8%，较试验 24 年时中产处理（0.44 g/kg）提高了 18.2%。施肥 33 年时，高产处理剖面有效磷含量比中产处理增加了 6.9%，表明高产处理促进有效磷累积效果更明显，这与多数研究结果一致，由于施磷量超过作物吸收量，导致土壤磷素盈余，进而增加土壤磷含量（Takahashi et al.，2007；Tang et al.，2008；Hu et al.，2012）。试验期间，低产处理土壤全磷含量随土层深度增加而降低，有效磷含量则相反。

三、高、中、低产稻田土壤磷素盈亏

图 4-5 显示了高、中、低产处理长期施肥 34 年作物地上部分携出磷量。作物携出磷量与其生物量密切相关，生物量越大，携出磷越多。低产处理作物携出磷量较低，每年从土壤中带走的磷约为 12 kg/hm²，中产和高产处理磷素携出量相差不大，均比低产处理提高约 1.73 倍，高产处理作物携出磷量略高于中产施肥处理，高产与中产处理多年平均磷素携出量为 42～46 kg/hm²。高产与中产处理磷素携出量总体呈增加趋势，而低产处理作物地上部携出磷量随施肥年限的增加基本稳定地维持在较低的水平。高、中、低产处理作物吸磷量随施肥年限波动变化，主要与年际降水影响作物产量有关。由于高产处理配施了有机肥，增加了作物生物量，故高产处理磷素携出量高于中产施肥处理。高产处理平均每年从土壤中带走磷量比中产施肥处理增加了 7.9%，表明高产处理比中产处理更能有效地促进作物对磷素的吸收。

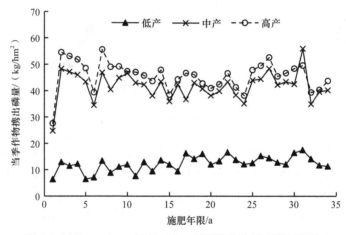

图 4-5　1982～2015 年高、中、低稻田作物携出磷量变化

当磷素投入高于作物吸收时，土壤表现出磷素盈余，若土壤长期处于磷素盈余状态，会造成土壤磷素流失和水体污染等问题（宋春和韩晓增，2009；Zhao et al.，2013）；当磷素投入低于作物吸收时，土壤表现出磷素亏缺，导致作物减产。图 4-6 为长期（34 年）高、中、低产处理土壤磷素盈亏状况。分析可知，低产处理总是处于磷素亏缺状态，这是由于低产处理没有磷肥的直接投入，降水、灌溉等其他磷素间接来源也极少，作物吸收的磷主要来自土壤本身。因此磷素投入总是少于作物吸收，且施肥年限越长，磷素亏缺量越大，平均每年亏缺磷量约为 12 kg/hm²。中产和高产处理均表现为磷素盈余，这是因为这两种处理均人为施加磷肥，投入磷素，且磷素投入量均高于作物携出量。中产和高产处理土壤磷素盈余量存在明显差异，年均盈余量为 9～89 kg/hm²，且随施肥年限的增加，土壤磷素盈余量均呈增加趋势，表明高产处理能够有效提高土壤磷素盈余量。

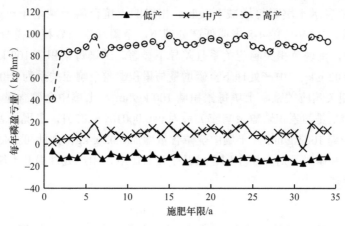

图 4-6　1982～2015 年高、中、低产稻田每年土壤磷盈亏量

分析紫色土连续 34 年高、中、低产处理土壤累积磷盈亏（图 4-7），发现低、中、高产处理土壤累积磷均处于盈余状态，且盈余量随施肥年限延续而增大。连续施肥 34 年土壤累积磷盈余量表现为高产＞中产＞低产，低产、中产、高产处理土壤累积磷盈余总量分别为 419 kg/hm²、361 kg/hm² 和 3085 kg/hm²，表明高产处理最能有效地增加土壤磷素累积，其次是中产处理，高产处理与中产处理间土壤累积磷盈余量差异较小。这与高菊生等（2014）在我国南方红壤上的研究一致。可能的原因一方面是，有机肥本身含有一定数量的磷，以有机磷为主，这部分磷易于分解释放；另一方面，有机肥施入土壤后可增加有机质含量，而有机质可减少无机磷的固定，并促进无机磷的溶解（赵晓齐和鲁如坤，1991），因此造成施用化学磷肥的基础上增施有机肥，其增加土壤有效磷的效果更加显著。

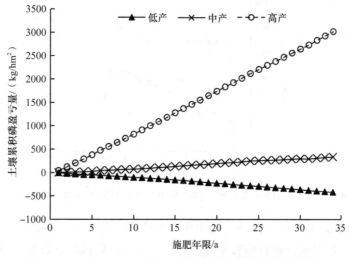

图 4-7　1982～2015 年高、中、低稻田土壤累积磷盈亏量

四、高、中、低产稻田土壤全磷和有效磷变化对土壤磷素盈亏的响应

高、中、低产处理会使得土壤中累积磷盈余（磷平衡）对土壤全磷的增减存在不同影响。低、中、高产处理下土壤全磷增量与土壤累积磷盈余之间的线性回归方程见图 4-8，各方程中 x 表示土壤累积磷盈亏量（kg/hm²），y 表示土壤全磷增量（g/kg），回

归方程中的斜率表示土壤磷每增减 1 kg/hm² 相应的土壤全磷增减量（g/kg）（裴瑞娜等，2010；刘彦伶等，2016）。图 4-8 表明低产处理下，全磷增量与累积磷盈余响应关系为 $y=-0.0002x-0.0384$，呈现负相关响应关系且差异不显著。土壤每累积磷 100 kg/hm²，土壤中全磷含量降低 0.02 g/kg；中产处理下全磷增量与累积磷盈余响应关系为 $y=0.0016x-0.0478$，呈现极显著正相关响应关系，土壤每累积磷 100 kg/hm²，土壤中全磷含量增加 0.16 g/kg；高产处理下全磷增量与累积磷盈余响应关系为 $y=0.00018x-0.0301$，呈现显著正相关响应关系，土壤每累积磷 100 kg/hm²，土壤中全磷含量增加 0.02 g/kg。由此可见低产和高产处理较中产处理，累积磷盈亏对土壤全磷含量几乎没有影响，中产处理提升土壤全磷的速率高于高产和低产处理。

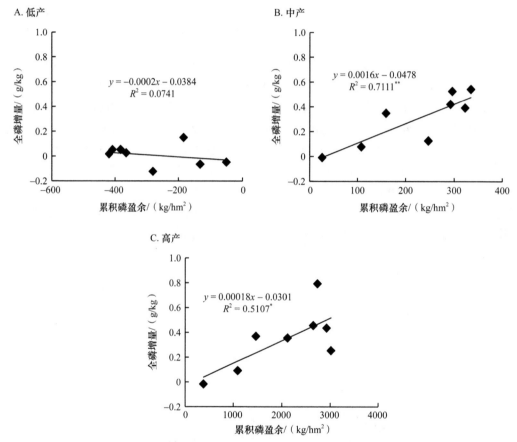

图 4-8 1982～2015 年高、中、低产稻田土壤全磷增量与累积磷盈余的关系

由图 4-9 可知，高、中、低产处理土壤有效磷增量与累积磷盈余的响应关系和全磷增量与累积磷盈余的响应关系略有不同，即低产处理中累积磷盈余与土壤有效磷增量呈正相关关系，但不存在显著差异，中产和高产处理累积磷盈余与土壤有效磷增量均呈极显著正相关关系。低、中、高产处理土壤有效磷增量与累积磷盈余的响应关系分别为 $y=0.0028x+1.781$、$y=0.1719x-5.1354$、$y=0.0185x-2.5095$。由拟合方程可知，土壤中每累积磷 100 kg/hm²，低、中和高产处理土壤中有效磷含量分别提高 0.28 mg/kg、17.19 mg/kg 和 1.85 mg/kg，表明低产和高产处理较中产处理，累积磷盈余对土壤有效磷含量影响甚微，中产处理对提升土壤有效磷的速率高于高产和低产处理。

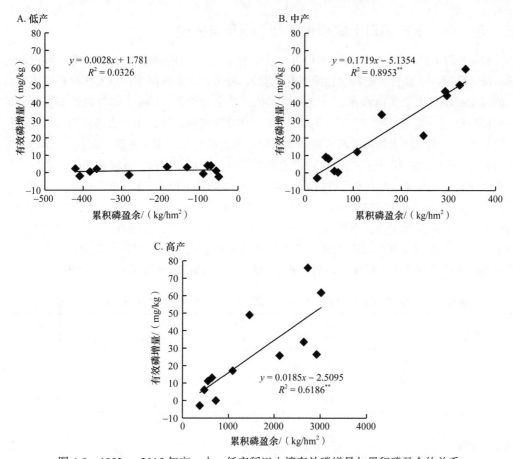

图 4-9　1982～2015 年高、中、低产稻田土壤有效磷增量与累积磷盈余的关系

　　土壤有效磷增量对磷盈余的响应关系受土壤类型、作物种类、轮作制度、施肥等农田管理措施因素影响较大。裴瑞娜等（2010）在甘肃的黑垆土、刘彦伶等（2016）在贵州黄壤性水稻土、沈浦（2014）在中国水旱轮作区进行的长期定位试验下土壤累积磷盈余量与有效磷增量关系的研究，结果均显示单施化学磷肥比有机肥配施化肥能提高更多的有效磷，这与本研究结果一致。杨军等（2015）在潮土、李渝等（2016）在西南黄壤旱地上进行长期监测，指出化肥配施有机肥比单施化学磷肥能提高土壤更多的有效磷，这与本研究结果相反。沈浦（2014）对中国双季旱作区的报道与杨军和李渝的结果一致；而水旱轮作区结果却相反，表现为单施化学磷肥比有机肥配施化肥能提高更多的有效磷，这与本研究结果相似。可能是淹水条件下，增施有机肥后加剧了土壤还原过程，增加了土壤中铁氧化物等对磷的固定（李中阳，2007；刘彦伶等，2016）；同时有机肥的加入促进了土壤磷的有效化，一方面加入的有机肥对土壤无机磷的固定速度远大于土壤磷的有效化速度，另一方面在水旱交替环境下活化的磷素更容易向土壤深层淋溶迁移（裴瑞娜等，2010；李学平等，2011）；此外，化学磷肥主要投入无机形态磷，有机肥则以有机形态磷投入为主，特别是高稳态有机磷，有机肥的加入促进无机磷向有机磷的转化，导致土壤无机磷下降（裴瑞娜等，2010；尹岩等，2012；刘彦伶等，2016）。因此，化学磷肥对土壤磷素含量的影响较大，施用化学磷肥后土壤磷含量增量大于施用有机肥。

五、高、中、低产稻田土壤磷素平衡、积累与去向

表 4-1 为定位施肥 33 年后（2014 年）高、中、低产土壤磷素投入、平衡、累积及去向状况。磷投入主要包括肥料（化肥和有机肥）、种苗、灌溉与降水，以及作物根茬残留输入的磷素；磷带走主要指水稻、小麦籽粒和秸秆带走的磷素；1 m 土体净累计磷指该处理 0 ～ 100 cm 土体累积磷量与对照 0 ～ 100 cm 土体累积磷量之差；未知去向磷指该处理磷投入量减去 1 m 土体净累积磷量与该处理作物带走磷量减对照作物带走磷量之差（高菊生等，2014）。由表 4-1 可知，低产处理作物带走的磷较少，平均携出量为 524 kg/hm^2，磷投入约为 105 kg/hm^2，土壤磷表现出亏缺状况，年亏缺量为 419 kg/hm^2。中产处理磷投入和带走量分别为 1883 kg/hm^2 和 1349 kg/hm^2，是低产处理的 18.0 倍和 2.6 倍，土壤磷表现出盈余状况。高产处理磷投入量和平衡量都明显高于其他处理，其通过作物带走的磷与中产施肥处理相差不大。中产处理与高产处理相比，高产处理的未知去向磷高于中产施肥处理达 35.9 倍，说明高产处理会导致磷大量损失。高产施肥处理 1 m 土体净累计磷量与中产处理相差不大。

表4-1　长期定位施肥33年后（2014年）高、中、低产处理磷素平衡、累积和去向

稻田肥力	磷投入 / (kg/hm^2)	磷带走 / (kg/hm^2)	磷平衡 / (kg/hm^2)	1 m 土体净累积量 / (kg/hm^2)	未知去向磷 / (kg/hm^2)
低产	105	524	−419	—	—
中产	1883	1349	535	1091	57
高产	4316	1419	2896	1467	2042

六、小结

高产和中产处理土壤全磷和有效磷含量均呈现出随施肥年限的增加而增加，而低产处理两种形态的磷含量随施肥年限增加而略微降低。不同水平稻田明显影响磷素在土壤剖面中的分布，高产处理有助于土壤 0 ～ 20 cm 土层全磷含量提升，但不利于更深土层土壤全磷含量的增加，中产处理使得中间层的土壤磷向更深土层迁移，而低产处理下土壤磷更容易由浅层向深层土层迁移；高产处理相对中产处理而言更易于磷素向下层土壤迁移，且磷素迁移深度随施肥年限延续而增加；低产处理土壤全磷含量随土层深度增加而降低，有效磷含量则相反，中产和高产土壤全磷和有效磷含量随着土层深度增加而降低。仅有低产处理土壤磷素呈现亏缺，高产处理土壤磷素累积盈余量远远高于中产处理；高产稻田土壤磷素大量盈余，且高产稻田未知去向磷素约是中产稻田的 36 倍，具有更大的环境污染风险。

第二节　双季稻田的土壤基础地力变化

不同于土壤肥力的概念，土壤基础地力是指在特定的立地条件、土壤剖面理化性状和农田基础设施建设水平下，经过多年水肥培育后，当季旱地无水肥投入、水田无养分投入时的土壤生产能力（贡付飞等，2013）。在化肥施用量相同的情况下，提高土壤基础地力可以明显促进作物增产（曾祥明等，2012）。因此，作为农田生态系统生产力的重要指标之一，土壤基础地力可以显著影响作物产量提升潜力（张军等，2011）。

目前，土壤基础地力的表征指标主要有基础地力产量（土壤在不施肥情况下的作物

产量）（Zha et al.，2014）、基础地力贡献率（土壤在不施肥情况下的作物产量占施肥情况下作物产量的百分比）（查燕等，2015）和土壤生产力指数（土壤 pH、有机质、氮磷钾养分、黏粒含量等理化性质的加权平均）（段兴武等，2009）。而有关基础地力的研究方法主要有 DSSAT 模型法（Zha et al.，2015）、生产力指数法（孙振宁等，2009）和田间试验研究法（在普通大田或盆栽试验中设置施肥与不施肥处理）（鲁艳红等，2015）等。然而，通过 DSSAT 模型分析土壤基础地力贡献率需要庞大的气象数据支撑，且需要对品种的遗传属性进行调试，过程比较复杂（Zha et al.，2015）。生产力指数则需要对土壤理化性质数据进行加权分析，且在不同土壤类型上应用之前还需进行相关的参数修订和调试（孙振宁等，2009）。而通过采集长期定位试验的土壤进行盆栽，则可以较为简便地获得各处理的基础地力（鲁艳红等，2015）。但是，由于前季肥料产生的养分后效和年际间气候变异对水稻产量的影响较大（卜容燕等，2012），进行 1 年 2 季的短期试验研究可能不能准确表征各处理的土壤基础地力，因此，有关长期施肥处理的土壤基础地力变化还需要进一步深入研究。

鄱阳湖流域是我国南方地区重要的水源地和水稻生产基地（宋艳春等，2014），在该地区的农田生态系统中，由于高产水稻品种的大力推广，以及不合理施肥和粗放管理措施的影响，该地区农田生态系统中的土壤基础地力不断下降，已经严重影响了作物增产（曾希柏等，2014）。同时，在高产目标的驱动下，土壤基础地力的下降将大幅增加化肥投入量，而提升基础地力可以有效降低水稻生产系统对外源肥料的依存率（曾祥明等，2012），因此，系统研究土壤基础地力变化特征对该流域的化肥减施增效和农田面源污染风险评估意义重大，但目前有关施肥措施对该区域土壤基础地力的影响还不明确。

在长期定位试验中，不同的施肥处理可以较好地代表一个地区不同施肥管理下的土壤肥力水平（张淑香等，2015），因此，研究各施肥处理的土壤基础地力变化规律可以有效指导当地稻农科学施肥。本研究基于鄱阳湖流域典型的双季稻长期定位试验，于试验 30 年时采集不同施肥处理的土壤，通过设置施肥与不施肥处理的盆栽试验，连续进行 3 年 6 季早晚稻的水稻种植；分析长期不同施肥模式下水稻产量和土壤基础地力贡献率，并结合土壤肥力指标和养分盈余特征进一步探讨影响基础地力提升的关键因子，以期为该地区双季稻田的地力培育提供理论基础和技术支撑。

（一）试验地概况

双季稻田长期定位试验始于 1981 年，在位于江西省进贤县的江西省红壤研究所内。该区域位于鄱阳湖流域，属于中亚热带气候，年均气温 18.1℃，≥ 10℃年积温 6480℃，年降水量 1537 mm，年蒸发量 1150 mm，无霜期约为 289 d，年日照时数 1950 h。试验地土壤为红壤性水稻土，试验前耕层土壤性质为：pH5.4，有机碳 16.3 g/kg，全氮 1.5 g/kg，全磷 0.5 g/kg，全钾 10.4 g/kg，碱解氮 144 mg/kg，有效磷（NaHCO$_3$-P）4 mg/kg，速效钾（NH$_4$OAc-K）81 mg/kg。

（二）试验设计

本研究选取 3 个处理，①CK，不施肥处理；②NPK，施用氮、磷、钾化肥，早晚稻季的 N、P$_2$O$_5$ 和 K$_2$O 分别为 90 kg/hm^2、45 kg/hm^2 和 75 kg/hm^2；③NPKM，施用氮、磷、钾化肥和有机肥，早晚稻季的 N、P$_2$O$_5$ 和 K$_2$O 分别为 90 kg/hm^2、45 kg/hm^2 和 75 kg/hm^2，其中早稻配施紫云英，晚稻配施鲜猪粪，用量均为 22 500 kg/hm^2，紫云英和鲜猪粪的含水

量分别为 70% 和 60%；每个处理 3 次重复。烘干后紫云英有机碳、氮、磷、钾含量分别为 46.7%、0.8%、0.2%、0.7%；烘干后猪粪有机碳、氮、磷、钾含量分别为 34.0%、1.2%、0.9%、1.0%。具体的试验设计和试验描述见余喜初等（2013）的研究。

于 2011 年冬季采集 CK、NPK、NPKM 处理的耕层（0 ~ 20 cm）土壤，风干。分别在 3 个处理上再设置不施肥（F_0）和施肥（F_1）的盆栽试验。每个处理 3 次重复，共 18 盆，每盆装土 15 kg，每盆 3 穴水稻秧苗。盆栽试验在露天进行，试验时间为 2012 年至 2014 年，共进行 3 年 6 季水稻种植。为防止鸟类等野生动物干扰，试验地四周及离地面 2.5m 上方用铁丝网覆盖。盆规格：上口直径 30 cm，下底直径 25 cm，盆高 35 cm。水稻品种与长期定位试验相同，早稻为'优 I 156'，晚稻为'湘丰优 9 号'。盆栽试验开始时各处理的土壤肥力情况详见表 4-2。

表4-2　双季稻田盆栽试验供试土壤化学性质（长期定位30年时）

处理	pH	OM / (g/kg)	TN / (g/kg)	TP / (g/kg)	TK / (g/kg)	AN / (mg/kg)	AP / (mg/kg)	AK / (mg/kg)
CK	5.15±0.06 b	31.84±6.11 b	1.95±0.28 b	0.55±0.33 c	12.38±1.33 a	119.41±25.05 b	6.55±3.90 c	60.67±11.39 b
NPK	5.17±0.17 b	34.18±6.07 b	2.12±0.65 b	0.64±0.18 b	12.40±1.70 a	132.21±10.35 b	13.43±3.32 b	72.33±10.83 a
NPKM	5.30±0.06 a	40.44±0.60 a	2.60±0.82 a	1.28±0.36 a	12.36±2.61 a	153.20±21.33 a	67.72±21.33 a	73.33±15.16 a

注：OM，有机质；TN，全氮；TP，全磷；TK，全钾；AN，速效氮；AP，有效磷；AK，速效钾；下同。表中数值为平均值 ± 标准差。不同小写字母表示各处理存在显著差异（$P < 0.05$）。

由于土培作物根系养分吸收区域小，本研究盆栽试验 CK、NPK、NPKM 在施肥（F_1）处理下的施肥量为常规大田施肥量（为准确反映和指导当前的水稻生产，早晚稻季的 N、P_2O_5 和 K_2O 用量均为 150 kg/hm²、90 kg/hm² 和 135 kg/hm²）的 3 倍，每季每盆施 N 3.38 g（含 N 46% 的尿素 7.35 g）、P_2O_5 2.03 g（含 P_2O_5 12% 的钙镁磷肥 16.92 g）、K_2O 3.04 g（含 K_2O 60% 的氯化钾 5.07 g）。其中，氮肥 30% 作基肥，30% 在返青期施用，40% 在分蘖盛期施用；钾肥 50% 在返青期施用，50% 在分蘖盛期施用；磷肥全部作基肥。施肥方法：钙镁磷肥在盆体装土前混入土壤，拌匀，以后则是在每季水稻移栽前将土壤松动，均匀施入钙镁磷肥，然后拌匀；尿素和氯化钾则是将肥料溶解成液体后均匀施入土壤中。水分管理采取人工灌溉，在分蘖末期及时搁田，后期干湿交替。注意防治病虫害和杂草。

（三）测定指标和计算方法

1. 籽粒产量

在盆栽试验中，每季水稻成熟时，将植株齐地收割，然后脱粒、晾晒和称量。年产量为早稻与晚稻产量的总和。

2. 基础地力贡献率

土壤基础地力贡献率 = 不施肥的水稻产量 / 施肥的水稻产量 ×100%。

3. 长期试验各处理的土壤肥力

在 2011 年采集土壤后，每个小区同时采集 1 个混合土壤样品，风干过筛后测定土壤肥力指标，土壤肥力指标的测定采用常规方法分析（鲁如坤等，2000）。土壤 pH 为 1：2.5 土水比浸提，用 Mettler-toledo320 pH 计测定。土壤有机质采用 $K_2Cr_2O_7$-H_2SO_4 氧化法；土壤全氮采用半微量凯氏定氮法测定；速效氮采用碱解扩散法测定；土壤全磷采用 NaOH 熔融法 - 钼锑抗比色法；有效磷采用 NaHCO₃ 浸提 - 钼锑抗比色法，并采用紫外分光光度计（UV-2450，日本）测定；土壤全钾采用 NaOH 熔融法；速效钾采用 NH₄OAc 浸提 - 火焰光度计（FP6410，中国）测定。

4. 氮磷钾养分的表观平衡

采用表观平衡法计算氮磷钾的养分平衡，即养分投入量与养分支出量的差值，正值表示盈余，负值表示亏缺。养分和有机碳投入仅包括化肥、有机肥和上季根茬等带入的养分和有机碳，未考虑因降水或灌溉、大气沉降以及种子等带入的养分；养分和有机碳支出仅包括水稻籽粒和秸秆收获而带出的养分及有机碳，未包括因淋洗、挥发和反硝化等过程导致的养分和有机碳损失（要文情等，2010）。

有机碳平衡量的计算公式（高伟等，2015）：

$$C_b=Y_R\times(1-W_R)\times C_R+AM\times(1-W_M)\times C_M-C_S\times0.045 \tag{4-1}$$

式中，C_b 为有机碳平衡量（kg/hm²）；Y_R 为根茬生物量（kg/hm²）；W_R 和 W_M 分别为根茬和有机肥的含水量（%）；AM 为有机肥用量（kg/hm²）；C_R 和 C_M 分别为根茬和有机肥的有机碳含量（g/kg）；C_S 为土壤有机碳储量（kg/hm²）；0.045 为有机碳矿化系数。

一、不同施肥条件下水稻产量变化

不论施肥与否（图 4-10），各处理的产量在 3 年盆栽试验中均为 NPKM > NPK > CK，且各处理之间差异显著。在不施肥条件下，2012 年、2013 年和 2014 年 NPKM 处理的年产量分别比 NPK 处理提高了 66.7%、20.8% 和 56.0%，比 CK 处理增加了 143.9%、37.7% 和 83.3%；且 NPK 处理的年产量也显著高于 CK 处理。而在施肥条件下，除了 2013 年 NPKM 和 NPK 处理不存在显著差异外，2012 年和 2014 年中 NPKM 处理的年产量均显著高于 NPK 处理，增幅分别为 18.8% 和 28.6%；但是，与 CK 处理相比，NPK 处理的年产量仅表现出 2014 年显著增加。

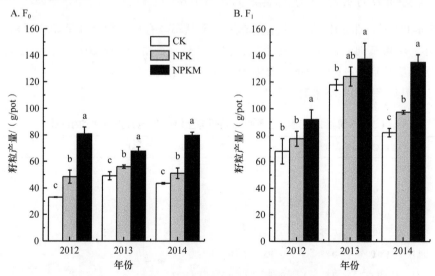

图 4-10 盆栽试验中不同施肥处理的水稻产量变化

F₀：不施肥；F₁：施肥。不同的小写字母表示各处理在同一年份中存在显著差异（$P<0.05$），下同

二、土壤基础地力贡献率变化

在盆栽试验中，各年份的土壤基础地力贡献率波动较大，2012 年为 49.5% ～ 88.1%，2013 年为 41.8% ～ 49.4%，2014 年为 52.5% ～ 59.1%。与 2012 年相比，2013 年和 2014 年的基础地力贡献率明显下降。但各处理的土壤基础地力贡献率均表现出 NPKM 处理显著高于 NPK 和 CK 的趋势（$P < 0.05$）（图 4-11），与 CK 相比，2012 年、2013 年和 2014 年 NPKM 处理的土壤基础地力贡献率分别增加了 77.7%、18.2% 和 11.3%；与 NPK 处理相比，NPKM 处理的土壤基础地力贡献率分别增加了 40.7%、9.2% 和 12.7%。但 NPK 处理除了 2012 年的土壤基础地力贡献率显著高于 CK 外，2013 年和 2014 年均与 CK 不存在显著差异（$P < 0.05$）。

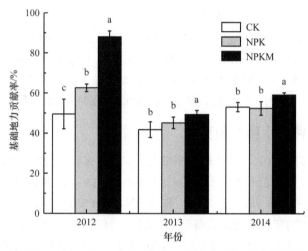

图 4-11　盆栽试验中不同施肥处理的土壤基础地力贡献率

三、土壤基础地力贡献率与土壤肥力因子的相互关系

由表 4-3 可知，在 2012 年，土壤基础地力贡献率与有机质和全磷呈显著正相关关系；在 2013 年，土壤基础地力贡献率与土壤有机质呈显著正相关；在 2014 年，土壤有机质和 pH 是影响土壤基础地力贡献率的主要因子。虽然不同年份存在差异，但 3 年中土壤有机质均是影响土壤基础地力贡献率的关键因子。

表4-3　不同施肥处理的土壤肥力因子与土壤基础地力贡献率的相关性

指标	pH	OM	TN	TP	TK	AN	AP	AK	BSP₁	BSP₂
OM	-0.075									
TN	0.642	-0.114								
TP	0.654	0.195	0.843**							
TK	0.378	-0.513	0.864**	0.564						
AN	0.575	0.006	0.838**	0.893**	0.654					
AP	0.415	0.382	0.833**	0.881**	0.575	0.775*				
AK	0.248	0.27	-0.236	0.175	-0.385	0.055	-0.081			
BSP₁	0.515	0.704*	0.388	0.674*	-0.098	0.608	0.62	0.335		

续表

指标	pH	OM	TN	TP	TK	AN	AP	AK	BSP$_1$	BSP$_2$
BSP$_2$	0.501	0.715*	0.562	0.556	0.136	0.566	0.62	-0.159	0.833**	
BSP$_3$	0.741*	0.765*	0.486	0.606	0.052	0.516	0.492	-0.01	0.793*	0.817**

* $P < 0.05$；$^{**}P < 0.01$。

注：BSP$_1$、BSP$_2$ 和 BSP$_3$ 分别为 2012 年、2013 年和 2014 年的土壤基础地力贡献率，下同。

四、土壤基础地力贡献率与养分及有机碳平衡的相互关系

由表 4-4 可知，所有处理的钾素养分和 CK 的氮磷养分均为亏缺，而 NPK 和 NPKM 处理的氮磷养分均为盈余状态。由于 NPKM 处理的氮磷养分投入较高，其氮、磷养分的平衡量分别比 NPK 处理增加了 10.7 kg/hm^2、15.8 kg/hm^2。同时，NPKM 处理的有机碳平衡量显著高于 CK 和 NPK 处理（图 4-12）。

表4-4　不同施肥处理的养分平衡

指标	处理	N	P	K
投入/（kg/hm^2）	CK	7.17±0.60c	2.52±0.27c	30.68±1.09c
	NPK	188.09±1.44b	42.73±0.45b	149.22±2.59b
	NPKM	266.02±0.95a	86.09±0.39a	223.42±1.57a
输出/（kg/hm^2）	CK	97.85±10.65c	23.25±1.75c	123.37±13.49c
	NPK	136.00±0.74b	34.63±2.31b	172.70±8.99b
	NPKM	203.19±8.16a	62.19±4.06a	253.20±15.11a
平衡/（kg/hm^2）	CK	-90.69±10.75c	-20.72±1.60c	-92.70±12.41b
	NPK	52.09±1.75b	8.10±2.01b	-23.48±6.63a
	NPKM	62.83±7.51a	23.91±4.44a	-29.78±16.44a

注：不同的小写字母表示各处理在同一年份中存在显著差异（$P < 0.05$）。

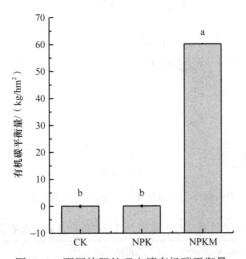

图 4-12　不同施肥处理土壤有机碳平衡量

相关分析表明（表 4-5），各处理的氮磷钾和有机碳平衡量与土壤基础地力贡献率存在密切相关，但不同年份间存在明显差异。在 2012 年，与土壤基础地力贡献率显著正相关的

平衡量指标为氮磷养分和有机碳；在 2013 年，磷养分和有机碳平衡量与土壤基础地力贡献率呈显著正相关；而在 2014 年，则表现出有机碳平衡量与土壤基础地力贡献率呈显著正相关。

表4-5 不同施肥处理的养分和有机碳平衡与土壤基础地力贡献率的相关性

指标		平衡				土壤基础地力贡献率	
		BN	BP	BK	BOC	2012	2013
平衡	BP	0.943**					
	BK	0.922**	0.880**				
	BOC	0.551	0.764*	0.406			
土壤基础地力贡献率	2012	0.761*	0.887**	0.639	0.916**		
	2013	0.638	0.773*	0.66	0.698*	0.833**	
	2014	0.378	0.58	0.256	0.827**	0.793*	0.817**

* $P < 0.05$；** $P < 0.01$。

注：BN、BP、BK、BOC 分别为氮磷钾和有机碳平衡量，下同。

五、影响土壤基础地力贡献率的关键因素

冗余分析（RDA）表明，轴 1 和轴 2 分别解释了土壤基础地力贡献率变异程度的 86.15% 和 3.03%（图 4-13）。由表 4-6 可知，有机碳平衡量、氮磷平衡量、土壤有机质和有效磷均可以显著影响土壤基础地力贡献率（$P < 0.01$），其中有机碳平衡量和土壤有机质与土壤基础地力贡献率呈正相关关系（R^2 均大于 0.90，$P < 0.01$），表明有机碳平衡量和土壤有机质的增加是提高土壤基础地力贡献率的关键因子。

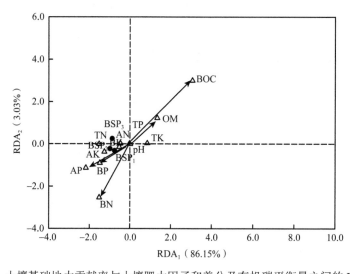

图 4-13 土壤基础地力贡献率与土壤肥力因子和养分及有机碳平衡量之间的 RDA 分析

表4-6 土壤基础地力贡献率与土壤肥力因子和养分及有机碳平衡量的显著性分析

指标	RDA₁	RDA₂	R^2	P
BN	−0.869	−0.321	0.975	0.001
BP	−0.854	−0.221	0.998	0.001
BK	−0.570	−0.822	0.947	0.207

续表

指标	RDA$_1$	RDA$_2$	R^2	P
BOC	0.999	0.537	0.998	0.001
PH	-0.997	-0.076	0.349	0.268
OM	0.986	0.367	0.436	0.009
TN	-0.951	-0.308	0.257	0.378
TP	-0.993	-0.118	0.651	0.219
TK	-0.086	-0.996	0.012	0.906
AN	-0.948	-0.317	0.437	0.164
AP	-0.789	-0.249	0.523	0.001
AK	-0.825	-0.565	0.189	0.539

六、土壤基础地力贡献率对不同施肥的响应

在鄱阳湖流域，3 年 6 季的盆栽试验结果表明，有机 - 无机肥配施是提高该区域农田系统中双季稻产量的最佳施肥措施，即使在连续 3 年不施肥的盆栽条件下，NPKM 处理仍表现出明显的高产优势，这主要是由于长期有机 - 无机肥配施显著提升了土壤的养分库容（黄晶等，2013），改善了物理结构（Deng et al.，2014）和微生物特性（袁红朝等，2015），从而有效保障了作物的养分需求和生长环境。对于 NPK 处理，虽然连续进行 3 年不施肥的盆栽条件下其产量显著高于 CK 处理，但是，在施肥的盆栽条件下，则呈现出前 2 年 NPK 处理的产量与 CK 处理差异不显著，原因可能是该地区的水热资源丰富（李阳等，2017），水稻在生长中可以从外界获取较充足的养分，即在相同的化肥施用条件下，NPK 和 CK 处理的水稻均可以达到相同的生产目标，这也间接说明，对于中、低肥力的土壤，等量化肥对产量的贡献率是基本固定的；但王月福等（2003）在潮土小麦上的试验结果则表明，在低肥力土壤，化肥的增产幅度不一，这可能与土壤类型、肥力等级的划分标准和肥料运筹等有关。总之，本研究证实，长期有机 - 无机肥配施是持续提高水稻生产力的主要施肥措施。

在本研究中，2012 ～ 2014 年间 CK、NPK 和 NPKM 处理的土壤基础地力贡献率分别为 41.8% ～ 53.1%、45.2% ～ 62.6% 和 59.1% ～ 88.1%，这一结果显著不同于黑土玉米（74.4% ～ 84.7%）和潮土冬小麦（36.5% ～ 70.9%）（Zha et al.，2015）的基础地力贡献率，原因可能与土壤特性、种植作物和温光条件有关。在不同施肥措施中，NPKM 处理的土壤基础地力贡献率显著高于 NPK 和 CK 处理。这与其他人通过 DSSAT 模型的研究结果相似（Zha et al.，2014，2015）。因此，长期有机 - 无机肥配施是土壤基础地力提升的重要途径。在未来，随着秸秆还田、有机肥替代化肥、冬季绿肥技术的大力推广，土壤基础地力贡献率的逐步提升将显著促进鄱阳湖流域的化肥减施增效技术，并有效降低农田系统中的面源污染风险。但是，在本研究中，第 2 年和第 3 年的土壤基础地力贡献率明显低于第 1 年，原因可能是由于第 1 年试验中上季的肥料施用导致的速效养分残留较多（Zhang et al.，2012），从而高估了各处理的土壤基础地力贡献率。但如果时间超过 3 年甚至更长时间，则又导致土壤养分耗竭（王莉等，2012），从而低估了土壤基础地力。朱洪勋等（1997）的研究也表明，黄潮土的基础地力贡献率从 1981 年的 76.2% 下降到 1995 年的 34.4%。同时，本研究也表明，除了第 1 年之外，第 2 年和第 3 年中 NPK 和 CK 处理的基础地力贡献率不

存在显著差异，这充分说明，在该区域的水稻土上长期进行氮磷钾化肥施用，不能显著提高土壤基础地力贡献率，此外，长期化肥施用还会引起土壤酸化（Guo et al.，2010）和微生物活性降低（Liu et al.，2018），因此，NPK 处理的土壤基础地力贡献率可能会继续下降。

除了化肥的增产措施之外，很多研究表明，通过配施有机肥同样可以显著提升水稻产量和稳产性（王建红等，2014），且配施有机肥还有利于增加化肥的利用率（王建红等，2004）。本研究表明，配施有机肥也可以显著提高土壤基础地力贡献率。前人研究表明，土壤基础地力贡献率与土壤的理化指标密切相关（汤勇华等，2008），因此，研究影响土壤基础地力的关键因子对于保障鄱阳湖流域的水稻高产具有重要意义。本研究通过相关分析发现，土壤有机质含量是影响水稻土基础地力贡献率的关键因子（$P < 0.05$）。这与潮土、黑土上的结果基本相似（Zha et al.，2014；2015）。原因主要与有机质是土壤培肥的核心指标有关。然而，由于有机质在土壤中存在的化学形态和物理组分不同（武天云等，2004），因此，关于有机质组分调控土壤基础地力贡献率的影响机制还有待进一步研究。

同时，本研究进一步分析了农田系统中氮磷钾养分和有机碳平衡与土壤基础地力贡献率的相互关系，结果表明，连续 3 年的基础地力贡献率均与有机碳平衡量呈显著的正相关关系。这也充分说明了有机碳投入对于土壤基础地力提升具有重要作用。结合 RDA 分析得出，有机碳平衡量和有机质与土壤基础地力贡献率呈显著的正相关关系。因此，有机碳投入是土壤培肥的关键措施，且较高的土壤有机碳投入量不仅可以改良土壤物理结构（Kong，et al.，2005），还可以提高土壤微生物活性（袁红朝等，2015），促进土壤对水稻的养分供给能力。此外，土壤有机碳的矿化和周转也会促进作物的养分吸收（陈涛等，2008），进而影响土壤基础地力变化。

七、小结

在鄱阳湖流域，双季稻田的土壤基础地力贡献率为 41.8% ～ 88.1%。不同施肥措施可以显著影响土壤基础地力贡献率，且长期有机 - 无机配施处理的土壤基础地力贡献率比化肥处理增加了 9.2% ～ 40.7%。在土壤肥力因子和养分盈余指标中，土壤有机质和有机碳平衡量是影响该地区双季稻田土壤基础地力变化的重要因素。然而，由于本研究未涉及土壤物理和微生物指标，因此，关于土壤地力变化的关键因素还有待进一步研究。

第三节　双季稻田土壤微生物量碳氮变化特征

土壤微生物生物量碳（SMBC）和土壤微生物生物量氮（SMBN）是土壤有机养分的活性部分，可反映土壤有效养分状况和生物活性，是评价土壤微生物数量和活性及土壤肥力的重要指标（Nsabimana et al.，2004）。国内外大量研究表明，SMBC 和 SMBN 对施肥措施（李文军等，2015）、土地利用方式（Kara et al.，2008；魏甲彬等，2017）、稻草还田（李卉等，2015）、气候条件（张明乾等，2012）、耕作方式（Li et al.，2018）和灌溉方式（梁燕菲等，2013）等产生积极响应。有研究通过 Meta 分析发现，与施化肥相比，施用有机肥的 SMBC 和 SMBN 含量分别提高 57.1% 和 34.2%，且亚热带季风区提高幅度（66.7% 和 57.5%）显著高于温带大陆气候区（26.0% 和 20.9%）；水田提高幅度（69.1% 和 67.1%）显著高于旱地（34.7% 和 26.4%）和水旱轮作（50.2% 和 63.9%）；中性土壤提高幅度（64.4% 和 63.7%）显著高于碱性（29.4% 和 21.9%）和酸性土壤（44.4% 和 45.5%）（任凤玲等，2018）。

作为我国双季稻主产区，湖南省水稻种植面积和产量常年稳居全国前列，维持该地区土壤肥力和粮食可持续生产、开展该区域内稻田土壤微生物生物量变化特征研究具有重要的理论指导意义。

作为我国双季稻主产区，湖南省水稻种植面积和产量常年稳居全国前列，维持该地区土壤肥力和粮食可持续生产，开展该区域内稻田土壤微生物生物量变化特征研究具有重要的理论指导意义。本研究基于 1986 年设立的不同施肥模式长期定位试验（位于典型双季稻生产区宁乡市的农技中心），通过监测早晚稻关键生育期的微生物量碳氮变化，阐明土壤微生物生物量变化对不同肥力水平的响应特征。

一、水稻生育期内微生物生物量碳氮变化

不同肥力下双季稻田主要生育期，耕层土壤（0～20 cm）微生物量碳动态变化如图 4-14 所示。随着生育期的推进，土壤微生物量碳动态变化特征表现出一致性，SMBC 含量无论在早稻生育期或晚稻生育期均表现为先增高后降低趋势，在灌浆期达到最高，含量达 1592.0～2005.3 mg/kg。在各生育期，不同肥力稻田 SMBC 含量均体现为高肥力＞中肥力＞低肥力。早稻生育期，不同肥力稻田 SMBC 含量在灌浆期差异达到最大，与中、低肥力相比，高肥力稻田 SMBC 含量高出 155.3 mg/kg、223.6 mg/kg；晚稻生育期，不同肥力稻田 SMBC 含量在孕穗期差异达到最大，与中、低肥力相比，高肥力稻田 SMBC 含量高出 195.2 mg/kg、404.7 mg/kg。

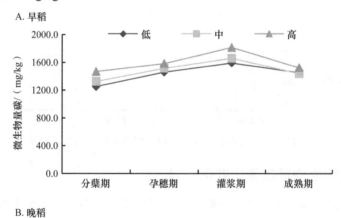

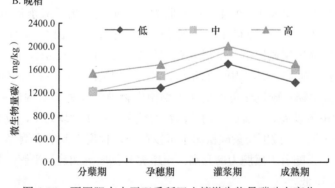

图 4-14　不同肥力水平双季稻田土壤微生物量碳动态变化

如图 4-15 所示，不同肥力水平双季稻田 SMBN 动态变化与土壤微生物量碳变化一致，早晚稻的生育期表现为先升高后降低趋势，在灌浆期达到最高。整个生育期高肥力

SMBN 含量为 27 ～ 86 mg/kg，中肥力 SMBN 含量为 25 ～ 71 mg/kg，低肥力 SMBN 含量为 23 ～ 50 mg/kg。不同生育期，稻田 SMBN 含量均体现为高肥力＞中肥力＞低肥力，在灌浆期差异达到最大，差异显著。早稻生育期，与中、低肥力相比，高肥力稻田 SMBN 含量高出 16 mg/kg、29 mg/kg；晚稻生育期，与中、低肥力相比，高肥力稻田 SMBN 含量高出 14 mg/kg、36 mg/kg。

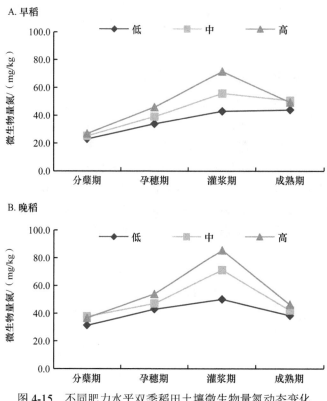

图 4-15　不同肥力水平双季稻田土壤微生物量氮动态变化

二、土壤微生物生物量碳氮比变化

将不同生育期稻田土壤微生物量碳氮加权平均后得到不同肥力水平双季稻田土壤微生物量碳氮平均含量，由表 4-7 可知，不同肥力水平不仅影响了双季稻田生育期 SMBC、SMBN 平均含量，也改变了土壤微生物量碳氮比值。与低肥力相比，高肥力和中肥力均显著降低了土壤微生物量碳氮比值，早稻生育期降幅为 20.1%、12.0%，晚稻生育期降幅为 36.9%、28.5%，表明随着土壤肥力的升高，土壤微生物量碳氮比值相应降低。这可能是由于，一方面土壤微生物量碳氮比可以反映土壤微生物数量和种群结构信息（Lovell et al.，1995），高肥力稻田可以提高土壤微生物群落物种数量、各物种均匀度，改变稻田土壤微生物群落结构；另一方面，微生物量碳氮比也可以在一定程度上反映土壤养分供应的平衡状态（张奇春，2005），随着土壤肥力的升高，土壤养分供应更加趋于平衡，故而导致了土壤微生物量碳氮比值降低。

表4-7　不同肥力水平双季稻田土壤微生物量碳氮比

时期	肥力水平	SMBC	CV%	SMBN	CV%	SMBC/SMBN
早稻生育期	低	1438 b	9.8	36 b	27.2	52.8 a
	中	1484 ab	9.5	43 ab	31.9	46.5 b
	高	1597 a	9.6	48 a	37.9	42.2 b
晚稻生育期	低	1394 b	15.1	41 b	19.4	72.0 a
	中	1552 b	18.5	50 ab	30.1	51.5 b
	高	1730 a	11.5	56 a	38.1	45.4 b

注：同列数据后不同小写字母表示处理间差异显著（LSD，$P < 0.05$）。

三、土壤微生物生物量碳氮特征分析

尽管只是土壤养分元素的微小部分，但土壤微生物生物量碳氮是土壤养分的重要"源"和"库"（Gregorich et al.，2000），同时，作为土壤中最活跃和最易变化的部分，土壤微生物生物量碳氮是土壤物质循环和肥力评价的重要指标（Kandeler et al.，1999）。施肥方式是土壤微生物生物量碳氮的重要影响因素。

在双季稻田中，高肥力水平稻田土壤微生物生物量碳氮明显高于中、低肥力，一方面是有机肥的施入，改善了土壤的结构和养分状况，有机质的分解为土壤微生物提供了较多的能源，从而促进了微生物的繁殖和生物群落结构的改善；另一方面，高肥力水平下，水稻根系生物量相对较大（任万军等，2007），根茬留田，更加丰富了有机物料的供应，提高微生物活性，促进养分的循环。

在早晚稻的各主要生育期，不同肥力水平的土壤微生物生物量碳氮变化趋势大体一致，即先升高后降低。在灌浆期时，土壤微生物生物量碳氮达到顶峰。一方面，随着生育期的推进，气温和土温不断上升，土壤微生物活性相对较高；另一方面，齐穗灌浆是水稻生长最旺盛的时期，根系活力较强，根系分泌物较多，促进了土壤养分的吸收和转化加快（宁赵等，2019）。在成熟期时，由于水稻根系衰退，活力减弱，分泌物减少，因而土壤微生物生物量碳氮减少。

相对于早稻，晚稻各生育期的土壤微生物生物量碳氮均有所增加，晚稻季气温和土温均高于早稻季是主要原因。相对于早稻季，晚稻季水稻生物量潜能更大而需要更多养分，根系分泌物增加，且微生物活性更高，因而土壤微生物生物量碳氮符合春冬季低、夏秋季高的趋势（宇万太等，2007）。

第四节　秸秆还田下施氮调节碳氮比对土壤氮素和有机质的影响

我国秸秆资源丰富。作物秸秆含有纤维素、半纤维素、木质素等含碳化合物，在降解过程中，能显著增加土壤有机质含量，增加土壤肥力（赵世诚等，2014）。土壤有机质的主要成分是碳和氮的有机化合物（武天云等，2004），而且是土壤氮素的主要存在形式，约占全氮90%以上（朱兆良和文启孝，1992）。土壤无机态氮，包括速效和矿物固定态氮，其中水溶性铵、交换性铵和硝态氮是作物可直接吸收利用的速效氮，而矿物晶格固定态铵

则很难被植物直接利用。土壤氮素形态和有效性及土壤有机质是影响土壤肥力和作物产量的主要因素。

秸秆还田可以增加土壤有机质含量，增大土壤碳库。Potthoff 等（2005）研究认为，秸秆施入土壤可以增加土壤微生物碳，进而增加土壤碳库存。Henriksen 和 Breland（1999）报道，小麦秸秆施入土壤中发生激发效应，使土壤中矿物氮的含量显著增加，进而促进秸秆碳的矿化，提高土壤有机碳的含量。陈金等（2015）的研究表明，秸秆还田配施氮肥显著提高了氮素利用率和作物产量。然而，也有研究显示，秸秆单独还田使当年作物减产。这可能是因为秸秆本身碳氮比高，导致秸秆降解过程中，微生物需吸收土壤中的无机氮以维持其代谢活动（Kumar and Goh，2003）。汪军等（2010）研究证实，秸秆还田显著降低了土壤铵态氮和硝态氮的含量。赵鹏和陈阜（2008）研究表明，秸秆还田处理使土壤 10 ～ 30 cm 土层中硝态氮含量下降，降低了耕层土壤氮的有效性。Schmidt-Rohr 等（2004）研究表明，水稻秸秆含有的木质素在厌氧条件下被微生物降解后，木质素芳环上的酚羟基可与土壤中的无机氮（铵态氮）结合，形成苯胺，固定土壤中的无机氮，降低土壤氮的有效性和作物产量。已有的研究多关注秸秆还田对土壤物理性状、土壤肥力和作物产量、土壤微生物和酶活性等方面的影响，但对有关"水稻—小麦"轮作制度下，秸秆连续还田对土壤不同形态氮素含量和有效性及土壤有机质组成的影响及其机理缺乏深入研究。

红外光谱分析是研究物质组成结构、鉴别有机物的常用方法之一，可以对主要官能团如羧酸、酚、酰胺类物质、酯、饱和及不饱和的碳氢化合物进行定性和定量分析，可为土壤有机质结构研究提供一种灵敏、快捷且低成本的方法。本试验研究安徽省霍邱县宋店镇多年田间定位试验中秸秆还田对土壤全氮、有机氮和无机氮含量的影响，利用元素分析和红外光谱方法分析土壤有机碳、元素组成及其官能团的变化规律，旨在阐明秸秆还田对土壤不同形态氮素含量和土壤有机质组成的影响及其机理。

一、研究区域与方法

试验在安徽省霍邱县宋店镇进行，属亚热带过渡性气候，四季分明，雨水充沛，年降水量为 610 ～ 1500 mm，多年平均年降水量 954 mm。年无霜期 220 d 左右，年平均积温 5623℃。日照时数全年平均为 2251 h。种植制度为"水稻—小麦"轮作，供试水稻品种为'新两优 6 号'，小麦品种为'周麦 23'。供试土壤为 4 年水稻—小麦秸秆连续还田的水稻土。耕层土壤（0 ～ 15 cm）：有机质 19.1 g/kg，全氮 0.72 g/kg，碱解氮 93 mg/kg，有效磷 23 mg/kg，速效钾 82 mg/kg，pH 5.6，阳离子交换量为 13.6 cmol/kg。

试验采用随机区组设计，设置 5 个处理。① CK：不施秸秆不施肥；② S：秸秆还田不施肥；③ SF1：秸秆还田＋基肥增施 N 肥 45 kg/hm²（C/N 比 12：1）；④ SF2：秸秆还田＋基肥正常 N 肥施用量（C/N 比 18：1）；⑤ SF3：秸秆还田＋基肥减施 N 肥 45 kg/hm²（C/N 比 24：1）。每个处理 3 次重复，小区面积为 30 m²。各处理施肥量如表 4-8 所示，小麦秸秆还田量为 6600 kg/hm²，水稻秸秆还田量为 3300 kg/hm²。庐江小麦秸秆碳氮比为 53：1，水稻秸秆碳氮比为 105：1。秸秆还田方式为粉碎（长度为 10 cm 左右）翻耕还田。秸秆、磷肥、钾肥作为基肥一次性施入，氮肥使用尿素。小麦基肥：拔节肥比例为 7：3，水稻基肥：返青：拔节肥比例为 4：3：3。磷肥选用过磷酸钙，钾肥选用氯化钾。

表4-8　各试验处理施肥量 （单位：kg/hm²）

处理	水稻季施肥量			小麦季施肥量		
	N	P₂O₅	K₂O	N	P₂O₅	K₂O
CK	—	—	—	—	—	—
S	—	—	—	—	—	—
SF1	230	37.5	67.5	240	45	52.5
SF2	185	37.5	67.5	195	45	52.5
SF3	140	37.5	67.5	150	45	52.5

在水稻收获后，用土钻在各小区内按"S"法采集耕层土壤（0～15 cm）5个点混合，风干过筛后待测。土壤有机质采用 $K_2Cr_2O_7$-H_2SO_4 氧化法测定；土壤全氮采用半微量凯氏法测定；无机氮含量为铵态氮、硝态氮与亚硝态氮含量之和，有机氮数值采用全氮与无机氮之差法确定。铵态氮采用 2 mol/L KCl 浸提、靛酚蓝比色法测定（鲍士旦，2010），土壤硝态氮和亚硝态氮参考李立平等（2005）的方法浸提，离子色谱法测定（DIONEX ICS-1100）。浸提方法：称取通过 20 目筛的风干土样 5.0 g（精确到 0.001 g）于 100 mL 离心管中，加入 50 mL 超纯水，塞紧瓶塞，在 25℃恒温振荡器上振荡 24 h。振荡后在 4000 r/min 下离心 15 min，取上清液。用 0.45 μm 滤膜过滤上清液，经此处理后的样品等待上机测定。

土壤全量有机质参照 Skjemstad 等（1994）方法提取。准确称取过 0.2 mm 筛的土壤 5 g 放在 100 mL 离心瓶中，加入 50 mL 浓度为 2% 的 HF 溶液，以 120～150 r/min 频率往复或者颠倒式振荡（1 h 5 次，16 h 3 次，64 h 1 次）；每次振荡结束后，在 2000 r/min 下离心 10 min，上清液通过 Millipor Durapore（5 μm）滤膜过滤，弃过滤后的上清液；离心瓶内土壤继续重复上述振荡、离心和过滤步骤。提取结束后，离心瓶内土壤用 0.5 mmol/L 的 $CaCl_2$ 冲洗 2～3 次，把滤膜上的土壤与离心瓶中的土壤合并到锡箔或者铝箔容器中，冷冻干燥后在 -40℃下保存，备用。

土壤有机质的元素组成采用德国 Elementar Vario ELcube 型元素分析仪测定，红外光谱特征采用 KBr 压片后用 Nicolet8700 傅里叶变换红外光谱仪（Fourier transform infrared spectrometer，FTIR）进行分析，分辨率 4 cm⁻¹，透射模式扫描 32 次。

二、秸秆还田下施氮调节碳氮比对土壤不同形态氮含量的影响

与对照处理（CK）相比，单独秸秆还田不施肥处理（S）的土壤全氮和有机氮含量显著增加 10.6% 和 10.9%（$P < 0.05$）（表 4-9）。土壤铵态氮含量有所降低，但差异不显著，土壤硝态氮和无机氮含量分别降低了 32.2% 和 17.1%，均达显著差异水平（$P < 0.05$）。与单独秸秆还田不施肥处理（S）相比，配施不同化肥后，SF1、SF2、SF3 处理的土壤全氮含量分别增加了 7.2%、15.0%、9.8%，土壤有机氮含量分别增加了 7.1%、14.7%、9.6%（其中以碳比达到 18：1 时，土壤全氮和有机氮含量最高）；土壤铵态氮含量分别增加了 9.8%、20.2%、10.1%，土壤硝态氮含量分别增加了 28.7%、125.6%、112.8%，土壤无机氮含量分别增加了 19.2%、51.7%、38.1%（其中当 C/N 比值达到 18：1 时，土壤硝态氮和无机氮含量最高），均达显著差异水平（$P < 0.05$）。

表4-9　不同施肥处理对土壤不同形态氮含量的影响　　（单位：mg/kg）

处理	全氮	有机氮	铵态氮	硝态氮	无机氮
CK	720.1±24.6 d	713.4±13.0 d	4.0±0.06 a	2.4±0.06 c	6.7±0.02 bc
S	796.7±14.1 c	791.2±12.1 c	3.9±0.2 a	1.6±0.01 d	5.5±0.3 d
SF1	854.3±13.8 b	847.7±11.6 b	4.3±0.2 a	2.1±0.02 c	6.6±0.02 cd
SF2	915.9±13.5 a	907.5±21.6 a	4.7±0.07 a	3.7±0.2 a	8.4±0.2 a
SF3	874.7±5.8 b	867.1±13.2 b	4.3±0.1 a	3.5±0.1 b	7.6±0.2 b

注：铵态氮不包括固定态铵；硝态氮含量中包含亚硝态氮含量。同一列不同字母表示处理间差异达到5%显著水平。

三、秸秆还田下施氮调节碳氮比对土壤有机质含量的影响

如图4-16所示，与对照处理（CK）相比，S、SF1、SF2、SF3处理的土壤有机质分别增加了7.8%、13.2%、16.6%、13.5%。秸秆还田配施化肥后，当碳氮比达到18∶1时，SF2处理的土壤有机质含量增加最为显著，达到22.2 g/kg，较对照处理增加了16.6%，达到显著水平（$P < 0.05$）。这表明秸秆还田或秸秆还田配施化肥都可以提高土壤有机质的含量。

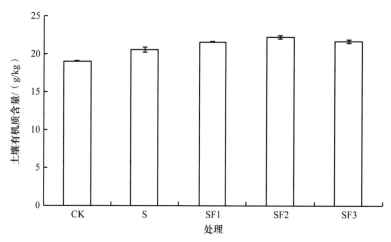

图4-16　不同施肥处理对土壤有机质含量的影响

四、秸秆还田下施氮调节碳氮比对土壤有机质元素组成的影响

秸秆还田各处理土壤有机质的元素组成以碳、氧所占比例相对较大（表4-10）。与对照处理（CK）相比，S、SF1、SF2、SF3处理土壤有机质中C分别增加了8.1%、6.2%、35.1%、7.0%，H分别增加了4.0%、0.6%、17.1%、1.7%，N分别增加了14.7%、15.7%、48.0%、16.7%。而土壤有机质中O比对照处理（CK）有所降低，分别降低了1.3%、3.0%、7.7%、7.9%。与对照处理（CK）相比，S、SF1、SF2、SF3处理土壤有机质的C/N比值分别降低了5.8%、8.2%、9.4%、7.2%，其中以SF2处理（碳氮比为18∶1）的最低，且N与C均增加，说明有机质中含有较多的含氮官能团。S、SF1、SF2、SF3处理土壤有机质的O/C分别降低了8.5%、8.5%、30.9%、13.8%，其中以SF2处理最低，且O下降，C上升，表明土壤有机质氧化度最低，土壤有机质含有较多的烷氧基和羧基，有助于腐殖质的稳定。S、SF1、SF2和SF3处理土壤有机质的H/C比值分别比CK处理降低了7.1%、7.1%、14.3%、7.1%，其中以SF2处理最低。H/C比值降低，说明土壤有机质的脂肪族成分在不断

增加，由于脂肪族化合物是较稳定、难分解的组分，意味着土壤有机质的变化朝着更加稳定的基团转化。

表4-10 不同施肥处理对土壤有机质元素组成的影响

处理	C/%	H/%	N/%	O/%	C/N	O/C	H/C
CK	12.79	1.75	1.02	12.08	12.59	0.94	0.14
S	13.83	1.82	1.17	11.92	11.86	0.86	0.13
SF1	13.58	1.76	1.18	11.72	11.56	0.86	0.13
SF2	17.28	2.05	1.51	11.15	11.41	0.65	0.12
SF3	13.68	1.78	1.19	11.12	11.68	0.81	0.13

利用土壤有机质的红外光谱特性，可以判断土壤有机质的演变程度。不同试验处理土壤有机质的红外光谱谱形相似，表明不同秸秆还田处理条件下形成的土壤有机质具有基本一致的结构（图4-17）。根据红外光谱吸收峰的归属特征，1080 cm^{-1}处为多糖或类多糖物质的C-O振动，1540 cm^{-1}处为氨基化合物N—H的变形振动或C=N的伸缩振动，1650～1640 cm^{-1}处为芳香族C=C的骨架振动或醌和氨基化合物的C=O振动，亦或氢键结合共轭酮的C=O振动，2920 cm^{-1}处为CH$_2$的反对称伸缩振动或C—H的对称伸缩振动，3400 cm^{-1}处为O—H的伸缩振动或氨化物和胺类N—H的伸缩振动。

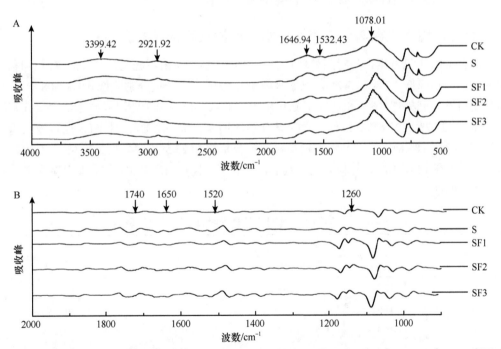

图4-17 不同施肥处理对土壤全量有机质红外光谱（A）及二阶导数图谱（2000～900 cm^{-1}）（B）的影响

由表4-11可知，与对照处理（CK）相比，秸秆还田不施肥处理（S）与配施不同氮肥的SF1、SF2、SF3处理在1080 cm^{-1}处的吸收峰有减弱的趋势，表明多糖类等小分子物质的减少。1540 cm^{-1}吸收峰的存在，表明有碳水化合物及蛋白质的存在。此处吸收峰相对强度的增加表明氨基化合物的增加，与对照处理（CK）相比，S、SF1、SF2、SF3处理在

$1650 \sim 1640~cm^{-1}$ 的峰相对强度有增加趋势，表明含氮基团酰胺物质有所增加。$2920~cm^{-1}$ 处相对吸光度增加，表明脂肪族结构中 C—H 的伸缩振动增强，说明在秸秆还田作用下，土壤有机质中脂肪族化合物增加及芳香结构成分增加。$3400~cm^{-1}$ 处吸收峰是由于酚羟基、羟基或羧基的 O—H 振动引起的，该吸收峰强度的增加表明有机质中酚羟基、羟基或羧基含量增加。同时，与对照处理（CK）相比，S、SF1、SF2、SF3 处理的 $2920~cm^{-1}/1620~cm^{-1}$ 比值和 $1650~cm^{-1}/1080~cm^{-1}$ 比值的增加也表明在秸秆还田条件下土壤中多糖类成分的减少和芳香性成分的增加。

表4-11　不同施肥处理土壤有机质的IR光谱主要吸收峰的相对强度

处理	不同光谱吸收峰的相对强度 /%							
	$3400~cm^{-1}$	$2920~cm^{-1}$	$1650~cm^{-1}$	$1620~cm^{-1}$	$1540~cm^{-1}$	$1080~cm^{-1}$	$2920~cm^{-1}/1620~cm^{-1}$	$1540~cm^{-1}/1080~cm^{-1}$
CK	51.40	2.20	4.68	1.62	0.05	40.05	1.77	0.18
S	51.77	2.85	8.41	0.74	2.60	33.63	3.93	7.75
SF1	59.76	2.16	5.14	0.89	1.36	30.69	3.23	4.58
SF2	60.87	2.65	5.64	0.90	1.82	28.12	4.24	6.48
SF3	59.91	2.56	5.52	0.86	1.80	29.35	3.60	6.44

注：表内数值为不同光谱吸收峰的面积占总光谱吸收峰总面积的比例（%）；$1650~cm^{-1}$ 光谱吸收峰相对强度为 $1650~cm^{-1}$ 和 $1640~cm^{-1}$ 光谱吸收峰相对强度之和；$2920~cm^{-1}/1620~cm^{-1}$ 和 $1540~cm^{-1}/1080~cm^{-1}$ 比值分别为 $2920~cm^{-1}$ 和 $1540~cm^{-1}$ 光谱峰吸收面积与 $1620~cm^{-1}$ 和 $1080~cm^{-1}$ 光谱峰吸收面积的比值。

五、秸秆还田下施氮调节碳氮比对水稻产量及其构成的影响

由表 4-12 可以看出，与对照处理（CK）相比，秸秆还田不施肥处理（S）籽粒和秸秆氮素含量分别降低 4.2% 和 5.7%，氮素吸收量和水稻实际产量分别降低 6.0% 和 8.8%。与秸秆还田不施肥处理（S）相比，配施化肥后，SF1、SF2、SF3 处理籽粒氮素含量分别增加 28.6%、37.7%、23.6%，秸秆氮素含量分别增加 34.3%、42.3%、31.4%，氮素吸收量分别增加 64.3%、85.8%、72.1%。水稻实收产量分别增加 23.5%、34.6%、30.6%。其中，当 C/N 比值达到 18：1 时，籽粒和秸秆氮素含量最高，且水稻产量也最高，均达显著差异水平（$P < 0.05$）。

表4-12　不同施肥处理对水稻氮素吸收量和产量的影响

处理	氮素含量 / （mg/kg）		氮素吸收量 / （kg/hm²）	水稻实际产量 / （kg/hm²）
	籽粒	秸秆		
CK	12.4 e	7.1 c	1605.8 e	6775.5 d
S	11.9 d	6.7 b	1509.5 d	6180.0 e
SF1	15.3 c	8.9 b	2480.1 b	7632.0 c
SF2	16.3 b	9.5 a	2804.1 a	8316.0 a
SF3	14.7 a	8.7 b	2598.2 c	8071.5 b

注：同一列不同字母表示处理间差异达到 5% 显著水平。

土壤氮素主要以有机态氮的形式存在，须经分解和矿化，形成矿质态氮才能够被作物吸收利用（李玮等，2014）。本研究表明，秸秆还田提高了土壤有机质、全氮和有机氮含量，增加了土壤有机质中 C 和 N 的含量，与肖伟伟等（2009）的研究结果一致。与对照处理相比，秸秆还田降低了土壤铵态氮和硝态氮的含量，与李宗新等（2008）、唐玉霞等（2007）的研究结果相一致。一方面，可能因为秸秆还田降低了土壤容重，提高了土壤的通透性，有助于氮的硝化，使铵态氮转化为硝态氮，同时秸秆还田增加了土壤孔隙度，土壤水流沿土壤大孔隙下渗，致使硝态氮淋失加剧（李宗新等，2008）；另一方面，可能是因为微生物利用土壤原有有机碳促进秸秆分解，但分解速度太快，导致部分氮素以气体 N_2O 损失。此外，秸秆腐解形成的木质素残余物中含有大量的芳香环，而芳香环上的酚羟基能够固定土壤中的无机氮，使之转化为植物较难利用的有机氮如苯胺。秸秆还田处理（S）土壤有机质的红外光谱在 $1650 \sim 1640 \ cm^{-1}$ 处的峰强度增加，证明了酰胺类物质的形成，在 $2920 \ cm^{-1}$ 和 $3400 \ cm^{-1}$ 处吸收峰强度的增加，表明脂肪族及芳香族结构成分的增加。这也验证了土壤有机质元素分析结果中 C/N 和 H/C 比值下降的变化规律。

秸秆还田与化肥配施，能更好地提升土壤有机质和氮素含量。本试验结果表明，在不同碳氮比条件下，有机质、全氮、无机氮和有机氮含量以 C/N 为 18∶1 时最高。土壤有机质的元素分析结果表明 C/N 为 18∶1 时，C 和 N 增加最为显著。同时，秸秆还田与化肥的配合施用降低了土壤有机质的 C/N 和 H/C，表明土壤有机质中含氮组分增加，芳香碳所占比例提高。C/N 为 18∶1 处理（SF2）在 $1540 \ cm^{-1}$ 和 $3400 \ cm^{-1}$ 处吸收峰强度变化最为显著，说明苯酰胺类化合物所占比重增加，芳香碳比例上升，芳香性增强。这表明秸秆还田配施化肥后，增加无机氮含量的同时，更多的无机氮被固定成土壤有机态氮。

秸秆还田不施肥处理降低了当年水稻的产量，可能和秸秆腐解与水稻互相竞争氮素，造成作物可吸收氮素减少有关（赵鹏和陈阜，2008）。这也验证了秸秆还田后无机氮下降，土壤有机质中 C/N 下降的变化规律。配施化肥后，SF1、SF2、SF3 处理的水稻产量都有所增加，可能是因为秸秆还田配施一定量氮肥，可以调节土壤微生物碳氮比，促进秸秆的分解，同时补充了作物生长需要的氮素（李玮等，2014），缓解了土壤微生物与作物争氮源的矛盾。这与赵鹏和陈阜（2008）的研究结果一致。同时，在不同碳氮比条件下，当碳氮比为 18∶1 时，水稻产量最高。这与唐玉霞等（2007）研究表明不同碳氮比秸秆还田与化肥配施，应调整 C/N ≤ 20 为宜的结果一致。

六、小结

单独秸秆还田增加土壤有机质和有机氮含量，但降低土壤无机氮含量。秸秆还田与化肥配施能显著提高土壤有机质和氮素含量，当投入的 C/N 为 18∶1 时，土壤有机质和氮素含量增加最为显著。秸秆还田使土壤有机质的 C、O 和 N 上升，H 下降，C/N 和 H/C 比值均降低，含氮组分增加，酰胺类物质增多，多糖等小分子化合物减少，脂肪族化合物增加，芳香结构成分增加，土壤有机质结构趋于稳定。单独秸秆还田会降低水稻产量，秸秆还田与化肥配施后能显著提高水稻产量，当 C/N 为 18∶1 时，产量最高，增产幅度最大。综合考虑，在秸秆还田条件下，建议调整投入的 C/N 为 18∶1，作为沿淮地区化肥施用的参照指标。

第五节　真菌在土壤团聚体粒径中的分布和对不同耕作方式的响应

不同土壤颗粒不仅空间分布、形状和大小各异，而且组成也有较大的差异。土壤的这些特征使土壤团聚体内水分和空气的分布有较大差异，并直接影响到土壤颗粒中微生物与环境间的物质和能量交换。认识微生物在土壤团聚体中的分布对认识氮的矿化、反硝化、生物固氮、碳氮循环、土壤结构的稳定性，以及土壤中有机污染物的降解等相关生化过程具有重要意义。

一、不同耕作方式对稻田土壤养分的影响

从表 4-13 可以看出，三种耕作方式下土壤全氮含量存在较大差异，垄作免耕全氮含量高于冬水稻田。其中，在未筛分土样中，三种处理间全氮含量相差相对较小，垄作免耕全氮含量是冬水稻田的 1.08 倍、常规平作的 1.09 倍；在粒级为 0.053 ～ 0.25 mm 土壤团聚体中，垄作免耕全氮含量是冬水稻田的 1.87 倍，达极显著差异。三种耕作处理土壤全磷含量差异相对较小，整体而言，垄作免耕全磷含量也高于冬水稻田和常规平作。其中，在未筛分土样和粒级 < 0.053 mm 土壤团聚体中，三种处理间全磷含量基本相等，无显著性差异；在粒级为 0.25 ～ 1.0 mm 土壤团聚体中，三种处理间全磷含量相差最大，垄作免耕全磷含量是冬水稻田的 1.44 倍，差异达显著性水平。三种耕作处理土壤全钾含量差异较小。在粒级为 0.25 ～ 1.0 mm 土壤团聚体中，垄作免耕全钾含量高于冬水稻田，是冬水稻田的 1.03 倍，但筛分土样中冬水稻田全钾含量高于垄作免耕。三种耕作处理土壤有机质含量有较大差异，整体而言，垄作免耕高于冬水稻田和常规平作。其中，在未筛分土样中，三种处理间有机质含量差异最小，垄作免耕有机质含量是冬水稻田的 1.06 倍、常规平作的 1.13 倍。在粒级为 0.25 ～ 1.0 mm 土壤团聚体中，三种处理间有机质含量差异最大，垄作免耕有机质含量是冬水稻田的 1.57 倍，差异达显著性水平。

表4-13　不同耕作方式对土壤养分含量及有机质的影响

处理	粒级 /mm	全氮 / (g/kg)	全磷 / (g/kg)	全钾 / (g/kg)	有机质 / (g/kg)
冬水稻田	> 4.76	2.1（±0.003）	0.3（±0.001）	20.7（±0.120）	50.6（±0.021）
	2.0 ～ 4.76	2.0（±0.012）	0.3（±0.135）	21.4（±0.006）	40.1（±0.014）
	1.0 ～ 2.0	1.8（±0.009）	0.3（±0.056）	19.7（±0.253）	31.4（±0.127）
	0.25 ～ 1.0	1.5（±0.000）	0.3（±0.005）	17.4（±0.410）	39.2（±0.884）
	0.053 ～ 0.25	1.2（±0.001）	0.3（±0.000）	19.0（±0.035）	29.6（±2.737）
	< 0.053	1.7（±0.031）	0.3（±0.006）	22.7（±0.465）	36.3（±5.902）
	原土	2.1（±0.084）	0.3（±0.019）	20.7（±0.053）	50.6（±2.322）
垄作免耕	> 4.76	2.3（±0.018）	0.4（±0.314）	19.9（±0.147）	53.5（±0.106）
	2.0 ～ 4.76	2.3（±0.146）	0.3（±0.412）	22.6（±0.019）	52.2（±0.074）
	1.0 ～ 2.0	2.1（±0.267）	0.3（±0.212）	18.0（±0.179）	45.0（±0.102）
	0.25 ～ 1.0	2.6（±0.184）	0.4（±0.024）	17.9（±2.667）	61.6（±0.846）
	0.053 ～ 0.25	2.2（±0.380）	0.3（±0.009）	18.6（±0.007）	45.4（±3.410）

续表

处理	粒级 /mm	全氮 / (g/kg)	全磷 / (g/kg)	全钾 / (g/kg)	有机质 / (g/kg)
垄作免耕	< 0.053	2.3（±0.084）	0.3（±0.006）	22.6（±0.497）	48.1（±0.934）
	原土	2.3（±0.002）	0.3（±0.029）	19.9（±0.469）	53.5（±0.156）
常规平作	> 4.76	2.1（±0.210）	0.3（±0.136）	19.0（±0.146）	47.4（±0.014）
	2.0 ~ 4.76	1.7（±0.167）	0.3（±0.087）	20.3（±0.208）	32.1（±0.128）
	1.0 ~ 2.0	1.6（±0.032）	0.3（±0.045）	18.0（±0.156）	31.8（±0.043）
	0.25 ~ 1.0	1.6（±0.160）	0.3（±0.020）	17.0（±2.242）	34.2（±0.535）
	0.053 ~ 0.25	1.7（±0.230）	0.2（±0.006）	18.0（±0.002）	25.3（±2.042）
	< 0.053	1.8（±0.080）	0.3（±0.003）	21.1（±0.325）	32.1（±0.631）
	原土	2.1（±0.001）	0.3（±0.032）	18.9（±0.236）	47.3（±0.053）

　　注：平均值 ± 标准差（n=3）。

二、不同耕作方式对真菌菌落数量分布的影响

　　表 4-14 为不同耕作方式对真菌菌落数量分布的影响。从表中可以看出，垄作免耕真菌菌落数量是冬水稻田的 5.67 倍，达到极显著性差异水平；在粒级为 1.0 ~ 2.0 mm 和 0.053 ~ 0.25 mm 的土壤团聚体中，垄作免耕真菌含量分别是冬水稻田的 2 倍和 1.4 倍，达到极显著性差异水平；在粒级为 0.25 ~ 1.0 mm 的土壤团聚体中，垄作免耕真菌含量是冬水稻田的 1.11 倍，差异不显著。

表4-14　不同耕作方式对真菌菌落数量分布的影响

粒径等级	冬水稻田 / (10³ 个 /g 干土)	垄作免耕 / (10³ 个 /g 干土)	常规平作 / (10³ 个 /g 干土)
> 4.76	0.93	3.02	1.19
2.0 ~ 4.76	0.82	2.87	0.98
1.0 ~ 2.0	0.45	0.93	0.86
0.25 ~ 1.0	0.96	0.87	0.74
0.053 ~ 0.25	0.73	0.72	0.52
< 0.053	1.52	0.84	0.98
原土	0.86	3.51	1.23

三、不同耕作方式下土壤真菌在土壤团聚体中的数量分布

　　应用平板计数法对土壤真菌进行了分离计数，其数量变化如表 4-15 所示。冬水稻田下，粒级 < 0.053 mm 的土壤团聚体中真菌数量最多，是粒级为 1.0 ~ 2.0 mm 的土壤团聚体的 3.25 倍，差异达到极显著性水平（$P < 0.01$）；是粒级为 0.053 ~ 0.25 mm 的土壤团聚体的 2.6 倍，差异达到极显著水平（$P < 0.01$）；是粒级为 0.25 ~ 1.0 mm 的土壤团聚体的 1.44 倍，差异达显著水平（$P < 0.05$）。其余几个粒级土壤团聚体之间的差异都达到了显著水平（$P < 0.05$）。实验结果显示，随着土壤团聚体粒级的减小，真菌数量有增加，只是在粒级为 0.25 ~ 1.0 mm 的土壤团聚体中出现数量急增的现象，随之又回落，到粒级 < 0.053 mm 的土壤团聚体中，真菌数量达到最大值。稻田垄作免耕下，粒级为 0.25 ~ 1.0 mm 的土壤团聚体中真菌数量最多，是粒级为 1.0 ~ 2.0 mm 的土壤团聚体的 1.25 倍，差异达显著水平；

是粒级为 0.053 ～ 0.20 mm 的土壤团聚体的 1.43 倍，差异达显著性水平（$P < 0.05$）；是粒级 < 0.053 mm 土壤团聚体的 1.11 倍，差异达到显著水平（$P < 0.05$）。其余几个粒级土壤团聚体之间都达到了显著性差异水平（$P < 0.05$）。

表4-15　不同耕作方式对真菌数量分布的影响

粒径等级	冬水稻田 /（个 /kg 干土）	垄作免耕 /（个 /kg 干土）	常规平作 /（个 /kg 干土）
> 4.76	1200	1500	1200
2.0 ～ 4.76	600	500	1000
1.0 ～ 2.0	820	400	800
0.25 ～ 1.0	1000	800	500
0.053 ～ 0.25	700	500	600
< 0.053	800	1480	1000
原土	1200	1500	1200

真菌在粒级 < 0.053 mm 的土壤团聚体中分布最多，这一实验结果也与 Kandele（1997）的实验结果相吻合，但垄作免耕下，真菌在粒级为 0.25 ～ 1.0 mm 的土壤团聚体中分布却最多，分析其产生原因可能是由于垄作改变了土壤团聚体的某些性质，使得真菌的分布也发生了变化，具体原因有待进一步探索。

免耕条件下土壤真菌的数量在 1.0 ～ 2.0 mm、0.25 ～ 1.0 mm 和 0.053 ～ 0.25 mm 粒级比常规耕作分别增加97%、14% 和 28%，而在 < 0.053 mm 粒级则减少了 31%。除了 < 0.053 mm 粒级，垄作免耕条件下土壤真菌的数量显著大于常规平作条件下的真菌数量，而在不同大小团聚体中其增加的幅度并不一致。在不同耕作方式下粒级为 1.0 ～ 2.0 mm 与 < 0.053 mm 团聚体比粒级 0.25 ～ 1.0 mm 与 0.053 ～ 0.25 mm 团聚体的土壤真菌的数量大，而在垄作免耕条件下这种差距被缩小。以上结果表明，免耕不仅使真菌数量增加，而且使真菌在各粒级团聚体中分布趋于均一。

四、不同耕作方式下土壤真菌多样性及其分布

不同耕作方式下土壤真菌群落的构成见表 4-16。从表 4-16 可见冬水稻田土壤中，表土层真菌群落最多鉴定到 8 个属。其中在土壤团聚体粒径 > 4.76 mm 时鉴定到 8 个属，以青霉属和毛霉属占优势，相对密度分别为 31.1% 和 23.1%。2.0 ～ 4.76 mm 粒级鉴定到 7 个属，以青霉属和酵母属占优势，相对密度分别为 33.8% 和 23.7%。1.0 ～ 2.0 mm 粒级仅鉴定到 4 个属，其中以青霉属和裂殖酵母属为优势属，相对密度为 40.4% 和 40.3%；0.25 ～ 1.0 mm 粒级的土壤团聚体的 4 个属中以青霉属为优势属，相对密度为 53.8%；而在 0.053 ～ 0.25 mm 粒级的土壤团聚体中主要鉴定到的是霉菌，其中以毛霉属占优势，其相对密度是 48.6%；< 0.053 mm 的土壤团聚体中各属差别则不是很显著，以裂殖酵母属占优势，其相对密度是 25.6%。在 1.0 ～ 2.0 mm 与 < 0.053 mm 粒级的土壤团聚体中优势属相同，但其相对密度却有很大差异。

从表 4-16 可见常规平作土壤中，表土层真菌群落鉴定 7 个属。其中在土壤团聚体粒径为 > 4.76 mm 时鉴定到 7 个属，以青霉属和毛霉属占优势，相对密度分别为 39.7% 和 25.8%。2.0 ～ 4.76 mm 粒级鉴定到 7 个属，以青霉属和毛霉属占优势，相对密度分别为

31.8% 和 21.7%。在土壤团聚体为 1.0 ～ 2.0 mm 粒级青霉属和根霉属密度相当，分别为 34.3% 和 33.9%，而毛霉属和酵母属相对密度相当，分别为 12.9% 和 10.1%；0.25 ～ 1.0 mm 粒级土壤团聚体中以根霉属为优势属，相对密度为 34.8%，青霉属为亚优势属，相对密度为 25.2%；0.053 ～ 0.25 mm 粒级的土壤团聚体中毛霉属为优势属，相对密度为 34.8%，青霉属为亚优势属，相对密度为 25.2%；＜ 0.053 mm 粒级的土壤团聚体中同样以毛霉属占优势，其相对密度是 40.4%。

从表 4-16 可见，垄作免耕土壤中，表土层真菌群落鉴定 8 个属。其中在土壤团聚体粒径＞ 4.76 mm 时以青霉属占优势，相对密度为 22.7%。2.0 ～ 4.76 mm 粒级以青霉属和酵母属占优势，相对密度分别为 23.3% 和 18.4%。在土壤团聚体粒级为 1.0 ～ 2.0 mm 时相对密度毛酶属占优势，相对密度为 18.7%，其次是接合霉属，为 13.6%。0.25 ～ 1.0 mm 粒级的土壤团聚体中以青霉属为优势属，相对密度为 15.2%，而在 0.053 ～ 0.25 mm 粒级的土壤团聚体中毛霉属为优势属，相对密度为 23.9%，青霉属为亚优势属，相对密度为 16.2%；＜ 0.053 mm 粒级的土壤团聚体中同样以毛霉属占优势，其相对密度是 15.0%。

表4-16　不同耕作方式下土壤真菌类群的组成及其相对密度（%）

属名	团聚体粒径					
	＞ 4.76mm	2.0 ～ 4.76mm	1.0 ～ 2.0mm	0.25 ～ 1.0mm	0.053 ～ 0.25mm	＜ 0.053mm
青霉属	31.1/39.7/22.7	33.8/31.8/23.3	40.4/34.3/12.1	53.8/6.2/15.2	15.7/25.2/16.2	19.7/23.1/6.9
毛霉属	23.1/25.8/10.2	3.1/21.7/15.1	–/10.1/18.7	–/11.1/10.4	48.6/34.8/23.9	13.9/40.4/15.0
根霉属	12.7/9.7/10.7	12.7/12.3/9.7	–/33.9/9.8	–/34.8/11.8	–/14.8/3.19	12.7/13.8/13.1
酵母属	9.3/17.7/7.9	23.7/4.9/18.4	12.7/12.9/10.8	17.4/32.4/8.1	12.1/16.2/10.2	11.8/12.7/5.1
接合霉属	4.6/2/3.9	8/8.3/11.2	–/4.85/13.6	–/7.9/8.7	7.1/3.3/11.4	10.08/2.6/10.2
裂殖酵母属	7.3/1.9/2.12	8.7/7.5/8.2	40.3/1.65/8.1	18.7/5.6/8.5	7.8/2.8/3.7	25.6/2.3/11.7
类酵母属	2.9/2.1/7.68	–/11.8/2.1	3.8/–/11.7	6.4/–/8.2	5.8/–/8.0	2.9/4.2/12.61
假丝酵母属	6.9/–/14.7	8.3/–/3.2	–/–/1.7	–/–/13.2	–/–/1.5	2.4/–/5.7
未鉴定菌	2.1/1.1/1.1	1.7/1.7/1.7	2.8/2.3/1.3	3.7/2.0/0.72	2.9/2.9/0.91	0.92/0.9/0.89

注：表中每 3 个数据分别表示冬水田、常规平作和垄作免耕措施下土壤真菌类群的其相对密度，相对密度为每个种分离物总数占该粒径分离的微生物总数的百分比。

三种耕作方式，土壤团聚体粒径＞ 0.25 mm 时，团聚体粒径越大，多样性指数越高；土壤团聚体粒径＜ 0.25 mm 时，土壤团聚体粒径越小，多样性指数越高，且群落构成中以少数菌占优势，多样性指数也呈现了这种趋势。从表 4-17 可见，垄作免耕表层土壤真菌群落的多样性较大，并且表也表明免耕土壤真菌群落的均匀度较大。当采用相似性指数计算不同土壤的相似性时发现不同耕作对土壤真菌群落影响很大。

表4-17　不同耕作方式土壤团聚体粒径真菌群落多样性指数

处理	团聚体粒径 /mm	Simpson 指数	Shannon 指数
冬水稻田	＞ 4.76	1.18	1.23
	2.0 ～ 4.76	1.08	1.12
	1.0 ～ 2.0	0.79	1.04
	0.25 ～ 1.0	0.69	0.92

处理	团聚体粒径 /mm	Simpson 指数	Shannon 指数
冬水稻田	0.053 ~ 0.25	0.99	0.51
	< 0.053	0.99	0.42
	原土	1.18	1.22
垄作免耕	> 4.76	1.87	1.46
	2.0 ~ 4.76	1.61	1.59
	1.0 ~ 2.0	0.95	1.04
	0.25 ~ 1.0	0.93	1.24
	0.053 ~ 0.25	0.92	1.23
	< 0.053	0.97	0.88
	原土	1.85	1.45
常规平作	> 4.76	1.94	1.86
	2.0 ~ 4.76	1.82	1.70
	1.0 ~ 2.0	1.61	1.59
	0.25 ~ 1.0	1.48	1.39
	0.053 ~ 0.25	1.12	1.16
	< 0.053	1.78	1.72
	原土	1.91	1.85

五、真菌数量与土壤理化性质的相关分析

土壤真菌数量与土壤基本理化性质之间的相关性见表 4-18。土壤真菌数量与土壤有机质、全氮的含量均呈极显著正相关,而与全钾相关性不大。各粒径真菌数量与土壤营养元素的相关性有较大差异。

表4-18　土壤真菌数量与土壤理化性质的相关分析

处理	粒级 /mm	全氮 / (g/kg)	全磷 / (g/kg)	全钾 / (g/kg)	有机质 / (g/kg)
冬水稻田	> 4.76	0.953**	0.953**	0.953**	0.991**
	2.0 ~ 4.76	0.982**	0.982**	0.953**	0.997**
	1.0 ~ 2.0	0.953**	0.885*	0.982**	0.953**
	0.25 ~ 1.0	0.982**	0.847*	0.847*	0.982**
	0.053 ~ 0.25	0.885*	0.953**	0.244	0.885*
	< 0.053	0.847*	0.982**	0.260	0.847*
	原土	0.244	0.953**	0.847*	0.847*
垄作免耕	> 4.76	0.953**	0.982**	0.953**	0.953**
	2.0 ~ 4.76	0.982**	0.885*	0.982**	0.982**
	1.0 ~ 2.0	0.953**	0.953**	0.953**	0.953**
	0.25 ~ 1.0	0.982**	0.982**	0.982**	0.982**
	0.053 ~ 0.25	0.953**	0.953**	0.982**	0.953**

续表

处理	粒级 /mm	全氮 / (g/kg)	全磷 / (g/kg)	全钾 / (g/kg)	有机质 / (g/kg)
垄作免耕	< 0.053	0.982**	0.982**	0.953**	0.982**
	原土	0.953**	0.953**	0.953**	0.953**
常规平作	> 4.76	0.982**	0.982**	0.982**	0.982**
	2.0 ~ 4.76	0.953**	0.953**	0.953**	0.953**
	1.0 ~ 2.0	0.982**	0.982**	0.982**	0.982**
	0.25 ~ 1.0	0.885*	0.885*	0.885*	0.885*
	0.053 ~ 0.25	0.953**	0.953**	0.953**	0.953**
	< 0.053	0.982**	0.982**	0.982**	0.982**
	原土	0.953**	0.953**	0.953**	0.953**

* 相关性达显著（$P < 0.05$）水平。
** 相关性达极显著（$P < 0.01$）水平。

造成垄作免耕稻田土壤真菌数量较多的原因可能与垄作免耕稻田土壤微生态环境有关，高明等认为垄作免耕因表层长期出露在水面，长期以毛管水浸润，通气良好，水热状况稳定，为微生物的生长创造了良好的条件（高明等，2005）；也可能是垄作免耕条件下土壤团聚体的构成更有利于真菌的繁殖并且受到的机械扰动较少的原因（蔺海明，1996；Mendes，1999）。有研究表明真菌数量随土壤团聚体粒级的递减而递增（尹瑞龄，1983），而试验结果中 0.25 ~ 1.0 mm 团聚体的真菌数量较少，这可能是因为此粒级的团聚体中植物残渣少，从而影响了真菌的数量（Denef，2001）。

在实验中各粒级的土壤团聚体中我们都分离到了一定数量的青霉，而有研究认为青霉在免耕土壤中很少被分离到，虽然它是最典型的土壤真菌（高云超等，2001），Pugh 也认为青霉是"短命基质上生存的短命习居者"，并主要以孢子状态存在于土壤中，由于青霉在土壤中不以菌丝状态存在，而免耕土壤中又存在着大量的较稳态的有机物质，因而可能导致免耕土壤青霉菌减少（Pugh，1980；Puget，1999）。这可能是由于我们使用了平板稀释法，平板稀释法是一种孢子真菌的分离方法，应用这种方法分离到的真菌几乎全部为丝孢纲的半知菌，并且青霉占很大优势。虽然这种方法已被很多国家土壤微生物工作者所采用，但其有一定的缺陷，并不能真实地反映真菌的生存状态与种群分布（高云超，2001；高明，2005）。土壤真菌多样性与土壤养分的含量作为土壤肥力的衡量指标，与土壤团聚体有密切关系。研究表明，土壤真菌在好气和酸性条件下最为活跃，主要分布在表层，20 ~ 30 cm 以下则数量迅速减少。它们在土壤中进行有机残体分解时，如果条件适宜，能将有机质彻底分解，并能参加腐殖质的形成，又由于菌丝体的作用，能把土粒结合成团聚体，使土壤物理性状得到改善（Ternan，1996）。而且多种真菌有腐殖化作用和产生多糖的能力，能使团聚体粘结在一起，在团聚体的稳定中起重要作用（Mackie，1999；肖剑英，2002）。不同的团聚体结构中真菌的构成及分布都有一定程度的差异，对棕壤的研究发现小粒级（< 0.01 mm）与大粒级（> 0.01 mm）微团聚体在土壤水分和养分的保持与释放及生物化学转化强度等方面都有不同的作用，细粒级团聚体的作用主要是保持土壤肥力，而粗粒级主要调节养分的供应（Doran，1980）。在垄作免耕条件下，各粒级的土壤团聚体中毛霉和根霉均有所增加，而毛霉属和根霉属可以分解土壤表层植物落叶及残渣中的淀粉基质，同时根霉属还可以分解土层中的纤维素、半纤维素,毛霉属可以分解土层中的几丁质和腐殖质,对系统中的 C、N、P、S 等元素的循环起着关键的作用,改善了土壤结构(Haynes,1997;Pugh,1980)。

真菌的生物量直接决定大团聚体的稳定性,而细菌生物量则与小团聚体的稳定性有关(Haynes,1998)。一些研究证实多种真菌、细菌均有腐殖化作用和产生多糖的能力,使团聚体粘结在一起,在团聚体的稳定中起重要作用,团聚体中真菌数量和分布状况的变化也许是采用自然免耕能迅速改善土壤的理化性状,提高土壤的供肥、保肥能力的内在原因之一(Guggenberger,1999)。垄作免耕制度可以改善土壤结构,从而影响土壤表层真菌的数量和多样性。土壤耕作制度的变化会导致土壤结构的变化,这种生境的变化会影响到土壤真菌群落在不同大小团聚体中的组成、数量及分布。研究其中的特定关系对我们改善土壤团聚体的理化性质、提高土壤肥力起重要作用。但目前国内外几乎没有展开广泛而深入的研究,因此这些方面的研究尚需加强。

不同耕作方式对土壤肥力的影响存在差异,免耕能否保持和提高作物产量及土壤肥力,长期以来在学术界有很大的争论(侯光炯,1990;Needelman et al.,1999)。一些定位试验研究表明,连续免耕并配合施用有机肥,对土壤结构破坏少,土层水稳性团粒结构增多,土壤表层有机质和养分含量显著增加,同时能提高作物产量、减少劳动力投入、增加经济效益。本试验结果表明,稻田垄作免耕的有机质、全氮、全磷含量以及微生物总量都比冬水稻田高,这一结果与王昌全等(2001)报道的结果一致。稻田垄作免耕能提高土壤肥力,主要是垄作改变了淹水平作时以重力下渗水为主的水分运动形式,使沟内始终保持着稳定而又可调的水层,沟内的水分在土壤毛管引力和吸水力的作用下,垄沟内的水分源源不断输向垄顶,使垄埂土壤较稳定地保持毛管水状况,有利于通气、导温,扩大了土体与外界的物质和能量交换,同时也为微生物生长繁殖创造了有利的环境条件(张磊,2002)。但本实验垄作免耕未筛分土样中全钾含量略少于冬水稻田,其原因可能是由于本试验土样已采取免耕 15 年,随着免耕年限的增长,耕层土壤中全钾含量下降幅度大于冬水稻田。

本研究结果表明,不同耕作制度下的耕层土壤中全氮、磷、钾、有机质及微生物群落结构及其分布有差异。垄作免耕稻田耕层土壤中养分含量、有机质、土壤微生物数量都显著高于水旱轮作土壤。土壤微生物数量因土壤团聚体的粒级不同而有所差异,细菌、放线菌、真菌都主要分布于小粒级的土壤团聚体中。土壤微生物数量与土壤肥力存在着一定的相关性。对不同粒级土壤团聚体中土壤养分、有机质及微生物的分布进行研究,可以更深入地探讨不同耕作方式下土壤肥力变化的原因。

垄作免耕处理下,耕层土壤中的真菌主要分布于粒级为 0.25 ~ 1.0 mm 的土壤团聚体中,同时在 > 0.053 mm 的各级土壤团聚体中垄作免耕较常规轮作处理下真菌数量多;除0.053 ~ 0.25 mm 粒级外,真菌数量随团聚体粒径减小而增加,稻田垄作免耕增加了土壤表层真菌的数量,而且真菌在各粒级团聚体中分布趋于均一。垄作免耕处理的各级土壤团聚体中都有毛霉和根霉存在,0.25 ~ 1.0 mm 粒级土壤团聚体中真菌的属类最丰富,为 7 个属,其他粒级的土壤团聚体中略少;而常规轮作处理中各粒级的土壤团聚体中真菌的属类无明显差异。垄作免耕土壤各粒级真菌群落的 Shannon 多样性指数较常规轮作大,Simpson 多样性指数变化不明显。稻田垄作免耕提高了不同团聚体中真菌的数量、多样性,改变了真菌在不同大小团聚体中的分布状况。

六、小结

垄作免耕稻田耕层土壤中养分含量、有机质、土壤微生物数量都显著高于水旱轮作。土壤微生物数量因土壤团聚体的粒级不同而有所差异，细菌、放线菌、真菌都主要分布于小粒级的土壤团聚体中。稻田垄作免耕提高了不同团聚体中真菌的数量、多样性，改变了真菌在不同大小团聚体中的分布状况。

第六节 长期施肥下水稻土磷素组分与土壤化学性质的关系

磷作为植物生长所必需的大量元素，对植物生长代谢的重要作用仅次于氮。土壤中磷的有效性取决于影响农业生态系统初级生产力的磷组分含量和构成（Williams et al.，2013）。长期施肥下土壤中的磷大部分被铁、铝、钙吸附沉淀，难被植物吸收（Brady and Weil，2008；Gichangi et al.，2009；Khan and Joergensen，2009），这可能是因为长期施肥下导致不稳定形态的磷迅速形成（Malik et al.，2012）。

我国南方大部分酸性土壤都缺磷，施磷肥是克服缺磷造成土壤酸化、板结和磷的淋失等环境问题的常用方法（颜晓等，2013）。为了克服这些问题，徐祖祥（2009，2010）研究了有机肥料与不同无机改良剂配合施用对土壤肥力和作物产量的影响，结果表明这种配合施肥方式增加了有效磷含量和作物总产量。通过施用有机肥可以改善土壤磷素状况，减少无机肥料的施用（Mohanty et al.，2006；Reddy et al.，2005；Zhao et al.，2009）。此外，有机肥的施用为土壤提供了大量和微量元素，改善了理化性质（Agbede，2010；Delgado et al.，2002；Siddique and Robinson，2003）。

水稻土长期处于淹水状态，降低了土壤氧化还原电位，改变了磷的吸附转化特征。这种低氧化还原电位可能导致沉淀态铁（Fe^{3+}）磷酸盐向可溶性铁（Fe^{2+}）磷酸盐的转变。土壤中磷有效性的提高不仅有助于植物生长，而且增加了磷迁移到周围水体的可能性。有机磷和无机磷肥的施用可引起水稻土壤全磷积累速率及表层土壤磷含量的变化，了解外源磷的添加对土壤磷素形态转化的影响能为提高磷素有效性提供依据（Lan et al.，2012；Zhang et al.，2006）。因此，研究长期施用不同有机磷和无机磷对水稻土磷组分的影响，对了解水稻土的磷素的变化具有重要意义。

然而，在亚热带气候条件下，很少有研究比较长期施肥条件下施用无机和有机肥对水稻土壤磷组分的影响（Ahmed et al.，2019）。因此，本研究的目的是为了明确南方稻田有机、无机肥单独施用或配施条件下稻田土壤磷组分的变化，估算磷组分之间及其与土壤化学性质间的关系，从而更好地了解水稻土的磷组分转化过程。

一、长期施肥对土壤化学性质的影响

本研究中，试验地点与施肥的交互作用对土壤有机质和 pH 的影响显著（$P < 0.05$）（表 4-19）。南昌、进贤和宁乡三个试验地点的有机 - 无机配施（NPKM）处理与无机肥（NPK）和对照（CK）相比，均有显著性差异（$P < 0.05$），其中南昌试验点土壤有机质（SOM）最高 48.4 g/kg，其次是进贤试验点（为 37.5 g/kg）和宁乡试验点（为 37.3 g/kg）。与 CK 相比，南昌、进贤、宁乡三个试验点的 NPKM 处理土壤有机质含量分别增加了 65.2%、63.8% 和 78.5%；NPK 处理分别提高了 40.3%、41.9% 和 18.2%。CK、NPK 和

NPKM 处理的土壤有机质含量平均值分别为 24.3 g/kg、32.8 g/kg 和 41.1 g/kg。这三个试验点 NPK 和 NPKM 处理土壤有机质含量平均值较 CK 分别增加了 35.0% 和 69.1%。CK、NPK 和 NPKM 处理土壤 pH 平均值分别为 5.84、5.73 和 6.12（表 4-19）。土壤 pH 最高的是宁乡试验点，为 6.73，其次是进贤点和南昌点，分别为 5.91 和 5.71。

表4-19　各试验点不同处理土壤理化性状、磷平衡和水稻产量变化

试验地点	处理	pH	有机质 /（g/kg）	全磷 /（g/kg）	Olsen-P/（mg/kg）	磷平衡 /（kg/hm²）	产量 /（kg/hm²）
南昌	CK	5.65±0.10Ab	29.3±0.2Ca	0.4±0.04Cb	7±0.2Ca	−8±1Cb	1844±143Ca
	NPK	5.20±0.08Bb	41.1±0.1Ba	0.5±0.03Bb	61±1Ba	7±1Ab	4129±145Ba
	NPKM	5.71±0.13Ab	48.4±1.3Aa	1.6±0.06Ac	82±2Ab	−2±3Bc	4615±181Aa
进贤	CK	5.59±0.14ABb	22.9±0.5Cb	0.5±0.01Ca	7±0.5Ca	−5±0.5Ca	1608±352Ca
	NPK	5.45±0.08Bb	32.5±1.0Bb	0.9±0.02Ba	30±1Bb	10±0.8Ba	2510±106Bc
	NPKM	5.91±0.14Ab	37.5±1.6Ab	1.6±0.1Ab	65±2Ac	21±1Aa	4533±108Aa
宁乡	CK	6.30±0.05Ba	20.9±0.7Cc	0.5±0.07Ca	5±0.3Cb	−5±0.1Ca	1631±36Ca
	NPK	6.54±0.15Aa	24.7±1.4Bc	1.0±0.1Ba	15±0.2Bc	9±1Aab	3337±80Bb
	NPKM	6.73±0.04Aa	37.3±1.4Ab	2.2±0.2Aa	91±3Aa	2±0.9Bb	4047±76Ab
	ANOVA						
	试验地点	***	***	***	***	***	***
	施肥处理	***	***	***	***	***	***
	试验地点 ×施肥处理	***	***	***	***	***	***

*** 表示 P < 0.001 的显著水平。

各试验地点土壤全磷和有效磷浓度随施肥处理的不同而不同。宁乡全磷浓度最高为 2.2 g/kg，其次是进贤和南昌（表 4-19）。与 CK 相比，NPK 处理在宁乡、进贤和南昌的土壤全磷含量分别增加了 49.9%、89.1% 和 111%。与 NPK 处理相比，NPKM 处理全磷含量在南昌、进贤和宁乡试验地点分别增加了 220%、77.8% 和 120%。三个试验地点，CK、NPK 和 NPKM 的全磷浓度平均分别为 0.5 g/kg、0.8 g/kg 和 1.8 g/kg。NPK 和 NPKM 处理土壤全磷浓度的平均增幅分别为 CK 的 100% 和 350%。NPKM 处理的有效磷浓度较 NPK和 CK 显著增加（P < 0.05）（表 4-20），其中含量最高的是宁乡，为 91 mg/kg，其次是南昌和进贤。与 CK 处理相比，南昌、进贤、宁乡试验点 NPK 和 NPKM 的有效磷含量分别提高了 771%、329%、200% 和 1071%、829%、1720%。三个试验地点 CK、NPK 和 NPKM 处理有效磷含量平均值分别为 6 mg/kg、35 mg/kg 和 104 mg/kg，NPK 和 NPKM 处理较 CK 分别增加了 483% 和 1633%。

化肥与有机肥配合施用，全磷和有效磷浓度较初始浓度显著增加（P < 0.05），可能是长期施肥增加了土壤全磷和有效磷含量（表 4-20）。有研究表明，长期配合施用化肥和有机肥增加了土壤全磷和有效磷储量（Mao et al.，2015）。在本研究中，NPKM 处理全磷和速效磷含量高于 CK 和 NPK 处理。Zhang 等（2003）指出土壤中有效磷浓度 5 ~ 10 mg/kg 就足以满足作物生长，而低于 5 mg/kg 则为缺磷，会影响正常植物生长。在另一项研究中，Bravo 等（2006）也得出获得最佳的作物生长的有效磷浓度应该高于 6 ~ 7 mg/kg 的临界水平。在

本研究中，NPKM 和 NPK 与 CK 处理相比，全磷和有效磷含量显著增加（$P < 0.05$），说明氮磷钾肥与有机肥配合施用对土壤有效磷水平具有协同效应。Garg 和 Bahl（2008）也得出类似的结论，他们评估在整个培养阶段，有机肥与无机肥配合施用显著增加了有效磷浓度（$P < 0.05$），可能是因为长期有机无机配合施用：①施用有机肥增加了磷的供应；②施用不同来源的有机和无机磷肥，可以防止土壤吸附和不溶性络合物（Deanf et al.，2009；Laboski et al.，2004）；③有机肥对土壤磷有活化作用（Mohanty et al.，2006）。多项研究表明，土壤中磷组分主要受土壤化学性质（pH、有机质、全磷和有效磷），物理性质（粒径分布、土壤含水量），各种土壤和微生物活动，不同农业管理实践，尤其是土壤的磷肥施用量（Blake et al.，2000；Hinsinger，2001）的影响。

二、长期施肥对土壤磷素组分的影响

（一）长期不同施肥方式对稻田土壤磷组分的影响

长期有机和无机肥单施或者配合施用对单个磷库大小的影响不同（表 4-20）。在本研究中，与 CK 和 NPK 处理相比，NPKM 处理显著增加了除非不稳定磷组分外的磷库容量（$P < 0.05$）。NPKM 与 CK 和 NPK 处理相比，所有组分的磷均有显著性差异（$P < 0.05$）。与 CK 和 NPK 处理相比，NPKM 处理显著增加了三个试验地点除残留磷之外的无机和有机磷组分（$NaHCO_3$-Pi，NaOH-Po，HCl. dil.-Pi 和 HCl. conc.-Pi）（$P < 0.05$）。在南昌、进贤和宁乡三个试验地点，不同施肥处理全磷（所有无机和有机磷组分之和）的含量大小顺序为 NPKM > NPK > CK。

就 NPKM 处理而言，南昌的 HCl. conc.-Pi 和 residual-P 最高，分别为 121 mg/kg 和 35 mg/kg；宁乡次之，分别为 39 mg/kg 和 12 mg/kg；进贤最小，分别为 7 mg/kg 和 13 mg/kg。进贤 $NaHCO_3$-Pi 浓度最高，为 206 mg/kg，其次是南昌，为 193 mg/kg，宁乡最低，为 151 mg/kg。宁乡在大多数的有机和无机磷组分中最大，$NaHCO_3$-Po（51.6 mg/kg），NaOH-Pi（253 mg/kg），NaOH-Po（164 mg/kg），HCl. dil.-Pi（334 mg/kg），HCl. conc.-Po（33.2 mg/kg），其次是进贤和南昌。在宁乡试验地点，以上 5 种磷组分 NPK 和 NPKM 较 CK 处理分别增加了 500% 和 2100%、400% 和 1900%、200% 和 700%、300% 和 1200%、300% 和 1200%。

（二）长期不同施肥方式对磷组分相对比例的影响

将不同顺序磷组分分为三个库：①活性磷库（$NaHCO_3$-Pi+$NaHCO_3$-Po）；②中活性磷库（NaOH-Pi+NaOH-Po+Dil. HCl-Pi）；③稳定态磷库（HCl.conc.-Pi，HCl.conc.-Po 和 Residual-P）。在南昌、进贤和宁乡试验地点，与 CK 相比，NPKM 处理中活性磷库比例增加 229.6%，稳定态磷库比例减少 18%；活性和中活性磷库分别是 CK 处理的 12 倍和 4 倍、6 倍和 3 倍、25 倍和 12 倍（表 4-20）。这可能是由于不同的磷肥（有机肥和无机肥）对水稻土壤表层（20 cm）磷积累及其迁移的影响不同所致（Pizzeghello et al.，2011；Pizzeghello et al.，2016）。与 CK 相比，南昌和宁乡两个试验地点 NPKM 处理的稳定态磷库增加，二者分别增加了 4% 和 157%。CK 处理在三个试验地点活性磷库、中活性磷库和稳定态磷库中平均含量分别为 23 mg/kg、88 mg/kg 和 109 mg/kg，NPK 处理分别为 133 mg/kg、265 mg/kg 和 94 mg/kg。与 CK 和 NPK 处理相比，NPKM 处理增加了活性磷库和中活性磷库，含量分别为 230 mg/kg 和 484 mg/kg，稳定态磷库减少。在这三个试验地点中，与 CK 相比，

表4-20　各试验点不同施肥处理不同磷组分浓度变化

试验地点	处理	活性磷组分/(mg/kg)		中活性磷组分/(mg/kg)			稳定磷组分/(mg/kg)			总磷
		NaHCO$_3$-Pi	NaHCO$_3$-Po	NaOH-Pi	NaOH-Po	HCl. dil.-P	HCl. conc-Pi	HCl. conc.-Po	Res-P	
南昌	CK	8.8±0.31 Cb	12±1.57 Ca	48.8±2.01 Ca	19.6±0.51 Cb	4.1±0.51 Bc	4±1.60 Ca	1.1±0.04 Bb	151±1.16 Aa	249
	NPK	153±1.20 Ba	30.7±4.90 Ba	212±0.60 Ba	27.5±1.32 Bb	4.2±0.27 Bc	109±0.31 Ba	5±0.15 Ab	97.4±1.65 Ba	638
	NPKM	193±1.77 Ab	45.9±1.62 Ab	225±2.45Ac	53±1.06 Ab	13±2.46 Ac	121±0.68 Aa	5.1±0.20 Ab	35.1±0.96 Ca	692
进贤	CK	30.8±0.15 Ca	10.6±0.23 Ca	46.9±1.34 Ca	12±2.05 Cc	67.4±0.23 Ca	4.9±0.11 Ba	1.1±0.04 Cb	133±0.13 Ab	306
	NPK	153±1.20 Ba	31±5.12 Ba	212±0.60 Ba	42±2.25 Ba	109±0.31 Ba	5.6±0.40 Bb	1.5±0.61 Bc	32.7±0.10 Bb	586
	NPKM	206±0.46 Aa	41.6±1.19Ac	236±0.60 Ab	53±1.73Ab	121±0.68 Ab	7.3±0.70 Ac	3.2±0.82 Ab	12.7±0.76 Cb	681
宁乡	CK	5.8±0.46 Cc	2.4±0.46 Cb	13.1±0.30 Cb	23.8±0.35 Ca	28±0.46 Cb	0.2±0.04 Cb	2.8±0.52 Ca	29.4±0.96 Ac	105
	NPK	18.1±0.35 Bb	13.1±1.65 Bb	57.8±0.50 Bb	42.1±0.86 Ba	90±2.08 Bb	3.9±0.02 Bc	8.1±1.48 Ba	17.2±2.55 Bc	251
	NPKM	151±3.28 Ac	51.6±2.08 Aa	253±1.99 Aa	164±1.35 Aa	334±3.01 Aa	38.7±0.57 Ab	33.2±2.11 Aa	11.5±0.93 Cb	1036
ANOVA										
	试验地点	***	***	***	***	***	***	***	***	***
	施肥处理	***	***	***	***	***	***	***	***	***
	试验地点×施肥处理	***	***	***	***	***	***	***	***	***

注：不同大写字母（A、B、C）表示同一地点不同施肥处理之间差异显著（$P < 0.01$）；不同小写字母（a、b、c）表示同一处理不同试验地点之间差异显著（$P < 0.05$）。
*** 表示 $P < 0.001$ 的显著水平。

NPK 和 NPKM 处理的活性磷库分别增加了 6 倍和 10 倍，中活性磷库分别增加了 3 倍和 6 倍，而非不稳定性磷库分别减少了 14% 和 18%。

NaHCO$_3$-Pi 代表活性无机态磷，被认为是生物可利用的磷形式（Meason et al.，2009），而 NaHCO$_3$-Po 被认为是易于矿化的有机磷（Aulakh et al.，2003）。本研究结果显示，南昌、进贤和宁乡试验地点 NPK、NPKM 处理中的两个活性磷组分分别占全磷库的 29% 和 35%、31% 和 36%、12% 和 20%。在三个试验地点中，与 NPK 和 CK 处理相比，NPKM 处理中活性磷组分含量最高。这表明与单独施用无机肥相比，有机 - 无机肥料配施可获得持续供应的磷容量。Delgado 等（2002）指出，磷酸钙导致的磷沉淀降低了植物可吸收有效态的磷含量，这可以通过向土壤中添加肥料来活化磷（Mohanty et al.，2006）。有机酸在有机肥分解过程中与铁、铝形成磷配合物，降低了土壤中磷的有效性。本研究结果与 Siddique 和 Robinson（2003）研究一致。Song 等（2011）发现，长期不施肥的情况下种植作物会降低土壤中活性 Pi 和 Po 的含量，施用猪粪能显著提高土壤中活性 Pi 和 Po 的含量。在本研究中无机磷组分与有机质含量的关系表明，有机肥的添加降低了低可溶性磷酸盐的析出。Halajnia 等（2009）认为，施用有机肥进入土壤后的 6 个月内，土壤中的有机肥转化为相对稳定的有机物质，并随着时间的推移逐渐转化为植物可利用形态。因此，与 CK 和 NPK 处理相比，NPKM 处理中活性磷组分（NaHCO$_3$-Pi 和 NaHCO$_3$-Po）比例更大。南昌地区 NaHCO$_3$-Pi 和 NaHCO$_3$-Po 的平均浓度最高，可能是土壤中有机质含量较高，影响磷吸附位点，通过在铝和铁的吸附位点上创建一个掩膜来阻止磷的吸附；或者通过改变矿物表面电荷来减少吸附位点，最终增加了土壤磷含量。Meason 等（2009）也得出类似的结论。

有机和无机磷组分中 NaOH-P（NaOH-Pi 和 NaOH-Po）和 HCl.dil.-P 被认为是中活性磷库。南昌、进贤、宁乡试验地点 NPK 和 NPKM 处理的 NaOH-P（NaOH-Pi 和 NaOH-Po）和 HCl. dil.-P 含量分别占全磷库的 38% 和 42%、60% 和 62%、72% 和 76%，是所有试验点各处理中最大的磷库。与活性磷组分变化相同，NaOH 可提取的磷组分也以 NPKM 处理最高，其次是 NPK 和 CK 处理。前人也有研究表明，不同类型有机肥的施用显著增加了 NaOH-Po 库，这可能与有机肥料和无机肥料的添加有关（Scherer and Sharma，2002；Reddy et al.，2005；Singh et al.，2007）。本研究结果与 Gichangi 等（2009）均得出，磷浓度较高的有机磷源可以刺激土壤中有机磷含量的增加。Malik 等（2012）也得出有机磷的保留可能是由于磷吸附在有机物质上，而有机物质很可能被植物根系活化为无机磷。与 NPK 和 CK 处理相比，NPKM 中有机磷库的增加可能是由于有机质中磷的缓慢释放，而有机质在土壤磷循环中起着关键作用。

HCl. conc.-P 和 residual-P 磷组分主要由钙、铁、铝结合磷等不溶性、稳定形态的磷组成（Aulakh et al.，2003；Zicker et al.，2018），表示土壤磷库的不可用形态。本研究表明，稳定态磷库浓度与活性磷库呈现相反的趋势，这些结果与 Dobermann 等（2002）一致，他认为施磷肥主要增加了可溶性无机磷，对有机磷和残留磷的影响很小。虽然 residual-P 和 HCl-Pi 被认为是稀缺的磷库（Singh et al.，2007），本研究中这些磷组分浓度的变化说明，这些磷组分可能参与了磷的长期循环。这一过程可能是由于土壤系统中各种过程的发生，如 Hedley 等（1982）提出土壤微生物中固定的无机磷形态可能参与了残留态磷的缓慢积累，因为土壤中约有 1/4 的细菌细胞磷是不可提取的。Meason 等（2009）认为，施用吸附在原生矿物上的磷肥对增加 HCl-Pi 库具有重要作用。前人有研究表明植物根系和土壤微生物释放出各种羧酸盐和磷酸酶，能够从稳定和残留磷库中活化磷（Richardson，2001；

George et al.，2002；Wang et al.，2007）。此外，在作物生长过程中，特定的根系过程也可能释放出 H^+，导致土壤中残留和不溶性磷形态的溶解（Shen et al.，2004）。宁乡试验点NPKM 处理的残留态磷浓度高于南昌和进贤，这可能是由于过量施肥效应，导致过量磷以残磷的形式饱和，随着时间的推移，这些残磷可能转化为活性或中活性磷库。

（三）土壤不同磷库与土壤化学性质的关系

　　土壤性质与活性磷库、中活性磷库和稳定态磷库之间的关系如图 4-18 所示。在回归方程中，x 为土壤化学性质，y 指定土壤磷库浓度的变化（Δ 磷库）。因此，回归方程斜率表示相应土壤性质中每单位增加或减少的磷库浓度（mg/kg）的变化。活性磷库与土壤有机质含量（R^2=0.77，$P < 0.01$）、总磷浓度（R^2=0.78，$P < 0.01$）和有效磷（R^2=0.73，$P < 0.05$）均呈显著正相关关系，与土壤 pH 无显著相关关系。中活性磷库与全磷（R^2=0.73，$P \leqslant 0.01$）和有效磷（R^2=0.64，$P < 0.01$）呈极显著正相关，与土壤 pH、SOM 呈显著正相关（$P < 0.05$）。土壤 pH 与稳定态磷库呈极显著负相关（$P < 0.01$），与土壤全磷、有效磷水平无显著相关关系（$P > 0.05$）。

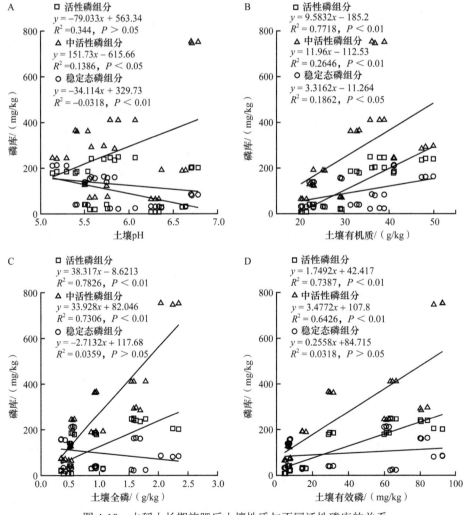

图 4-18　水稻土长期施肥后土壤性质与不同活性磷库的关系

（四）不同施肥方式的冗余分析

利用 RDA 分析了不同土壤无机磷和有机磷组分与土壤化学性质的关系（图 4-19）。以土壤无机和有机磷组分为解释变量，以不同土壤性质为响应变量。在 RDA 坐标图中，解释变量与响应变量之间的夹角或响应变量本身之间的夹角表示它们之间的相关性，定性响应变量的质心与解释变量之间的关系也可以通过将质心以直角投影到变量上来观察。变量之间的高相关性由箭头之间的小角度表示，正或负相关性由箭头的方向表示。第一（RDA_1）和第二（RDA_2）纵坐标轴分别占土壤磷组分与化学性质总变异量的 51% 和 75%。有机肥与无机肥配合施用（NPKM 处理）对中活性磷组分（HCl. dil. Pi）提高作用显著，且与土壤 pH（R^2=0.92，$P < 0.001$）和全磷浓度（R^2=0.68，$P < 0.02$）显著相关。活性磷组分（$NaHCO_3$-Pi 和 $NaHCO_3$-Po）与有效磷（R^2=0.80，$P < 0.001$）和有机质含量（R^2=0.67，$P \leq 0.001$）呈较强的相关性，这也是受 NPKM 施肥的影响。然而，剩余磷组分呈现出相反的趋势。有机无机肥配合施用降低了土壤磷残留量，与土壤 pH、全磷、HCl. dil.-Pi 组分呈负相关。土壤有机质含量与活性磷和中活性无机磷组分（$NaHCO_3$-Pi 和 NaOH-Pi）均呈极显著正相关。

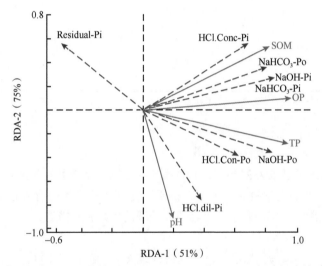

图 4-19　在长期施肥管理下土壤性质（SOM、OP、TP 和 pH）与磷组分关系的 RDA 分析

三个试验地点的长期施肥均对有机和无机磷组分有显著影响（$P < 0.05$）（表 4-20），这可能是与本研究中三个试验地点不同磷肥施用种类及其施用量（表 4-21）和初始土壤性质不同（表 4-22）有关。

表4-21　中国三种典型农田长期试验的肥料投入量　　　（单位：kg/hm²）

试验地点	肥料施用量（N-P₂O₅-K₂O）		
	CK	NPK	NPKM
南昌	0-0-0	150-60-150	150-60-150
进贤	0-0-0	90-45-75	180-90-150
宁乡	0-0-0	143-54-63	143-54-63

表4-22　三个长期试验点的位置、气候条件和初始表层土壤性质

因素	南昌	进贤	宁乡
起始年份	1984	1981	1986
纬度（N）	28.57	28.59	28.25
经度（E）	115.94	116.3	112.59
气候类型	SM	SM	SM
年均气温 /℃	17.5	18.1	16.8
年均降水量 /mm	1600	1537	1554
耕作模式	早稻—晚稻	早稻—晚稻	早稻—晚稻—小麦
土壤分类	饱和始成土	饱和始成土	饱和始成土
土壤质地	黏壤土	黏壤土	黏壤土
pH	6.1	6.9	6.5
SOM/（g/kg）	25.6	28.3	29.4
TN/（g/kg）	1.4	1.5	2.1
AN/（mg/kg）	81.6	144	144.1
TP/（g/kg）	0.5	0.5	0.6
AP/（mg/kg）	20.8	9.5	12.9
TK/（g/kg）	4.4	12.5	20.6
AK/（mg/kg）	35	81.2	33

注：SM，亚热带季风；SOM，土壤有机质；TN，全氮；AN，速效氮；TP，全磷；AP，有效磷；TK，全钾；AK，速效钾。

三、小结

与氮磷钾施肥和不施肥对照相比，长期有机 - 无机肥配施可显著提高土壤有机质含量，增加活性磷库，降低稳定态磷库。土壤有机质是提高水稻土壤磷有效性的主要土壤因子。因此，有机肥与化肥配合施用是水稻土壤磷库管理的较好施肥措施。

第七节　长期施肥下水稻土碳、氮、磷化学计量比驱动不同磷形态转化

农田土壤中磷素的有效性直接影响作物生产力。然而，一些土壤中总磷的浓度虽然较高，但是土壤中的磷有效性低且容易被固定，最终限制植物的生长（Malik et al.，2012）。施用化肥可以确保植物吸收足够的磷。然而，越来越多的研究表明，长期过量施用无机磷肥料会降低磷的利用效率，从而导致土壤中磷的过度积累。特别是在集约种植区域，通过地表径流或侵蚀导致大量的磷素到达地表水并导致富营养化（Liu et al.，2012）。

过量施用化学肥料会导致有机肥和绿肥施用量减少（Zhao et al.，2009）。而有机肥的施用可以通过减少土壤中不可逆吸附复合物的形成或通过增加土壤中的磷迁移率来增加土壤中的磷回收（Mohanty et al.，2006）。此外，施有机肥不仅能提供大量营养素和微量营养素，还可通过增加土壤有机质来改善土壤的物理和化学性质（Agbede，2010）。然而，在实际生产中有机肥的投入量往往以氮输入量为依据，而这样会导致磷的投入量过多，尤其是

在长期施肥情况下会更严重（Sharpley et al.，2007）。可见，有机 - 无机肥配施有利于提高施入土壤中磷的有效性，从而提高作物产量。酸化导致水稻土固定的磷素有效性较低，尤其是在我国南方地区（Zhang et al.，2007）。因此。在这些缺磷的地区，为了满足作物对磷的需求，经常会投入大量的无机肥料，最终造成土壤环境中磷素的淋失和肥力的下降。在这些地区，前人的研究主要集中在长期施肥对作物产量和土壤肥力的影响，并推荐通过施用无机肥和添加有机肥来改善土壤磷肥的综合养分管理（An et al.，2018）。大多数现有的研究已经清楚地表明，无机肥与有机肥的配合施用增加了土壤有效磷和作物产量（Xin et al.，2017），但是在水稻土中长期施肥导致残留磷重新分布的机制尚不清晰（Wu et al.，2017）。

长期施肥条件下水稻土中磷的有效性受较多因素调控。Ahmed 等（2019）发现有机肥和无机肥的配合施用增加了活性磷组分，不同土壤性质（pH、SOM、总磷和有效磷）与磷组分的关系不同，但作者没有解释与土壤养分化学计量相关的稻田土壤磷库转化、迁移和吸收的机制。土壤养分的化学计量比，C、N 和 P 循环的耦合和相互作用可能是影响水稻土中磷迁移的最重要因素之一（Marklein and Houlton，2012）。近年来，以微生物、植物叶片和凋落物为研究对象的陆地生态系统 C：N：P 化学计量研究取得了很大进展（Anzoni et al.，2010）。因此，C：N：P 化学计量可以作为有力工具去进一步理解土壤养分循环过程（Cleveland et al.，2007）。Tian 等（2010）也报道土壤 C：N：P 化学计量可能是评估土壤发育过程中土壤养分状况的潜在指标。然而，目前有关土壤 C：N：P 化学计量对磷循环的影响，特别是在稻田土壤中影响的研究报道较少。施用于土壤中的磷将发生吸附 - 解吸和溶解 - 沉淀等复杂的转化，这些转化均受土壤性质如 pH、SOM 和可交换的铁 - 铝（Fe-Al）氢氧化物控制（Janardhanan and Daroub，2010）。Hedley 等（1982）提出使用不同强度的溶液提取不同磷组分的方法。该方法是用于研究土壤中磷不稳定性和磷循环动力学的综合方法之一。然而，单一一系列的磷组分并不能提供对不同处理和土壤因子影响的磷库转化的深入了解（Gama et al.，2014）。路径分析可以作为一种有效的工具，用于研究不同土壤中土壤磷库之间的相互关系和管理实践（Tiecher et al.，2018）。因此，本研究的目的是利用结构方程模型（SEM）研究土壤养分化学计量比对长期施肥下水稻土不同形态磷组分之间的转化和磷迁移的影响。

一、长期施肥对土壤碳氮磷化学计量学的影响

除土壤 pH 和碱解氮外，土壤和施肥的交互作用（$P < 0.05$）显著影响土壤性质和土壤 C：N：P 化学计量学。然而，点位和肥料处理对土壤 pH 和碱解氮影响显著（$P < 0.05$）（图 4-20）。在遂宁，对照不施肥（CK）土壤的 pH 明显高于施肥处理（NPK 和 NPKM）。两个点位的 NPKM 处理土壤有机质（SOM）、总氮、总磷、矿质氮和有效磷均较 CK 和 NPK 显著增加（$P < 0.05$），NPKM 处理的土壤总磷是 NPK 和 CK 处理的 2 倍以上。与对照相比，重庆试验点 NPKM 处理的 SOM、总氮、总磷、碱解氮和有效磷分别增加了74.4%、102.0%、342.7%、28.6% 和 1307.1%，遂宁试验点的 SOM、总氮、碱解氮和有效磷分别增加了 34.4%、103.9%、532.1%、56.8% 和 1194.4%。与对照相比，重庆试验点 NPK处理的 SOM、总氮、总磷、碱解氮和有效磷分别增加了 33.6%、60.4%、41.8%、19.0%、964.7%，遂宁试验点的 SOM、总氮、碱解氮和有效磷分别增加了 18.1%、81.9%、62.1%、21.2% 和 597.0%。

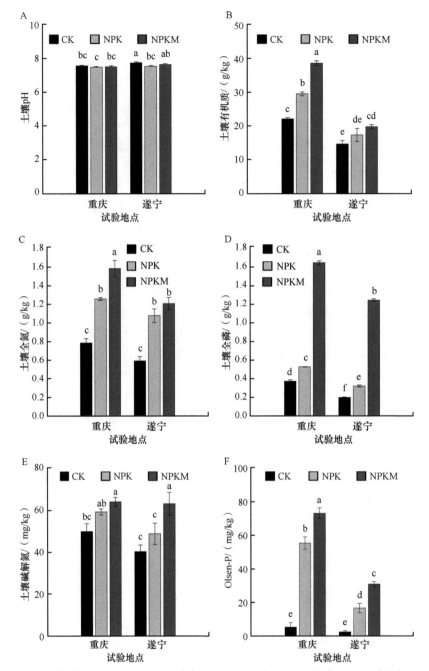

图 4-20　长期施肥下土壤 pH（A）、有机质（B）、总氮（C）、总磷（D）、碱解氮（E）、有效磷（F）的变化

误差线代表 ± 标准偏差；不同的字母表示 $P \leqslant 0.05$ 显著的差异，下同

　　长期施肥条件下土壤总养分含量的变化改变了两种土壤的 C ∶ N ∶ P 化学计量学。与不施肥和单施化肥相比，有机 - 无机配施降低了土壤碳氮比、碳磷比、氮磷比（图 4-21）。而对照组的 C ∶ N 和 C ∶ P 比值最高，两个点位的 N ∶ P 比值最高。

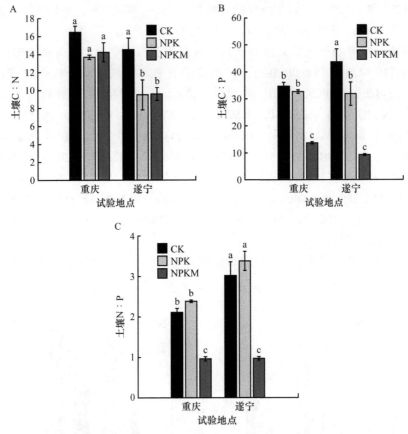

图 4-21　长期施肥对下稻土 C ∶ N（A）、C ∶ P（B）和 N ∶ P（C）比值的变化

二、长期施肥对土壤磷酸酶活性和磷吸收的影响

施肥和点位的交互作用显著（$P < 0.05$）影响酸性磷酸二酯酶（ACP）和磷酸二酯酶（PD）活性（图 4-22）。重庆和遂宁两个点位的 CK 和 NPK 处理的 ACP 活性无显著差异。与对照（CK）相比，NPKM 和 NPK 处理使重庆的 ACP 分别增加了 161.0% 和 24.3%，遂宁的 ACP 分别增加了 54.4% 和 6.3%。与对照组相比，重庆 NPKM 和 NPK 处理的 PD 分别

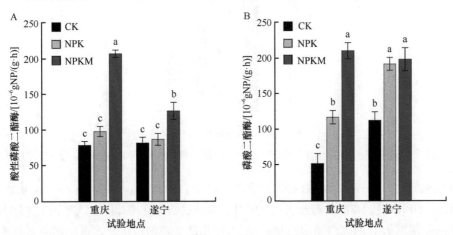

图 4-22　长期施肥下水稻土壤中酸性磷酸二酯酶（A）和磷酸二酯酶（B）活性的变化

增加了 294.2% 和 120.8%，遂宁的 PD 分别增加了 75.0% 和 69.3%。平均而言，重庆 ACP
活性比遂宁高 29.6%，重庆 PD 活性比遂宁低 24.2%。

　　土壤磷组分的分布受试验点位和肥料交互作用的影响更大。不考虑处理的情况下，
除 NaOH-Pi、HCl-Dil-Pi 和 residual-Pi 外，重庆的有机和无机磷组分均大于遂宁试验点
（表 4-23）。与对照处理（CK）相比，在重庆试验点，无机肥和粪肥配合施用（NPKM）的
$NaHCO_3$-Pi、$NaHCO_3$-Po、NaOH-Pi、NaOH-Po、HCl-Dil-Pi、HCl-Conc-Pi 和 HCl-Conc-P
组分分别增加了 1479.5%、367.1%、14 900.0%、243.5%、105.3%、32.0% 和 77.8%，NPK
处理使这些组分分别增加了 1320.5%、197.1%、10 650.0%、222.6%、96.3%、30.4% 和 77.8%。
在遂宁点，NPKM 处理使 $NaHCO_3$-Pi、$NaHCO_3$-Po、NaOH-Pi、NaOH-Po 和 HCl-Dil-Pi 组分
分别增加了 887.8%、389.6%、5300.0%、78.3% 和 36.6%，而 NPK 处理使这些组分分别增加
了 753.7%、133.3%、3100.0%、28.3% 和 27.6%。与对照组相比，两个点位 NPK 和 NPKM
处理组的残余磷显著降低。

　　与 NPK 和 CK 处理相比，NPKM 处理能够增加活性和中活性磷库；NPKM 和 NPK 处
理的稳定性磷库低于 CK 处理（图 4-23）。

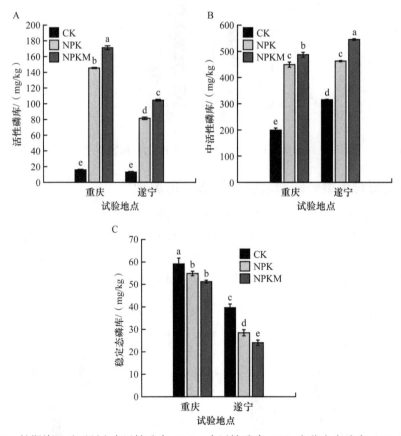

图 4-23　长期施肥对下稻土中活性磷库（A）、中活性磷库（B）和稳定态磷库（C）的变化

　　与 NPK 和 CK 处理相比，NPKM 处理显著增加了磷的吸收（图 4-24）（$P < 0.05$）。与
对照相比，NPKM 和 NPK 处理分别使重庆试验点磷吸收分别增加了 345.1% 和 286.6%，遂
宁试验点分别增加了 246.2% 和 204.0%。不考虑施肥处理的情况下，重庆试验点总磷吸收
量均比遂宁试验点高 46%。

表4-23　长期施肥下水稻不同土壤磷组分含量的变化

试验地点	处理	活性磷组分 / (mg/kg)			中活性磷组分 / (mg/kg)			稳定态磷组分 / (mg/kg)		
		NaHCO$_3$-Pi	NaHCO$_3$-Po	NaOH-Pi	NaOH-Po	HCl. dil-Pi	HCl. conc.-Pi	HCl. conc.-Po	Residual-Pi	
重庆	CK	8.8±1.1 c	7.0±1.2 c	0.4±0.1 c	12.4±1.6 b	187±6.5 b	25±0.1 b	9±0.1 b	25±2.7 a	
	NPK	125±1.1 b	20.8±1.3 b	43±0.8 b	40±0.3 a	367±9.8 a	32.6±0.4 a	16±0.2 a	6.0±1.0 b	
	NPKM	139±1.2 a	32.7±1.6 a	60±0.5 a	42.6±1.3 a	384±10 a	33±2.8 a	16±2.3 a	2.3±0.6 b	
遂宁	CK	8.2±0.5 c	4.8±1.4 c	2.0±0.2 c	23±0.4 c	290±1.9 c	14.5±0.8 a	4.6±0.9 a	20.6±0.1 a	
	NPK	70±0.9 b	11.2±1.1 b	64±0.5 b	29.5±0.3 b	370±2.0 b	15±0.1 a	2.9±0.4 a	10.6±1.1 b	
	NPKM	81±0.5 a	23.5±1.1 a	108±0.3 a	41±1.8 a	396±2.3 a	11.5±0.9 b	3.4±0.3 ab	9.2±0.2 b	
ANOVA	试验地点	***	***	***	ns	***	***	***	**	
	施肥处理	***	***	***	***	***	***	***	***	
	试验地点×施肥处理	***	***	***	***	***	***	***	***	

** 表示 $P < 0.01$ 的显著水平；
*** 表示 $P < 0.001$ 的显著水平；
ns 表示没有显著差异。
注：不同的字母表示同一试验点不同施肥处理之间 $P \leq 0.05$ 显著的差异。

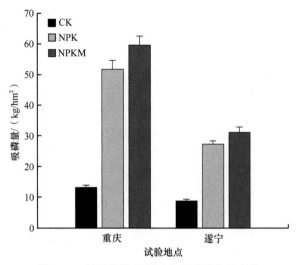

图 4-24 长期施肥下稻田作物磷吸收的变化

三、土壤 C ： N ： P 化学计量比与磷形态的关系

土壤中 C ： N 比、C ： P 比和 N ： P 比与土壤中的活性磷和中度活性磷库呈负相关关系（图 4-25）。土壤中 C ： N 比与稳定态磷库呈极显著正相关关系（$P < 0.05$）（$R^2=0.73$），土壤中 C ： P 比和 N ： P 比与土壤中稳定态磷库相关性不显著。

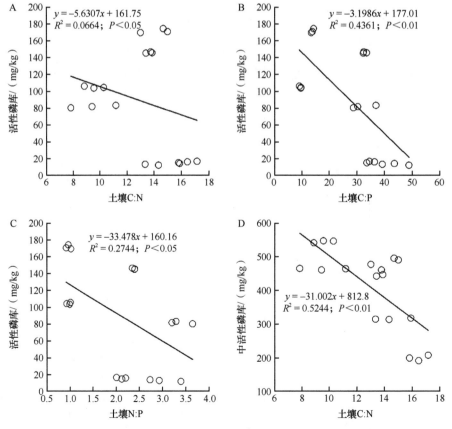

图 4-25 C ： N ： P 化学计量比与不同形态的磷组分之间关系

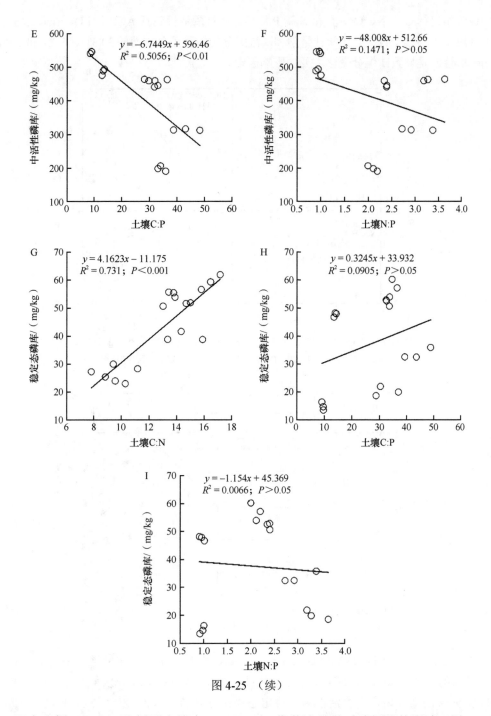

图 4-25 （续）

冒余分析（RDA）分析了土壤中 C∶N∶P 化学计量学对磷组分的影响（图 4-26）。稳定态磷库（尤其是残余态磷组分）与 N∶P 比和 C∶P 比相关性较高，HCl. conc.-Pi 和 HCl. conc.-Po 与 C∶N 比相关性较高。RDA$_1$ 解释了总变化的 55%，RDA$_2$ 解释了总变化的 8.6%。

方差分析（VPA）表明，土壤性质、C∶N∶P 化学计量学和磷酸酶解释了土壤磷组分变化的 97.5%（图 4-27）。土壤性质包括土壤 pH、SOM、总氮、总磷，土壤 C∶N∶P

化学计量学包括 C：N、C：P 和 N：P 比值，磷酸酶活性包括 ACP 和 PD。在总方差中，土壤性质、土壤 C：N：P 化学计量学和磷酸酶分别解释了总方差的 30.3%、4.9% 和 4.6%，表明土壤性质是导致磷组分变化主要的影响因素。

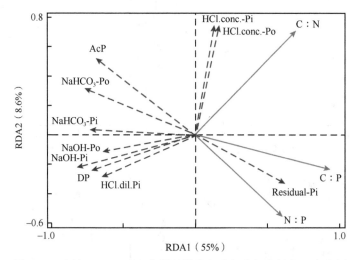

图 4-26　土壤 C：N：P 化学计量比与磷组分相关性的冗余分析

红线表示 C：N、C：P、N：P 比值对磷组分和磷酸酶活性的影响。蓝色虚线表示解释变量

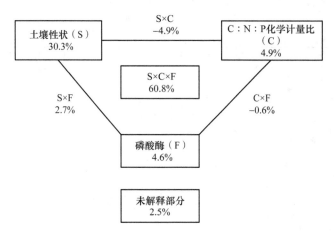

图 4-27　方差分解分析土壤性质（S）、C：N：P 化学计量（C）、磷酸酶（F）及其与磷组分的相互作用的比例贡献（%）

通过路径分析（图 4-28A 和 B）研究了土壤 C：N：P 化学计量学对不同活性磷库和磷吸收的直接、间接和总影响。结果表明，重庆试验点 SEM 分别解释了 99%、95%、90% 和 99% 的活性磷、中度活性磷、稳定态磷组分和磷吸收的差异。N：P 化学计量学直接影响稳定态磷组分，通过 C：N 和 C：P 比值间接影响中度活性磷和稳定态磷组分（图 4-28A）。然而，C：N、C：P 和 N：P 比值通过直接影响磷组分变化而间接影响磷的吸收。活性磷和稳定态磷组分直接影响磷的吸收，而中度活性磷组分通过直接影响稳定态磷组分而间接影响磷的吸收，在遂宁试验点，SEM 分别解释了 99%、99%、89% 和 99% 的活性磷、中度活性磷、稳定态磷组分和磷吸收的差异。C：N、C：P 和 N：P 比值直接影响中度活性磷、稳定态磷组分，间接影响活性磷组分（图 4-28B）。然而，磷的吸收仅

受活性磷组分的直接影响，稳定态磷组分对中度活性磷组分无显著影响，中度活性磷组分对难溶性磷组分有直接影响、对磷的吸收有间接影响。

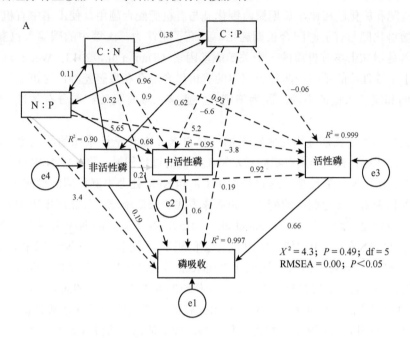

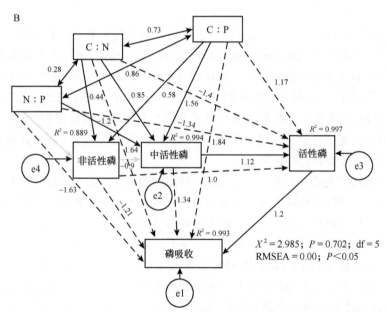

图 4-28　C∶N∶P 化学计量学与 P 组分和吸收之间的路径结构方程建模

A. 重庆, chi/df=0.86; B. 遂宁, chi/df=0.59

箭头旁边的数字是标准化的路径系数，类似于相对回归权重，表示关联程度。连续箭头和虚线箭头分别表示直接关系和间接关系，灰色箭头表示无显著影响。解释的方差比例（R^2）出现在模型中每个响应变量的上方。每个模型的拟合优度统计信息显示在右下角

在本研究中，长期施用化肥和有机肥对土壤化学性质有显著影响，影响土壤 C∶N∶P 化学计量和酶活性。长期施用化肥可显著降低土壤 pH。我们的结果与 Chen 等（2017）和 Cui 等（2018）的结果一致，长期化学肥料投入导致土壤交换性酸度的累积和土壤 pH 降低。

土壤酸碱度也可能受到长期耕作土壤中碱性阳离子移除的影响。一些研究表明，长期施用有机肥料可能会由于肥料的碱性而提高土壤的酸碱度（Cui et al.，2018），与我们的结果一致。与不施肥和施化肥相比，长期氮磷钾化肥与有机肥配合施用，使土壤中有机质含量显著增加。随着化肥与有机肥配合长期施用，提高了生产力，土壤中的碳输入也有望增加，因为碳输入是增加土壤有机质的一个关键驱动因素（Tian et al.，2013；Wei et al.，2016）。然而，由于土壤性质的不同，两种土壤中有机质含量存在显著差异，这可能是由于土壤性质的不同和氮投入量的不同，因为施肥直接影响土壤有机质和养分有效性（Domagała et al.，2013）。

与不施肥相比，长期施用化肥对水稻土 C：N：P 化学计量比的影响更大。与化肥和不施肥处理相比，长期施用有机肥后水稻土中磷的过量积累，降低了 NPKM 处理的土壤 C：N、C：P 和 N：P 比值。这也是由于 CK 和 NPK 处理中氮和磷的供应不足造成的。以往的研究也表明，土地利用的变化，如耕作方式和长期施肥，可能产生土壤养分化学计量的变化，特别是在水稻土中（Wang et al.，2015）。在本研究的两种土壤中，表土（0～20 cm）中的 C：N 和 C：P 比值与中国和全球平均比率（分别为 C：N=12.3 和 C：P=52.7）大致相似。本研究结果中的氮磷比低于 Wojciech 等（2019）关于森林、Wang 等（2015）关于湿地的结果。也有研究得出与本研究结果相似的 N：P 比值（Zhang et al.，2019）。无论采用何种处理方法，总体来说，N：P 比值较低可能是由于氮的溶解性高于磷（Wang et al.，2015）。此外，长期配施有机肥和化肥后，较低的氮磷比投入导致了高磷积累，从而使得土壤氮磷比降低。

酶活性在 C、N 和 P 循环的生化反应中起着至关重要的作用，对不同类型的施肥、土壤和环境响应各不相同（Margalef et al.，2017）。长期不同施肥条件下土壤养分有效性和化学计量学的变化改变了磷酸酶活性。在这两种土壤中，有机-无机肥配合施用处理的活性最高，这可能是由于长期施用有机肥，以及与 NPK 和 CK 处理相比的高碳输入所致。Nayak 等（2007）研究表明，随着土壤有机质的增加，磷酸酶活性增加。Ohm 等（2017）发现土壤碳和磷酸酶活性呈正相关。因此，研究磷酸酶活性有助于了解长期施肥条件下土壤碳、氮、磷化学计量对磷的影响。

长期施肥显著影响磷组分分布和磷吸收。磷组分的变化可能与土壤性质有关。许多研究解释了土壤 pH、SOM 和磷输入量对磷组分的影响。与不施肥相比，长期有机-无机肥配施显著提高磷的无机和有机磷组分，但不包括 HCl. conc.-Pi、HCl. conc.-Po 和残留态磷。Yan 等（2017）研究发现，长期施化肥后，土壤无机磷组分显著增加，但有机磷组分没有呈现出差异。与不施肥相比，NPK 和 NPKM 处理通过增加活性磷含量来降低磷的残留量。因为连续施肥通过增加活性磷库中有机和无机组分来提高磷的活性，从而降低了磷的残留量（Wu et al.，2017）。有机质的磷特性也可能影响土壤磷含量。例如，Li 等（2014）报道，与化学施肥相比，猪粪中的磷含量较高，主要有效形态是 H_2O-P 或 $NaHCO_3$-P，这是一种很容易被作物吸收的磷，同样，与化肥和不施肥相比，长期施用化肥加粪肥，增加了水稻的活性磷库，可显著增加水稻对磷的吸收。Dobermann 等（2002）发现，施磷或不施磷都能增加可溶性无机磷组分的含量，对磷的残留量几乎没有影响。也有研究表明，有机碳含量高的土壤对磷的吸附和截留能力较低（Guppy et al.，2005），可提高对磷的吸收。

土壤养分化学计量比对植物养分有效性的反应更为复杂，因为土壤中的养分迁移受施肥和植物吸收的影响。本研究表明，土壤 C：N：P 化学计量比影响了水稻土壤中的磷组分。土壤在淹水条件下，磷的肥力很差（Yan et al.，2017），且控制土壤磷迁移的土壤和环境因素很多，最重要因素可能是土壤C∶N∶P。由于在长期施肥条件下，长期施肥增加的碳输入改变了农田养分循环，以往研究中土壤C∶N∶P的去耦合作用已得到很好的证实（Goll et al.，2012），然而，土壤C∶N∶P化学计量学对土壤磷的影响，尤其是对于水稻土，以前还没有研究过。C∶N和C∶P比值与活性磷呈负相关，C∶N和C∶P比值与非活性磷呈正相关，说明长期施肥增加了水稻土的碳输入和磷的活性部分。非活性磷组分中含有不同性质的有机磷（Gonza et al.，2019），长期添加有机磷可提高土壤有机磷含量。Lehmann 等（2005）还报道了有机肥主要增加了磷的有机组分。Gonza 等（2019）还发现有机土壤中含有相对较高浓度的活性和非活性的有机磷。此外，一些研究报道，在水稻土中添加肥料会降低有机质的分解率，特别是在淹水条件下，而淹水条件可能影响磷释放机制。因此，在本研究中，高C∶N和C∶P比值与活性磷呈负相关。

结构方程模型分析表明，土壤C∶N∶P化学计量学通过调控水稻土中磷的转化和迁移率间接影响磷的吸收。Gonza 等（2019）解释了磷库的路径。然而，之前没有研究通过路径分析来解释土壤C∶N∶P化学计量学对水稻土磷迁移率的影响。C∶N和C∶P比值直接影响活性磷的产生，这可能是由于长期施肥时碳输入量较高所致。土壤有机质和土壤总磷是影响水稻土磷迁移的主要因素。活性磷对磷的吸收有直接影响，因为活性磷组分是有效磷组分的总和，对磷的吸收有直接影响（Zhang et al.，2013；Chen et al.，2015）。

土壤N∶P比值对磷吸收的间接影响可能是由于N∶P比值对中度活性磷的影响。先前的研究解释了氮对磷吸收的协同作用（Groot et al.，2003）。施氮还通过增加生物量生产和土壤碳输入影响磷的吸收（Joshi et al.，2015）。在重庆地区，活性磷对磷的吸收有直接影响，而在遂宁地区，活性磷对磷的吸收有间接影响，因为重庆地区的土壤磷相对高于遂宁地区，这直接影响了磷的吸收。土壤残留磷直接影响活性磷的吸收，从而增加磷的吸收。本研究发现土壤C∶N∶P化学计量比影响了水稻土的磷活性。因此，我们的研究结果强调土壤C∶N∶P化学计量效应对水稻土磷迁移和吸收的影响。结构方程模型解释了长期施肥对水稻土C∶N∶P化学计量学与磷迁移率的关系，有助于了解土壤C、N、P循环相互作用对水稻土磷转化的影响机理。通过对重庆和遂宁地区水稻土长期施肥条件下磷迁移机理的了解，有助于土壤磷素肥力的管理。

四、小结

与不施肥和施化肥相比，长期无机-有机肥配施可显著提高土壤总养分及有效养分含量。与CK和NPK处理相比，NPKM处理显著提高了两种土壤中的磷酸酶活性。土壤C∶N和C∶P在CK处理中最高，两个试验点的C∶N在NPK处理和NPKM处理之间没有显著差异。NPKM处理通过增加土壤有机质和降低残余磷，显著增加了磷迁移率和磷吸收量。路径分析为土壤C∶N、C∶P和N∶P介导的磷稳定性提供了新的见解。C∶N、C∶P和N∶P对中度活性磷和稳定态磷有直接影响，从而间接影响磷的移动和作物对磷的吸收。重庆地区土壤有机质和土壤磷含量均高于遂宁地区。因此，重庆地区的活性磷直接影响磷的吸收，遂宁地区的活性磷间接影响磷的吸收，说明土壤碳和磷是水稻土活性磷的两个重要驱动因子。研究结果表明，土壤养分化学计量学对该地区长期施肥条件下水稻土磷肥力的管理具有重要意义。

第八节　双季稻田长期施用有机肥对土壤细菌群落结构的影响

有机肥已被广泛应用于稻作系统中，并因其有利于水稻生产和土壤质量而被认为是维持农业生态系统可持续性的有效管理措施。已有研究表明，长期施用有机肥可提高水稻产量、土壤有机质（SOM））、总氮（TN）、速效氮（AN）、有效磷（AP）等（Sun et al.，2015；Lv et al.，2011）。这些地表和地下的变化是长期的生物过程，主要是由土壤微生物活动介导的。然而，关于有机改良剂对双稻系红壤水稻土壤微生物群落，特别是土壤微生物种类和数量最多的细菌群落的长期影响，目前还缺乏认识。

土壤细菌和真菌一般占微生物总数的90%以上，主要调控土壤有机质分解、养分动态、能量流动等（Six et al.，2006）。因此，微生物多样性在水稻生长和土壤过程中起着重要作用（Cline and Zak，2015；Geisseler et al.，2017），同时对施肥（Geisseler et al.，2017）、耕作方式（Six et al.，2006）、土壤性质（Waring et al.，2013；Khan et al.，2016）等变化反应敏感。已有研究表明，有机肥的施用往往会增加土壤微生物的多样性、生物量和活性，促进植物生长所需养分的释放。杨曾平等（2011）研究表明，红壤性稻田持续26年冬季种植绿肥还田后，土壤微生物量碳、微生物量氮和酶活性均有显著提高。然而，在双季稻系统中，不同有机肥对红壤水稻土壤细菌群落的长期影响的同步比较仍不清楚，这限制了我们对细菌在农业生态系统功能中作用的理解。

本研究利用始于1981年的双季稻长期有机肥施用试验，选取其中4个处理：①不施肥（CK）；②早稻施用氮磷钾肥（NPK）；③早稻施用绿肥（GM）；④早稻施用绿肥、晚稻施用猪粪和稻草冬季还田（GM+PM+RS）。通过这些试验研究长江中下游稻区红壤性稻田长期不同施肥条件下土壤细菌组成和多样性的影响，探索微生物多样性、土壤特性和水稻产量之间的关系。

一、水稻产量与土壤性状的变化

长期有机肥施用显著改变了稻田产量和土壤性状。与对照 CK 相比，GM+PM+RS、GM+PM、GM 和 NPK 处理晚稻产量显著提高了 37.6%、38.1%、60.4% 和 68.4%。GM+PM+RS 和 GM+PM 处理土壤肥力特征均显著高于 CK；GM 处理除铵态氮、硝态氮和阳离子交换量外，其他指标均显著高于 CK；NPK 处理仅有效磷和全氮显著高于 CK（$P < 0.05$，表 4-24）。与 NPK 相比，GM+PM+RS、GM+PM 处理除土壤微生物量氮外，其他指标都显著增加，GM 处理土壤的 pH、有机质、全氮、碱解氮、有效磷、速效钾和微生物量显著提高。

表4-24　长期施肥对土壤性状的影响

处理	CK	NPK	GM	GM+PM+RS
pH	5.04±0.05 b	4.98±0.03 b	5.32±0.10 a	5.34±0.03 a
阳离子交换量 / （cmol/kg）	51±5 b	57±2 b	63±4 b	93±8 a
有机质 /%	3.5±0.05 c	3.7±0.05 c	4.3±0.2 b	4.9±0.1 a
全氮 / （g/kg）	2.0±0.02 d	2.1±0.02 c	2.4±0.03 b	2.9±0.03 a
铵态氮 / （mg/kg）	7±0.5 b	6±0.4 b	5±0.2 b	21±1.4 a
硝态氮 / （mg/kg）	17±0.7 a	20±1 a	19±0.4 a	5±0.5 c
碱解氮 / （mg/kg）	180±7 c	188±3 bc	213±8 b	257±4 a

处理	CK	NPK	GM	GM+PM+RS
有效磷 / (mg/kg)	4±0.09 e	12±0.26 c	7±0.07 d	63±0.90 b
速效钾 / (mg/kg)	33±0.4 d	37±1 d	42±0.9 c	57±0.7 a
微生物量碳 / (mg/kg)	461±2 c	503±30 c	699±22 b	943±20 a
微生物量氮 / (mg/kg)	28±2 b	32±2 ab	34±2 ab	39±4 a
产量 / (kg/hm²)	4 225±202 c	5 815±155 b	5 835±45 b	7 114±91 a

本研究显示，增施有机肥提高了水稻产量和土壤肥力，这与 Mohanty 等（2013）和 Kumar 等（2017）的结论一致。一些研究表明，长期的紫云英还田显著提高了稻田中有机质、全钾、铵态氮、硝态氮（高菊生等，2013；Yang et al.，2012，2014；Zhang et al.，2017）。Chen 等（2017）研究认为，较高的有机肥投入后土壤养分和酸化状况可以得到更好的改善，本研究也得到了相似的结论，NPK 处理的土壤 pH 呈下降趋势，而 GM 和 GM+PM+RS 处理提高了土壤 pH。此外，本研究中，土壤微生物生物量碳和微生物生物量氮含量变化与产量和土壤肥力的变化基本一致，GM 和 GM+PM+RS 处理增加了土壤中微生物量碳和微生物量氮，且 GM+PM+RS 处理的效果要优于 GM 处理，猪粪和秸秆还田进一步提高了土壤中微生物生物量碳和微生物生物量氮。研究表明，土壤微生物生物量随着粪肥、堆肥和秸秆等有机肥投入量的增加而显著增加 Geisseler 等（2017）；另外，长期施用有机肥可促进水稻根系生长，从而产生更多的根系分泌物（Dennis et al.，2010）。

二、土壤细菌群落多样性的变化

有机肥施用提高了细菌群落多样性。各施肥处理土壤细菌群落 OTU 数量高于 CK 处理，且随有机肥投入增加而增加，其中 GM+PM+RS 处理增加显著（$P < 0.05$，表 4-25）。Chao1 指数与 OTU 数量变化趋势基本一致，且 GM+PM+RS 处理 Chao1 指数较 CK 处理显著增加，表明有机肥长期施用可以增加细菌多样性。GM 处理对土壤细菌 OTU 和多样性指数影响不显著，但 GM+PM+RS 处理 OTU 和 Chao1 指数显著增加，这与 Wu 等（2011）和 Chen 等（2017）的研究结果相似，长期施用粪肥增加了细菌群和多样性，也有研究表明不同有机肥源（牛粪、猪粪、稻草）的施用可能是土壤细菌多样性提高的原因之一（Chen et al.，2016）。

表4-25 长期施用有机肥对土壤细菌群落多样性的影响

细菌群落多样性	CK	NPK	GM	GM+PM+RS
OTU 数量	8 328.0±471.9 b	11 323.7±871.7 ab	11 978.3±1 318.1 ab	13 999.0±2 477.4 a
Shannon 指数	11.65±0.02 ab	11.66±0.06 ab	11.55±0.04 b	11.88±0.19 a
Chao1 指数	8 235.3±337.6 b	11 745.8±1 176.8 ab	12 318.9±1 456.6 ab	14 701.3±2 750.8 a

利用逐步回归分析了 OTU 数量、Chao1 指数、Shannon 指数与土壤性状和产量的关系，表明 OTU 数量、Chao1 指数、Shannon 指数分别与有机质、产量、有效磷呈正相关关系（$P < 0.05$，表 4-26），其原因可能是长期有机肥施用提高了土壤性状和产量，最终提高了土壤细菌的多样性。

表4-26　土壤细菌OTU数量、Chao1指数和Shannon指数与土壤性状和产量的逐步回归分析

变量	模型	R^2	P
OTU 数量	3 726.332×SOM−3 829.624	0.474	0.008
Chao1 指数	2.197× 产量 −873.838	0.427	0.013
Shannon 指数	0.005×AP+11.582	0.298	0.039

注：SOM 表示土壤有机质，AP 表示有效磷。

三、土壤细菌群落组成

　　各处理土壤细菌群落如图 4-29 所示，所有处理中优势细菌类群为变形菌门
（Proteobacteria）、酸杆菌门（Acidobacteria）、绿湾菌门（Chloroflexi）、硝化螺旋菌门
（Nitrospirae）、厚壁菌门（Firmicutes）、拟杆菌门（Bacteroidetes）、放线菌门（Actinobacteria）、
绿菌门（Chlorobi）、芽单胞菌门（Gemmatimonadetes）、疣微菌门（Verrucomicrobia），占总
OTU 数量的 81%～84%。在土壤细菌的门水平上，GM 和 GM+PM+RS 处理，硝化螺旋菌
门相对丰度较 CK 处理分别显著增加了 76.5% 和 65.7%，但拟杆菌门相对丰度分别显著降
低了 49.0% 和 43.9%。此外，GM 和 GM+PM+RS 处理，放线菌门较 CK 处理分别降低了
31.0% 和 46.3%，芽单胞菌门相对丰度分别降低了 61.4% 和 52.9%。

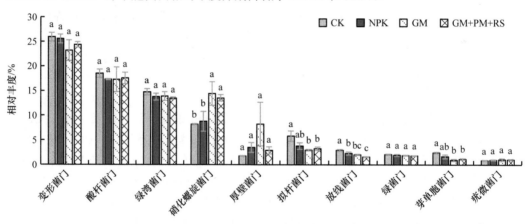

图 4-29　门水平土壤细菌相对丰度差异

　　利用逐步回归分析了硝化螺旋菌门、拟杆菌门、放线菌门和芽单胞菌门相对丰度与土
壤性状和产量的关系，表明硝化螺旋菌门、拟杆菌门、放线菌门和芽单胞菌门相对丰度与
土壤 pH、产量和 SOM 呈显著相关（表 4-27）。硝化螺旋菌门主要将亚硝酸盐氧化为硝酸
盐（Daims et al.，2015），GM 和 GM+PM+RS 处理硝化螺旋菌门相对含量增加，主要是因
为有机肥施入后为其提供了更多的底物（亚硝酸盐、C 源等）。Fierer 和 Jackson（2006）认
为 pH 是驱动微生物组成的重要因素，较高的 pH 有利于硝化螺旋菌的生长。本研究表明，
GM 和 GM+PM+RS 处理均显著提高了土壤 pH，且土壤 pH 与硝化螺旋菌门相对含量呈显
著正相关，与前人研究结果一致。拟杆菌门和酸杆菌门可以降解水田中复杂的有机物和大
分子碳水化合物，如纤维素和木质素（Ahn et al.，2012），但其为典型的寡养型（K 策略）
细菌，随着养分投入的增加，NPK、GM 和 GM+PM+RS 处理的拟杆菌门和酸杆菌门含量
显著降低。此外，本研究显示放线菌门和芽单胞菌门分别与 TN 和 SOM 呈显著的负相关，
这与其属于寡养菌有关（Pascual et al.，2016）。

表4-27　土壤细菌门水平逐步回归分析

变量	模型	R^2	P
硝化螺旋菌门	19.703×pH+5.962	0.474	0.008
拟杆菌门	−0.001×产量 +0.000	0.333	0.029
放线菌门	0.000×产量 +0.000	0.607	0.002
芽单胞菌门	−0.768×SOM+0.275	0.381	0.019

注：SOM 表示土壤有机质。

四、细菌群落结构与环境变量的典型相关分析

利用 Mantel 方法分析土壤和产量等环境因素与细菌群落结构的关系（表 4-28），表明 SOM、MBC、TN 和产量与细菌群落结构显著相关，相关性最高的是 SOM（r=0.342，P=0.013），其次分别是 MBC（r=0.326，P=0.023）、产量（r=0.307，P=0.031）和 TN（r=0.295，P=0.033）。

表4-28　细菌群落结构与土壤性状、产量的Mantel分析

指标	r	P
pH	0.157	0.105
EC	−0.039	0.545
SOM	0.342	0.013*
TN	0.295	0.033*
AN	0.200	0.069
AP	0.060	0.351
AK	0.205	0.075
NH_4-N	−0.013	0.470
NO_3-N	−0.003	0.497
MBC	0.326	0.023*
MBN	0.197	0.117
Yield	0.307	0.031*

* 表示相关性显著。

为了进一步量化 SOM、TN、MBC 和产量对土壤微生物群落组成的相对贡献，采用基于 VPA 分析的 CCA 分析（图 4-30），结果表明，SOM、MBC、TN 和产量分别可以解释细菌群落 9.8%、8.0%、9.4% 和 9.4% 的变异，表明 SOM、MBC、TN 和产量在微生物群落的形成中发挥着几乎同等重要的作用。

五、小结

本研究显示，施用有机肥 37 年后，提高了水稻产量和土壤肥力，改变了土壤细菌群落结构，促进了土壤细菌多样性。GM 处理对土壤细菌的影响较小，GM+PM+RS 处理显著改变了土壤细菌的多样性和组成。在细菌门水平上，有机肥处理，硝化螺旋菌门相对含量显著增加，但杆菌门、酸杆菌门和芽单胞菌门下降，其原因是长期施用有机肥导致了稻田土壤生物学过程的变化，但其作用机制还需要进一步研究，以便进一步理解施用有机肥后土壤微生物多样性的响应及其在土壤肥力提升上发挥的作用。

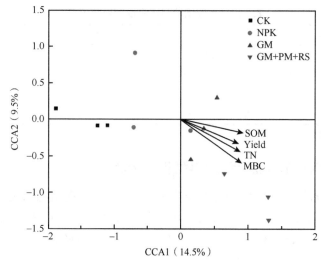

图 4-30 选定的环境变量与微生物群落的 CCA 分析

通过 Mantel 分析选择了 4 个相关性最高的环境变量，包括土壤有机质（SOM）、总氮（TN）、微生物量碳（MBC）和产量（Yield）

参 考 文 献

卜容燕, 任涛, 鲁剑巍, 等. 2012. 水稻 - 油菜轮作条件下氮肥效应及其后效. 中国农业科学, 45(24): 5049-5056.

陈涛, 郝晓晖, 杜丽君, 等. 2008. 长期施肥对水稻土土壤有机碳矿化的影响. 应用生态学报, 19(7): 1494-1500.

段兴武, 谢云, 冯艳杰, 等. 2009. 东北黑土区土壤生产力评价方法研究. 中国农业科学, 42(5): 1656-1664.

高菊生, 徐明岗, 董春华, 等. 2013. 长期稻 - 稻 - 绿肥轮作对水稻产量及土壤肥力的影响. 作物学报, 39: 343-349.

高菊生, 黄晶, 董春华, 等. 2014. 长期有机无机肥配施对水稻产量及土壤有效养分影响. 土壤学报, 51(2): 314-324.

高明, 李阳兵, 魏朝富, 等. 2005. 水稻长期垄作免耕对土壤肥力性状的影响研究. 水土保持学报, 19(3): 29-33.

高伟, 杨军, 任顺荣. 2015. 长期不同施肥模式下华北旱作潮土有机碳的平衡特征. 植物营养与肥料学报, 23(6): 1465-1472.

高云超, 朱文珊, 陈文新. 2001. 耕作方法对土壤真菌数量和群落结构的影响. 华南师范大学学报, 4: 30-36.

高云超, 朱文珊, 陈文新, 等. 2001. 秸秆覆盖免耕对土壤细菌群落区系的影响. 生态学报, 21: 1704-1710.

贡付飞, 查燕, 武雪萍, 等. 2013. 长期不同施肥措施下潮土冬小麦农田基础地力演变分析. 农业工程学报, 29(12): 120-129.

侯光炯. 1990. 土壤学论文选集. 成都: 四川科学技术出版社: 328-416.

黄晶, 高菊生, 张杨珠, 等. 2013. 长期不同施肥下水稻产量及土壤有机质和氮素养分的变化特征. 应用生态学报, 24(7): 1889-1894.

黄绍敏, 郭斗斗, 张水清. 2011. 长期施用有机肥和过磷酸钙对潮土有效磷积累与淋溶的影响. 应用生态学报, 22(1): 93-98.

李卉, 李宝珍, 邹冬生, 等. 2015. 水稻秸秆不同处理方式对亚热带农田土壤微生物生物量碳、氮及氮素矿化的影响. 农业现代化研究, 48(3): 488-500.

李文军, 彭保发, 杨奇勇, 等. 2015. 长期施肥对洞庭湖双季稻区水稻土有机碳、氮积累及其活性的影响. 中国农业科学, 48(3): 488-500.

李学平, 石孝均, 刘萍, 等. 2011. 紫色土磷素流失的环境风险评估——土壤磷的"临界值". 土壤通报, 42(5): 1154-1158.

李阳, 景元书, 秦奔奔. 2017. 低丘红壤区农田水热通量变化特征及气候学足迹. 应用生态学报, 28(1): 180-190.

李渝, 刘彦伶, 张雅蓉, 等. 2016. 长期施肥条件下西南黄壤旱地有效磷对磷盈亏的响应. 应用生态学报, 27(7): 2321-2328.

李中阳. 2007. 我国典型土壤长期定位施肥下土壤无机磷的变化规律研究. 杨陵: 西北农林科技大学硕士学位论文.

李忠芳, 张水清, 李慧, 等. 2015. 长期施肥下我国水稻土基础地力变化趋势. 植物营养与肥料学报, 21(6): 1394-1402.

梁燕菲, 张潇潇, 李伏生. 2013. "薄浅湿晒"灌溉稻田土壤微生物量碳、氮和酶活性研究. 植物营养与肥料学报, (6): 1403-1410.

蔺海明, 陈垣, 李有忠, 等. 1996. 半干旱地区少免耕对土壤水分动态的影响. 甘肃农业大学学报, 31(1): 32-35.

刘彦伶, 李渝, 张雅蓉, 等. 2016. 长期施肥对黄壤性水稻土磷平衡及农学阈值的影响. 中国农业科学, 49(10): 1903-1912.

鲁如坤. 2000. 土壤农业化学分析方法. 北京: 中国农业出版社.

鲁艳红, 廖育林, 周兴, 等. 2015. 长期不同施肥对红壤性水稻土产量及基础地力的影响. 土壤学报, 52(3): 597-606.

宁赵, 程爱武, 唐海明, 等. 2019. 长期施肥下水稻根际和非根际土壤微生物碳源利用特征. 环境科学, 3: 1475-1482.

裴瑞娜, 杨生茂, 徐明岗, 等. 2010. 长期施肥条件下黑垆土 Olsen-P 对磷盈亏的响应. 中国农业科学, 43(19): 4008-4015.

秦鱼生, 涂仕华, 孙锡发, 等. 2008. 长期定位施肥对碱性紫色土磷素迁移与累积的影响. 植物营养与肥料学报, 14(5): 880-885.

任凤玲, 张旭博, 孙楠, 等. 2018. 施用有机肥对中国农田土壤微生物量影响的整合分析. 中国农业科学, 51(1): 119-128.

任万军, 杨文钰, 樊高琼, 等. 2007. 不同种植方式对土壤肥力和水稻根系生长的影响. 水土保持学报, 2: 108-110.

沈浦. 2014. 长期施肥下典型农田土壤有效磷的演变特征及机制. 北京: 中国农业科学院博士学位论文.

石孝均. 2003. 水旱轮作体系中的养分循环特征. 北京: 中国农业大学博士学位论文.

宋春, 韩晓增. 2009. 长期施肥条件下土壤磷素的研究进展. 土壤, 41(1): 21-26.

宋艳春, 余敦. 2014. 鄱阳湖生态经济区资源环境综合承载力评价. 应用生态学报, 25(10): 2975-2984.

孙振宁, 谢云, 段兴武. 2009. 生产力指数模型 PI 在北方土壤生产力评价中的应用. 自然资源学报, 24(4): 708-717.

汤勇华, 黄耀. 2008. 中国大陆主要粮食作物地力贡献率及其影响因素的统计分析. 农业环境科学学报, 27(4): 1283-1289.

王昌全, 魏成明, 李廷强, 等. 2001. 不同免耕方式对作物产量和土壤理化性状的影响. 四川农业大学学报, 19(2): 152-154.

王建红, 曹凯, 张贤. 2014. 紫云英还田配施化肥对单季晚稻养分利用和产量的影响. 土壤学报, 51(4): 888-896.

王莉, 王鑫, 余喜初. 等. 2012. 长期绿肥还田对江南稻田系统生产力及抗逆性的影响. 中国水稻科学, 26(1): 92-100.

王月福, 于振文, 李尚霞, 等. 2003. 土壤肥力和施氮量对小麦氮素吸收运转及籽粒产量和蛋白质含量的影响. 应用生态学报, (11): 1868-1872.

魏甲彬, 周玲红, 徐华勤, 等. 2017. 南方种养结合模式对冬季稻田净碳交换和不同土层活性碳氮转化的影响. 草业学报, 26(7): 138-146.

魏景超. 1979. 真菌鉴定手册. 上海: 上海科学技术出版社: 29-601.

武天云, Jeff J Schoenau, 李凤民, 等. 2004. 土壤有机质概念和分组技术研究进展. 应用生态学报, (4): 717-722.

肖剑英, 张磊, 谢德体, 等. 2002. 长期免耕稻田的土壤微生物与肥力关系研究. 西南农业大学学报, 24(1): 82-85.

徐祖祥. 2009. 长期定位施肥对水稻、小麦产量和土壤养分的影响. 浙江农业学报, 21(5): 485-489.

徐祖祥. 2010. 长期秸秆还田对冬小麦产量及土壤肥力的影响. 山地农业生物学报, 29(1): 10-13.

颜晓, 王德建, 张刚, 等. 2013. 长期施磷稻田土壤磷素累积及其潜在环境风险. 中国生态农业学报, 21(4): 393-400.

杨军, 高伟, 任顺荣. 2015. 长期施肥条件下潮土土壤磷素对磷盈亏的响应. 中国农业科学, 48(23): 4738-4747.

杨学云, 孙本华, 古巧珍, 等. 2007. 长期施肥磷素盈亏及其对土壤磷素状况的影响. 西北农业学报, 16(5): 118-123.

杨曾平, 高菊生, 郑圣先, 等. 2011. 长期冬种绿肥对红壤性水稻土微生物特性及酶活性的影响. 土壤, 43, 576-583.

要文倩, 秦江涛, 张继光, 等. 2010. 江西进贤水田长期施肥模式对水稻养分吸收利用的影响. 土壤, 42(3): 467-472.

叶会财, 李大明, 黄庆海, 等. 2015. 长期不同施肥模式红壤性水稻土磷素变化. 植物营养与肥料学报, 21(6): 1521-1528.

尹瑞龄, 束中立, 乔凤珍. 1983. 中国土壤学会第五次代表大会暨学术年会论文集(下册): 63-64.

尹岩, 梁成华, 杜立宇, 等. 2012. 施用有机肥对土壤有机磷转化的影响研究. 中国土壤与肥料, 4: 39-44.

宇万太, 赵鑫, 姜子绍, 等. 2007. 不同施肥制度对潮棕壤微生物量碳的影响. 生态学杂志, 26(10): 1574-1578.

余喜初, 李大明, 柳开楼, 等. 2013. 长期施肥红壤稻田有机碳演变规律及影响因素. 土壤, 45(4): 655-660.

袁红朝, 吴昊, 葛体达, 等. 2015. 长期施肥对稻田土壤细菌、古菌多样性和群落结构的影响. 应用生态学报, 26(6): 1807-1813.

曾希柏, 张佳宝, 魏朝富, 等. 2014. 中国低产田状况及改良策略. 土壤学报, 51(4): 675-682.

曾祥明, 韩宝吉, 徐芳森, 等. 2012. 不同基础地力土壤优化施肥对水稻产量和氮肥利用率的影响. 中国农业科学, 45(14): 2886-2894.

查燕, 武雪萍, 张会民, 等. 2015. 长期有机无机配施黑土土壤有机碳对农田基础地力提升的影响. 中国农业科学, 48(23): 4649-4659.

张军, 张洪程, 段祥茂, 等. 2011. 地力与施氮量对超级稻产量、品质及氮素利用率的影响. 作物学报, 37(11): 2020-2029.

张磊, 肖剑英, 谢德体, 等. 2002. 长期免耕水稻田土壤的生物特征研究. 水土保持学报, 16(2): 111-114.

张明乾, 韩证仿, 陈金, 等. 2012. 夜间增温对冬小麦土壤微生物量碳氮及其活性的影响. 中国生态农业学报, 20(11): 1464-1470.

张奇春, 王光火, 方斌. 2005. 不同施肥处理对水稻养分吸收和稻田土壤微生物生态特性的影响. 土壤学报, 42(1): 116-121.

张淑香, 张文菊, 沈仁芳, 等. 2015. 我国典型农田长期施肥土壤肥力变化与研究展望. 植物营养与肥料学报, 23(6): 1389-1393.

中国科学院南京土壤研究所微生物室. 1985. 土壤微生物研究法. 北京: 科学出版社.

朱波, 罗晓梅, 廖晓勇, 等. 1999. 紫色母岩养分的风化与释放. 西南农业学报, (12): 63-68.

朱洪勋, 沈阿林, 张翔, 等. 1997. 黄潮土养分供应特征及演变规律. 土壤学报, 34(2): 138-145.

Agbede T M. 2010. Tillage and fertilizer effects on some soil properties, leaf nutrient concentrations, growth and sweet potato yield on an Alfisol in southwestern Nigeria. Soil and Tillage Research, 110(1): 25-32.

Ahmed W, Jing H, Kaillou L, et al. 2019. Changes in phosphorus fractions associated with soil chemical properties under long-term organic and inorganic fertilization in paddy soils of Southern China. PLoS One, 14: e0216881.

Ahmed W, Liu K L, Qaswar M, et al. 2019. Long-term mineral fertilization improved the grain yield and phosphorus use efficiency by changing soil P fractions in Ferralic Cambisol. Agronomy, 9(784):1-15.

Ahn J H, Song J, Kim B Y, et al. 2012. Characterization of the bacterial and archaeal communities in rice field soils subjected to long-term fertilization practices. Journal of Microbiology, 50: 754-765.

An N, Wei W, Qiao L, et al. 2018. Agronomic and environmental causes of yield and nitrogen use efficiency gaps in Chinese rice farming systems. Eur J Agron, 93: 40-49.

Aulakh M S, Kabba B S, Baddesha H S, et al. 2003. Crop yields and phosphorus fertilizer transformations after 25 years of applications to a subtropical soil under groundnut-based cropping systems. Field Crops Research, 83(3): 283-296.

Bai Z H, Ma L, Ma W Q, et al. 2016. Changes in phosphorus use and losses in the food chain of China during 1950–2010 and forecasts for 2030. Nutrient Cycling in Agroecosystems, 104: 361-372.

Blake L, Mercik S, Koerschens M, et al . 2000. Phosphorus content in soil, uptake by plants and balance in three European long-term field experiments. Nutrient Cycling in Agroecosystems, 56(3): 263-275.

Brady N C, Weil R R, 2008. The soils around us. The Nature and Properties of Soils. 14th ed. New Jersey and Ohio: Pearson Prentice Hall: 1-31.

Bravo C, Torrent J, Giráldez J V, et al. 2006. Long-term effect of tillage on phosphorus forms and sorption in a Vertisol of southern Spain. European Journal of Agronomy, 25(3): 264-269.

Chappell N A, Ternan J L, Bidin K. 1999. Correlation of physicochemical properties and sub-erosional landforms with aggregate stability variations in a tropical Ultisol disturbed by forestry operations. Soil and Tillage Research, 50(1): 55-71.

Chen C, Zhang J A, Lu M, et al. 2016. Microbial communities of an arable soil treated for 8 years with organic and inorganic fertilizers. Biology and Fertility of Soils, 52: 455-467.

Chen C R, Hou E Q, Condron L M, et al. 2015. Soil phosphorus fractionation and nutrient dynamics along the Cooloola coastal dune chronosequence, Southern Queensland, Australia. Geoderma, 257-258: 4-13.

Chen D, Yuan L, Liu Y, et al. 2017. Long-term application of manures plus chemical fertilizers sustained high rice yield and improved soil chemical and bacterial properties. Eur J Agron, 90: 34-42.

Chenu C, Soulas G. 2002. Variability of pesticide mineralization in individual soil aggregates of millimeter size. Developments in Soil Science, 28(1): 127-136.

Cleveland C C, Liptzin D. 2007. C∶N∶P stoichiometry in soil: is there a "Redfield ratio" for the microbial biomass. Biogeochemistry, 85: 235-252.

Cline L C, Zak D R. 2015. Soil microbial communities are shaped by plant-driven changes in resource availability during secondary succession. Ecology, 96: 3374-3385.

Cui X, Zhang Y, Gao J, et al. 2018. Long-term combined application of manure and chemical fertilizer sustained higher nutrient status and rhizospheric bacterial diversity in reddish paddy soil of Central. Sci Rep, 8(1): 1-11.

Daims H, Lebedeva E V, Pjevac P, et al. 2015. Complete nitrification by Nitrospira bacteria. Nature, 528: 504-509.

Deanf M, Travisw I, Friday J B, et al. 2009. Effects of fertilisation on phosphorus pools in the volcanic soil of a managed tropical forest. Forest Ecology & Management, 258(10): 2199-2206.

De Groot C C, Marcelis L F M, van den Boogaard R, et al. 2003. Interaction of nitrogen and phosphorus nutrition in determining growth. Plant Soil, 248: 257-268.

Delgado A, Madrid A, Kassem S, et al. 2002. Phosphorus fertilizer recovery from calcareous soils amended with humic and fulvic acids. Plant and Soil, 245(2): 277-286.

Deng C, Teng X L, Peng X H, et al. 2014. Effects of simulated puddling intensity and pre-drying on shrinkage capacity of a paddy soil under long-term fertilization. Soil and Tillage Research, 140: 135-143.

Dennis P G, Miller A J, Hirsch P R. 2010. Are root exudates more important than other sources of rhizodeposits in structuring rhizosphere bacterial communities? FEMS Microbiology Ecology, 72: 313-327.

Dobermann A, George T, Thevs N. 2002. Phosphorus fertilizer effects on soil phosphorus pools in acid upland soils. Soil Sci Soc Am J, 66: 652-660.

Domagala S I, Gastol M. 2013. Soil chemical properties under organic and conventional crop management systems in south Poland. Biol Agric & Hortic, 29(1): 12-28.

Eghball B, Binfors G D, Baltersperger D D. 1996. Phosphorus movement and adsorption in a soil receiving long-term manure and fertilizer application. Journal of Environment Quality, 25(6): 1339-1343.

Elliot E T. 1986. Aggregate structure and carbon, nitrogen and phosphorus in native and cultivated soils. Soils Science Am J, 50: 627-633.

Emerson W W, Foster R C M. 1986. Organo-mineral in relation to soil action and structure. In: Interactions of Soil Mineral with Complexes Natural Organic and Microbes Soil Science Society of Austria, Spec. Publ. No. 17: 521-548.

Fierer N, Jackson R B. 2006. The diversity and biogeography of soil bacterial communities. Proceedings of the National Academy of Sciences of the United States of America, 103: 626-631.

Gama-Rodrigues A C, Sales M V S, Silva P S D, et al. 2014. An exploratory analysis of phosphorus transformations in tropical soils using structural equation modeling. Biogeochemistry, 118: 453-469.

Garg S, Bahl G S. 2008. Phosphorus availability to maize as influenced by organic manures and fertilizer P associated phosphatase activity in soils. Bioresour Technol, 99(13): 5773-5777.

Geisseler D, Linquist B A, Lazicki P A. 2017. Effect of fertilization on soil microorganisms in paddy rice systems–A meta-analysis. Soil Biology and Biochemistry, 115: 452-460.

George T S, Gregory P J, Wood M, et al. 2002. Phosphatase activity and organic acids in the rhizosphere of potential agroforestry species and maize. Soil Biology & Biochemistry, 34(10): 1487-1494.

Gichangi E M, Mnkeni P N, Brookes P C. 2009. Effects of goat manure and inorganic phosphate addition on soil inorganic and microbial biomass phosphorus fractions under laboratory incubation conditions. Soil Science and Plant Nutrition, 55(6): 764-771.

Goll D S, Brovkin V, Parida B R, et al. 2012. Nutrient limitation reduces land carbon uptake in simulations with a model of combined carbon, nitrogen and phosphorus cycling. Biogeosciences, 9: 3547-3569.

González Jiménez J L, Healy M G, Daly K. 2019. Effects of fertiliser on phosphorus pools in soils with contrasting organic matter content: A fractionation and path analysis study. Geoderma, 338: 128-135.

Gregorich E G, Liang B C, Drury C F, et al. 2000. Elucidation of the source and turnover of water soluble and microbial biomass carbon in agricultural soils. Soil Biology and Biochemistry, 32(5): 581-587.

Guggenberger G. 1999. Microbial contributions to the aggregation of a cultivated grassland soil amended with starch. Soil Biology and Biochemistry, 31: 407-419.

Guo J H, Liu X J, Zhang Y, et al. 2010. Significant acidification in major Chinese croplands. Science, 327: 1008-1010.

Guppy C N, Menzies N W, Moody P W, et al. 2005. Competitive sorption reactions between phosphorus and organic matter in soil: a review. Soil Res, 43: 189.

Halajnia A, Haghnia G H, Fotovat A, et al. 2009. Phosphorus fractions in calcareous soils amended with P fertilizer and cattle manure. Geoderma, 150(1): 209-213.

Han X Z, Song C Y, Wang S Y, et al. 2005. Impact of long-term fertilization on phosphorus status in black soil. Pedosphere, 15(3): 319-326.

Haynes R J, Beare M H. 1997. Influence of six crop species on aggregate stability and some labile organic matter fractions. Soil Biolog and Biochemistry, 29(11-12): 1641-1653.

Haynes R J, Naidu R. 1998. Influence of lime, fertilizer and manure applications on soil organic matter content and soil physical conditions: a review. Nutrient Cycling in Agroecosystems, 51: 123-137.

Hedley M J, Stewart J, Chauhan B. 1982. Changes in inorganic and organic soil phosphorus fractions induced by cultivation practices and by laboratory incubations. Soil Science Society of America Journal, 46(5): 970-976.

Hinsinger P. 2001. Bioavailability of soil inorganic P in the rhizosphere as affected by root-induced chemical changes: a review. Plant and Soil, 237(2): 173-195.

Hu B, Jia Y, Zhao Z H, et al. 2012. Soil P availability, inorganic P fractions and yield effect in a calcareous soil with plastic-film-mulched spring wheat. Field Crops Research, 137: 221-229.

Janardhanan L, Daroub S H. 2010. Phosphorus sorption in organic soils in South Florida. Soil Sci Soc Am J, 74(5): 1597-1606.

Jiang X J, Li H, Xie D T. 2007. Fractal theory in the study of soil fertility and prospects. Soil, 39(5): 677-683.

Joshi R V, Patel B J, Patel K M. 2015. Effect of nitrogen levels and time of application on growth, yield, quality, nitrogen, phosphorus content and uptake for seed production of oat (Avena sativa L.). Forage Res, 41: 104-108.

Kandeler E. 1997. Influence of heavy metals on the functional diversity of Soil microbial communities. Biol Fertil Soils, 23(3): 299-306.

Kandeler E, Tscherko D, Spiegel H. 1999. Long-term monitoring of microbial biomass, N mineralisation and enzyme activities of a Chernozem under different tillage management. Biology and Fertility of Soils, 28(4): 343-351.

Kara Ö, Bolat I . 2008. The effect of different land uses on soil microbial biomass carbon and nitrogen in Bartin Province. Turkish Journal of Agriculture and Forestry, 32(4): 281-288.

Karolien D, Johan S, Keith P, et al. 2001. Importance of macroaggregate dynamics in controlling soil carbon stabilization: short-term effects of physical disturbance induced by dry–wet cycles. Soil Biology and Biochemistry, 33(15): 2145-2153.

Khan K S, Joergensen R G. 2009. Changes in microbial biomass and P fractions in biogenic household waste compost amended with inorganic P fertilizers. Bioresource Technology, 100(1): 303-309.

Khan K S, Mack R, Castillo X, et al. 2016. Microbial biomass, fungal and bacterial residues, and their relationships to the soil organic matter C/N/P/S ratios. Geoderma, 271: 115-123.

Kong A Y, Six J, Bryant D C, et al. 2005. The relationship between carbon input, aggregation, and soil organic carbon stabilization in sustainable cropping systems. Soil Science Society of America Journal, 69(4): 1078-1085.

Laboski, Carrie A M, John A. 2004. Impact of manure application on soil phosphorus sorption characteristics and subsequent water quality implications. Soil Science, 169(169): 440-448.

Lan Z M, Lin X J, Wang F, et al. 2012. Phosphorus availability and rice grain yield in a paddy soil in response to long-term fertilization. Biology and Fertility of Soils, 48(5): 579-588.

Lehmann J, Lan Z, Hyland C, et al. 2005. Long-term dynamics of phosphorus forms and retention in manure-amended soils. Environ Sci Technol, 39: 6672-6680.

Li G, Li H, Leffelaar P A, et al. 2014. Characterization of phosphorus in animal manures collected from three (Dairy, Swine, and Broiler) farms in China. PLoS One, 9: e102698.

Li Y, Chang S X, Tian L, et al. 2018. Conservation agriculture practices increase soil microbial biomass carbon and nitrogen in agricultural soils: A global meta-analysis. Soil Biology and Biochemistry, 121: 50-58.

Liu J, Liu M, Wu M, et al. 2018. Soil pH rather than nutrients drive changes in microbial community following long-term fertilization in acidic Ultisols of Southern China. Journal of Soils and Sediments, 18: 1853-1864.

Liu X Z, Wan S Q, Su B, et al. 2002. Response of soil CO_2 efflux to water manipulation in a tallgrass prairie ecosystem. Plant and Soil, 240: 213-223.

Liu Y, Shi G, Mao L, et al. 2012. Direct and indirect influences of 8 yr of nitrogen and phosphorus fertilization on Glomeromycota in an alpine meadow ecosystem. New Phytol, 523-535.

Lovell R D, Jarvis S C, Bardgett R D. 1995. Soil microbial biomass and activity in long-term grassland: effects of management changes. Soil Biology and Biochemistry, 27(7): 969-975.

Lv M R, Li Z P, Che Y P, et al. 2011. Soil organic C, nutrients, microbial biomass, and grain yield of rice (*Oryza sativa* L.) after 18 years of fertilizer application to an infertile paddy soil. Biology and Fertility of Soils, 47: 777-783.

Mackie A E, Wheatley R E. 1999. Effects and incidence of volatile organic compound interactions between soil bacterial and fungal isolates. Soil Biology and Biochemistry, 31(3): 375-385.

Malik M A, Marschner P, Khan K S. 2012. Addition of organic and inorganic P sources to soil–Effects on P pools and microorganisms. Soil Biology and Biochemistry, 49: 106-113.

Manzoni S, Trofymow J A, Jackson R B, et al. 2010. Stoichiometric controls on carbon, nitrogen, and phosphorus dynamics in decomposing litter. Ecol Monogr, 80: 89-106.

Mao X, Xu X, Lu K, et al. 2015. Effect of 17 years of organic and inorganic fertilizer applications on soil phosphorus dynamics in a rice–wheat rotation cropping system in eastern China. Journal of Soils and Sediments, 15(9): 1889-1899.

Margalef O, Sardans J, Ferna′ndez-Martı′nez M, et al. 2017. Global patterns of phosphatase activity in natural soils. Sci Rep, 7: 1337.

Marklein A R, Houlton B Z. 2012. Nitrogen inputs accelerate phosphorus cycling rates across a wide variety of terrestrial ecosystems. New Phytol, 193: 696-704.

Meason D F, Idol T W, Friday J, et al. 2009. Effects of fertilisation on phosphorus pools in the volcanic soil of a managed tropical forest. Forest Ecology and Management, 258(10): 2199-2206.

Mendes V L, Baptista M A, Miranda J M. 1999. Can hydrodynamic modelling of tsunami contribute to seismic risk assessment? Physics and Chemistry of the Earth, Part A: Solid Earth and Geodesy, 24(2): 139-144.

Mohanty S, Nayak A K, Kumar A, et al. 2013. Carbon and nitrogen mineralization kinetics in soil of rice–rice system under long term application of chemical fertilizers and farmyard manure. European Journal of Soil Biology, 58: 113-121.

Mohanty S, Paikaray N K, Rajan A R. 2006. Availability and uptake of phosphorus from organic manures in groundnut (*Arachis hypogea* L.) –corn (*Zea mays* L.) sequence using radio tracer technique. Geoderma, 133(3): 225-230.

Nayak D R, Babu Y J, Adhya T K. 2007. Long-term application of compost influences microbial biomass and enzyme activities in a tropical Aeric Endoaquept planted to rice under flooded condition. Soil Biol Biochem, 39: 1897-1906.

Needelman B A, Wander M M, Bollero G A, et al. 1999. Interaction of tillage and soil texture: biologically active soil organic matter in Illinois. Soil Science Society of America Journal, 63(5): 1326-1334.

Nsabimana D, Haynes R J, Wallis F M. 2004. Size, activity and catabolic diversity of the soil microbial biomass as affected by land use. Applied Soil Ecology, 26(2): 81-92.

Ohm M, Paulsen H M, Moos J H, et al. 2017. Long-term negative phosphorus budgets in organic crop rotations deplete plant-available phosphorus from soil. Agron Sustain Dev. Agronomy for Sustainable Development, 37: 17.

Pascual J, García-López M, Bills G F, et al. 2016. Longimicrobium terrae gen. nov., sp. nov., an oligotrophic bacterium of the under-represented phylum Gemmatimonadetes isolated through a system of miniaturized diffusion chambers. International Journal of Systematic and Evolutionary Microbiology, 66: 1976-1985.

Pizzeghello D, Berti A, Nardi S, et al. 2011. Phosphorus forms and P-sorption properties in three alkaline soils after long-term mineral and manure applications in North-Eastern Italy. Agriculture Ecosystems & Environment, 141(1): 58-66.

Pizzeghello D, Berti A, Nardi S, et al. 2016. Relationship between soil test phosphorus and phosphorus release to solution in three soils after long-term mineral and manure application. Agriculture, Ecosystems & Environment, 233: 214-223.

Puget P, Angers D A, Chenu C. 1998. Nature of carbohydrates associated with water-stable aggregates of two cultivated soils. Soil Biology and Biochemistry, 31(1): 55-63.

Pugh G J F. 1980. Strategies in fungal ecology Transactions of the British. Mycological Society, 75(1): 1-14.

Reddy D D, Rao S A, Singh M. 2005. Changes in P fractions and sorption in an Alfisol following crop residues application. Journal of Plant Nutrition and Soil Science, 168(2): 241-247.

Reicosky D C, Dugas W A, Torbert H A. 1997. Tillage-induced soil carbon dioxide loss from different cropping systems. Soil and Tillage Research, 41: 105-118.

Richardson A E. 2001. Prospects for using soil microorganisms to improve the acquisition of phosphorus by plants. Aust J Plant Physiol, 28(9): 897-906.

Scherer H, Sharma S. 2002. Phosphorus fractions and phosphorus delivery potential of a luvisol derived from loess amended with organic materials. Biology & Fertility of Soils, 35(6): 414-419.

Shafqat M N, Pierzynski G M. 2013. The effect of various sources and dose of phosphorus on residual soil test phosphorus in different soils. Catena, 105: 21-28.

Sharpley A N, Herron S, Daniel T. 2007. Overcoming the challenges of phosphorus-based management in poultry farming. J Soil Water Conserv, 62: 375-389.

Sharpley A N, Mcdowell R, Kleinman P. 2004. Amounts, forms, and solubility of phosphorus in soils receiving manure. Soil Science Society of America Journal, 68(6): 2048-2057.

Shen J, Li R, Zhang F, et al. 2004. Crop yields, soil fertility and phosphorus fractions in response to long-term fertilization under the rice monoculture system on a calcareous soil. Field Crops Research, 86(2-3): 225-238.

Shen P, Xu M G, Zhang H M, et al. 2014. Long-term response of soil Olsen P and organic C to the depletion or addition of chemical and organic fertilizers. Catena, 118: 20-27.

Siddique M T, Robinson J S. 2003. Phosphorus sorption and availability in soils amended with animal manures and sewage sludge. Journal of Environmental Quality, 32(3): 1114-1121.

Singh M, Reddy K S, Singh V, et al. 2007. Phosphorus availability to rice (*Oriza sativa* L.) –wheat (*Triticum estivum* L.) in a Vertisol after eight years of inorganic and organic fertilizer additions. Bioresource Technology, 98(7): 1474-1481.

Six J, Frey S D, Thiet R K, et al. 2006. Bacterial and fungal contributions to carbon sequestration in agroecosystems. Soil Science Society of America Journal, 70: 555-569.

Song C, Han X, Wang E. 2011. Phosphorus budget and organic phosphorus fractions in response to long-term applications of chemical fertilisers and pig manure in a Mollisol. Soil Research, 49(3): 253.

Sun R, Zhang X X, Guo X, et al. 2015. Bacterial diversity in soils subjected to long-term chemical fertilization can be more stably maintained with the addition of livestock manure than wheat straw. Soil Biology and Biochemistry, 88: 9-18.

Takahashi S, Anwar M R. 2007. Wheat grain yield, phosphorus uptake and soil phosphorus fraction after 23 years of annual fertilizer application to an andosol. Field Crops Research, 101: 160-171.

Tang X, Li J M, Ma Y B, et al. 2008. Phosphorus efficiency in long-term (15 years) wheat-maize cropping systems with various soil and climate conditions. Field Crops Research, (108): 231-237.

Tian H, Chen G, Zhang C, et al. 2010. Pattern and variation of C∶N∶P ratios in China's soils: a synthesis of observational data. Biogeochemistry, 98: 139-151.

Tian J, Lu S, Fan M, et al. 2013. Integrated management systems and N fertilization: effect on soil organic matter in rice-rapeseed rotation. Plant Soi, 372: 53-63.

Tiecher T, Gomes M V, Ambrosini V G, et al. 2018. Assessing linkage between soil phosphorus forms in contrasting tillage systems by path analysis. Soil Tillage Res, 175: 276-280.

Wang W, Wang C, Sardans J, et al. 2015. Agricultural land use decouples soil nutrient cycles in a subtropical riparian wetland in China. Catena, 133: 171-178.

Wang X, Lester D, Guppy C, et al. 2007. Changes in phosphorus fractions at various soil depths following long-term P fertiliser application on a Black Vertosol from south-eastern Queensland. Soil Research, 45(7): 524-532.

Waring B G, Averill C, Hawkes C V. 2013. Differences in fungal and bacterial physiology alter soil carbon and nitrogen cycling: insights from meta-analysis and theoretical models. Ecology Letters, 16: 887-894.

Wei W, Yan Y, Cao J, et al. 2016. Effects of combined application of organic amendments and fertilizers on crop yield and soil organic matter: An integrated analysis of long-term experiments. Agric Ecosyst Environ, 225: 86-92.

Williams A, Börjesson G, Hedlund K. 2013. The effects of 55 years of different inorganic fertiliser regimes on soil properties and microbial community composition. Soil Biology and Biochemistry, 67: 41-46.

Wojciech P, Jaros L, Martin L. 2019. Catena A comparison of C：N：P stoichiometry in soil and deadwood at an advanced decomposition stage. Catena, 179: 1-5.

Wu M N, Qin H L, Chen Z, et al. Effect of long-term fertilization on bacterial composition in rice paddy soil. Biology and Fertility of Soils, 47: 397-405.

Wu Q, Zhang S, Zhu P, et al. 2017. Characterizing differences in the phosphorus activation coefficient of three typical cropland soils and the influencing factors under long- term fertilization. PLoS One, 12: 1-15.

Xin X, Qin S, Zhang J, et al. 2017. Yield, phosphorus use efficiency and balance response to substituting long-term chemical fertilizer use with organic manure in a wheat-maize system. Field Crop Res, 208: 27-33.

Yan X, Wei Z, Hong Q, et al. 2017. Phosphorus fractions and sorption characteristics in a subtropical paddy soil as influenced by fertilizer sources. Geoderma, 295: 80-85.

Yang Z P, Xu M G, Zheng S X, et al. 2012. Effects of long-term winter planted green manure on physical properties of reddish paddy soil under a double-rice cropping system. Journal of Integrative Agriculture, 11: 655-664.

Yang Z P, Zheng S P, Nie J, et al. 2014. Effects of long-term winter planted green manure on distribution and storage of organic carbon and nitrogen in water-stable aggregates of reddish paddy soil under a double-rice cropping system. Journal of Integrative Agriculture, 13: 1772-1781.

Zha Y, Wu X P, Gong F F, et al. 2015. Long-term organic and inorganic fertilizations enhanced basic soil productivity in a fluvo-aquic soil. Journal of Integrative Agriculture, 14(12): 2477-2489.

Zha Y, Wu X P, He X H, et al. 2014. Basic soil productivity of spring maize in black soil under long-term fertilization based on DSSAT model. Journal of Integrative Agriculture, 13: 577-587.

Zhan X Y, Zhang L, Zhou B K, et al. 2015. Changes in Olsen phosphorus concentration and its response to phosphorus balance in black soils under different long-term fertilization patterns. PLoS One, 10(7): e0131713.

Zhang H, Xu M, Shi X, et al. 2010. Rice yield, potassium uptake and apparent balance under long-term fertilization in rice-based cropping systems in southern China. Nutr Cycl Agroecosystems, 88: 341-349.

Zhang M, He Z, Calvert D, et al. 2003. Phosphorus and heavy metal attachment and release in sandy soil aggregate fractions. Soil Science Society of America Journal, 67(4): 1158-1167.

Zhang Q, Wang G H, Feng Y K, et al. 2006. Changes in soil phosphorus fractions in a calcareous paddy soil under intensive rice cropping. Plant & Soil, 288(1/2): 141-154.

Zhang Q W, Yang Z L, Zhang H, et al. 2012. Recovery efficiency and loss of ^{15}N-labelled urea in a rice–soil system in the upper reaches of the Yellow River basin. Agriculture, Ecosystems & Environment, 15: 118-126.

Zhang W, Liu W, Xu M, et al. 2019. Geoderma Response of forest growth to C：N：P stoichiometry in plants and soils during Robinia pseudoacacia a ff orestation on the Loess Plateau, China. Geoderma, 337: 280-289.

Zhang X X, Zhang R J, Gao J S, et al. 2017. Thirty-one years of rice-rice-green manure rotations shape the rhizosphere microbial community and enrich beneficial bacteria. Soil Biology and Biochemistry, 104: 208-217.

Zhang Z S, Cao C G, Cai M L, et al. 2013. Crop yield, P uptake and soil organic phosphorus fractions in response to short-term tillage and fertilization under a rape- rice rotation in central China. J Soil Sci Plant Nutr, 13: 871-882.

Zhao H B, Li H G, Yang X Y, et al. 2013. The critical soil P levels for crop yield, soil fertility and environmental safety in different soil types. Plant and Soil, 372: 27-37.

Zhao X Q, Lu R K. 1991. Effect of organic manures on soil phosphorus adsorption. Acta Pedologica Sinica, 28(1): 7-15.

Zhao Y, Wang P, Li J, et al. 2009. The effects of two organic manures on soil properties and crop yields on a temperate calcareous soil under a wheat–maize cropping system. Eur J Agron, 31: 36-42.

Zhao Y C, Wang M Y, Hu S J, et al. 2018. Economics-and policy-driven organic carbon input enhancement dominates soil organic carbon accumulation in Chinese croplands. Proceedings of the National Academy of Sciences, 115: 4045-4050.

Zicker T, von Tucher S, Kavka M, et al. 2018. Soil test phosphorus as affected by phosphorus budgets in two long-term field experiments in Germany. Field Crops Research, 218: 158-170.

第五章　高产稻田土壤肥力可持续管理

我国稻田分布广泛，种植制度复杂。温带地区主要为一熟水稻，暖温带地区主要为稻麦两熟，亚热带地区除部分为稻—麦轮作外，主要为稻—稻—麦、稻—稻—油、稻—稻—肥和稻—稻—冬闲等模式。由于各区域水肥特性、管理等诸多方面的差异，不同地区间稻田生产力存在很大差异。本章主要针对我国主要稻区土壤肥力时空变化驱动因子，结合各稻区水稻生产管理措施的特点，提出相应的稻田土壤培肥技术与模式，以保持水稻丰产和稳产。

第一节　主要稻区土壤肥力时空变化驱动因子

为科学合理确定各区域高产稻田土壤耕作培肥途径，实现土壤培肥可持续管理，首先需明确主要稻区高产稻田肥力变化的关键驱动因子，随后才能因地制宜、精准施策，通过合理的耕作培肥途径实现高产稻田土壤培肥。本研究将基于主要稻区典型施肥和耕作长期定位试验点及典型县域的调查监测数据，从点到面，从时间到空间，多角度分析主要稻区稻田土壤肥力变化的关键驱动因子。

一、土壤肥力空间变化驱动因子

基于各长期施肥试验点的数据，选择土壤 pH、有机质、全氮、碱解氮、有效磷、速效钾、试验施肥年限和试验点位作为分析指标，通过随机森林模型分析可知，影响各稻区土壤肥力指数的主要因素是各试验点所在的位置，其相对重要性占 25.7%，这主要是由于各试验点之间土壤的基础地力、环境效应等因素差异较大（方畅宇等，2018）；随后依次为土壤有效磷、全氮、土壤有机质、碱解氮、土壤 pH 和速效钾，它们的相对重要性分别占 16.7%、16.6%、12.3%、10.9%、8.9% 和 6.5%。而施肥年限相对作用较小，其相对重要性仅占 2.4%，说明各长期试验的持续年限不是影响各试验点之间肥力空间变化的主要因素。土壤培肥的主要目的是保证作物丰产稳产，而产量对施肥响应是一个综合的效应，其变化特征与种植区域、管理措施、土壤肥力水平等因素密切相关（图 5-1），因此，进一步分析上述指标对水稻产量的相对重要性，结果表明土壤有效磷对产量的作用最高，相对重要性达 32.7%；其次是各试验点所在区域位置，占 27.0%，这可能是不同稻区种植制度的差异所导致（韩天富等，2019）。土壤有机质、碱解氮、全氮和速效钾的相对重要性分别占 13.9%、11.5%、7.3% 和 6.5%；土壤 pH 对水稻产量的影响较小，相对重要性占 1.7%。可能是由于土壤淹水种稻后土壤 pH 会上升，加上水稻一般对酸不敏感，正常情况下土壤酸度不会对水稻的生长产生不良影响（徐仁扣，2003）。可见土壤磷素在驱动水稻生产中发挥较强的作用，其次是各点位的土壤有机质水平。

二、土壤肥力时间变化驱动因子

前面的结果发现试验点位在土壤肥力指数和水稻产量中均占有较大比重，这与不同稻区土壤基础地力和环境异质性密切相关。因此，我们基于主要稻区典型县域第二次土壤普查和近年监测数据（土壤 pH、有机质、全氮、碱解氮、有效磷、速效钾和容重等指标），进一步结合随机森林模型分析发现（图 5-2），就西南水旱轮作稻区而言，在 1982 年，pH 在影响土壤肥力指数的主要因素中相对重要性占比最大，高达 38.8%；随后是速效钾、有效磷和碱解氮，相对重要性分别占 31.1%、16.1% 和 6.5%；全氮、有机质和容重的相对重要性较小，分别占 2.9%、2.5% 和 2%。而到 2010 年时，各项指标对土壤肥力指数相对重要性发生了改变，土壤 pH 的作用仍然最大，占 23.8%，但是相对重要性较 1982 年降低了 15%；土壤碱解氮相对重要性占 21.1%，其重要性相比 1982 年提高了 14.6%；土壤速效钾相对重要性较 1982 年降低了 10.1%，占 21%；土壤有效磷、全氮和有机质的相对重要性分别占 18.9%、8% 和 7.25。因此，从土壤养分均衡供应的角度考虑，该区域应注重有机物料还田，以提高土壤有机质和全氮含量。

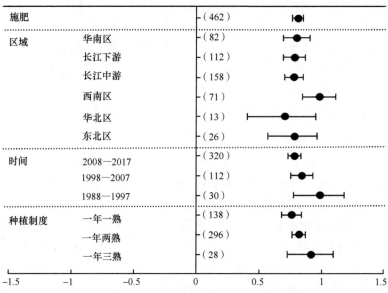

图 5-1　产量对不同影响因素的响应（韩天富等，2019）

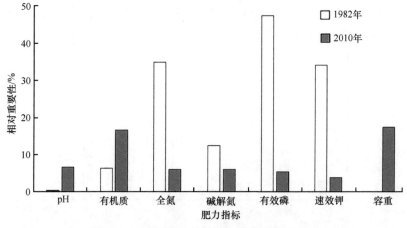

图 5-2　西南稻区土壤肥力变化驱动因子分析

对于长江中游双季稻区而言（图5-3），在1980年时，土壤有机质对影响土壤肥力指数的相对重要性占比最大，高达34.2%；随后依次是全氮、速效钾、有效磷、碱解氮和pH，相对重要性分别占33.6%、11.9%、11.5%、8.4%和0.5%。随着农业生产方式的改变，到2018年时，全氮在影响土壤肥力指数的相对重要性中最大，同比1980年无明显变化；随后是土壤有效磷，其相对重要性占17.7%，相比1980年其相对重要性明显提高。随后依次是土壤有机质、速效钾、碱解氮、pH、容重和耕层厚度，它们的相对重要性分别占14.8%、9.4%、8.7%、6.8%、5.9%和5.6%。因此，该区域应通过合理施肥和耕作措施，防治土壤酸化、优化土壤容重和耕层厚度。

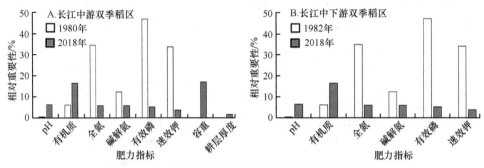

图 5-3　长江流域双季稻区土壤肥力变化驱动因子分析

对于长江中下游双季稻区而言，在1982年时，碱解氮对影响土壤肥力指数的相对重要性占比最大，高达37.9%；随后依次是全氮、有机质、pH、有效磷和速效钾，相对重要性分别占34.8%、18.4%、4.6%、3.1%和1.4%。近30多年来，随着农田管理措施的改变，到2018年时，碱解氮对影响土壤肥力指数的相对重要性仍然最大，同比1982年进一步提高，高达73.4%，随后依次是土壤有机质、全氮、pH、速效钾和有效磷，相对重要性分别占8.3%、7.6%、5.7%、3.8%和1.2%。因此，该区域应通过合理施肥和耕作措施，防治土壤酸化，提高土壤速效钾和有效磷含量。

对于东北一熟制稻区而言（图5-4），在2007年时，土壤有效磷对影响土壤肥力指数的相对重要性占比最大，高达47.2%；随后依次是速效钾、碱解氮、有机质和pH，其相对重要性分别占34.0%、12.4%、6.2%和0.1%。近10年，随着水稻种植区域的扩大和集约化程度提高，在2017年时，增加了容重和耕层厚度指标，发现容重对影响土壤肥力指数的相对

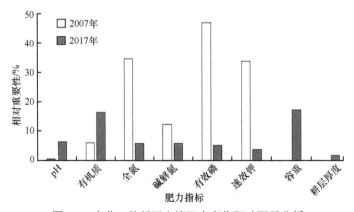

图 5-4　东北一熟稻区土壤肥力变化驱动因子分析

重要性占比最大，随后依次是速效钾、有机质、pH、碱解氮、全氮、有效磷和耕层厚度，相对重要性分别占 17.3%、16.6%、6.5%、6.0%、6.0%、5.3% 和 1.8%。因此，针对东北一熟稻区水稻生产现代化、集约化程度高的现状，应侧重水稻合理耕层构建，提高土壤氮素和磷素有效库容。

三、主要稻区高产稻田肥力关键驱动因子

为了探明主要稻区高、低土壤肥力指数的主要驱动因素，基于上述选取的指标，进一步分析了高、低土壤肥力指数下主要影响因素的相对重要性（图 5-5）。在较高土壤肥力指数情况下，试验点位置（即各稻作区域）和土壤全氮对土壤肥力指数的相对重要性分别占 23.7% 和 22.5%；随后依次是土壤碱解氮、有机质、有效磷、pH 和速效钾，各指标的相对重要性分别，占 18.2%、10.4%、7.9%、7.8% 和 6.5%，而施肥年限的作用相对较小，相对重要性仅占 2.9%。可见土壤全氮水平是决定高肥力指数稻田的主要驱动因子，对水稻持续高产发挥重要作用。在较低土壤肥力指数情况下，试验点位置和土壤碱解氮对土壤肥力指数的相对重要性分别占 28.3% 和 21.3%；随后依次为土壤有机质、有效磷、全氮、pH 和速效钾，它们的相对重要性分别占 14.9%、12.6%、10.9%、7.8% 和 6.5%，可见土壤碱解氮是低肥力指数稻田的主要驱动因子。

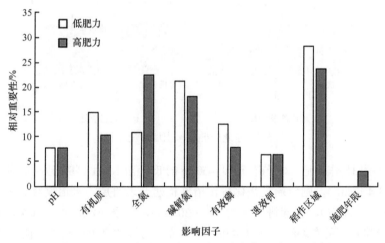

图 5-5　不同肥力水平稻田土壤肥力变化驱动因子分析

水稻产量的高低与水稻生育期的土壤肥力供应密切相关，尤其是关键生育时期（如分蘖期、齐穗期等）土壤养分的供给能力对产量的影响至关重要。因此根据上述试验点不同生育时期的监测指标（土壤 pH、有机质、碱解氮、有效磷、速效钾），进一步分析了水稻分蘖期、齐穗期和成熟期土壤养分供应对产量的相对重要性，不同试验点分蘖期和齐穗期土壤磷素供应，即土壤有效磷含量对水稻产量的相对重要性分别占 18.2% 和 7.4%，其次是成熟期的碱解氮和有效磷含量，相对重要性分别占 4.3% 和 3.4%，分蘖期土壤有机质和 pH 相对重要性分别占 3.3% 和 2.1%，可见土壤有效磷供应在水稻整个生育期均有重要作用。因此，提高各试验点土壤有效磷含量以及磷肥的利用效率对提高当季水稻产量至关重要。

第二节　高产稻田土壤肥力可持续管理途径

基于各稻区高产稻田肥力关键驱动因子，结合主要稻区耕作和施肥特点，有针对性地提出主要稻区相应的土壤培肥耕作技术途径。

一、东北一熟稻区土壤培肥途径

在全国水稻生产中，东北稻区的种植面积虽小，但由于其增产潜力大，米质优，商品率高，因此通过高产土壤培育，实现水稻丰产稳产，对稳定东北粮仓地位和保障我国粮食尤其是"口粮"安全方面具有举足轻重的地位与作用。基于不同施肥和耕作定位试验及典型县域稻田土壤肥力评价结果，结合该区域水稻土肥力实际情况，针对东北一熟稻区水稻生产现代化、集约化程度高的现状，应侧重水稻合理耕层构建，提高土壤氮素和磷素有效库容，并保持土壤碳库，依此构建了以下两项培肥途径（图5-6）。

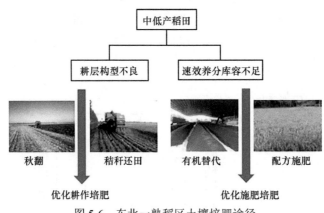

图5-6　东北一熟稻区土壤培肥途径

（1）低产稻田耕作培肥。对于亩产小于450 kg的低产稻田，且土壤表现耕层浅（＜15 cm）、容重大（＞1.4 g/cm³），则应通过优化耕作措施构建合理耕层。水稻收获后秸秆粉碎还田（粉碎长度10 cm左右），秋翻耕（深度18～20 cm），春季先泡浅水，打浆，整平地，再灌深水。被翻耕过来的犁坯经秋季日晒和冬季冰冻，可以改良土壤结构，使土壤变得疏松，同时也有利于养分的释放，增加土壤中有效养分的供应。

（2）中低产稻田优化施肥培肥。对于亩产小于500 kg的中低产稻田，且土壤化学性状表现为有机质偏低（＜30 g/kg）、碱解氮含量（＜100 mg/kg）和有效磷含量（＜25 mg/kg）欠缺，应通过优化施肥等措施增加土壤养分库容。根据常规施氮量（纯氮180 kg/hm²），采取有机肥替代30%化学氮肥，如果有机肥含氮量按2%计算，有机肥施用量约为2700 kg/hm²，同时配合秸秆还田的措施，可以在减少化学氮肥施用的前提下，保持土壤碳库，并增加有效氮磷库容；或者通过实际测土结果，对施入的化学氮、磷、钾肥用量进行配方优化，避免盲目施肥。

二、西南水旱轮作稻区土壤培肥途径

耕作和施肥是影响土壤肥力变化的重要人为措施，稻田土壤肥力提升又是决定水稻产量的重要因素。在西南水旱轮作稻区，选择重庆市北碚区西南大学试验农场的稻田垄作免

耕长期试验站进行耕作措施提升稻田土壤肥力的研究，共选择了3种耕作模式，依次为冬水田（中稻—休闲）、垄作免耕（中稻—油菜）和常规平作（中稻—油菜），分别代表了中产稻田、高产稻田和低产稻田。通过3种肥力水平下近30年稻田土壤基本化学性质对土壤肥力的贡献进行主成分分析，发现全磷对于西南水旱轮作稻田土壤肥力的贡献率最大，达到25.3%；其次是速效磷和速效钾，其贡献率分别为15.8%和14.2%。因此，全磷、有效磷和速效钾很可能就是西南水旱轮作稻区影响水稻产量的主要因子。

　　不同土壤肥力条件对水稻的生长发育有较大影响，其对水稻产量的影响也存在差异。耕作措施或途径影响了西南水旱轮作稻区土壤肥力的高低，从而进一步影响了水稻产量的高低。稻田长期垄作免耕生态系统无论在物质循环，还是能量转换方面都有别于常规平作，稻田长期垄作免耕通过田间微地形的改变，土壤的物相结构发生了根本的变化，与常规平作相比，垄作免耕土壤部分出露水面为毛管水所浸润，土壤水分含量的空间变异大，形成由张力小的垄下部及垄两侧的土层向垄表土层运行的毛管水运动系统，土壤水分运动强烈，与外界进行交换的频率增大。同时，垄作免耕消除了水层对太阳辐射能的削弱作用，土壤热容量降低，导温率和导热率增大，吸收太阳辐射能增多，有利于土壤内部物质的转化，促进了土壤结构的形成，连续的垄作免耕提高了土壤的有机质含量（高明，2001）。基于此，构建了长期垄作免耕提升稻田土壤全磷、速效磷和速效钾的培肥途径。

　　旱地免耕在我国始于20世纪50年代后期，而稻田免耕始于20世纪60年代，当时的研究只处于试验阶段，直到80年代才迅猛发展，相继出现了直播免耕、旋耕栽培、撬窝免耕和垄作免耕等形式。侯光炯和谢德体（1986）等研究者在川西平原和川东丘陵区发现免耕可以提高作物产量，改变土壤的物理性质和稻田生境，同时也提高了土壤中有机质含量和氮磷钾等营养元素含量。

　　磷在土壤中的存在形态直接影响其对作物吸收利用的有效性，可将土壤中的磷分为有机磷和无机磷。很多研究者认为土壤中磷的存在形态和土壤性质与耕作利用方式关系最为密切。谢德体（1988）对垄作免耕条件下土壤磷的形态研究结果指出，免耕增加土壤磷含量，主要是增加了土壤中有机磷含量，与常规平作相比，有机磷增长2%～20%。由于垄作免耕改善了土壤内部的通气条件，氧化还原电位提高，还原性物质减少，土壤中的二价铁被氧化成三价铁，土壤中的磷易被铁、铝固定而变成难被作物吸收利用的Fe-P和Al-P，这就导致垄作免耕的全磷和其他形态的磷仍然比冬水田和常规平作的含量高。另外，由于垄作免耕提高了土壤的有机质含量，导致土壤中的微生物活性增强，土壤中微生物对磷素的固定促进了无机磷向有机磷的转化，从而提高土壤肥力和生产力。钾素在土壤中的移动性较强，水稻对钾素的需求量也较大。垄作免耕与其他两种耕作措施间全磷含量差异不大，区别在于耕作措施提升稻田土壤速效钾方面。

　　对于西南水旱轮作稻区的中低产稻田（水稻亩产小于450 kg的稻田），可考虑将其耕作方式改为垄作免耕，在水稻栽秧前15～30天，放浅水拉线做垄，垄向与水流方向一致，循环式做垄。如果由于土壤松散，一次不能成型，应先做成雏形，待定型后，再做1～2次。做垄规格为一垄一沟共宽50～60 cm，垄面宽20～25 cm，沟宽30～35 cm，垄高30 cm。在无机械工具起垄的条件下，最好用手操作，拉线起垄，人沿线向前，双手舂之（垂直）插入土内，抱起土团轻轻放在中拉线的另一边土上。抱起的泥土原位放在垄梗部位，切不可用力压紧或把泥揉绒抹光。垄面保证大平小不平，全田垄埂高度保持在同一水平线上。也可用锄头、耙操作起垄。在进行任何时候操作时，人都不能站在垄上进行。凡是垄作，每垄双行。错窝载于垄背两侧边缘，用水校平，使全田秧苗栽种同一水平面上，一般窝距 10～15 cm。每公顷 22.5 万～31.5 万窝，田瘦密度取上限，田肥取下限。具体培肥途径见图 5-7。

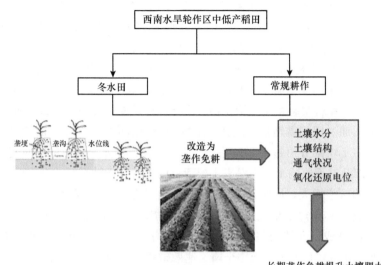

图 5-7　西南水旱轮作区土壤培肥途径

第三节　基于肥力评价的土壤培肥耕作技术

由于我国典型稻区土壤类型复杂、耕作方式多样，为实现稻田土壤肥力可持续发展，需结合稻区土壤类型和耕作方式，有针对性地推荐适宜的施肥和耕作技术。

一、东北一熟稻区推荐施肥技术

2001～2018 年，北方一熟稻区，即东北三省水稻种植面积呈现增加的趋势，于 2013 年达到最大值，水稻种植主要集中于传统水稻种植区，如三江平原、松嫩平原和辽河地区。2001～2007 年，东北三省水稻种植面积增加了 102.29 万 hm^2，主要分布于东北部的三江平原和中西部的松嫩平原；2007～2013 年，东北三省水稻种植面积增加了 192.06 万 hm^2，主要分布于三江平原、松嫩平原和辽宁南部地区；2013～2018 年，东北三省水稻种植面积下降了 9.54 万 hm^2，三江平原水稻种植分布更为集中。2001～2018 年，东北三省水稻种植面积持续不变区域为 169.63 万 hm^2，主要分布在东部的三江平原、南部的辽河平原地区（丁妍，2019）。随着水稻种植面积的不断增加，意味着大多旱地转变成为水田，而水稻土发育主要受母质、气候、地形、生物、时间和人为管理等因素影响。因此，在气候和地形等自然因素相近的情况下，土壤母质和人为管理措施成为水稻土发育的主导因素。为实现东北一熟稻区水稻高产，从土壤培肥的角度，应针对该区域主要水稻土类型提出相应的土壤培肥技术。黑龙江省水稻种植面积在 2001～2018 年呈现显著上升的趋势，总面积居于东北三省首位，2013 年最高达到 381.16 万 hm^2，占到东北三省水稻总面积的一半以上（丁妍，2019），因此，下面以黑龙江省白浆土型、黑土型和草甸土型等主要水稻土类型（何万云，1992）为代表，提出相应的优化培肥技术。

（一）白浆土型水稻土优化施肥技术

黑龙江省白浆土总面积 331.74 万 hm^2，其中耕地面积 116.36 万 hm^2，占全省耕地面积的 10.07%（何万云，1992），仅次于黑土和草甸土。白浆土主要分布在三江平原和东部山区，这两个地区白浆土的面积占全省白浆土总面积的 86%。由于白浆土土质黏重，亚表层有一个贫瘠的白浆土层，土壤肥力较低，有机质有时低至 1.5%，而且养分不均衡，传统上把它视为低产土壤。而白浆土开发种稻则可变低产田为高产田，可发挥土壤的生产潜力。通过研究白浆土养分丰缺指标体系而确定合理施肥技术，以确保水稻高产稳产同时培肥土壤。因此，将黑龙江省白浆土区 2003～2011 年水稻的"3414"肥料试验数据进行汇总，根据全量区产量与缺素区产量相比较计算相对产量，并划分土壤肥力等级，建立黑龙江省白浆土养分丰缺指标体系。

以相对产量 < 65%、65%～70%、70%～75%、75%～80% 和 > 80% 为划分标准，通过 $X=\exp[(y-0.666)/14.487]$、$X=\exp[(y-45.043)/12.292]$ 和 $X=\exp[(y+2.967)/17.604]$ 分别计算出土壤氮素、磷素和钾素养分划分等级标准的临界值，在此基础上把此种植区供氮、供磷和供钾肥力分为五个等级，再根据土壤碱解氮、有效磷和速效钾含量水平的不同，推荐相应的氮肥、磷肥和钾肥施用量（表 5-1～表 5-3），达到白浆土型水稻的稳产、高产。

表5-1 氮肥推荐施用量

水稻相对产量 /%	养分等级	碱解氮含量 / (mg/kg)	最大施氮量 / (kg/hm²)	均值 / (kg/hm²)	最佳施氮量 / (kg/hm²)	均值 / (kg/hm²)
< 65	极低	< 120	158～185	172	120～160	147
65～70	低					
70～75	中	120～169	105～179	145	82～165	132
75～80	高	169～239	70～165	113	60～112	90
> 80	极高	> 239	68～125	95	58～92	83

表5-2 磷肥推荐施用量

水稻相对产量 /%	养分等级	有效磷含量 / (mg/kg)	最大施磷量 / (kg/hm²)	均值 / (kg/hm²)	最佳施磷量 / (kg/hm²)	均值 / (kg/hm²)
< 65	极低	< 11.4	110～124	118	95～108	102
65～70	低	11.4～17.2	73～95	83	70～91	78
70～75	中	17.2～25.8	66～89	78	60～81	72
75～80	高	25.8～38.8	55～75	66	51～71	60
> 80	极高	> 38.8	44～56	49	37～50	43

表5-3 钾肥推荐施用量

水稻相对产量 /%	养分等级	速效钾含量 / (mg/kg)	最大施钾量 / (kg/hm²)	均值 / (kg/hm²)	最佳施钾量 / (kg/hm²)	均值 / (kg/hm²)
< 65	极低	< 84	91～118	107	84～113	101
65～70	低	84～111	87～111	98	82～103	93
70～75	中	111～148	69～106	85	66～100	79
75～80	高	148～197	66～88	79	62～85	75
> 80	极高	> 197	43～59	52	41～57	48

（二）黑土型水稻土优化施肥技术

黑龙江省黑土总面积为 482.47 万 hm²，其中耕地面积 360.62 万 hm²，占全省耕地面积的 31.24%，主要分布在滨北、滨长铁路沿线的两侧，北界直到黑龙江右岸，南界由双城、五常一带延伸到吉林省，西界与松嫩平原的黑钙土和盐渍土接壤，东界则可延伸到小兴安岭和长白山等山间谷地及三江平原的边缘。黑土腐殖质含量高，土层深厚，团粒结构好，代换量大，营养元素丰富，土壤肥力水平高，能够为水稻生长提供良好的水肥气热条件。研究黑土养分丰缺指标体系对于制定合理的水稻施肥体系具有重要的意义。因此，将黑龙江省黑土区 2003～2011 年水稻的"3414"肥料试验数据进行汇总，根据全量区产量与缺素区产量相比较计算相对产量，并划分土壤肥力等级，建立黑龙江省黑土养分丰缺指标体系。

以相对产量＜65%、65%～70%、70%～75%、75%～80% 和＞80% 为划分标准，通过 $X=\exp[(y+4.145)/15.312]$、$X=\exp[(y-56.598)/8.645]$ 和 $X=\exp[(y+36.062)/24.102]$ 分别计算出土壤氮素、磷素和钾素养分划分等级标准的临界值，在此基础上把此种植区供氮、供磷和供钾肥力分为五个等级，再根据土壤碱解氮、有效磷和速效钾含量水平的不同，推荐相应的氮肥、磷肥和钾肥施用量（表 5-4～表 5-6），达到黑土型水稻的稳产、高产。

表5-4　黑龙江省黑土区土壤氮素养分等级水稻氮肥推荐施用量

碱解氮含量 /（mg/kg）	养分级别	最大施氮量 /（kg/hm²）	均值 /（kg/hm²）	最佳施氮量 /（kg/hm²）	均值 /（kg/hm²）
＜91	极低	181～232	195	156～188	165
91～127	低	155～226	180	145～175	155
127～176	中	130～197	158	123～157	130
176～244	高	119～170	149	97～138	110
＞244	极高	81～110	95	79～105	89

表5-5　黑龙江省黑土壤磷养分等级水稻磷肥推荐施用量

有效磷含量 /（mg/kg）	养分级别	最大施磷量 /（kg/hm²）	均值 /（kg/hm²）	最佳施磷量 /（kg/hm²）	均值 /（kg/hm²）
＜8.4	极低	101～110	106	99～103	100
8.4～15.0	低	90～96	93	85～91	87
15.0～26.7	中	60～94	79	58～92	75
26.7～47.6	高	40～78	58	37～74	54
＞47.6	极高	38～61	47	30～53	41

表5-6　黑龙江省黑土壤钾养分等级水稻钾肥推荐施用量

速效钾含量 /（mg/kg）	养分级别	最大施钾量 /（kg/hm²）	均值 /（kg/hm²）	最佳施钾量 /（kg/hm²）	均值 /（kg/hm²）
＜102	极低	135～146	140	124～136	130
102～126	低	84～122	99	81～115	93
126～157	中	65～105	85	53～98	79

速效钾含量 /（mg/kg）	养分级别	最大施钾量 /（kg/hm²）	均值 /（kg/hm²）	最佳施钾量 /（kg/hm²）	均值 /（kg/hm²）
157～195	高	44～98	80	38～94	74
>195	极高	35～65	58	31～61	51

（三）草甸土型水稻土优化施肥技术

黑龙江省草甸土总面积为 802.49 万 hm²，其中耕地面积 302.50 万 hm²，占全省耕地面积的 26.2%。草甸土是在地形低平、地下水位较高、土壤水分较多、草甸植被生长繁茂的条件下发育形成的非地带性土壤。研究草甸土养分丰缺指标体系可为该类型土壤合理施肥提供理论依据。将黑龙江省草甸土区 2006～2008 年水稻的"3414"肥料试验数据进行汇总，根据全量区产量与缺素区产量相比较计算相对产量，并划分土壤肥力等级，建立黑龙江省草甸土养分丰缺指标体系。

以相对产量＜65%、65%～70%、70%～75%、75%～80% 和＞80% 为划分标准，通过 $X=\exp[(y+67.9)/27.141]$、$X=\exp[(y-49.804)/10.789]$ 和 $X=\exp[(y-4.849)/15.757]$ 分别计算出土壤氮素、磷素和钾素养分划分等级标准的临界值，在此基础上把此种植区供氮、供磷和供钾肥力分为五个等级，再根据土壤碱解氮、有效磷和速效钾含量水平的不同，推荐相应的氮肥、磷肥和钾肥施用量（表 5-7～表 5-9），达到草甸土型水稻的稳产、高产。

表5-7　黑龙江省草甸土区土壤氮素养分等级水稻氮肥推荐施用量

碱解氮含量 /（mg/kg）	养分级别	最大施氮量 /（kg/hm²）	均值 /（kg/hm²）	最佳施氮量 /（kg/hm²）	均值 /（kg/hm²）
＜109	极低	132～225	162	110～150	128
109～131	低	125～203	149	105～143	120
131～157	中	105～192	141	83～135	114
157～188	高	93～180	134	78～126	105
＞188	极高	87～153	122	75～122	99

表5-8　黑龙江省草甸土区磷养分等级水稻磷肥推荐施用量

有效磷含量 /（mg/kg）	养分级别	最大施磷量 /（kg/hm²）	均值 /（kg/hm²）	最佳施磷量 /（kg/hm²）	均值 /（kg/hm²）
＜16.4	低	71～156	99	68～113	86
16.4～26.1	中	66～143	93	62～128	81
＞26.1	高	60～134	89	54～125	75

表5-9　黑龙江省草甸土区钾养分等级水稻钾肥推荐施用量

速效钾含量 /（mg/kg）	养分级别	最大施钾量 /（kg/hm²）	均值 /（kg/hm²）	最佳施钾量 /（kg/hm²）	均值 /（kg/hm²）
＜118	低等	83～167	107	74～152	93
118～162	中等	77～146	104	60～137	89
＞162	高等	71～129	96	50～113	83

二、长江中游双季稻区高产稻田土壤培肥耕作技术

（一）水稻生产区域划分

根据地形地貌特征，湖南省水稻种植基本可以分为 5 个区域，即湘北平原区、湘东丘岗区、湘中丘陵区、湘西山区和湘南丘陵低山区，各区域所辖地区见表 5-10。

表5-10　湖南省水稻生产区域分类

区域	所辖地区
湘北平原区	常德、岳阳和益阳部分地区
湘东丘岗区	长沙、株洲、湘潭地区和岳阳、益阳部分地区
湘中丘陵区	娄底、邵阳和衡阳
湘西山区	怀化、张家界、湘西自治州和常德部分地区
湘南丘陵低山区	永州和郴州

（二）土壤综合肥力指数

土壤肥力采用土壤综合肥力指数进行评价。选取土壤容重、pH、有机质、全氮、有效磷、速效钾和缓效钾等指标，参考徐建明等方法（徐建明等，2010），按照 Fuzzy 综合评判法进行土壤综合肥力指数计算。各区域中各指标隶属度函数所采用的拐点数值均相同，容重和 pH 采用梯形（抛物线形）隶属度函数，有机质、有效磷、速效钾和缓效钾采用正相关型（S 型）隶属度函数，各隶属度函数拐点值如表 5-11 所示。

表5-11　各区域隶属度函数拐点值

项目	容重 / (g/cm³)	pH	有机质 / (g/kg)	全氮 / (g/kg)	有效磷 / (mg/kg)	速效钾 / (mg/kg)	缓效钾 / (mg/kg)
X_1	0.8	5	15	1	5	80	90
X_2	1.0	6	40	2	20	150	370
X_3	1.25	7	—	—	—	—	—
X_4	1.55	8	—	—	—	—	—

（三）土壤综合肥力驱动因素

利用随机森林对不同生产区域土壤综合肥力的影响因素进行重要性分析（图 5-8）。湘东地区，土壤全氮、有机质、pH 和容重是重要的驱动因素，重要性得分分别为 32.4%、24.1%、20.6% 和 13.3%；湘西地区，有机质、全氮、速效钾和 pH 是重要驱动因素，重要性得分分别为 46.0%、29.1%、12.5% 和 8.6%；湘南地区，速效钾、有机质、全氮和缓效钾是重要驱动因素，重要性得分分别为 38.1%、31.9%、9.8% 和 8.9%；湘北地区，全氮、有效磷、有机质和速效钾是重要驱动因素，重要性得分分别为 61.3%、14.6%、12.6% 和 11.0%；湘中地区，全氮、有机质、有效磷和速效钾是重要驱动因素，重要性得分分别为 36.6%、23.8%、21.0% 和 11.2%。

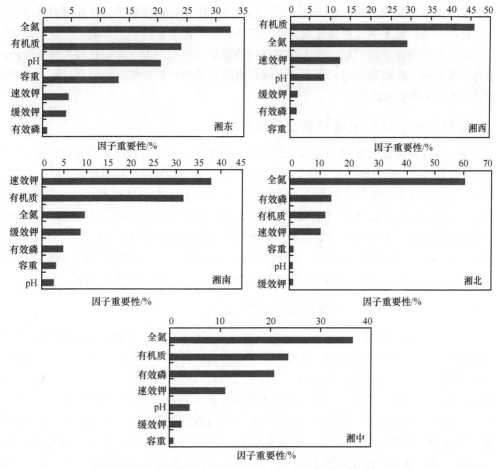

图 5-8 不同区域土壤综合肥力影响因素重要性分析

（四）不同区域土壤培肥技术

根据不同区域稻田土壤综合肥力主要驱动因素分析，确定相应培肥技术模式（表 5-12）。

表5-12 土壤培肥管理措施

生产区域	施肥技术模式推荐
湘北平原区	种植豆科绿肥，"以磷增氮"；稻草还田，同时配施一定量的磷肥和钾肥，补充土壤中磷、钾元素
湘东丘岗区	增施石灰，调节土壤酸碱度；稻草还田，深翻耕，改善土壤质地
湘中丘陵区	种植绿肥翻压还田，稻草粉碎还田，适当配施磷肥和钾肥
湘西山区	增施有机肥与石灰，提升土壤有机质与酸碱度，适当配施钾肥
湘南丘陵低山区	增施钾肥，种植绿肥或稻草粉碎还田

三、长江中下游丘陵区双季稻田土壤肥力等级划分及关键培肥技术

针对江西双季稻产能不稳、种植效益低、有机肥源单一化等突出问题，通过 38 年定位研究，在提示了双季稻田肥力演变特征、土壤有机碳累积转化规律、土壤有机碳提升阈值和技术途径等基础上，以提高耕地质量，保障粮食安全、绿色可持续发展，实现藏粮于地、

藏粮于技等国家战略为目标，在综合分析江西双季稻田养分管理和肥力提升限制因子的基础上，针对双季稻田土壤有机质质量下降、养分失衡、化学肥料利用率低、产量波动大等突出问题，以作物养分需求规律和土壤自身制约因子为依据，以土壤碳素与作物养分协同管理为主要措施，按照稻田肥力水平（土壤有机碳含量和质量）和产能培育目标为主要依据构建了两项集成技术途径。

（一）高肥力双季稻田土壤培肥技术途径

针对土壤有机碳含量在 23 g/kg 以上的高肥力双季稻田土壤有机碳含量已接近高产水稻土有机碳含量阈值、土壤肥力水平和产能较高的特点，以维持稻田土壤有机碳含量在 23 g/kg 以上、双季稻产量 14 250 ～ 16 500 kg/hm^2 为核心，以年投入有机物料 12 ～ 24 t/hm^2（以鲜猪粪计）为主要技术目标，集成了以双季秸秆高效全量还田为主、冬闲绿肥种植或畜禽粪便为辅、节省化肥 10% ～ 20% 为要点的高肥力双季稻田土壤培肥技术途径。该技术可以在节省化肥 10% ～ 20% 基础上，保持双季稻年产量在 15 000 kg/hm^2 以上，土壤养分含量保持平衡，有机质含量有一定提升，化肥利用效率提高 8% ～ 13%，新增净碳汇效应 1.65 t/hm^2。

（二）中低肥力双季稻田土壤培肥技术途径

针对土壤有机碳含量在 19 ～ 23 g/kg 的中等肥力双季稻田土壤有机碳含量距离高产水稻土有机碳含量阈值还有明显差距、产能低而不稳等突出问题，以提高土壤有机碳含量 2 ～ 3 g/kg、双季稻田产能达到 14 250 kg/hm^2 以上为核心，以年投入有机物料 30 ～ 52.5 t/hm^2（以鲜猪粪计）、优化有机肥结构为主要技术措施，集成了以双季秸秆高效还田为基础，以增加冬闲绿肥、畜禽粪便、商品有机肥等低碳氮比有机肥投入，控制化肥投入为要点的中低肥力双季稻田土壤培肥技术途径。该技术体系连续采用 3 年后，可以提高土壤有机碳含量 2 g/kg 以上，使土壤肥力提升接近 1 个等级，双季稻年产量稳定在 14 250 kg/hm^2 左右，化肥利用效率提高 5% ～ 8%，增加净碳汇效应 2.4 t/hm^2。

（三）常见培肥技术

结合实际的稻田肥力评价，以秸秆还田为核心，集成了双季稻田化肥有机替代技术、双季稻田周年养分管理技术和双季稻田土壤酸化阻控技术等常见技术模式（图 5-9）。双季稻田化肥有机替代技术主要针对高肥力稻田培育，双季稻田周年养分管理技术主要针对中低肥力稻田培肥，双季稻田土壤酸化阻控技术主要针对酸化稻田改良。

A. 双季稻田化肥有机替代技术：化肥减施10%～20% +冬季绿肥+秸秆全量还田

化肥减施10%～20%

B. 双季稻田周年养分管理技术：化肥减施10%～20% +冬季绿肥+秸秆全量还田+鲜猪粪直接施用

化肥减施10%～20%

图 5-9　双季稻田培肥技术

C. 双季稻田土壤酸化阻控技术：化肥减施10%～20%＋冬季绿肥＋秸秆全量还田＋石灰撒施

化肥减施10%～20%

D. 双季稻田氮肥减施增效技术：化肥减施5%～10%＋新型肥料＋秸秆全量还田

化肥减施5%～10%

图 5-9 （续）

参 考 文 献

丁妍. 2019. 2001～2018 年东北三省水稻面积扩张对气温的影响. 哈尔滨: 哈尔滨师范大学硕士学位论文.

方畅宇, 屠乃美, 张清壮, 等. 2018. 不同施肥模式对稻田土壤速效养分含量及水稻产量的影响. 土壤, 50(3): 462-468.

高明. 2001. 稻田长期垄作免耕下土壤肥力及环境效益的研究. 重庆: 西南农业大学硕士学位论文.

韩天富, 马常宝, 黄晶, 等. 2019. 基于 Meta 分析中国水稻产量对施肥的响应特征. 中国农业科学, 52(11): 1918-1929.

何万云. 1992. 黑龙江土壤. 北京: 农业出版社.

候光炯, 谢德体. 1986. 水田自然免耕技术可获高产. 农业科技通讯, (11): 2-4.

谢德体. 1988. 水田自然免耕高产机理的研究. 重庆: 西南农业大学博士学位论文: 54-57.

徐建明, 张甘霖, 谢正苗, 等. 2010. 土壤质量指标与评价. 北京: 科学出版社.

徐仁扣. 2003. 江西省余江县水稻土的 pH 状况. 江西农业大学学报, 6: 863-864.